U0524855

求真务实七十载

古代史研究所同仁述往

中国社会科学院古代史研究所 ◎ 编著

中国社会科学出版社

图书在版编目(CIP)数据

求真务实七十载：古代史研究所同仁述往／中国社会科学院古代史研究所编著.—北京：中国社会科学出版社，2024.6
ISBN 978 – 7 – 5227 – 3451 – 4

Ⅰ.①求… Ⅱ.①中… Ⅲ.①中国社会科学院古代史研究所—概况 Ⅳ.①K220.7 – 24

中国国家版本馆 CIP 数据核字(2024)第 079497 号

出 版 人	赵剑英
责任编辑	李凯凯
责任校对	李 莉
责任印制	王 超

出　　版	中国社会科学出版社
社　　址	北京鼓楼西大街甲 158 号
邮　　编	100720
网　　址	http://www.csspw.cn
发 行 部	010 – 84083685
门 市 部	010 – 84029450
经　　销	新华书店及其他书店
印　　刷	北京明恒达印务有限公司
装　　订	廊坊市广阳区广增装订厂
版　　次	2024 年 6 月第 1 版
印　　次	2024 年 6 月第 1 次印刷
开　　本	710×1000　1/16
印　　张	33.25
字　　数	406 千字
定　　价	169.00 元

凡购买中国社会科学出版社图书，如有质量问题请与本社营销中心联系调换
电话：010 – 84083683
版权所有　侵权必究

前 言

新时代的古代史研究所

卜宪群

中国社会科学院古代史研究所所长、研究员

2024 年，古代史研究所（原历史研究所，2019 年改名为"古代史研究所"）将迎来建所 70 周年，这是古代史所发展史上的一件大事，值得庆贺！建所 40 年（1994）时，所里同志撰写了一些回忆文章，50 年（2004）和 60 年（2014）的时候，所里又分别编纂了《求真务实五十载》和《求真务实六十载》，记录了所里同仁对往事的回顾，这些文章我读了以后深有感触。关于古代史所 40 年、50 年、60 年建设与发展过程中的经验教训、数代同仁的奋斗历程，在文中大家都有很多回忆总结，这些回忆总结是一笔宝贵财富。特别是老所长林甘泉同志在建所 40 年时撰写的《四十年的回顾》[1]，以及建所 50 年时撰写的《五十年的回忆和思考》[2] 两篇重要文章，对古代史所的发展历程做了比较系统的回顾。鉴于此，我主要就党的十八大以来新时代古代史所建设与发展的基本情况做一简要回顾。

---

[1] 林甘泉：《四十年的回顾》，《中国史研究》1994 年第 4 期。
[2] 林甘泉：《五十年的回忆和思考》，载中国社会科学院历史研究所编《求真务实五十载：历史研究所同仁述往》，中国社会科学出版社 2004 年版，第 1—11 页。

一 新时代古代史所的使命与任务

作为党创建与领导下的历史研究专业机构，古代史所自建立开始，就有自己的使命和任务。1954 年，《科学通报》第 1 期发表了题为《中国科学院积极准备进一步加强历史研究工作》的文章，发布了中国科学院关于扩充并加强历史学研究机构的决定，筹备建立历史研究第一、第二两个研究所。对即将建立的这两个所的使命任务，文章引用了《中国人民政治协商会议共同纲领》第五章第四十四条中的一段话："提倡用科学的历史观点，研究和解释历史、经济、文化及国际事务，奖励优秀的社会科学著作。""科学的历史观点"是指马克思主义观点。1959 年，兼任一所所长的郭沫若在《关于目前历史研究中的几个问题——答〈新建设〉编辑部问》一文中对包括历史研究所在内的史学研究机构的方向、方法做出了较为系统的阐释，强调史学研究的方向"应该是为人民服务，为社会主义建设服务"，方法是"必须用马克思列宁主义的方法，即辩证唯物主义和历史唯物主义的方法"。他还指出："设立专门的研究所来研究历史和文物，这在我国古代是没有的。""今天历史研究所所做的主要是从文献中研究以前的历史，我认为，业务范围还可以扩大。中国古代修史的优良传统有继承的必要。历史研究所的工作，应该侧重到修史方面来。"① 由此可以看出，以马克思主义为指导，为人民服务，研究、解释、编修历史，是历史研究所建立伊始所确立的使命和任务。1994 年，在建所 40 周年时，林甘泉同志在《四十年的回顾》中曾经指出："历史研究所作为国家的科研机构，基本任务

---

① 见《郭沫若全集·历史编》第 3 卷，人民出版社 1982 年版，第 477、479、480 页。

应该是为建设有中国特色的社会主义提供高质量的史学成果，培养高水平的历史学者。"他还强调"作为国家的历史研究机构，理应大力提倡学习马克思主义"，要"保持原有的研究优势和开拓新的研究领域"。① 2004年3月，中共中央发出《关于进一步繁荣发展哲学社会科学的意见》（以下简称《意见》），强调"在全面建设小康社会、开创中国特色社会主义事业新局面、实现中华民族伟大复兴的历史进程中，哲学社会科学具有不可替代的作用。必须进一步提高对哲学社会科学重要性的认识，大力繁荣发展哲学社会科学"。这为包括历史学在内的哲学社会科学发展提供了理论指导与前进方向。2004年适逢建所50周年，林甘泉同志在《五十年的回忆和思考》一文中，通过对历史所50年发展历史经验教训的总结，结合《意见》精神，再一次强调全所同志坚持马克思主义理论学习的重要意义，指出"历史所一定能够在继承前辈学者优良传统的基础上，再创辉煌，为我国历史学的繁荣发展作出应有的贡献"。② 以上简要回顾意在说明，古代史所始终肩负着历史重任，她的建设发展与党和国家的亲切关怀与领导分不开，与全所同志始终坚持正确的政治方向和不懈的努力奋斗分不开。

党的十八大以来，中国特色社会主义进入新时代，以习近平同志为核心的党中央对哲学社会科学高度重视，对中华优秀传统文化的传承弘扬、转化发展高度重视，对历史学研究与学科建设高度重视，历史学研究迎来了前所未有的黄金时期。

2016年5月17日，习近平总书记在哲学社会科学工作座谈会上的重要讲话（以下简称"'5·17'重要讲话"），高度肯定

---

① 林甘泉：《四十年的回顾》，《中国史研究》1994年第4期。
② 林甘泉：《五十年的回忆和思考》，载中国社会科学院历史研究所编《求真务实五十载：历史研究所同仁述往》，中国社会科学出版社2004年版。

了哲学社会科学的地位，明确指出坚持和发展中国特色社会主义必须高度重视哲学社会科学，明确指出要坚持马克思主义在我国哲学社会科学领域的指导地位，明确指出要加快构建中国特色哲学社会科学，明确指出要加强和改善党对哲学社会科学工作的领导。我本人有幸参加了这次座谈会。会后，所党委根据院党组有关精神制定了《历史研究所学习贯彻习近平总书记在哲学社会科学工作座谈会上重要讲话精神工作方案》，组织全所学习，贯彻落实。根据"5·17"重要讲话精神及国家经济社会文化发展需要和中国古代史学科发展新趋势，古代史所适时调整完善《中国社会科学院历史研究所"十三五"发展规划纲要》，进一步优化学科布局，创新学科体系。我本人撰写了《史学在构建中国特色哲学社会科学中的作用》一文，发表在2016年9月26日的《光明日报》上。多年来，习近平总书记"5·17"重要讲话精神始终是古代史所学科建设、人才培养的根本遵循，是推动全所各项工作的理论指导。

党的十八大以来，习近平总书记对中华优秀传统文化高度重视，发表了一系列重要讲话，提出了一系列重要论断，赋予了中华优秀传统文化在新时代的历史使命。汲取治国理政的历史智慧，是新时代国家治理的一大特色，中华优秀传统文化是习近平新时代中国特色社会主义思想的深厚底蕴。2017年1月25日，中共中央办公厅、国务院办公厅印发了《关于实施中华优秀传统文化传承发展工程的意见》（以下简称《意见》），指出在5000多年文明发展中孕育的中华优秀传统文化，积淀着中华民族最深沉的精神追求，代表着中华民族独特的精神标识，是中华民族生生不息、发展壮大的丰厚滋养，是中国特色社会主义植根的文化沃土，是当代中国发展的突出优势，对延续和发展中华文明、促进人类文明进步，发挥着重要作用。《意见》对传承发展中华优秀传统文化的基本原则、主要内容、重点任务、组织实施和保障措施等，都提出了明确细致的要求。我本人在 2017 年 5 月 4 日的《光明日报》和 10 月 18 日的《光明日报》先后发表了《从中华优秀文化中汲取力量——谈〈关于实施中华优秀传统文化传承发展工程的意见〉》《中华优秀传统文化的丰厚滋养》两篇文章，对中华优秀传统文化的历史意义与当代价值进行阐释。

2023 年 6 月 2 日，文化传承发展座谈会在中国历史研究院召开，习近平总书记发表重要讲话，对中华文明的突出特性做了深刻总结，对深刻理解"两个结合"特别是"第二个结合"的重大意义做了科学分析，对如何更好担负起新的文化使命提出了目标和方向。我也有幸参加了这次座谈会。会后，所党委及时安排全所同志认真学习研究贯彻落实总书记的重要讲话精神。我在 2023 年 6 月 21 日的《光明日报》上发表了《马克思主义同中华优秀传统文化相互契合的历史考察》一文，在 8 月 28 日的《人民日报》和 9 月 25 日的《人民日报》上又分别发表了《中华文明"统一性"的历史特点与当代价值》《厚植中华民族现代文明建设的历史底蕴》两篇文章，在《中国纪检监察》第 15 期上发表了《中华文明发展规律的历史内涵与时代意义》一文，这些文章对习近平总书记在文化传承发展座谈会上的重要讲话精神谈了自己的学习体会。在 2023 年 10 月召开的全国宣传思想文化工作会议上，把习近平总书记在新时代文化建设方面的新思想、新观点、新论断，以及在领导新时代文化建设上的实践经验，总结为习近平文化思想，构成了习近平新时代中国特色社会主义思想的文化篇。习近平文化思想包含着习近平总书记关于中华优秀传统文化思想的系统思考、科学论断。古代史所的研究对象，正是 5000 多年的中华优秀传统文化。习近平文化思想，为古代史所学科建设、人才培养提供了新的目标方向。

党的十八大以来，习近平总书记对历史学学科建设高度重视，对历史学研究和历史机构建设高度重视，提出了殷切希望。2015年8月23日，在致第二十二届国际历史科学大会的贺信中，习近平总书记指出："历史研究是一切社会科学的基础，承担着'究天人之际，通古今之变'的使命。世界的今天是从世界的昨天发展而来的。今天世界遇到的很多事情可以在历史上找到影子，历史上发生的很多事情也可以作为今天的镜鉴。重视历史、研究历史、借鉴历史，可以给人类带来很多了解昨天、把握今天、开创明天的智慧。所以说，历史是人类最好的老师。"2019年1月2日，在致中国社会科学院中国历史研究院成立的贺信中，习近平总书记对历史研究的重要性、指导思想、方向目标等，都提出了十分明确具体的要求。中国社会科学院中国历史研究院，就是在习近平总书记亲自关心下建立的，是总书记对历史学科建设高度重视的具体体现。中国历史研究院成立后，我与古代史所同志们一起，不断为完成党和国家交办的任务做出自身的努力。这点我后面还要谈到。

史学研究总是随着时代的发展而前进。我认为，新时代古代史所的使命和任务，就是要在党的领导下，按照总书记的要求，以马克思主义为指导，在严谨科学的研究基础上，深刻把握人类发展历史规律，在对历史的深入思考中汲取智慧、走向未来。推动历史学科融合发展，总结历史经验，揭示历史规律，把握历史趋势，加快构建中国特色历史学学科体系、学术体系、话语体系，推出一批有思想穿透力的精品力作，培养一批学贯中西的历史学家，充分发挥知古鉴今、资政育人作用，为推动中国历史研究发展、加强中国史学研究国际交流合作作出贡献。这个使命和任务，光荣而又艰巨，需要我们全所同志付出长期的艰苦努力。

二　新时代古代史所的主要工作与成就

党的十八大以来，特别是中国历史研究院成立后，古代史所党委按照中央要求、中国社科院党组和中国历史研究院党委部署，以创新工程为龙头，充分发挥学科优势，紧紧围绕党和国家重大理论和现实问题、历史学科基础研究与前沿问题，坚持以马克思主义唯物史观为指导，在服务党和国家治国理政职能，推进古代史基本问题研究，构建历史学"三大体系"，以及古代史所自身制度建设上，都做出了突出贡献。这里我仅就自己感受比较深的问题谈几点认识。

（一）汲取治国理政的历史智慧，服务新时代国家治理

首先，结合学科特点，深入研究宣传阐释习近平新时代中国特色社会主义思想。党的十八大以来，古代史所把研究宣传阐释习近平新时代中国特色社会主义思想作为一项根本任务来抓，取得实效，推出多项成果。由我本人具体组织所里同志（后部分同志调至历史理论所）编撰的《习近平论历史科学》是中国历史研究院首批立项的重大课题之一，本书较为全面系统地收集整理了习近平总书记关于历史科学和中华优秀传统文化的重要论述，作为内部资料供大家学习参考。2019 年，我主编的《习近平新时代治国理政的历史观》一书由中国社会科学出版社出版。全书以习近平新时代治国理政的历史观为研究对象，从长时段、多层面、多角度揭示出习近平新时代治国理政的历史思考，梳理其发展进程，分析其具体内涵，探讨其内在逻辑，总结其核心要义。本书入选 2019 年中宣部主题出版重点出版物，出版后获得北京市第十六届哲学社会科学优秀成果二等奖，入选"2020 年全国

有声读物精品出版工程"项目,获得第五届中国出版政府奖提名奖等,并翻译成多种文字在海外发行。党的十八大以来,古代史所虽然是一个以基础研究为主的研究所,但在研究阐释习近平新时代中国特色社会主义思想上,在坚持和巩固马克思主义主流意识形态的地位上,在坚决批判历史虚无主义和文化虚无主义上,做出了自己的努力。据统计,从2012—2023年,古代史所在"三报一刊"(指《人民日报》《光明日报》《经济日报》《求是》)发表相关理论文章共计120余篇,这一数量是十八大之前的数倍,突出反映了党的十八大以来,古代史所作为马克思主义史学重镇的带头作用。

其次,作为中国古代史研究的重要机构,古代史所在70年的发展历程中,始终在严谨扎实的基础上,用科学的历史研究成果为党和国家提供政策咨询,积极发挥智库作用。党的十八大以来,我本人分别于2013年4月19日、2014年10月13日、2018年11月26日,先后以《我国历史上的反腐倡廉》《我国历史上的国家治理》《中国历史上的吏治》为题,完成十八届、十九届中央政治局集体学习讲解任务。这三次讲解虽然是我个人去的,但所里很多同志都为我的讲稿准备了丰富的基础材料,提供了后勤服务,可以说,这是全所上下共同努力才圆满完成的一项光荣任务。党的十八大以来,我本人和所内的同志们还多次参加中央纪委国家监委、中共中央办公厅、中组部、中宣部、国家安全部、全国人大、全国政协、教育部等很多党和国家的重要领导机构组织的咨询、讲座、专项研究工作。承担党中央、各部委、中国社科院党组重要交办课题50余项,其中39项是中国历史研究院组建以来交办,内容涵盖古代国家治理的经验教训、意识形态构建的历史经验、文明起源与国家形态、中华优秀传统文化的创造性转化与创新性发展、民族交往交流交融、中华思想通史与新编中国通史的编撰、中国历史的普及与传播等多方面。党的十八大以来，我所同志积极为党中央治国理政建言献策，《要报》撰写及报送的质量、数量均呈稳定上升趋势，截至2024年1月共发表《要报》近90篇，其中多篇获中央领导批示并立项研究。所里不仅制定了《交办任务管理办法》，与《绩效考核评价实施细则》对接，还全面实行主管所领导、科研处负责人和研究室主任的"三审制"，确保报送文章在政治把关、内容选择、语言风格、编校质量、对策建议的可操作性上达标。在选题策划上，始终聚焦中央关注的重大问题、社会关心的热点问题、群众急难愁盼的问题，通过对历史资料的爬梳提炼，汲取治国理政的历史智慧，以古鉴今，古为今用。自2019年以来，我所学者撰写的《要报》共获中国社会科学院优秀对策信息奖12项，其中特等奖3项，一等奖1项，三等奖8项。这个成绩在古代史所的历史上是前所未有的。目前，所里不少同志从对对策性研究所知甚少，发展成为行家里手，能够把专业知识科学转化为服务国家与社会的智慧，更加体现出我们史学工作者的家国情怀。

古代史所不仅做好服务党中央的工作，也利用自身专业优势积极参与地方社会经济文化建设。2018年，我所参与了"改革开放四十年百县（市、区）调查"特大项目，顺利完成在辽宁省北票市和陕西省丹凤县的调研工作，撰写出高质量的调研报告。"十三五"期间我所在陕西省丹凤县和甘肃省民勤县设立国情调研基地，围绕当地的历史文化资源和脱贫攻坚，多次组织调查，完成一批高质量报告，助力当地建设。我所分别与福建莆田和甘肃武威联合研究打造的妈祖文化研究和凉州文化研究基地，取得了突出成就，有力扩大了两个区域特色文化的影响力，为当地社会经济文化建设提供了新的增长点，受到当地人民的热烈欢迎。

（二）以科研工作为中心，不断深化中国古代史研究

自20世纪50年代初建所以来，古代史所的辉煌历程，是与郭沫若、陈垣、顾颉刚、侯外庐、尹达等一批史学大家及《中国史稿》《中国思想通史》《甲骨文合集》等一系列巨著连在一起的，并形成了以马克思主义史学理论及其中国化研究为主轴，注重基本理论和基本史料，断代史、专门史相辅相成的学术传统，为新中国的史学建设和改革开放以来的历史学发展做出了重大贡献，被国内外同行公认为中国古代史研究的火车头。新时代的古代史所继续以科研工作为中心，从多层面、多角度不断深化中国古代史研究。这方面的工作很多，这里只选举几项我认为比较重要的与科研机制相关的工作。

一是凝聚了全所的研究方向。过去所里的科研工作当然有很多集体项目，但主要还是以个人自选为主。创新工程开始后，全所同志经过反复讨论，根据学科前沿状况和我所实际，确立了"马克思主义史学理论及其中国化""中国古代国家与社会""中国古代思想与文化创新研究""古代区域与民族问题创新研究""中国历史文献的创新整理与研究""中国古代史研究前沿追踪与分析"六大领域。研究领域与方向的确定，对凝聚全所力量，整合全所资源，集中力量做研究发挥了重要作用。十多年来，所里很多重要项目，如《中华思想通史》《今注本二十四史》等，都是六大领域规划的一部分。我们长期坚持的年度学科动态报告会和古代史前沿追踪与分析，均产生了很好的反响，也直接促成了《中国古代史年鉴》的编纂出版。

二是规范了科研管理制度。新时代，我们以创新工程为契机，以院里相关制度为依托，相继制定了《创新岗位竞聘上岗暂行办法》《创新项目管理办法（试行）》《集刊资助办法》《学科

建设管理办法》《交办课题管理办法》等，并不断进行修订完善，使科研管理工作有章可循。与之相配套，横向课题管理和国家社科基金管理也有了相关规定。这些在我所历史上也是前所未有的。

三是做好国家社科基金项目申报与管理工作。所里积极鼓励引导大家申报国家社科基金项目，推动创新工程首席项目向国家社科基金项目的提升，使新时代我所国家社科基金项目上了一个新台阶。自2012—2023年间，共立项并执行各类国家社科基金项目90项。其中重大项目9项、重点项目5项、一般项目19项、青年项目24项、后期资助项目23项、成果文库出版项目2项、中华学术外译项目4项、冷门绝学项目4项。所里积极履行国家社科基金项目的监管职责，严格要求，规范管理，各项目进展顺利，结项率100%。

四是积极参与"登峰战略"学科资助计划。在中国社会科学院第一轮学科建设"登峰战略"中，我所获得一项优势学科（出土文献与先秦秦汉史）、三项重点学科（唐宋史、明清史、"一带一路"与中外关系史）、两项特殊学科（徽学、中国古代文化史）资助。在2023年新一轮的"登峰战略"学科资助计划中，我所获得两项优势学科（出土文献与先秦秦汉史、隋唐宋元史）、一项重点学科（明清史）、两项特殊学科（中国古代文化史、历史地理学）资助。"登峰战略"涵盖了我所主要学科，对各学科的刊物建设、人才培育、交流合作等起到很大推动作用。

在上述科研机制的推动下，我所结合自身特点，围绕绩效考核和创新准入退出规定，建立了一整套管理办法，有效促进了科研生产力。2012—2023年，共出版专著220部，论文集、集刊144部，学术资料18部，古籍整理78部，普及读物33部，译著20部，工具书4部。共发表学术论文3264篇，其中核心期刊论文 1093 篇。在重要荣誉方面，共获得中国社会科学院优秀科研成果奖 26 项，获郭沫若中国历史学奖 25 项，获胡绳青年学术奖 4 项，获中国出版政府奖 9 项等。

（三）积极构建学科平台，发挥古代史所引领作用

学科建设需要一定的平台，平台建设是学科建设的基本抓手，也是学科建设的重要内容。新时代的古代史所首先加强集刊建设。截至 2024 年 1 月，我所基本实现了一个研究室一本集刊的目标，拥有《甲骨文与殷商史》《殷周历史与文字》《简帛研究》《简帛学理论与实践》（与首师大合办）、《隋唐辽宋金元史论丛》《明史研究论丛》《清史论丛》《丝瓷之路——古代中外关系史研究》《欧亚学刊》《欧亚译丛》《形象史学》《魏晋南北朝史研究》《中国古文书学研究》《中国社会科学院古代史研究所学刊》《朱子学研究》（与上饶师范学院合办）、《郭沫若研究》等 16 种集刊，以这些集刊为抓手，凝聚海内外力量，推动学术繁荣发展，突出我所各学科的引领作用，取得很大的学术效益和社会效益。这些集刊中，已经有 5 种被收入南京大学中文社会科学引文索引（CSSCI）来源集刊、5 种被收入中国人文社会科学集刊 AMI 综合评价核心集刊。从 2021 年开始，我所启动了每年一辑的《中国古代史年鉴》编纂工作，对中国古代史领域的年度研究成果进行追踪和勾勒提要，全面、系统、准确地汇辑年度重要史学成果、文献资料和各种动态，力争打造有权威性、能够展现中国古代史研究状况的专业年鉴，服务于中国古代史学界的广大同仁。

其次，不断巩固加强学会、研究中心和合作基地建设。学会、中心和基地是学科建设、人才培养的重要途径，是学科平台的重要内容，是一个科研机构学术地位的反映。新时代的古代史

所十分重视学会、中心和基地建设，将其作为学科建设的重要内容之一。目前我所代管的全国性学会有7个，分别是：中国先秦史学会、中国殷商文化学会、中国秦汉史研究会、中国魏晋南北朝史学会、中国明史学会、中国中外关系史学会、中国郭沫若研究会。内设非实体研究中心11个，其中中国社会科学院院级研究中心5个：中国社会科学院甲骨学殷商史研究中心、中国社会科学院简帛研究中心、中国社会科学院敦煌学研究中心、中国社会科学院徽学研究中心、中国社会科学院中国思想史研究中心；中国历史研究院院级研究中心4个：中国历史研究院甲骨学研究中心、中国历史研究院海外中国历史文献研究中心、中国历史研究院中华早期文明研究基地、中国历史研究院二十四史研究中心；古代史研究所所级研究中心2个：中国社会科学院古代史研究所内陆欧亚学研究中心、中国社会科学院古代史研究所中国国学研究与交流中心。新时代古代史所本着"一室一刊一基地"的发展目标，与地方政府、高校、科研机构共建各类研究基地20个。古代史所十分重视对上述三类机构的管理，不断提升学会、中心在推动学科建设上的作用，依托基地开展学术调研、国情调研，召开各类学术会议，加快青年人才的培养成长。

最后，推进国际与区域交流合作，搭建常态化的国际学术交流平台。为加强古代史所自主化的国际与区域学术交流，使更多学者特别是青年学者能够获得更广泛的学术交流机会，新时代的古代史所继续巩固发展常态化的国际学术交流平台。一是高质量组织好"三大品牌论坛"。所谓"三大品牌论坛"是指"中日学者中国古代史论坛"（2019年更名为"中国文化研究国际论坛"），"中韩学术年会"和"中国古文献与传统文化国际学术研讨会"。"中日学者中国古代史论坛"是我所与日本东方学会共同主办的国际论坛，2009—2018年成功举办了十届。论坛围绕会议主题，由双方分别邀请各自国家的代表性学者，在中日两国轮流召开。十年里，会议讨论的主题非常广泛，如"史料与中国古代史研究""魏晋南北朝时期贵族制度的形成与三教、文学""中古国家秩序与地方社会""中国史学的方法论"等，论坛对两国古代史学界产生了很大影响。2019年改为"中国文化研究国际论坛"后，已经举办四届，先后围绕"中国文化的传承与阐释""中国文化的统一性与多样性"等问题开展讨论。从2011年开始，古代史研究所与韩国成均馆大学东亚学术院共同主办的"中韩学术年会"已经成功举办了十一届。论坛围绕"从出土文字资料和户籍族谱看东亚社会""儒学与古代东亚社会""东亚古文献的流通和文物交流""东亚的传统秩序与演变"等问题开展讨论，有力促进了中韩两国中国古代史学界的交流。从第十届开始（2022），韩国庆北大学学者应邀参会，进一步扩大了论坛在韩国的影响力。"中国古文献与传统文化国际学术研讨会"是由我所与香港理工大学中国文化学系、北京师范大学历史学院古籍所共同主办的，从2010—2023年，已经成功举办了十二届。会议先后围绕"中国古文献与传统文化""中国传统文献和新发现文献、历史文献学的学科建设""古文献与中华优秀传统文化核心思想观念""中国古文献与东亚历史文化"等主题开展讨论。"三大品牌论坛"有力提升了我所的国际影响，也有力促进了我所的对外交流，虽历经疫情肆虐也基本没有中断。据不完全统计，我所有350多人次参加了三大论坛。二是坚持"请进来、走出去"，推进常态化国际交流。十年来，我所累计出访260余批次，300余人次；接待来访60余批次，近300人次。截至2019年疫情之前，出访、接访批次、人次呈现逐年增加趋势，特别是45岁以下年轻人的交流频率明显上升。疫情之后，国际交流开始恢复，仅2023年上半年，已经出访20批次、30人次。总体上看，我所对外合作交流集中在东亚，尤其以日本、韩国为主。但与朝鲜、越南、蒙古等国的交流也逐步开始。同时搭建起了与中亚等国的学术交流平台。目前，我所与日本早稻田大学、大谷大学、大东文化大学、奈良文化财研究所，韩国庆北大学、成均馆大学，俄罗斯哈卡斯语言文化与历史研究所，斯洛伐克科学院考古与人类学研究所，吉尔吉斯斯坦人民历史与文化遗产基金会等签订了所级交流协议。

（四）加强关于中华优秀传统文化核心价值的系统整理研究、普及宣传，促进中华优秀传统文化的创造性转化、创新性发展

党的十八大以来，习近平总书记对中华优秀传统文化高度重视，作为中华传统文化研究的专业研究所，我所有责任发挥自身的独特优势。新时代的古代史所通过不同渠道、以不同方式，深度参与中华传统文化的研究、实践、创新、转化。先后完成了中央马克思主义理论研究和建设工程、全国哲学社会科学工作办公室，以及中央相关部门、中国社科院党组委托交办的若干项重要课题。这些课题围绕"中国特色"的历史背景、中华传统文化中的现代元素、中华文明起源、中华优秀传统文化的"两创"、历代王朝治国理政的历史经验教训等问题开展深入研究，既具理论性、学术性，又能够为今天的现实服务，获得有关部门的高度认同。

新时代的古代史所十分重视中华优秀传统文化的传播弘扬，坚持以唯物史观统领史学研究，普及宣传中华优秀传统文化。在教育部教材局的安排下，完成了统编高中历史教科书必修《中外历史纲要》的部分编写工作，以及主编统编高中历史教科书选择性必修1《国家制度与社会治理》的工作。完成了《简明中国历史读本》的编写，完成了百集纪录片《中国通史》的制作任务，出版了面向社会大众的 5 卷本《中国通史》。这些作品坚持正确的历史观，传播科学的历史知识，简洁明了，严谨活泼，通俗易懂，自面世以来，获得全社会的广泛欢迎。我所学者还在主流权威媒体不断撰写文章，加强对中华优秀传统文化的研究阐释。我所所属郭沫若纪念馆，也利用出版和展览等各种形式广泛宣传我所老一辈马克思主义史学家的丰功伟绩，歌颂他们为中国马克思主义史学做出的重大贡献。

（五）高度重视历史系工作，不断促进科教融合，为中国古代史学科培养后继人才

历史系是中国社会科学院大学（研究生院）中一个拥有雄厚实力的系，建系四十多年来，历史系为海内外中国古代史学界培养了大批人才，历史系的专业教学和导师队伍就来自于古代史所。新时代，随着中国社会科学院大学的建立，古代史所不仅承担着历史系硕、博士生的招生培养，还承担起了历史学院本科生的培养任务。历史系落实中国社科院党组科教融合的部署，为历史学院的每一届本科生上好中国古代史专业基础课和选修课。历史系硕博招生质量、规模稳定提升，2023 年在读研究生已经达到 91 人，是历史系成立以来在读人数的最高值。研究生培养质量稳步提高，近十年来，获得研究生院优秀博士论文近 10 篇，毕业生就业和升学去向良好。历史系还以古代史所老所长、著名马克思主义史学家侯外庐为名，搭建了"外庐研究生论坛"，为在校研究生发表学术论文和学术讨论提供平台，受到好评。古代史所还积极利用"古文字与中华文明传承发展工程"项目支持历史系工作，拨出资金资助研究生科研立项，开展科研工作。目前，历史系拥有硕士生导师 52 名、博士生导师 19 名，涵盖了中国古代通史、断代史、专门史各领域，形成了比较完善的教学体系。历

史系的教师以严谨求实的优良学风指导教学科研，为新时代中国古代史的人才培养做出了重要贡献。

新时代古代史所的工作当然远远不止以上部分，还有很多工作都没有谈到。例如，古代史所的行政管理工作在所党委的领导下也上了一个新的台阶，老干部工作更加细致周到，青年人才培养也有了更多更好的举措，等等。这些都反映了党的十八大以来，在以习近平同志为核心的党中央坚强领导下，在中国社科院党组的领导下，我所各方面工作所取得的新成就。

三 新时代古代史所的展望

在习近平总书记的亲自关怀指导下，2019年中国历史研究院成立，历史研究所更名为古代史研究所，经过五年的发展，古代史所学科建设、人才培养又取得了更为丰硕的成果。近期，中国历史研究院又进行了新的内部改革调整，领导管理更为有力顺畅。无论从大的环境还是小的环境，古代史所都迎来了历史上前所未有的发展机遇。我们要牢牢抓住这个发展机遇，坚定不移地以习近平新时代中国特色社会主义思想为指导，为繁荣发展中国特色历史学"三大体系"做出古代史所的贡献。

首先，以马克思主义唯物史观为指导，更加深入地研究中华优秀传统文化。历史研究总是要随着时代的发展而变化。党的十八大以来，中国特色社会主义进入了新时代，新时代给我们史学工作者提出了新的任务和要求，特别是习近平总书记对中华优秀传统文化的历史地位与当代价值发表过很多重要论述，将中华优秀传统文化提升到前所未有的高度，将中国特色社会主义与5000多年中华文明史的深厚基础相结合，开辟了中国特色社会主义更加宏阔深远的历史纵深，拓展了中国特色社会主义道路的文化根基，使中华优秀传统文化在新时代绽放出夺目的光彩。我们必须以中国化、时代化的马克思主义习近平新时代中国特色社会主义思想为指导，以习近平文化思想为指引，在中华优秀传统文化的研究阐释上下大功夫，科学回答新时代对史学工作者提出的重大任务。在中华文明的突出特性、中华文明起源及其发展规律、中国特色社会主义的历史底蕴、中华优秀传统文化的现代价值、马克思主义基本原理同中华优秀传统文化相结合、中国古代治国理政的历史智慧等问题上做出深入研究阐释。这是古代史所义不容辞的职责。

其次，以扎实的史学研究为基础，为推进中国古代史学科建设继续做出新贡献。经过70年的发展，特别是经过新时代的调整完善，古代史所已经奠定了比较好的学科基础，这主要表现在通史、断代史、专门史研究室的系统配备，《中国史研究》和《中国史研究动态》期刊的核心地位巩固，各专业集刊群与年鉴的编纂，各学会、研究中心与基地的打造，国际学术交流平台的搭建等方面。目前，古代史所各研究室主要负责人的年轻化也基本完成，各学科的学术骨干与学术成果在相关领域中的领先地位持续增强。这些都为未来学科建设发展提供了很好的要素。但是，学科发展的不平衡性还存在，个别学科落后于国内高校的状况短期还难以改变，编制造成的人才断档情况还存在，未来古代史所还必须利用改革所创造的各种机遇，努力补齐学科短板，加快人才队伍培养，在基础研究上下大功夫，改变研究中的"碎片化"状况，凝聚力量，争取在中国古代史若干重大理论与重大历史问题研究上、在跨学科研究上有突破性的进展。

最后，以求真务实、理论联系实际的学风，推动古代史所跃上新的台阶。所里人都知道，求真务实是古代史所的所风，求真务实就是要在史学研究上始终保持严谨的学风，就是要在治所管所上始终坚持实事求是的精神，不断保持古代史所研究成果厚重扎实的特点，保持古代史所管理工作细致周密的工作作风。求真务实体现了一个建所70年大所的深厚积淀。我想，古代史所的求真务实还包含着另一种精神，那就是理论联系实际。理论联系实际既包括将马克思主义理论与中国古代历史实际相结合，也包括将史学研究成果与当代中国实际相结合。70年来，古代史所学人筚路蓝缕，以启山林，栉风沐雨，砥砺前行，这种精神在一代代古代史所人中传承不绝，至今依然，为中国古代史研究和当代中国党和国家的文化事业做出了突出贡献。我希望未来的古代史所人仍然要秉持这种精神，坚守求真务实的家国情怀，为中华民族的伟大复兴，为新时代的中国历史学事业做出我们的贡献。

人事有代谢，往来成古今。恐怕没有人比研究古代史的人更能够理解这句话的含义。如今，所里20世纪五六十年代出生的同志很快都要离开工作岗位了，新的古代史所人正在茁壮成长。我真心祝愿我热爱的古代史所和古代史研究事业，在我们这个大家庭里薪火相传，繁荣发展，迎接更加美好的明天！

（本文写作过程中得到古代史所科研处任会斌、博明妹、张岩、田超，综合处沙崑、王萌、李金玲等同志的大力帮助，特此致谢！）

目　录

前言　新时代的古代史研究所 …………………… 卜宪群（1）

历史研究所的学术传统
　——写在建所七十周年之际 …………………… 高　翔（1）
建所以来的甲骨学金文学研究传统与成绩 ………… 刘　源（14）
建所以来的秦汉史学科发展概况 …………………… 赵　凯（26）
建所以来的魏晋南北朝史学科发展概况 …………… 戴卫红（59）
建所以来的唐史学科发展概况 ……………………… 刘子凡（84）
建所以来的辽宋金史学科发展概况 ………………… 康　鹏（103）
建所以来的元史学科发展概况 ……………………… 乌云高娃（119）
建所以来的明史学科发展概况 ……………………… 张兆裕（129）
杨向奎先生与清史学科建设 ………………………… 林存阳（143）
思想史学科与侯外庐学派的形成建设、
　传承发展 ……………………………………… 郑任钊（173）
建所以来的中国古代文化史学科发展概况 ………… 刘中玉（187）
古代社会史学科四十年发展概况 …………………… 邱源媛（204）
古代中外关系史学科四十年发展概况 ……………… 李花子（220）
古代通史学科发展概况 ……………… 赵现海　张沛林（237）

建所以来的历史地理学科发展概况 …………… 孙靖国（243）
新中国郭沫若古籍整理二三事 ………………… 张　勇（258）
我所见证的古代史研究所简帛学科发展历程 …… 邬文玲（268）
徽学研究兴起往事 ……………………………… 栾成显（299）
历史系的教学秘书们 …………………………… 朱昌荣等（310）
稳步前进的中国史研究编辑部 ………………… 邵　蓓（336）
助力科研兴文脉　赓续奋进新征程
　　——回眸历史研究所图书馆 ………… 潘素龙　范　猛（349）
恩重如山　难报万一
　　——恭祝建所七十周年 ………………… 陈祖武（364）
团结奋斗，不断创新
　　——写在建所七十周年之际 …………… 李世愉（367）
史学沙龙·天圣令读书班·古文书研究班
　　——记我经历过的所内三项学术活动 ………… 黄正建（380）
尹达先生与历史研究所 ………………………… 谢保成（397）
懿范长存启后学：怀念林甘泉先生 …………… 庄小霞（446）
忆黄烈师二三事 ………………………………… 梁满仓（455）
编辑《求真务实五十载》的点滴回忆 ………… 汪学群（461）
我经历的所馆分立与合并 ……………………… 赵笑洁（473）

附一　中国社会科学院古代史研究所（中国历史
　　　研究院古代史研究所）内设机构简介 ………（484）
附二　中国社会科学院古代史研究所大事记 ………（495）

后　　记 ………………………………………………（507）

历史研究所的学术传统
——写在建所七十周年之际

高 翔
中国社会科学院院长、党组书记，
中国历史研究院院长、党委书记，研究员

2024年是中国社会科学院历史研究所也就是现在的古代史研究所建所70周年。在我心中，历史研究所从来都是我的学术故园。我的学术之路，从中国人民大学启程，在历史研究所（以下简称历史所）步入新境，一路走来。

桑梓恩重，故园情深。1996年我来到历史所，2002年离开，到社科院院部上班，但教学关系一直在所里，更重要的是，尽管工作岗位多次变化，但我一直心系历史所的建设和发展，与所里师友们的学术联系未曾中断，从这个意义上讲，我始终是历史所的人。近日，欣闻所里同仁正在编著《求真务实七十载》，追述70年之变迁，所领导希望我写篇文章，虽事务繁多，仍不敢有违。

我初来历史所时，郭沫若、侯外庐、顾颉刚、谢国桢等学术大师已然离去，无缘当面受教，但其遗风余韵，犹称思于后人。其时，研究所群贤汇聚，如张政烺、王毓铨、杨向奎、王戎笙、林甘泉、李学勤、何龄修诸先生，均卓然大家，笔耕不辍，活跃于科研一线。每逢周二返所之时，研究所熙熙攘攘，讲学论道之声不绝于耳。岁月匆匆，老成凋谢；抚今追昔，慨叹良多。清儒钱大昕尝说："史非一家之书，实千载之书。"在建所70年之际，写几句体会和感受，寄语同仁，鞭策自己。

真正的历史学，从来都是时代的里程碑，既铭刻着时代的高度与里程，又是时代精神的信物。党的十八大以来，在习近平总书记和党中央领导下，中华民族步入成长壮大的黄金时代，在复兴之路上不断创造出光耀千秋的历史辉煌。伟大的时代，离不开历史智慧的支撑，同时又为历史学的繁荣发展提供了丰厚的沃土和滋养。习近平总书记对历史科学高度重视，亲自谋划。2019年1月3日，在总书记亲切关怀下成立了中国历史研究院，开启了建设新时代中国史学的新征程。2023年6月2日，总书记又亲临中国历史研究院视察，出席在历史院召开的文化传承发展座谈会并发表重要讲话，发出了建设中华民族现代文明的时代最强音，为新时代中国史学发展指明了方向。

当今世界，是人类有史以来最复杂的世界，也是变化最快的世界。越是在这个时候，越需要历史眼光、历史思维、历史智慧和历史定力，越需要历史学的参与和支持。而中国历史学能否担负起时代的使命与重托，则是每一个历史研究者不能不正视的重大问题。

解决时代问题，需要人们对历史进行反思；解决学术发展自身的问题，也需要对学术历史进行反思。史学研究虽然带有个性化特色，但从总体上看，从本质上讲，都不是凭空从天上掉下来的，都是既有学术历史的延续。中华民族在历史长河中形成的优秀史学精神和学术传统，积淀而成的学术成就，始终是我们前进的基础和出发点。历史所是一个洋溢着传承和创新激情的机构。它在70年的学术磨砺中，在时代大潮的起伏中，逐渐形成了自己的学术风骨、学术精神、学术传统，唯物史观是它的旗帜和灵魂，严谨求实是它的治学原则，经世致用是它的学术使命。历史所的学术底蕴与传统，不但是古代史研究所，而且是新时代中国史学赢得未来、迈向学术新高的宝贵财富。

回望历史所的创建、成长和发展历程，我认为以下几个方面值得高度重视。

一是坚持唯物史观。恩格斯曾经指出，"正像达尔文发现有机界的发展规律一样，马克思发现了人类历史的发展规律"[①]。"自从历史也得到唯物主义的解释以后，一条新的发展道路也在这里开辟出来了"[②]。历史所最深厚、最根本的学术底色，是唯物史观。这是流淌在历史所学术血液里的信仰，是历史所安身立命的灵魂，是必须世代相传的精神命脉。

回顾学术历史，中国马克思主义史学的重要奠基者就是历史所首任所长郭沫若同志。早在20世纪二三十年代，郭老就开启了中国史学界社会形态研究的宏伟进程，出版了《中国古代社会研究》。《中国古代社会研究》是中国学者运用马克思主义社会经济形态理论划分中国历史发展阶段的初步尝试，是史学界把马克思主义同中国历史实际相结合的开山之作，中国马克思主义史学的历史大幕由此拉开。老所长侯外庐同志翻译《资本论》，坚持读原著、用原典，尤其重视将唯物史观引入思想史研究，提出将思想史与社会史相结合，由此开创了中国马克思主义史学的思想史学派。

1954年，根据中央安排，历史研究所第一所、第二所成立，汇聚全国史学研究的优秀力量，建所之路从此开启，其重

---

① 《马克思恩格斯选集》第3卷，人民出版社2012年版，第1002页。
② 《马克思恩格斯文集》第4卷，人民出版社2009年版，第281—282页。

要使命是：传承和发展马克思主义，将唯物史观真正贯彻到史学研究中，使之发扬光大。无论是郭老还是外老，他们都一辈子信仰马克思主义，真学、真信、真懂、真用，不但如此，还影响和培育了一代代马克思主义史学英才。尹达同志在20世纪30年代，受郭老研究古代社会的影响，钦佩郭老用唯物史观将古代史料点活了，从此走上了用唯物史观探索古代社会的道路。李学勤同志回忆说，在马克思、恩格斯和列宁全集的中译本出版过程中，每出一本，外老总是带头先读，将体会告知学生，然后让学生们认真阅读。赫治清研究员回忆20世纪60年代中期入所第一天，尹达同志就交代他要学习《德意志意识形态》等经典著作。学习和贯彻唯物史观，已然成为历史所建所治学的自觉追求。正是在这个过程中，一些早已声望卓著的学术大家，也纷纷追求进步，接受和学习马克思主义。陈垣先生自述自己的治学经历是"钱、顾、全、毛"，清晰地勾画出他由钱大昕的考据学，经由顾炎武的经世致用和全祖望的故国文献之学，终于找到毛泽东思想这一转变历程。贺昌群先生接受马克思主义经济基础决定上层建筑的观点，专心研究汉唐时期土地所有制关系，提出国有土地制度占主导地位的卓识，为了解传统社会土地所有制特性提供了关键证据。

  正是在历史研究所前辈们和全国史学界同仁的共同努力下，新中国逐渐形成了以唯物史观为指导、以社会形态研究为主体的新的史学体系。这一崭新的学术体系，将中国现代史学和以儒家思想为指导、以考经证史为特征的封建史学彻底区别开来，和以资产阶级唯心史观为指导、以实证为特色的近代史学彻底区别开来。这一学术体系，体大思精，巍峨雄伟，气象万千，标志着数千年中国史学攀上了新的历史高峰。

  唯物史观不但成就了新中国史学，也成就了历史所的学术队伍。历史所马克思主义史学薪火不断，代有传人。像林甘泉同志笃信唯物史观，潜心马克思主义社会形态研究，围绕古代史分期、中国古代社会发展道路、中国古代国家政体等问题，提出了诸多富有理论建设意义的真知灼见，并运用唯物史观研究中国古代经济史、秦汉史，取得了卓越成就。卢钟锋研究员长期师从侯外庐先生，在中国思想史领域提出诸多独到见解。听所里同志讲，直至今日，每一名进入历史所的新入职人员，都会收到一部最新的《马克思恩格斯选集》，作为治学入门的经典。这一做法值得提倡，年轻学子得到的绝不是单纯的著作，而是学脉、文脉，是使命与传承。

二是坚持科学精神。马克思主义史学之所以被称为科学，绝非单纯因为它所独有的宏阔视野、博大情怀，还在于它一直倡导的科学精神，严谨求实，绝不空谈。恩格斯指出："即使只是在一个单独的历史事例上发展唯物主义的观点，也是一项要求多年冷静钻研的科学工作，因为很明显，在这里只说空话是无济于事的，只有靠大量的、批判地审查过的、充分地掌握了的历史资料，才能解决这样的任务。"[①] 几十年来，历史所坚定不移地信奉着、传承着马克思主义史学的科学精神，秉承求真务实的学风，强调言必有据，事必有证，在探索历史真实与规律的道路上，脚踏实地，行稳致远。

注重原创，不说废话，不做低水平的重复，几乎是历史所老一辈学者对年轻学子共同的嘱咐。1961年，陈垣老所长在所学术委员会扩大会议上语重心长地谈道："现在有些学术性论文，空论太多，闲话不少。""言之无物的文章最好少些，看起来太费眼力，更重要的是太费时间。"他还说，"文章不怕长，

---

① 《马克思恩格斯文集》第2卷，人民出版社2009年版，第598页。

但要有内容，没废话，能够让人懂"。尹达在指导学生过程中，特意谈到文章的价值在于解决学术真问题，不能只是炒冷饭，低水平重复，或者搞拼盘，东拼西凑。只有写出让那些同意或者不同意自己观点的人都得参考、不能绕过的文字，才是真正有价值的文章。

坐冷板凳、一丝不苟、笃实创新，是历史所学者秉持的作风。历史所老一辈中的不少学者，能够做到数十年磨一剑，融汇中西，贯通古今。像张政烺先生利用先秦文献和唐宋诗歌、笔记讨论商代裒田制，厘清商代农业生产和社会结构；研究《周易》数十年，发表《试释周初青铜器铭文中的易卦》，破解了长期困扰学界的青铜器和甲骨文上的数字符号；《"十又二公"及其相关的问题》论文从构思到成文，历经近50年时间，成为史学界的佳话。沈从文先生从文学家转行历史与考古，自20世纪50年代开始物质文化史研究，过眼几十万件丝绸、玉器等材料，完成周总理的嘱托，写成《中国古代服饰研究》巨著，开启新中国成立以来文化史研究的新方向。

在历史所，讲究的是对每一条材料、每一个标点，都要力争做到一丝不苟、准确无误。杨向奎先生回忆，顾颉刚先生有时候大早上朗诵自己所写的文章，反复进行修改。顾先生之女顾潮回忆，顾老点校《资治通鉴》，为了一个标点问题，到处请教专家，最终为此患病。熊德基先生曾感叹，历史是一门从冷板凳中坐出来的学问。历史所的所有学问，几乎都是熬出来的，是学人们用多年心血和无数精力煎熬所致。在集体项目的完成上，这种笃实认真的风格尤为明显。《中国史稿》初稿收到全国大小意见7000余条，编写组对此认真研究，逐条分析。以郭老为例，他对重点审阅的《奴隶社会》一册，提出41条58则修改意见，其中包括标点符号。现在，集体项目成功的不多。但 70 年来，对历史所具有奠基意义的成果大都由集体完成。在历史所，有组织的集体科研项目，往往代表的是该领域的最高水平和学术尊严。

史料是史学的基础。历史所特别注重证据、规范，尊重文献资料的基础作用，通过尽量多地发掘和整理、占有资料，通过有一分材料说一分话，确保研究成果经得住推敲和检验。像陈垣等老一辈学者曾参加四库档案整理，顾颉刚先生整理民俗史料，谢国桢等老先生多年购置和收藏罕见书籍。更难得的是，一系列具有世界影响力的大部头史料合集得以整理出版。以《甲骨文合集》为例，胡厚宣先生数十年如一日，向公私收藏单位和个人访求甲骨实物和拓本 20 余万片，后将自己多年费力搜集到的人头骨刻辞及大中小片甲骨共 192 片，及甲骨拓本十二册（含 8910 片拓片），全部捐赠给编写组。整个编写组历经 20 余年，克服重重困难，印制 13 巨册《甲骨文合集》图版及 4 大册《甲骨文合集释文》，成为甲骨学史上划时代的里程碑。杨向奎先生主持孔府档案整理和乾隆朝刑科题本整理，从 20 世纪 60 年代持续到 80 年代，开启了明清史重视档案和史料的学风。徽学中心多年收集各种徽州文书，又结集出版，是徽学研究的开创者之一。改革开放后，《英藏敦煌文献》的收集和出版，《天圣令》和《元典章》的整理，以及《清史资料》的出版，都展示了历史所史料为先、严谨治学的特点。历史所也因此成为国内外公认的中国古代史资料发布和研究的重要推动者。

三是坚持以史经世。真正的历史学，绝不是个人沽名钓誉的工具，相反，它具有明确的社会责任和时代担当。无论是马克思主义史学，还是中国传统史学，历史研究都不是冰冷的过程，而是洋溢着激情的事业。正如章学诚在《浙东学术》中所说："史学所以经世，固非空言著述也。且如《六经》同出于孔子，先儒以为其功莫大于《春秋》，正以切合当时人事耳。后之言著述者，舍今而求古，舍人事而言性天，则吾不得而知之矣。学者不知斯义，不足言史学也。"中国的马克思主义史学，从一开始就肩负着服务国家和民族的重任。郭沫若的《中国古代社会研究》基于对古代社会形态的考察，庄严宣布："瞻往可以察来。""社会是要由最后的阶级无产者超克那资本家的阶级，同时也就超克了阶级的对立，超克了自己的阶级而成为无阶级的一个共同组织。这是明如观火的事情，而且事实上已经在着着地实现了。"新中国成立后，历史所的一代代学人纷纷投身于时代进步的洪流中，中流击水，激扬文字，以智慧奉献社会，无怨无悔，百折不回。

70年来，历史所的不少优秀学者站在历史与时代的制高点，饱含家国情怀，致力于研究对时代进步具有重要意义的大问题、真问题。创建伊始，在时代最需要解决的历史问题上，历史所发挥自己独特的作用，积极奉献智慧。例如，关于古代社会的分期问题，不仅涉及对整个古代社会性质的判断，更关系到对中国历史道路的认识，关系到对社会主义革命和建设历史合法性的认识，历史所同仁艰苦探索，虽观点各异，但方向一致，即服务新中国的理论与文化建设。郭老坚持战国封建论，外老坚持秦汉封建论，张政烺先生等坚持魏晋封建论，给这场举世瞩目的学术大讨论提供了丰富的素材和观点，深化了知识界对马克思主义社会形态理论的认识，进一步坚定了以唯物史观为指导的信心与底气。在关于资本主义萌芽、土地制度、农民战争等重大问题的讨论中，历史所同仁也奉献了诸多真知灼见。改革开放后，历史所积极解放思想，利用自身优势，成为全国历史学规划发展的重要引领者，在把马克思主义唯物史观与中国历史实际相结合上，主动设置课题，协同攻关，产生了很多具有标志性的成果。如林甘泉同志主编的《中国封建土地制度史》（第一卷），对于认识古代社会性质的关键问题作出了新的贡献。王戎笙同志组织编写的《清代全史》，至今仍是清史研究领域的学术高峰，巍然屹立。

真正的以史经世，绝不是脱离实际的趋附迎合，更不是搞"文化大革命"中"影射史学"那一套，相反，是家国情怀的学术体现，洋溢着科学精神，是对真理的坚守和捍卫。学术有灵魂，治史需骨气。历史所学人始终传承着先辈的情怀，追求真理，捍卫真理。20世纪二三十年代，郭老在大革命陷入低潮，大批知识分子放弃共产主义信仰的危急时刻，主动入党，开启了社会形态研究的全新道路。在"文化大革命"的艰难期间，《甲骨文合集》编写组在周恩来总理的关怀下，冲破政治阻力，坚持工作，为改革开放后甲骨学研究的发展奠定了重要基础。

马克思主义史学，是与教条主义完全对立的。它从无门户之见，从不故步自封、墨守成规。外老多年潜心研究《资本论》，对马克思主义学说有独到理解，对于教条主义的学风深恶痛绝。例如，在生产方式的理解上，他与斯大林等权威说法不一，新中国成立初期受到批评，仍坚持己见。后来，外老看到邓小平同志提出"科学技术是生产力"的观点，欣然接受。外老在谈到用《资本论》诠释《老子》时说道，他"并不是靠了马克思的某一句警言，而是靠方法论"。他善于以世界眼光，审视中西发展道路的差异，进而提出一系列卓越见解。

敢于坚守真理，同时又能虚怀若谷，是老一辈学人的大家风范。郭老和外老之间的学术争论让人津津乐道。二老关于古代社会性质的论断多有共识，但在对屈原思想的评价上差异很大。郭老创作《屈原》剧本，以古讽今，揭露蒋介石等政治腐败，对此外老十分赞同。但是，关于屈原的历史评价，从史学角度出发，外老认为郭老将屈原过分理想化，有损历史真实。对此，郭老和外老各自坚持自己的观点几十年，都不曾退让半分。1964年杨向奎先生出版专著《中国古代社会与古代思想研究》，此为他20余年研究心得，特意邀请赵纪彬、王玉哲两位先生题跋。前者直指该书未能贯彻历史唯物主义于思想史研究，后者抨击该书中西周土地国家制论证乏力。向老将两篇文章完整收入书中，显示其磊落胸襟和谦虚风范。在历史所人看来，真理惟有越辩越明，学问才能经世致用，个人私誉、虚荣无需过分顾忌。这就是学术大家的境界！

四是坚持兼容并包。历史所自建所之日起，就肩负着为国治史的重任，聚集全国优秀史学人才，专注古代社会的整体性、规律性研究，兼容并包、兼收并蓄成为其治学的鲜明特色。

名家云集，交相辉映，是历史所70年来整体发展的鲜明特征。1954年，历史一所和二所成立，由时任中国科学院院长郭沫若兼任一所所长，尹达任副所长，聚焦先秦至南北朝的历史；由陈垣先生兼任二所所长，副所长为侯外庐、向达同志，聚焦隋唐至1840年的历史。同时从全国调集一批优秀史学家，顾颉刚、杨向奎、胡厚宣、张政烺、贺昌群、谢国桢、王毓铨等先后来所，他们均是学有专长、享誉海内外的史学大家。其时英才汇聚，各展所长，各尽所能，百家争鸣，百花争春，共同建设历史所这一国家级史学平台。

发挥集体优势，坚持有组织的科研，是历史所70年来治学立业、服务社会的主要方式。历史所从最初的六个研究组，即一所的先秦史、秦汉魏晋南北朝史，二所的隋唐史、蒙元史、明清史和思想史，发展到今天涵盖各个断代史和通史，以及文化史、社会史等专门领域的14个研究室，各个朝代、各个领域都有相应学科覆盖，学术门类齐全，形成中国古代史研究的学术旗舰。健全的学科队伍与宏大的学术事业相辅相成。建所70年来，历史所先后完成了党和国家交办的各项重大学术任务，从《中国史稿》《甲骨文合集》《中国历史地图集》《中国思想通史》，到《中国历史大辞典》等，全所各个研究室精诚合作，发挥集群优势，取得令人瞩目的成绩。

开门办所，着眼大局，在全国史学事业发展中甘为人梯，敢为人先。建所之始，分别成立一所和二所学术委员会，聘请尚钺、周一良、周谷城、唐兰、唐长孺、吴晗、邓拓、郑天挺等史学名家。邀请白寿彝、翁独健、蒙文通、唐长孺、谭其骧、韩国磐、李埏等来所兼职，到所授课，为历史所人才培养和学科建设作出了诸多贡献。《中国史稿》《甲骨文合集》，以及敦煌文献、简帛文书、徽州文书、曲阜孔府档案、乾隆朝刑科题本等重大项目，均为历史所同仁与全国其他研究机构精诚合作的结果，展现了历史所兼容并包的合作精神。

我们的胸怀有多宽广，我们的事业就有多宏大。面向未来，但论是非，不分彼此，团结凝聚全国乃至全世界优秀史学人才，共同探索、揭示人类文明成长的内在逻辑和规律，是新时代中国史学繁荣发展的必由之路。

五是坚持人才为本。殿堂的辉煌，全靠人才来照亮。办好科研机构，人才是根本。历史所70年的发展之路，也是大批优秀史学人才的成长之路。尊重知识、爱惜人才始终是历史所成功的关键。

延请名家，礼遇人才，是历史所的优良传统。1954年顾颉刚先生来京工作，其藏书甚多，中国科学院特意为其包了两节车厢，共装225箱约9万册图书，全部运至北京，同时为其安排好宿舍。改革开放初期，中国社科院尽管自身科研条件十分艰苦，仍坚持"先请菩萨后立庙"，延请沈从文等进入历史所，妥善安排科研助手和提供科研条件，为文化史研究的发展壮大奠定基础。20世纪90年代后期，中国社科院主动到全国高校发掘人才，当时刚过而立之年的我，有幸得到副所长陈祖武同志的关注，副所长李新达同志几乎每天都给我打电话，对我的工作生活关怀备至，坚定了我调到历史所的信念，最终我有幸成为历史所的一员，开启了学术人生的全新历程。

薪火相传、扶持后进，为历史所事业发展提供了不竭动力。建所后，除了延请诸多名家外，一批年轻人如先秦史、秦汉史的李学勤、林甘泉，宋史的王曾瑜，元史的陈高华，明清史的王戎笙、何龄修、郭松义等，也在郭沫若、侯外庐、杨向奎、张政烺等名师栽培下，在各自领域开疆拓土，成果丰硕，卓然名家。1978年恢复研究生招生，中国社科院研究生院历史系抓住机会，培养新一代的史学人才，第一届招生33人，后来留所的"黄埔一期"宋镇豪、商传、陈祖武、姜广辉、余太山、谢保成、黄正建、张弓等，均在各自的领域中，发挥了全国学术领头雁的作用。

令我现在仍感动不已的是，虽然我作为学术骨干调到历史所，但在来所最初几年，几乎每个周二上午，我所在的明清史研究室，王戎笙、何龄修、张杰夫、赫治清先生等，都不约而同地拉着我谈天说地，讲历史所的传统，讲"马列五老"的故事，讲历史所明清史研究如何走到今天，讨论下一步学术当如何发展。戎笙先生当过郭老学术助手，博古通今，熟谙学术历史，对新中国史学高层不少"内情"知之甚悉，尤其擅长从哲学的高度，洞察本质，指点迷津，其学大；龄修先生长于考据，但不拘于考据，其文章著述，无不浸透着深厚的学术传承和家国情怀，辞雅义正，足以信今传后，其学精；杰夫先生安静恬淡，处事周详，面对戎笙、龄修先生之高谈阔论，往往微笑静坐，但偶发一言，则有醍醐灌顶之效；治清先生博学多才，心直口快，纵论古今，臧否人物，多有发明。四位先生，于我虽为同事，实则亦师亦友，师重于友。当时年轻的我尚未深刻体会到他们的良苦用心、殷殷期许，但正是他们的言传身教，使我成为了历史所真正的一员。如今，戎笙先生、龄修先生、杰夫先生已离我而去，但音容风貌，仍历历在目，叮咛嘱托，不敢忘怀。走笔至此，不禁黯然神伤！

清儒洪亮吉尝言："古今之大文曰经、曰史。经道乎理之常，史则极乎事之变，史学固与经学并重也。"在历史研究所建所70年之际，面对强国建设、民族复兴的时代洪流，面对中外史学思潮之风云激荡，作为其继承者的古代史研究所，使命在肩，任重道远，不可有负。全所同仁当绍述前贤，赓续学脉，在传承创新中，不断开辟新时代中国史学繁荣发展的新天地。

（感谢古代史所卜宪群、刘中玉、吴四伍等同志为本文提供的无私帮助。）

建所以来的甲骨学金文学研究传统与成绩

刘 源
中国社会科学院古代史研究所先秦史研究室主任、研究员

古代史研究所即将迎来建所 70 周年，这 70 年来，所里学术贡献是多方面的，在殷周史料的整理和利用领域，金文学（包括青铜器学）、甲骨学研究的成绩即是其中颇为显著的两项，这与本所郭沫若、胡厚宣、张政烺、李学勤等前辈学者开创的治学传统以及他们取得的巨大成绩是密不可分的。古代史所今天的甲骨学、金文学与殷周史研究与教学工作，如要继续保持自己的风格，为学界贡献有用的成果，就还得学习这几位大师巨擘的学术思想及其经典著作，可以说他们的论著常读常新，是本所宝贵的精神财富，有着取之不竭的养分。特别是对于先秦史学科来说，更有必要继承与弘扬上面几位先生的治学理念与研究方法，才能保持本所的古文字学科特色与优势，全面系统地考察甲骨金文史料，总结其内在发展规律，客观认识其中的时代、制度、人物、事件等历史信息，以小见大地探讨商周社会形态与文化面貌。可以说，自郭老开始，胡厚宣、张政烺、李学勤等先生研究甲骨金文，不但断代精确，考释审慎，而且都未停留在单纯的字面讨论上，其最终目的还是研究商周社会形态及其演进状况。以下阐述本所金文学与甲骨学研究传

统与特点，主要是谈阅读前辈学者论著的体会，并不全面，请所内外专家学者多多指正。

一 奠定金文学与青铜器学研究的基本范式

古代史所的金文与青铜器研究传统与方法，是郭沫若先生创立的。郭老是甲骨四堂之一，闻名中外，实际上他在商周金文研究领域的巨大贡献也是学界熟知的。从1949年后到20世纪90年代，乃至今日，金文研究离不开《大系》《通考》《断代》《史徵》几部著作，即郭老的《两周金文辞大系图录考释》、容庚的《商周彝器通考》、陈梦家的《西周铜器断代》、唐兰的《西周青铜器铭文分代史徵》。这数部巨著中，《通考》侧重于器形、纹饰研究，其他三部都侧重于铭文研究，但《断代》于20世纪50年代在《考古学报》上连载并未写完，《史徵》于20世纪70年代撰稿也未完成，只有《大系》早在20世纪30年代就已在日本文求堂正式出版，且其工作不止于搜集图录（器影和拓本），逐篇考释，分期分域，而且创设方法，构建框架，阐发理论，甫一问世就成为学者必读的名著。《大系》研究的时代范围，不限于西周，下迄春秋战国，是海内外第一部对有铭青铜器进行科学分期分域考察的专著，将此书视作金文学与青铜器学的奠基之作，一点也不为过。进入21世纪以来，新出材料层出不穷，夏商周断代工程也推出简繁本报告和系列青铜器断代研究专著，朱凤瀚《中国青铜器综论》、吴镇烽《商周青铜器铭文暨图像集成》、张懋镕主编《中国古代青铜器整理与研究》丛书等大型论著梓行，郭老《大系》在学界的利用率似有所下降，然其在理论与方法上的指导性与重要性仍不可低估，还很有必要再充分发掘其学术价值，并继续予以发扬光大。

郭老在青铜器学科建设上最大的贡献，是在《彝器形象学试探》一文里提出中国青铜器时代大率分为四大期：第一为滥觞期，相当于殷商前期；第二为勃古期，即殷商后期及周初成康昭穆之世；第三为开放期，即恭懿以后至春秋中叶；第四为新式期，春秋中叶至战国末年。[①] 他主张从形制、纹饰、文字三个方面研究青铜器的演进过程，并付诸实践，形成此后学界的公认方法。郭老的一些卓见，对于认识商周文化的因革损益仍有启示作用，如他指出开放期（即恭懿至春秋中秋）之器物，酒器则卣爵斝觚、方彝之类绝迹，有壶出以代之；纹饰则雷纹绝迹，饕餮失其权威，这些见解准确把握了周初继承殷制，及恭懿时代扬弃殷制发展礼乐制度的历史趋势。此后，他在《青铜器时代》一文中将殷周青铜器发展又分为鼎盛期、颓败期、中兴期、衰落期，与之前意见大致相同，只是删掉了滥觞期，增加了战国末叶以后铜器式微这一阶段。至于青铜器与金文研究之具体方法，郭老也首次明确提出"当以年代与国别为之条贯"，即沿用至今的分期分域理念。他进一步解释铜器断代的步骤，是用有明确年代记载的铜器为线索，再据人物、事迹、字体、文辞、纹饰之联系，判断同一时代的器物，这就是学界一直遵循采用的"标准器法"，其发明者正是郭老。

郭老在青铜器与金文研究方面，对古文字释读和古文字学理论均有精深的见解，如据李学勤先生介绍，郭老认为单体象形字多被假借别字，其本义则转为转注，郭老也早已注意有折

---

① 录自《两周金文辞大系图录》，又见郭沫若《青铜时代》，科学出版社1957年版，第268页。

辕折轴表示车败的字，等等，都是值得重视的例证。① 此外，郭老还特别强调把彝铭当作研究中国古代社会的史料，作为治学的指导思想，运用到著述实践之中，这一理念塑造了古代史所金文学的风格，产生了深远的影响。他在《周代彝铭中的社会史观》中说，阐明中国古代社会有一件不可缺少的事情，就是历代出土彝铭的研究，但殷周彝器历来只被古董家把玩，其杰出学者也拘泥于文字结构的考释汇集。郭老指出彝铭记录着古代社会的史实，周代是青铜器时代，通过铭文可以短刀直入看出当时社会的真相。他也利用金文论述，庶人与仆是奴隶，周代无井田制，周代无五服五爵之制，殷代赐朋不是赏赐货币而是赏赐颈环，殷彝未见赐予土田与臣仆反映当时无土地分割及臣仆私有之事，上述具体观点容再讨论，但郭老通过金文史料分析殷周社会性质与面貌的方法，在今日仍值得提倡与弘扬。

张政烺先生的金文学研究受到郭老论著的很大影响，即重视把金文材料作为探讨商周社会的史料，考释与解读关键字词，阐释史事与文化制度。张先生释读古文字，重视偏旁分析，善于解释声旁、形旁的变化与转换，经常利用《说文》和文字编，这些治学经验已受到学界重视，可参看朱凤瀚《张政烺先生在考释甲骨文、金文方面的成就》、刘源《张政烺先生的金文研究》等文章，② 这里仅再举几例说明张先生研究金文时重视历史问题的学风。如揭示出金文中的数字卦是他的一个重要发现，探讨周代筮法，并据铜器铭文数字卦与族徽的关系，提

---

① 李学勤：《论郭沫若同志的〈商周古文字类纂〉》，载《郭沫若百年诞辰纪念文集》，社会科学文献出版社1994年版。

② 朱凤瀚：《张政烺先生在考释甲骨文、金文方面的成就》，载吴荣曾主编《尽心集：张政烺先生八十庆寿论文集》，中国社会科学出版社1996年版；刘源：《张政烺先生的金文研究》，《书品》2004年第6期。

出以卦名邑、以邑名氏的观点。张先生还认为商周社会存在十进制组织，故将金文百生（百姓）看作通过十进制编成的氏族。关于古诸侯称王说，张先生据矢王簋盖铭提出矢是姜姓，称王是其旧俗，而非僭号。此外，张先生考释中山王器文字成绩很大，并据此探讨中山国史，主张中山国重视周礼，申《诗》《书》之教，也反映了他将古文字与历史研究相结合的理念。总之，张先生继承了郭老的金文学研究之宗旨，勤于研读新出材料；视野开阔，涉猎的金文，上自商周，下至秦汉；释字精审，其成就得到古文字学界的一致认可，为古代史所金文学研究方法的发展有重要贡献，他的多篇经典论文为释读疑难字提供了很好的范本。

李学勤先生的青铜器和金文学研究，也继承和发展了郭沫若的学术思想，这里择要略述两点。其一是李先生提出青铜器的发展有两个高峰，第一个高峰是商代后期，第二个高峰是春秋晚期到战国时代。① 这和郭老认为青铜器的鼎盛期定在殷代与周初文武成康昭穆诸世，中兴期是春秋中叶至战国末年，有异曲同工之妙。关于周初青铜器，李先生也认为和商代的没有多大的差别，② 实际上也基本认同郭老对青铜器发展阶段的看法。其二是李先生认为西周铜器发展到共王时代，后期铭文的一些特征比较成熟了，真正西周风格的形成是穆王之后，反映在制度、文化上也与商代不同了，如出现子子孙孙永宝用、册命格式，字体也发生变化。同样，郭老也早已看到共懿时代开始，铜器"已脱去神话传统之束缚，而有自由奔放之精神"，"而花纹逐渐脱掉了原始风味，于此亦表示着时代的进展"。③ 可以

---

① 见《青铜器入门》，载《李学勤文集》第11卷，江西教育出版社2023年版，第255页。
② 李学勤：《金文与西周文献合证》，清华大学出版社2023年版，第846页。
③ 郭沫若：《青铜时代》，科学出版社1957年版，第255、269页。

说，李先生的西周中期变革说，进一步发展和充实了郭老青铜器分期理论的内涵。

李先生对金文学的贡献很大，其中较为重要的一项成绩，是对战国金文进行系统整理分类，将其分为五系：三晋、两周，秦、燕、齐、楚。他在1959年发表的《战国题铭概述》一文里，就提出这个体系，并举出典型材料进行说明。而吴越一系，李先生的意见是先收起来。① 时至今日，战国文字研究仍以李先生提出的这五系为基本指导思想。李先生之所以在金文学理论研究上取得上述建树，和他重视考古新发现是分不开的，他有一本综述春秋、战国和秦代考古发现的书叫《东周与秦代文明》，采取先分域、再分器类的撰述方法，即反映了既重视考古发现的态度，又善于利用与阐释考古材料的能力。他在这本书里说，春秋前期青铜器的风格大体延续西周，春秋中期是其特有风格的确立阶段，至春秋晚期奠立中原、西方、南方鼎立的局面。这个意见对于春秋青铜器研究有很大引领作用。在西周青铜器研究方面，李先生也重视采用考古学研究方法，如他写的《西周中期青铜器的重要标尺——周原庄白、强家两处青铜器窖藏的综合研究》一文，利用微史家族世系线索，将作册折（后改释为作册析）制作铜器定在昭王世，将其子丰所作器定在穆王世，将史墙的活动定在共懿之世，从而找到昭穆共懿孝诸代铜器的判别标准，以及器形、纹饰、字体等方面的断代依据。这些方法和意见，今天已深入人心，影响很大。

李先生金文研究在方法上还有一个突出的特色，就是密切结合传世文献，他说古文字研究的功夫在古文字以外，就是说要利用好文献提供的信息。这个思想贯穿于李先生的古文字研

---

① 《李学勤文集》第17卷，"前言"。

究论著之中，此处仅举两个例子以见一斑。其一是他说《尚书大传》记载成王初年"周公摄政，一年救乱，二年克殷，三年践奄，四年建侯卫，五年营成周，六年制礼作乐，七年致政"，有不少青铜器铭文可为佐证和补充，如太保簋、何簋、禽簋、疑簋、何尊等器分别可印证救乱、克殷、践奄、建侯卫、营成周之事。① 其二是李先生在《从柞伯鼎铭谈〈世俘〉文例》一文中指出，鼎铭中命、至、执讯获馘这种格式，在《世俘》中反复出现，这种打通金文与文献的意识，其前提是对文献很熟，实际上很难做到。当然，李先生在金文字词的具体研究方面成果也很多，不胜枚举，这里也仅举一例说明，就是敔簋里的一个字。敔簋只有宋人的摹本，李先生说其用语与《左传》中战争记述相当接近，其中有一句一般释读为"畐于荣公之所"，相当不好理解，李先生说实际上应当读为"献于荣公之所"，宋人把甗字摹写得走样了。② 从这一例即可看出李先生对文献与金文的熟识程度。

以上介绍郭老、张先生、李先生在青铜器与金文学领域，从理论到方法上的创造、奠基和实践，并不全面。作为研究所的后辈，我们还应常读他们的著作和文章，对他们大方向上的思考，和具体细微的考证，均需认真体会与学习，进一步弘扬其治学理念，继续做好新出金文与商周史的研究工作。

二 甲骨学的三个主要传统

首先，古代史所的甲骨学传统，也是由马克思主义史学家、"甲骨四堂"之一的郭沫若奠定的。郭老研究甲骨，强调用唯

---

① 见《青铜器入门》，载《李学勤文集》第11卷，江西教育出版社2023年版，第261页。
② 李学勤：《金文与西周文献合证》，清华大学出版社2023年版，第1273页。

物史观思想，来科学地整理和解释资料，同时注重广泛搜集卜辞，按内容分类编排，其目标是探索古代社会的面貌与性质。唐兰先生在《天壤阁甲骨文存》自序里概括"四堂"成就时说，雪堂导夫先路，观堂继以考史，彦堂区其时代，鼎堂发其辞例，就是称赞郭老在阐发甲骨文史料价值方面贡献卓著。郭老是中国社会科学院老院长，也是历史研究所老所长，在他的规划和要求下，历史所启动了《甲骨文合集》（以下简称《合集》）这一标志性的重大学术工程。《合集》邀请胡厚宣先生担任总编辑，并从北京大学、中山大学、四川大学等高校选拔优秀毕业生参与具体工作，历经20余年克成其事，精选甲骨41956片，为学界贡献了一部不可替代的学术巨著。[1]《合集》编纂体例，直接得到郭老的指导，即在董作宾五期说的断代框架下，将卜辞按内容分类，分类标准注意反映阶级划分、生产力、生产关系等唯物史观立场和观点。《合集》成为本所甲骨学发展的基石，以之为核心，本所还编纂了《甲骨文合集释文》《甲骨文合集材料来源表》。1999年甲骨文发现百年之际，本所又编纂了《甲骨文合集补编》[2]《甲骨学一百年》[3]。目前，还由宋镇豪研究员主持，进行《甲骨文合集三编》的整理出版工作。

《合集》编纂过程中，参与人员熟悉掌握了材料，成长为优秀的甲骨学专家，撰写出一批甲骨学经典著作，如王贵民的《商周制度考信》、王宇信的《甲骨学通论》、杨升南的《商代经济史》、常玉芝的《商代周祭制度》等，[4]使本所甲骨学研究

---

[1] 《甲骨文合集》（全13册），中华书局1978—1982年版。
[2] 彭邦炯、谢济、马季凡编：《甲骨文合集补编》，语文出版社1999年版。
[3] 王宇信、杨升南主编：《甲骨学一百年》，社会科学文献出版社1999年版。
[4] 王贵民：《商周制度考信》，明文书局1989年版；王宇信：《甲骨学通论》，中国社会科学出版社1989年版；杨升南：《商代经济史》，贵州人民出版社1992年版；常玉芝：《商代周祭制度》，中国社会科学出版社1987年版。

迈上新台阶。在郭老支持与关照下，《合集》编纂工作，得到海内外收藏单位与学者专家的大力支持，或概允墨拓甲骨，或捐赠拓本摹本和研究著作，郭老本人也捐献了甲骨实物，这也为本所积累了大量宝贵的甲骨学研究资料，成为本所珍贵的学术资源与财富，其中部分拓本已由宋镇豪研究员组织整理逐一出版，如马季凡编著的《徐宗元尊六室甲骨拓本集》等。

2022年是郭老诞辰130周年，他对本所甲骨学研究的奠基之功，我们今天仍要铭记于心，并且应该把郭老的学风继续发扬光大。胡厚宣先生曾撰写《郭沫若同志在甲骨学上的巨大贡献》一文，① 所述非常全面，文中指出，郭老是以探索殷代社会为目标来研究甲骨文，同时在具体材料的研究上又超越罗王，重视断片缀合、卜法文例，多有创新和发现，今天仍然很有启示作用，不可忽视。

其次，胡厚宣先生对古代史所甲骨学科的建设和发展做出了重大贡献，对我们甲骨学和殷商史研究有直接引领作用。胡先生成名早，所著《甲骨学商史论丛》② 是公认的经典名著，他提出"同文例""五种记事刻辞"等诸多甲骨学概念，被学界公认，现在还有博士学位论文以这些概念作为选题。因此，胡先生在学科术语的创造方面，取得了突出的成绩，这是今天学界应该特别予以重视的。胡先生在甲骨学研究方面，特别重视材料搜集、学术史、论著目录和殷商史，为后来本所甲骨学发展指明了方向。他于1992年创办中国社会科学院甲骨学殷商史研究中心，于1983年创刊《甲骨文与殷商史》集刊，也为本所甲骨学发展建立平台，实现了制度化建设。胡先生的夫人桂琼英女士缀合甲骨2000多组，全部奉献给《甲骨文合集》，

---

① 《考古学报》1978年第4期。
② 胡厚宣：《甲骨学商史论丛初集》，齐鲁大学国学研究所1944年版。

彭邦炯研究员曾撰文详述此事，可以参看。① 胡先生为本所培养了齐文心、王宇信、宋镇豪等多位研究生，都成长为甲骨学殷商史专家，使学科发展后继有人，宋镇豪、王宇信还被评为中国社科院首届学部委员、荣誉学部委员。王宇信研究员《建国以来甲骨文研究》《甲骨学通论》等专著即受到胡先生治学的影响。宋镇豪研究员担任学科带头人之后，继承胡先生遗志，主编11卷本《商代史》，② 整理出版了历史研究所、旅顺博物馆、爱米塔什博物馆等多家单位收藏的甲骨材料，并完成《百年甲骨学论著目》《甲骨文献集成》等大型学术资料，③ 促进了本所甲骨学的发展。王宇信、宋镇豪先生培养的研究生，如徐义华、孙亚冰等，也参加了《商代史》撰写工作，成长为本所研究商代政治史、甲骨文地理的知名专家。

最后，李学勤先生提出历组卜辞提前说与甲骨两系说，扩大了本所的甲骨学声望，并直接带动海内外近30年来的甲骨学研究。李先生长期在本所工作，曾担任过先秦史研究室主任和本所所长。20世纪80年代以来，他根据字体区分出历组卜辞，并结合妇好墓的考古发现，主张历组的时代在武丁之世，继而提出先分类后断代的甲骨文研究方法，以及甲骨两系说的断代理论，目前两系说已成为古文字学界广泛接受的主流意见。虽然学界对历组卜辞的时代及两系说仍存在不同看法，但在甲骨文的具体研究实践中，学界普遍采用了字体分类的方法。本所一些学者结合各自研究课题，也从不同角度采用并进一步发展了甲骨两系说，如赵鹏研究员通过甲骨文人名和钻凿布局研究

---

① 彭邦炯：《默默奉献的甲骨缀合大家——我所知道的〈甲骨文合集〉与桂琼英先生》，《中国社会科学报》2010年7月27日。

② 宋镇豪主编：《商代史》（全11卷），中国社会科学出版社2011年版。

③ 宋镇豪主编：《百年甲骨学论著目》，语文出版社1999年版；宋镇豪、段志洪主编：《甲骨文献集成》，四川大学出版社2001年版。

完善两系说；刘义峰副研究员在无名组字体分类方面做了精细工作；刘源研究员依据殷代文字正体和变体的对比，发现小屯村北、村中南甲骨文字分别存在简化、遵循正体的不同风格，为两系说提供新的佐证。近年来海内外活跃在甲骨学研究一线的老中青学者，基本是在李先生甲骨两系说框架下开展文字考释、甲骨缀合、文字编的编纂等工作，均取得了丰硕成果。

此外，张政烺先生也为本所甲骨学殷商史研究做出了卓越贡献，如他研究甲骨文衺田（现多释为雝田、垦田）等农业生产方式，及当时的十进制氏族组织，探讨了有关商代社会性质与生产关系的重大问题，在学界有广泛深远的影响。本所谢桂华、刘源等协助中华书局编辑出版的《张政烺文史论集》，也是甲骨学家、古文字学家经常参阅的重要论著。

近年来，古代史所的甲骨学研究继承前辈学者的传统，取得了新的进展。特别是"古文字与中华文明传承发展工程"启动以来，古代史研究所作为第一批建设单位积极参与。在工程专家委员会的指导下，本所的甲骨学研究稳步推进，主要体现在以下方面：一是加强金文与甲骨文等殷代古文字的综合研究，进一步阐明甲骨文在殷商古文字中的性质与重要地位。二是在编好《甲骨文与殷商史》集刊的同时，又编辑了反映在职人员近年代表作的《殷周历史与文字》，[①] 以学术集刊推进团队合作与学科发展。三是加强对外学术交流，邀请知名古文字学家来所访问指导，同时增进内部协作，自 2021 年以来，举办了 26 次"殷周甲骨文与金文史料解读"活动。四是在工程的支持下，稳步推进集体与个人项目，如宋镇豪研究员主持山东博物

---

① 中国社会科学院甲骨学殷商史研究中心编：《殷周历史与文字》第 1 辑，中西书局 2022 年版。

馆、天津博物馆甲骨著录项目、《甲骨文合集三编》项目，在顺利结项后，进一步精益求精，继续完善，以待出版。五是学术网站建设，刘源负责维护的先秦史研究网站，成立于2005年，一直是海内外学界集中发表甲骨缀合成果的平台，见证了近17年来青年甲骨学人才的成长，此网站在古文字工程支持下不断更新，将相关信息资源免费共享给学界，服务于近年各大甲骨收藏单位的著录工作，得到了国家图书馆等单位的好评①。六是和兄弟单位横向合作，如赵鹏研究员参与《甲骨文摹本大系》《传承中华基因：甲骨文发现一百二十年来甲骨学论文精选及提要》等书编纂工作，孙亚冰研究员担任故宫博物院所藏甲骨整理工作的总审校等工作。七是培养人才，刘源、徐义华、赵鹏、孙亚冰等研究员近年来培养了多位甲骨学领域的优秀硕士、博士生，他们毕业后或奔赴全国各大高校任教，或在兄弟单位攻读博士学位、从事博士后工作，均在继续传播与发扬本所的治学传统。

---

① 胡辉平指出，各种书刊、网络尤其是先秦史研究室网站（从2005年12月首发第一篇缀合以来，至2021年9月底，仅该网站刊布的缀合文章就已达1990篇）发表的涉及国图藏甲骨的缀合成果汇集起来，截至2021年6月，共收集到1425组，其中包含国图藏2片以上甲骨的缀合有504组，包含馆内单片甲骨与外藏单位甲骨的缀合有921组。见胡辉平《对国图藏甲骨缀合成果的校理》，《文献》2022年第1期。

建所以来的秦汉史学科发展概况

赵 凯

中国社会科学院古代史研究所秦汉史研究室主任、副研究员

10年前的2014年，在纪念建所60年之际，时任秦汉魏晋南北朝史研究室主任和简帛研究中心主任的杨振红先生撰写了《社科院秦汉魏晋南北朝室与简帛研究中心六十年回眸》一文，对研究室创设与发展过程作了较为详细的回顾，并从"关注重大学术问题和理论问题""注重学科平衡发展""重视学科基础建设""重视整个历史学的发展和历史知识的普及"等四个方面，总结了本学科的学术优势和主要特色。从那时起到现在又有10年时间，10年之间，社会环境和研究环境都发生了不少变化，秦汉史研究室时有调整，研究成果不断出新，这些都需要适时总结。此外，治秦汉史者未必都在秦汉史室，"有分土而无分民"情况从建所之初一直延续至今。有鉴于此，本文将适当放宽视野，对我所学者在秦汉史研究方面取得的成就试作回望，以期更为全面地呈现建所70年来秦汉史学科的整体风貌。

一 秦汉史室与秦汉学人

秦汉史研究室的前身是中国科学院历史研究所秦汉魏晋南

北朝史研究组。历史研究所是 1960 年经党中央批准，由中国科学院历史研究第一所和第二所合并而成的。根据 1963 年中国科学院档案记录，合并后的历史研究所下设六个研究组，其中第二组研究隋唐以前的封建社会，由贺昌群先生负责领导。[①] 研究组后来改称研究室，贺先生就成为秦汉魏晋南北朝史研究室的首位主任，林甘泉、黄烈二位先生为副主任。

贺昌群先生 1954 年从南京图书馆馆长任上调入中国科学院，为历史二所研究员，兼任中国科学院图书馆副馆长。1958 年之后，由于身体原因，贺先生辞去馆职，回到所里专心治学。林甘泉先生最初在《历史研究》编辑部工作。历史一所和二所合并为历史研究所之后，他从《历史研究》编辑部调至历史研究所。1977 年中国社会科学院成立，历史研究所设置战国秦汉史研究室，室主任由副所长林甘泉兼任，副主任为朱大昀先生。1983 年，吴树平先生从中华书局调入历史所，随后担任室主任。1988 年，吕宗力先生被任命为副主任，并主持研究室工作。1989 年，谢桂华先生为室主任。1991 年历史所再次进行学科调整，战国史并入先秦史研究室，秦汉史和魏晋南北朝史两个学科复合为秦汉魏晋南北朝史研究室，室主任仍为谢桂华，梁满仓先生为副主任。1999—2002 年，从书目文献出版社调入我所的李凭先生担任室主任，陈勇先生、卜宪群先生先后担任副主任。2003 年，卜宪群任室主任，杨振红先生为副主任。2009 年，杨振红为室主任，邬文玲为副主任。2014 年，历史所再次进行学科调整，魏晋南北朝史并入隋唐史研究室，战国史重回秦汉史室，战国秦汉史研究室得以恢复。2016 年，杨振红

---

① 参见刘荣军《从档案看历史所的初建和发展》，中国社会科学院历史研究所编：《求真务实五十载：历史研究所同仁述往》，中国社会科学出版社 2004 年版，第 591 页。

调至南开大学，邬文玲接任主任，戴卫红为副主任。2019年，中国历史研究院成立，历史研究所改名为古代史研究所，战国史再次并入先秦史室，战国秦汉史研究室改为秦汉史研究室，延续至今。现任室主任为赵凯，副主任为曾磊、刘丽。

秦汉史研究室现有九位学者，包括宋艳萍、庄小霞、王天然、石洋、于天宇、王彬。目前所内治秦汉史者除本室成员之外，还包括曾经担任过秦汉史研究室主任的卜宪群、邬文玲两位所领导，学部委员彭卫先生，文化史研究室孙晓、安子毓，《中国史研究》编辑部张燕蕊，《中国史研究动态》编辑部张欣，先秦史研究室杨博，古代通史研究室齐继伟、张沛林等多位先生。魏晋南北朝史、历史地理、思想史、中外关系史等研究室部分同仁也兼治秦汉史。再加上已经退休而仍然笔耕不辍的老一辈秦汉史专家如吴树平、陈绍棣、马怡等先生，我所秦汉史研究人员人数众多，队伍庞大，放眼全国，无出其右。

其实，早在建所之初，所里就有多位先生长于秦汉史研究，比如顾颉刚先生，他的《秦汉方士与儒生》是论述汉代学术与政治关系的经典名著。王毓铨先生原先治秦汉史，尤精于秦汉经济史，从北京大学调到历史研究所后被安排改治明史，他在1954年发表的《汉代"亭"与"乡""里"不同性质不同行政系统说——"十里一亭……十亭一乡"辨正》一文，最早提出汉代基层行政为乡里两级、亭是"司奸盗"的基层治安系统的看法，这一观点后来得到云梦秦简、尹湾汉简等简牍材料的证实，可谓确论。孙毓棠先生在古代史研究方面上起战国，下迄清代，皆有厚重成果，而以对秦汉史的研究最有心得，其《孙毓棠学术论文集》（中华书局1995年版）收入论文20篇，其中14篇是秦汉史方面的论作。张政烺先生博学宏识，从先秦至明清，淹贯中国古史，在秦汉史方面也多有建树，在北京大学任职时就发表《汉代的铁官徒》（1951年），来所后发表《王杖十简补释》（1961年）、《关于"张楚"问题的一封信》（1979年）、《秦律葆子释义》（1980年）等秦汉史宏文。值得特别说明的是，张政烺先生主治先秦，孙毓棠先生是我所中外关系史研究室的创立者，但他们都曾在秦汉史研究室工作过。李学勤先生利用考古资料对秦汉名物制度多有研究，如《东周与秦代文明》（文物出版社1984年版）。施丁先生1981年来所之后主要从事中国史学史研究，兼治秦汉史，著有《司马迁行年新考》（陕西人民教育出版社1995年版）、《司马迁为人学》（中国社会科学出版社2013年版）等。

　　早期治中国古代史者往往精通秦汉史，后来治专门史者往往关注秦汉断代，主要原因是秦汉历史在中国古代历史中居于上游地位，秦汉王朝在建制、文化等多个方面对后世具有重要影响。可以说，建所70年来，秦汉史学科始终保持着基于历史特点而自发形成的"人力优势"，这是其呈现出研究领域宽广多样、研究成果丰厚突出这一总体特征的重要原因。

二　研究领域与重要成果

　　70年来秦汉史学科的发展，始终受到社会环境和学术自身发展规律的双重影响。从建所之初到改革开放之前，"五朵金花"是史学界讨论的热点问题，其中除"中国资本主义萌芽问题"外，其余四项如"中国古代奴隶制与封建制分期问题""中国古代土地制度问题""中国古代农民战争问题""汉民族形成问题"，几乎都与秦汉史密切相关，秦汉史因而成为学者争鸣、观点交锋的重要场域。这一时期形成的诸多成果从不同角度推动了秦汉史研究，但是也存在着许多不足。改革开放之后，思想观念的空前活跃，史学理论和研究方法的引入更新，推动了秦汉史研究空间的拓展，文化史、社会史等成为引人注目的热门研究领域，经济史、政治史等传统研究领域也取得丰硕成果。20世纪90年代之后，秦汉考古资料特别是简帛资料的大量出土和集中公布，使"苦史料不足久矣"的窘境得到纾解。受惠于这种史料福利，秦汉史研究领域继续拓展，研究成果无论是数量还是质量都有明显进步。1993年《简帛研究》创刊，1995年中国社会科学院简帛研究中心成立，都是新时期秦汉史学科欣欣向荣的标志。以下对主要研究领域及其重要成果略作梳介。

（一）政治史

建所70年来，秦汉政治史研究热点和研究重点切换较为频繁，但总体而言，政治史仍然是我所秦汉史学科的传统优势领域。

农民战争史作为"五朵金花"之一，是20世纪五六十年代的热点问题，热度一直持续到80年代。秦汉农民战争史因秦汉之际的陈胜、吴广起义，两汉之际的绿林、赤眉起义，东汉末的黄巾起义这三次大规模农民起义而备受关注，研究成果较为突出。贺昌群[①]撰写了三篇关于黄巾起义的文章，发表于1959年的《论黄巾起义的口号》，与其早年所撰《黄巾贼与太平道》（1946年）一文相比，在坚持黄巾起义与两汉谶纬符命及五德终始之说在意识形态上有关系这一观点的同时，借鉴阶级斗争观念，分析东汉中叶以后农民起义频发的原因，提出黄巾起义是阶级斗争浪潮积累的结果。其未完稿《东汉阶级斗争形势的发展与黄巾战争的历史作用》一文，则进一步分析了东汉土地和户口的占有关系及社会危机的激化，指出"东汉农民起义直

---

① 为行文之便，以下称引学者之名不加"先生"。

接进攻的虽是地方政府和豪门地主,但总的意义,还是在瓦解东汉王朝的封建统治"。比较围绕同一论题形成的三篇踵继之作,似乎可以看到作者力图把马克思主义理论指导和秦汉史实证研究结合起来的努力。田昌五所著《中国古代农民革命史(第 1 册)》(上海人民出版社 1979 年版)、朱大昀主编《中国农民战争史》(人民出版社 1990 年版),是我所学人研究秦汉农民战争史的代表性论著。田昌五从 20 世纪 60 年代初起,持续关注农民战争与中国历史发展的关系问题,发表了《怎样分析历史上的农民战争》(1964 年)、《论秦末农民起义的历史根源和社会后果》(1965 年)、《论秦末农民起义的历史作用——兼评让步政策论》(1979 年)等十余篇论文。朱大昀曾发表针对漆侠《秦汉农民战争史》一书的评论文章(1963 年)。此外,田人隆的《西汉武帝时期的流民问题和农民起义》(1980),谢桂华的《关于黄巾起义余部的几个问题》(1983 年)、《论张鲁及其政权的性质》(1983 年)等,都对相关问题作了比较深入的探讨。这一时期关于秦汉农民战争史的研究虽然有诸多不足,但是从长远来看,"它促进了历史研究从精英史到民众史的结构性转换",其影响和地位不容抹杀。①

政治文化史是林甘泉持续关注的领域。以秦汉政治史为主题的研究成果,如《论秦始皇——对封建专制政治人格化的考察》(1978 年)一文,通过对秦始皇、秦二世、李斯等人的考察,揭示了秦朝政治文化的某些特点;《云梦秦简所见秦朝的封建政治文化》一文,利用云梦秦简对秦统一六国前后的封建政治文化予以研究。林甘泉关于秦汉史的诸多论文,主题多样,

---

① 卜宪群等:《"五朵金花"的影响和地位不容抹杀》,《中国社会科学报》2014 年 3 月 31 日。

包括先秦秦汉以后国家的政治制度、统治阶级的政治思想和行为方式、文化精英的历史角色和历史作用、各个时期的社会制度和社会关系等，往往兼涉政治史、文化史、社会史等诸多领域，故冠以"政治文化"，收入《中国古代政治文化论稿》一书中。① 宋艳萍同样关注政治文化，其《秦汉政治史观的演变历程》（2002 年）、《刘贺的妖祥与西汉中期的神秘政治文化》（2019 年）等论著从不同角度探讨了秦汉政治文化。

卜宪群关于秦汉政治史的研究主要集中在两个方面，一是制度史特别是官僚制度研究，二是国家治理与社会治理。前者代表成果是《秦汉官僚制度》（社会科学文献出版社 2002 年版）一书，后者代表成果是近年来发表的系列文章，如《春秋战国乡里社会的变化与国家基层权力的建立》（2007 年）、《中国古代"治理"探义》（2018 年）、《乡论与秩序：先秦至汉魏乡里舆论与国家关系的历史考察》（2018 年）、《秦汉乡里社会演变与国家治理的历史考察》（2022 年，获第十一届古代史研究所优秀科研成果奖一等奖、2022 年中国社会科学院优秀成果科研奖二等奖）。值得注意的是，卜宪群在制度史研究方面既关注制度本身，同样关注制度的"落地"情况；在国家治理研究方面，特别重视国家与社会之间的互动。

新出简牍资料为政治制度史特别是爵制、官制、郡县制等的研究拓展了空间。代表性成果主要有：谢桂华《尹湾汉墓简牍和西汉地方行政制度》（1997 年）等，杨振红《秦汉官僚体系中的公卿大夫士爵位系统及其意义——中国古代官僚政治社会构造研究之一》（2008 年）、《吴简中的吏、吏民与汉魏时期官、吏的分野——中国古代官僚政治社会构造研究之二》

---

① 林甘泉：《中国古代政治文化论稿》，安徽教育出版社 2004 年版。

（2012年）、《从秦"邦""内史"的演变看战国秦汉时期郡县制的发展》（2016年）等，邬文玲《"守"、"主"称谓与秦代官文书用语》（2014）、《汉代"使主客"略考》（2016年）等，戴卫红《天长纪庄汉墓木牍所见"铁官丞"》（2011年），凌文超《汉初爵制结构的演变与官、民爵的形成》（2012年），庄小霞《汉代家丞补考》（2014），张欣《〈汉旧仪注〉及相关问题考辨》（2017年）等。

与政治史紧密相关的法制史研究，随着新出简牍特别是张家山汉简的公布，在21世纪之后形成热点。杨振红《秦汉律篇二级分类说——论〈二年律令〉二十七种律均属九章》（2005年，2010年获历史研究所第七届优秀科研成果奖）、《汉代法律体系及其研究方法》（2008年）等文，孟彦弘《秦汉法典体系的演变》（2005年，2010年获历史研究所第七届优秀科研成果奖）、《从"具律"到"名例律"——秦汉法典体系演变之一例》（2007年）、《汉律的分级与分类——再论秦汉法典的体系》（2023年）等文，还有齐继伟的《秦〈发征律〉蠡测——兼论"律篇二级分类说"》（2021年），杨博的《秦汉简牍律令与法家经典文本的编定》（2022年），所论都关涉秦汉律令体系结构及文本编定。邬文玲长期关注赦免方面的律令制度，发表《汉代赦免制度施行程序初探》（2005年，2007年获历史研究所第一届青年优秀学术论文奖）、《赦令与汉代政治的良性运行》（2007年）、《汉代诸帝赦令补考》（2016年）、《走马楼西汉简所见赦令初探》（2022年）、《秦汉赦令与债务免除》（2023年）等文。赵凯的《秦汉律中的"投书罪"》（2006年）、《汉代匿名文书犯罪诸问题再探讨》（2009年）则关注匿名文书犯罪。庄小霞《"失期当斩"再探——兼论秦律与三代以来法律传统的渊源》（2017年）、石洋《秦、汉初律令"受"

字用法的特殊性——兼论"受"的制度功能》（2022年）都是颇有新见的法制史研究论文。

东汉史向来是秦汉史研究的薄弱地带，陈勇的《论光武帝"退功臣而进文吏"》（1995年）、《董卓进京述论》（1995年）、《"凉州三明"论》（1998年）都是颇具启发意义的东汉史研究成果。赵凯《东汉顺帝"八使"巡行事件始末》（2013年）、《"扬、徐盗贼"与东汉后期政局》（2014年）、《东汉宦官干政问题蠡述——以汉碑资料为中心》（2019年），于天宇《东汉西羌治理的再思考——以国家统治战略制定为中心》（2022年），对东汉政治史的一些具体问题作了探讨。新莽史方面关注者较少，陈绍棣曾发表《试论王莽改币》（1983年）、《王莽改制若干问题商榷》（1985年）。近年以额济纳汉简为中心，马怡发表《"始建国二年诏书"册所见诏书之下行》（2006年），庄小霞发表《释新莽"附城"爵称》（2006年），邬文玲发表《始建国二年新莽与匈奴关系史事考辨》（2006年）、《额济纳汉简所见新莽朝与匈奴关系》（2008年）、《一枚新莽时期的文书残简》（2019年）等文，丰富了新莽史研究。安子毓《秦二世"望夷之祸"时间考辨》（2016年）、《汉文帝前期政局探微》（2023年）等对秦及西汉前期重要史事有精细推考。

（二）经济史

经济史是我所秦汉史学科的传统优势领域，贺昌群所著《汉唐间封建土地所有制形式研究》（上海人民出版社1964年版）、林甘泉主编《中国经济通史·秦汉经济卷》（经济日报出版社1999年版）为代表性成果。

新中国成立后不久，贺昌群就把中国封建土地制度国有制作为自己的重要研究课题。1955 年之后,他发表《论西汉的土地占有形态》《关于封建的土地国有制问题的一些意见》等诸多论著,并于 1964 年结集出版,这就是《汉唐间封建土地所有制形式研究》。这部专著出版之后,得到海内外众多学者称引,《剑桥中国隋唐史》主编、英国汉学家崔瑞德在其所著《唐末的商人、贸易与政府》一文就对贺昌群此书非常推崇。①

林甘泉早年以笔名"江泉"发表《汉代农业中主导的生产关系》(1957 年)、《试论汉代的土地所有制形式》(1957 年)两篇秦汉经济史方面的文章,受到学界关注。周秦两汉社会经济史与秦汉土地制度史,成为其后几十年间他在中国经济史研究领域关注的重点。林甘泉主编的《中国经济通史·秦汉经济卷》先后荣获历史研究所第四届(2001 年)优秀科研成果奖一等奖、中国社科院第四届(2002 年)优秀科研成果奖一等奖、第二届(2002 年)郭沫若中国历史学奖二等奖,被认为是"一部开拓创新,求真务实的扛鼎之作,体现了当前国内研究的最新水平"②。我所陈绍棣、马怡、孙晓、杨振红等多位学者参与撰著。林甘泉与童超合著《中国封建土地制度史(第 1 卷)》(中国社会科学出版社 1990 年版),主要论述西晋以前的土地制度,资料丰富,分析深入,立论公允,得到学界认可。林甘泉《中国古代土地私有化的具体途径》[1986 年,获中国社科院第一届(1993)优秀科研成果奖]、《汉代的土地继承与土地买卖》(1989 年)、《"养生"与"送死":汉代家庭的生活消费》(1997 年)、《秦汉的自然经济与商品经济》(1997 年)等论文,对秦汉经济史诸多问题作了探讨,提出了许多真知灼见,

---

① 参见《贺昌群文集》第一卷,商务印书馆 2003 年版,"总序"(林甘泉撰)第 11 页。
② 黄今言:《近三十年来秦汉史研究概述》,《秦汉研究》第七辑,西北大学出版社 2013 年版,第 246—247 页。

并富有理论性。

孙毓棠在20世纪60年代撰写的《战国秦汉时代的纺织业》一文，充分利用传世文献，同时取证出土文物，旁征博引六百多条，对当时的丝麻葛毛织，以及织机、练染等作了深入细致的考察，多有创见，堪称是这方面的奠基之作。①李祖德《论西汉的货币改制——兼论西汉的"重农抑商"政策》（1965年）、《试论秦汉黄金货币》（1987年）在秦汉币制研究方面具有较大影响。马怡《秦人傅籍标准试探》（1995年）一文认为，秦国户籍制度的发展，存在着一个由不成熟到成熟的过程，在秦前期，男子傅籍的标准不是年龄而是身高。她的《汉代的诸赋与军费》（2001年）一文，从探讨赋的起源、秦代的赋与军费的关系入手，分别对汉代的人头税、代役金和家庭资产税等税项的开征、使用及沿革进行研究，结论认为诸赋是汉代国家军费的主要来源。陈绍棣编《秦汉货币考古资料辑录》（福建人民出版社1985年版）、谢桂华与周年昌合编《秦汉物价资料辑录》（福建人民出版社1985年版）、马怡合编《秦汉赋役资料辑录》（山西人民出版社1990年版），为相关问题研究提供了资料便利。

2000年以来，简帛资料的日益丰富极大地推动了秦汉经济史的研究。杨振红利用新出简牍材料发表多篇经济史论文，如《秦汉"名田宅制"说——从张家山汉简看战国秦汉的土地制度》（2003年）、《从张家山汉简看秦汉时期的市租》（2007年）、《从出土"算"、"事"简看两汉三国吴时期的赋役结构——"算赋"非单一税目辨》（2011年）等。事实上，早在1988年，她就发表《两汉时期的铁犁和牛耕的推广》，显示出

---

① 孙毓棠：《孙毓棠学术论文集》，中华书局1995年版，第581—585页，"整理后记"（吴树平撰）。

利用考古材料研究秦汉经济史的学术追求。凌文超《汉晋赋役制度识小》（2011年）利用简牍材料对赋役问题予以长时段探讨。张燕蕊关注秦汉时期债务问题，发表《简牍所见秦汉时期债务偿还问题刍议》（2018年）等文，其经济史专著《汉代与孙吴国家基层管理手段比较研究——以出土简牍为中心》（华夏出版社2022年版）则注目于当时的基层社会治理，从户籍制度、赋税制度和给贷制度三个方面展开比较研究。杨博《北大秦简〈田书〉与秦代田亩、田租问题新释》（2020年）等论文，对战国秦及秦代经济问题多有探讨。石洋关注秦汉时期的借贷问题，发表《秦汉时期借贷的期限与收息周期》（2018年，2021年获第十一届古代史研究所优秀科研成果奖二等奖）、《"貣""贷"别义的形成——秦时期借贷关系史之一页》（2021年）、《"糶""糴"分形前史——战国至西晋出土文字所见"糶"的使用》（2023年）等文章，后两篇对秦汉经济文书中重要文字含义及其变化的考察，视角颇为新颖。

（三）社会史

新中国成立之后一段时期内，中国古代社会性质的讨论演化为中国古代社会形态分期问题的讨论。古史分期问题是"五朵金花"之一，也是新中国成立之后史学界参与人数最多、延续时间最长、观点分歧最大的一场论战。"这场讨论大大推动了对中国古代历史问题的研究，加深了对中国古代历史特点的认识，并且对于史学家如何正确认识马克思主义经典作家的理论有巨大帮助。"① 林甘泉、田人隆、李祖德编著的《中国古代

---

① 邹兆辰：《田昌五：学养深厚勇于探索的史学大家》，《中国社会科学报》2023年2月14日。

史分期讨论50年（1929—1979）》（上海人民出版社1982年版），是古史分期讨论领域的集大成之作，系统梳理了社会史论战至改革开放前中国古代史分期讨论50年的学术史，主张用马克思社会经济形态理论作指导来划分历史发展阶段。林甘泉《从出土文物看春秋战国间的社会变革》（1981年）一文，大量使用出土材料，从多角度论证了春秋战国之间社会变革的真实情况，为秦汉社会封建制性质提供了注脚。

改革开放之后，我所学人在秦汉社会风俗史、生活史方面的成就尤为突出。彭卫从1980年在《西北大学学报》上发表《谈秦人饮食》一文开始，长期耕耘于秦汉社会史领域，出版《汉代婚姻形态》（三秦出版社1988年版）、《汉代社会风尚研究》（三秦出版社1998年版）。他与杨振红合著的《中国风俗通史·秦汉卷》（上海文艺出版社2002年版），对秦汉时期的饮食风俗、服饰风俗、居住与建筑风俗、行旅风俗、婚姻风俗、卫生保健风俗、丧葬风俗、农业生产风俗、信仰风俗、节日风俗、游艺风俗等做了全面而系统的论述，规模宏大，资料丰富，旁征博引，新识频出。该书"导言"与《风俗与风俗史研究——以秦汉风俗为中心》（2016年）一文对秦汉社会风俗史研究具有方法总结和理论指导意义。孙晓《中国婚姻小史》（光明日报出版社1988年版）、陈绍棣《秦汉婚姻礼俗刍议》（1992年）、卜宪群《秦汉饮食文化的基本特征》（1997年）同样值得关注。刘丽关注秦及先秦时期的政治联姻现象，发表《出土文献所见秦国政治联姻》（2018年）、《从政治联姻看西周王朝统治——以〈史记·十二诸侯年表〉所见诸国为中心》（2018年）等文。

社会组织、结构研究方面，林甘泉的《"侍廷里父老僤"与古代公社组织残余问题》（1991年）、《秦汉帝国的民间社区和民间组织》（2000年）都是有重要影响的研究成果。阶层与群体研究方面，林甘泉《中国古代知识阶层的原型及其早期历史行程》（2003年）一文，对余英时《士与中国文化》一书"道尊于势"等观点予以批驳，认为春秋战国时代"士"的知识结构和价值取向自始就呈现多元化的趋势，中国古代知识阶层就其整体社会地位来说，不能不依附于统治阶级，所谓"道尊于势"是儒家精英的自恋情结。该文获历史研究所第六届（2006）优秀科研成果奖、中国社科院第六届（2007）优秀科研成果奖。彭卫《游侠与汉代社会》（安徽人民出版社2013年版）对汉代"游侠"这一特殊群体予以深入研究。卜宪群2006年发表《秦汉社会势力及其官僚化问题研究之一：以游侠为中心的探讨》《秦汉社会势力及其官僚化问题研究：以商人为中心的探讨》和2007年发表的《秦汉社会势力及其官僚化问题研究之三：以游士宾客为中心的探讨》，讨论了游侠、商人、游士宾客群体的身份转变问题，颇有启发意义。彭卫、杨振红合著《中国妇女通史·秦汉卷》（杭州出版社2010年版）关注秦汉时期妇女群体，填补了相关领域的学术空白，获第四届（2013）中华优秀出版物图书类一等奖。赵凯关注汉代老年群体，发表《西汉"受鬻法"探论》（2007年，2009年获历史研究所第二届青年优秀学术论文奖）、《尹湾汉简的一组"养老"统计数字》（2009年）、《〈汉书·文帝纪〉"养老令"新考》（2011年）等文。社会舆论研究方面，赵凯发表《汉代官方舆论收集机制》（2006年）、《社会舆论与秦汉政治》（2007年）、《汉代辟谣与舆论危机应对》（2007年）等文。

（四）文化史与思想史

经学、谶纬与礼制研究方面，孙晓《两汉经学与社会》（中国社会科学出版社2002年版）一书，对两汉经学兴盛的历史背景、经学的文化渊源、经学的传承与经说、通经致用下的汉代社会等做了系统论述。宋艳萍长期致力于公羊学研究,所著《公羊学与汉代社会》(学苑出版社2010年版)同样采取经学与社会史、文化史、思想史相结合的研究方法,强调经学的政治功能与社会功能。杨英关注秦汉礼制,著有《祈望和谐——周秦两汉王朝祭礼的演进及其规律》(商务印书馆2009年版)及论文《两汉行政"故事"中的古"礼"孑遗考》(2014年)、《战国至汉初儒家对古典礼乐的传承考述》(2014年)等。谶纬研究则有吕宗力《从碑刻看谶纬神学对东汉思想的影响》(1984年)、《纬书与西汉今文经学》(1984年)。

名物制度考释方面,得益于简牍、文物、画像等考古资料大量出现,秦汉名物制度研究在广、深两个维度取得突破成为可能,考释成果丰饶厚实、多姿多彩。马怡发表《皂囊与汉简所见皂纬书》(2004年,2006年获历史研究所优秀科研成果二等奖)、《"诸于"考》(2005年)、《汉代画像中的两幅"奉谒"图》(2011年)、《武威汉墓之旐——墓葬幡物的名称、特征与沿革》(2011年)、《从"握卷写"到"伏纸写"——图像所见中国古人的书写姿势及其变迁》(2014年)等多篇文章,内容涉及生活用品、服饰、礼仪、文案书写等多个方面。赵平安在秦西汉封泥玺印考释方面有多篇力作,如《对狮子山楚王陵所出印章封泥的再认识》(1999年)、《秦西汉误释未释官印考》(1999年)、《秦西汉官印论要》(2001年)。宋艳萍利用画像砖石及其他出土文物考索名物制度与思想观念,所著《汉代画像与汉代社会》(福建人民出版社2016年版)获第十一届(2021年)古代史研究所优秀科研成果奖一等奖。曾磊撰写多篇名物制度考释文章,其关于秦汉观念中颜色的研究如《秦汉神秘意识中的红色象征》(2017年)、《秦汉白色神秘象征意义试析》（2017年）颇具新意。其专著《门阙、轴线与道路：秦汉政治理想的空间表达》（广西师范大学出版社2020年版，获2020年度古代史研究所优秀专著奖），从个案分析入手，展现秦汉时期王朝国家如何通过人为的规划、设计，贯彻自身的观念和意图，从而将自然地理空间成功地塑造为政治空间、文化空间。政治与社会，观念与文化，自然与人文，互相联结，彼此伏倚，看似松散，实为一体。庄小霞《四川汉画像所见丹鼎图考》（2015年）也是较为出色的名物考释之作。

区域文化研究方面，卜宪群《关于地域文化研究的几点看法》（2019年）对秦汉区域文化研究具有借鉴价值。胡宝国有多篇关于汉晋时期区域人才风貌的论著，如《汉晋之际的汝颍名士》（1991年）、《〈史记〉〈汉书〉籍贯书法与区域观念变动》（1993年）、《南阳士与中州士》（1996年），再加上《汉代的家学》（1996年）、《汉代齐地政治文化说略》（1996年）等，在秦汉区域文化研究方面贡献良多。赵凯对秦汉时期燕赵文化有较多关注，发表《汉魏之际"大冀州"考》（2007年获历史研究所首届中青年优秀学术论文奖）、《汉代幽燕地区人文风貌三题——以仕宦群体为中心》（2009年）、《"郑声"与"赵女"——中国古代乐舞文化的地域性研究》（2009年）等文。宋艳萍《从秦简〈日书〉出现的祭与祠窥析秦代地域文化的特点》（2009年）、邬文玲《"商山四皓"形象的塑造与演变》（2014年）、于天宇《秦蜀文化的融合与秦文化的强盛》（2020年）、王彬《王杖诏令与东汉时期的武威社会》（2022年，获2022年中国社会科学院古代史研究所青年优秀论文奖三等奖）等文，都从不同角度对相关地区的历史文化予以研究。

我所学人主编多部秦汉区域文化研究论文集，包括卜宪群主编《雄节迈伦 高气盖世——2015年首届东方朔文化国际学术论坛论文集》（华夏出版社 2017 年版）、《千秋亭论史：汉光武帝刘秀柏乡登基暨东汉历史文化研讨会论文集》（河北人民出版社 2019 年版）、《凉州文化与丝绸之路国际学术研讨会论文集》（中国社会科学出版社 2019 年版）、《秦始皇与广宗沙丘平台遗址学术论文集》（人民出版社 2024 年版），杨振红主编《代地历史文化论集》（广西师范大学出版社 2018 年版）。

2019 年创刊的《中国区域文化研究》是由安徽师范大学高端科研平台"中国区域文化研究院"、安徽师范大学历史学院、安徽省重点智库"安徽文化发展研究院"主办的学术辑刊，每年出版两期，卜宪群担任主编。第 1 辑刊登了彭卫的《从汉代风俗观念看国家治理与区域文化的发展》和卜宪群的《区域政治文化与秦汉之际的国家治理——以"六国后"为例》。这既是对我所秦汉区域文化研究成就的认可，也必将进一步推动秦汉区域历史文化研究发展。

（五）研究动态与理论思考

70 年来，我所多位学人在研究实践的基础上，积极撰写秦汉史研究动态，翻译海外秦汉史研究成果，并通过阶段性总结，对秦汉史乃至中国古代史研究领域所取得的成就和存在的问题进行理论思考。

1. 研究动态与重要译著

研究动态报告是总结、反映学科发展的重要信息来源。卜宪群（1993 年度、1995 年度、1996 年度）、徐歆毅（2010 年度）、凌文超（2011 年度）、张燕蕊（2012 年度、2013 年度、2014 年度）、曾磊（2017 年度）都曾撰写过秦汉史年度研究动态，并在《中国史研究动态》或《秦汉研究》上发表。秦汉专门史方面的研究动态总结也有不少，如刘洪波《十年来国内匈奴史研究概述》（1991 年）对 1980—1990 年十年间国内匈奴史研究状况作了总结。杨振红持续翻译 2006 年、2007 年、2008 年、2009 年、2010 年、2013 年、2014 年度《日本的战国秦汉史研究》。石洋所译《21 世纪以来日本学界秦汉史研究新进展》（2022 年），以及杨振红所译《日本的中国简帛研究》《日本的中国简帛研究的课题与展望——以中国思想史研究为中心》等，为国内学者了解日本同行战国秦汉史及简帛学研究动态提供了便利。戴卫红《韩国木简研究》（广西师范大学出版社 2017 年版）对韩国学者秦汉简牍研究状况予以评介。

我所学人译介的海外秦汉史研究成果数量可观。陈高华、胡志宏是《剑桥中国秦汉史》（中国社会科学出版社 1992 年版）的主要译者，李学勤为该书写了译序。石洋合译《宫崎市定亚洲史论考：中国聚落形态的变迁》（上海古籍出版社 2018 年版）、《东洋的古代：从都市国家到秦汉帝国》（中信出版集团 2018 年版）。杨英翻译了法国学者葛兰言所著《中国文明》（中国人民大学出版社 2012 年版）。单篇论文译介如孙晓、卜宪群所译《西北新近发现的汉代行政文书》（1994 年）、庄小霞所译《王杖木简再考》（2011 年）、邬文玲合译《浅谈秦代的刑法仪式与主观真实》（2012 年），数量颇多，不再赘举。此外，赵凯参加《域外汉籍珍本文库》项目过程中，利用域外特别是韩国所藏文献，撰写多篇与秦汉史相关的文章，如《域外存珍：简述韩国古代文献中的秦汉史研究资料》（2012 年）、《项羽在国外——域外汉籍中有关项羽的文献记录》（2012 年）、《韩国古代文献中光武帝刘秀资料辑略》（2019 年）等。改革开放以来，中国秦汉史研究能够取得巨大进展，其中一个重要原因是与海外学者之间学术交流的活跃，促进了研究方法、理论的更新和学术观点的与时俱进。我所学人的这些译介，为推动秦汉史学科建设做出了实实在在的贡献。

2. 学科总结与理论思考

林甘泉《研究秦汉史从何入手》（1983年），建议有志于从事秦汉史研究的初学者，在阅读基本史料过程中，抓住"秦汉的社会性质""秦汉封建专制主义中央集权制度""秦汉的阶级斗争和民族关系"等几个主要问题，在此基础上再进行研究。该文是为《文史杂志》"历史学家谈如何研究历史"撰写的专题文章，具有较好的社会反响。

1989年4月，林甘泉接受北京师范大学陈其泰访谈，形成《秦汉史研究的回顾和史学工作的创新——访林甘泉先生》一文。林先生对秦汉史研究既往作了回顾：1949年前的秦汉史研究，政治制度史和学术思想史二者成就较突出。1949年后可以分为三个时期：1949年后十七年的研究工作主要集中在社会性质、经济史、农民战争史、思想史等领域；"文革"十年正常学术研究中断；"文革"后十年，既有"炒冷饭"的缺点，又要看到在研究的广度和深度都有前进，对此应有一个比较实事求是的估计。他还对秦汉史研究的拓展提出了自己的看法，即思路应更开阔一些，观察历史的角度要有变化，要处理好理论与材料、古与今、断代史与通史、历史学与其他学科四方面的关系，并且应当重视当代学术的总结这项工作。针对当时秦汉史由于材料少、既往研究成果较多而导致的难出成绩这一"危机"，林甘泉提出，从新角度思考旧问题，也能写出新的文章。

林甘泉对秦汉史研究的若干重大问题始终关切。他在《继承·探索·创新：读〈中国通史〉第四卷〈中古时代·秦汉时期〉》（1997年）这篇书评中鲜明地阐说了自己有关秦汉史研究的一些思想原则，比如，编撰秦汉史要不要阐明秦汉时代是什么性质的社会？他认为，不应当反对有些学者在编撰中国通史时采用社会经济形态以外的历史分期,但是有志于以马克思主义为指导来编撰中国通史的学者,还是应当坚持马克思主义的社会经济形态理论。他的这些观点,"显然是经过对秦汉史研究学术形势的认真总结有感而发的。其主张,今天依然值得学界重视"①。

彭卫对秦汉史发展脉动有着敏锐观察和深入分析。他在《向何处寻觅——新时期十年我国大陆秦汉史研究的若干分析》(1989年)一文中,在对1978年改革开放以来至1988年10年间秦汉史研究领域正式发表和出版的2400多篇文章和30余部著作进行统计的基础上,对秦汉史研究较有深度的10个领域作了总结,也对存在的问题作了犀利深入的剖析。2011年,《史学月刊》刊发了一组"三十年秦汉史研究的理论反思"文章,彭卫《走向未来的秦汉史研究》一文从四个方面总结了改革开放30多年来中国秦汉史研究取得的巨大进步,再次提出要重视理论研究。

杨振红《改革开放三十年来的秦汉史研究》(2008年)、《改革开放以来的秦汉史研究》(2010年)两篇文章,以20世纪90年代上半叶为限,将改革开放30年来的秦汉史研究分为前后两个阶段,总结了两个时段的不同特点,又以分专题的形式对研究成果做了鸟瞰式回顾。2014年,她撰写了《社科院秦汉魏晋南北朝室与简帛研究中心六十年回眸》,回顾秦汉研究室创设与发展过程,并总结了本学科的学术优势和主要特色。

秦汉史之外,林甘泉、彭卫、卜宪群在不同阶段,从不同角度对史学理论和史学史予以研究。林甘泉撰写了《关于史论结合问题》(1962年)、《历史主义与阶级观点》(1963年)、

---

① 王子今:《20世纪的中国秦汉史研究》,《秦汉研究》第十三辑,西北大学出版社2019年版。

《20世纪的中国历史学》（1996年，2000年获中国社科院第三届优秀科研成果奖）、《我仍然信仰唯物史观》（1997年）、《关于史学理论建设的几点意见》（2003年）等文章，① 其中的诸多深刻见解，对史学理论建设与发展具有重要意义。

彭卫《近十年中国古代史研究观感》（2012年）一文，对中国古代史在21世纪以来第一个十年所取得的成就予以总结，在充分肯定"量"的繁荣、"质"的进步的同时，对这十年古史研究中存在的"两个短板"（理论思考与学术评论）和"一个热点"（文献的整理与研究）提出矫正建议。其《21世纪初的中国古代史研究》（2014年）对未来中国古代史研究突破提出建议：需要打通不同研究领域的壁垒，思考学术研究的一些深层次问题，更多地关注中国历史上的重大问题，从而促进中国古代史研究质的飞跃。

卜宪群围绕史学理论的形成的一系列研究成果，主要收在《悦己集》中。② 其中既包括对新中国成立以来史学发展历程、所取得的成就和演进规律的总体认识，如《30年来的中国古代史研究》（2008年）、《新中国七十年的史学发展道路》（2019）；也包括对历史理论和史学理论的探讨，如《用马克思主义唯物史观指导中国古代史研究》（2018年）；还有关于史学如何经世致用的理论与实践探讨文章，如《从中国历史看对外开放》（2020年），内容丰富，反映出作者在相关问题上的深入思考，也体现出鲜明的新时期史学理论研究特色。

（六）简帛学

进入21世纪前后，大量简帛材料的出土与刊布，极大地推

---

① 收入《林甘泉文集》，上海辞书出版社2005年版。
② 卜宪群：《悦己集》，甘肃文化出版社2023年版。

动了秦汉史研究，也促成了一门新的独立学科——简帛学。简帛研究中心创始人之一的谢桂华曾在建所五十周年之际撰写《栉风沐雨，成就斐然——记历史研究所简帛研究》一文，全面回顾了50年间简帛学发展历程和我所同仁在简帛学领域取得的学术成绩，筚路蓝缕，令人感佩。2006年，谢先生不幸病逝，简帛学界痛失大师，我所简帛研究痛失旗手。薪火相传，十余年后的今天，谢先生的高足邬文玲已经成长为简帛学科带头人，简帛研究中心不断发展壮大，新出简牍资料整理、研究方面取得了新的成绩。

70年来，我所学人参与了张家山汉简、额济纳汉简、长沙东牌楼东汉简牍、安徽天长纪庄汉墓木牍、长沙走马楼三国吴简、肩水金关汉简、里耶秦简、岳麓书院藏秦简、北京大学藏秦汉简牍及清华大学藏战国楚简、马王堆汉墓简帛等的整理与研究，形成一批为学界器重的学术成果，如谢桂华、朱国炤等著《居延汉简释文合校》（文物出版社1987年版）获我所第一届（2000年）优秀科研成果奖，谢桂华等著《居延新简——甲渠候官（上、下）》（中华书局1994年版）获第九届（1995年）中国图书奖、中国社科院第二届（1996年）优秀科研成果奖、首届（2000年）郭沫若中国历史学奖，邬文玲参与整理的《长沙走马楼三国吴简·竹简（壹—玖）》获第五届（2021年）中国出版政府奖图书奖，邬文玲《张家山汉简〈二年律令〉释文补遗》（2006年）获我所第二届（2009年）中青年优秀学术论文奖，邬文玲《简牍中的"真"字与"算"字——兼论简牍文书分类》（论文）获第十一届（2021年）古代史研究所优秀科研成果奖一等奖。杨振红利用新出张家山汉简等简牍材料形成的专著《出土简牍与秦汉社会》（广西师范大学出版社2005年、2009年版）获全国优秀博士论文提名（2007年）、中国社会科学院研究生院优秀博士论文奖（2007年）、第四届（2012年）郭沫若中国历史学奖、第一届（2013年）李学勤中国古史研究奖。王天然《〈孔子闲居〉成篇考》（2018年）获我所第五届（2018年）青年优秀成果奖二等奖。杨博《裁繁御简：〈系年〉所见战国史书的编纂》（2017年）获第三届（2018年）李学勤裘锡圭出土文献与中国古代文明研究青年奖三等奖、第十一届（2021年）古代史研究所优秀科研成果奖二等奖，《战国秦汉简帛所见的文献校理与典籍文明》（2022年）获第二届（2023年）古代史研究所青年优秀论文奖二等奖，专著《战国楚竹书史学价值探研》（2019年）获第五届（2022年）董治安先秦两汉文学与文献研究奖一等奖、第四届（2023年）李学勤中国古史研究奖三等奖等。

简帛材料的大量出土和简帛学的兴盛，从各个方面推动了秦汉史研究。简牍文字的释读补正是最基础的工作。谢桂华在这方面贡献良多，如《〈居延汉简甲乙编〉释文补正举隅》（1982年）等。其《新、旧居延汉简册书复原举隅》及续（1992年、1993年）、《居延汉简的断简缀合和册书复原》（1996年）等则是简册复原方面的经典成果（详见《汉晋简牍论丛》，广西师范大学出版社2014年版）。邬文玲几乎在各个批次简牍上都有释读成果，如《〈甘露二年御史书〉校读》（2014年）、《居延汉简释文补遗》（2014年）、《里耶秦简释文补遗三则》（2015年）《读放马滩秦简〈志怪故事〉札记》（2015年）、《张家山汉简〈二年律令〉释文商榷》（2017年），可谓"全能"。刘丽对北大藏秦简多有释读，如《北大藏秦简〈制衣〉释文注释》（2017年）。庄小霞参与睡虎地秦简法律文书（《秦律十八种·仓律》）的集释（2014年）。曾磊则有《长沙五一广场简识小（五则）》（2017年）、《悬泉汉简"传信"简释文校补》（2019年），石洋有《荆州高台 M46 出土记钱木牍考释》（2019 年）。此方面成果颇多，不再赘举。

简帛材料的丰盛促成了战国秦汉文书学研究的繁荣。无论是官文书还是私人书信，我所学人都有数量可观的研究成果。马怡在公私文书个案研究方面成就突出，她发表的系列论文如《扁书试探》（2006 年）、《天长纪庄汉墓所见"奉谒请病"木牍——兼谈简牍时代的谒与刺》（2011 年）、《汉代诏书之三品》（2014 年），内容涉及官文书形制、传递、格式等方面。这方面的代表性成果还有：卜宪群《从简帛看秦汉乡里的文书问题》（2007 年），邬文玲《里耶秦简所见"续食"简牍及其文书结构》（2014 年），戴卫红《湖南里耶秦简所见"伐阅"文书》（2013 年），杨振红、单印飞《里耶秦简 J1（16）5、J1（16）6 的释读与文书的制作、传递》（2014 年），庄小霞《长沙五一广场 J1③：264—294 号木牍所见文书制作流转研究》（2018 年），齐继伟《秦代县行政文书运作研究——以"徒作簿"为例》（2021 年）等。

利用简牍资料对秦汉史的具体问题进行研究，无论是创新抑或补证，都体现出了新出材料无可替代的价值。这方面的成果尤其多，如齐继伟《秦简"月食者"新证》（2019 年），不再赘举。

以上从政治史、经济史、社会史、文化史与思想史、研究动态与理论思考、简帛学等六个方面，对秦汉史主要研究领域、重要成果作了疏浅介绍，籍此大体勾勒 70 年来我所学人在秦汉史研究方面取得的成绩。此外还有不少成果应予关注，如余太山、马雍在汉代西北边疆民族与丝绸之路方面的诸多论著，王育成在汉代道教方面的研究，王启发、郑任钊在汉代思想史方面的研究，刘乐贤在秦汉日书方面的研究，等等，篇幅所限，不再一一枚举。

三 传世文献整理与研究

1958年，国务院科学规划委员会组建成立古籍整理出版规划小组，历届小组成员中包括我所的尹达、顾颉刚、张政烺、贺昌群、孙毓棠、林甘泉、陈祖武等先生。他们在古籍整理出版方面起到了积极的作用，也为推动我所古籍整理做出了贡献。

吴树平1983年从中华书局调入历史研究所，任战国秦汉史研究室主任，出版多部秦汉文献整理研究方面的力作，如《风俗通义校释》（天津古籍出版社1987年版）、《东观汉记校注》（中州古籍出版社1987年版）。其《秦汉文献研究》（齐鲁书社1988年版）一书，收录了1974—1986年十余年间撰写的28篇秦汉文献研究论文，其中关于《东观汉记》者凡11篇，关于《后汉书》及其作者范晔者凡6篇，再加上《〈风俗通义〉杂考》《〈氾胜之书〉述略》《侯瑾及〈汉皇德传〉》3篇，东汉文献占据绝大多数，为研究者解读和利用东汉史料提供了帮助。他和陈高华、陈智超合著的《中国古代史史料学》（中华书局1981年版），是第一部正式出版的中国古代史史料学著作，作为教材和专业必读书受到读者的欢迎，自1981年初版以来已经多次再版。

孙晓在古籍整理研究方面成就突出，秦汉史方面主要包括主持编纂《二十四史研究资料汇编·史记》（全10册，人民出版社2010年版）、《二十四史研究资料汇编·两汉书》（全26册，人民出版社2015年版）。"汇编"汇集1949年以前史家关于《史记》《汉书》《后汉书》的注释训诂、考证质疑成果，分为"综考""分考"两部分，为学者提供了资料便利。主编

《汉魏丛书》（人民出版社 2012 年版）、《新编汉魏丛书》（鹭江出版社 2013 年版），以王谟本《汉魏丛书》为基础，增选汉魏著作至 120 余种，按经翼、别史、子余分类，繁体排印，断句标点，是目前所见较为精良的汉魏著作读本。

开笔于 1994 年的《今注本二十四史》先后入选国家"十一五""十二五""十四五"重大文化出版工程项目，入列《2021—2035 年国家古籍工作规划》。已故著名历史学家张政烺担任总编纂，赖长扬、孙晓为执行总编纂。《今注本二十四史》中与秦汉史相关的"前三史"均由我所学人担纲，包括吴树平主编今注本《史记》（我所马怡参与校注），孙晓主编今注本《汉书》（我所赵凯、安子毓、张沛林参与校注），卜宪群、周天游主编今注本《后汉书》（我所赵凯、曾磊、安子毓、张沛林、齐继伟等参与校注）。今注本《史记》2021 年获第五届中国出版政府奖提名奖，并与今注本《汉书》入选"中国社会科学院创新工程 2021 年度重大科研成果发布"。今注本《后汉书》与赵凯主编的今注本《南史》（我所张欣、刘凯参与校注）入选"十四五"国家重点图书等出版物出版专项规划。此外，施丁的《汉书新注》（三秦出版社 1994 年版），也是今人注史的代表之作。马怡曾点校北宋杨侃《两汉博闻》（中州古籍出版社 1991 年版）。

在碑刻文献方面，王天然编著《蜀石经集存·周礼》《蜀石经集存·春秋经传集解》《蜀石经集存·春秋公羊传》《蜀石经集存·春秋穀梁传》（上海古籍出版社 2023 年版），属于《2021—2035 年国家古籍工作规划》重点出版项目"石经文献集成"系列成果，获得 2023 年度国家古籍整理出版专项经费资助。

四　通史、工具书编纂与秦汉史普及

我所秦汉史学人在做好历史研究本职工作的同时，把秦汉史研究与秦汉历史知识传播、普及工作结合起来，根据院所工作安排或者社会需求，完成多项通史读本、重点工具书的编纂，并参与了一些重大历史题材新媒体节目的录制。

（一）通史编纂

1. 林甘泉参加郭沫若主编的《中国史稿》，并担任第二、三卷（1979年由人民出版社出版）主笔。田人隆、朱大昀等参与秦汉部分撰稿。

2. 林甘泉主编《从文明起源到现代化——中国历史25讲》（人民出版社2002年版），系全国干部培训教材编审指导委员会组织编写的干部学习读本，获中国社科院第五届（2004）优秀科研成果奖。

3. 卜宪群主持撰写《简明中国历史读本》（中国社会科学出版社2012年版），先后入选"中宣部理论局中组部干部教育局向党员干部推荐第七批学习书目""第二届全国党员教育培训教材展示交流活动精品教材"，列入《教育部基础教育课程教材发展中心中小学生阅读指导目录（2020年版）》。卜宪群撰写"绪论"，第四章"秦汉"部分由杨振红撰写。

4. 卜宪群总撰稿五卷本《中国通史》（华夏出版社、安徽教育出版社2016年版），先后获评第四届（2017年）中国出版政府奖提名奖、2016年度国家新闻出版广电总局大众喜爱的50种图书、2016年度中国出版协会30本好书、中组部第三届全国党员教育培训优秀教材、中纪委监察部官方网站2016年推荐图书等。秦汉部分由杨振红、孙晓、赵凯撰写。

5. 赵凯编著《中国古代历史图谱·秦汉卷上》与邬文玲编著《中国古代历史图谱·秦汉卷下》2016年由湖南人民出版社出版，获第五届（2019年）郭沫若中国历史学奖三等奖。

6. 孙晓主持撰写的《中国历史极简本》（中国社会科学出版社2017年版），秦汉部分由杨振红、孙晓、赵凯撰写。

（二）工具书编纂

1. 林甘泉主编《中国历史大辞典·秦汉史》（上海辞书出版社1990年版），共收录秦汉史相关词目3634条。《中国历史大辞典》编纂肇始于1978年，分为14个分卷，秦汉史卷副主编为田余庆、林剑鸣，田人隆为编委会秘书，吕宗力为主编助手，我所陈可畏、吴树平、余太山、孙言诚、刘洪波、黄金山、朱国炤等参与编撰。

2. 孙毓棠主编《中国大百科全书·中国历史·秦汉史分支》（中国大百科全书出版社1993年版）。《中国大百科全书》编纂工作启动于1978年，"中国历史"部分设12个分支，秦汉史分支副主编田余庆、吴荣曾、林甘泉、宁可、吴树平，成员包括田人隆、余太山。孙毓棠对此事特别投入，据他的学生余太山回忆，"在我的记忆中，他正式委托我办的事只有两件。一件是1981年他赴美讲学前夕，要求我参加秦汉史分卷的编辑工作"①。《中国大百科全书》是中国人编纂的第一部综合性百科全书，结束了近代以来中国没有百科全书的历史，获第一届（1994年）国家图书奖荣誉奖。

---

① 余太山：《醉中有高山流水：〈孙毓棠诗集〉编后记》，载中国社会科学院历史研究所编《求真务实五十载：历史研究所同仁述往》，中国社会科学出版社2004年版，第305页。

3. 张政烺名誉主编、吕宗力主编《中国历代官制大辞典》（北京出版社 1994 年版），收录 2 万余条，是当时国内外规模最大的一部中国古代职官辞典，也是目前仍然相当受重视的一部职官类专门辞书。我所田人隆、刘洪波、孙言诚、赖长扬、刘驰等参与秦汉史词条撰写。

（三）历史题材新媒体节目录制

百集纪录片《中国通史》，是中国社会科学院和中央电视台电影频道（CCTV-6）共同监制的大型电视纪录片。卜宪群任总撰稿，秦汉十二集文本分别由杨振红、孙晓、赵凯撰写。该片 2016 年 8 月始播，2021 年获第五届中国出版政府奖网络出版物奖，2023 年获评第五届华人国学大典"国学活化计划"项目。

此外，邬文玲、赵凯、张欣等参与了中央广播电视总台央视综合频道与央视创造传媒联合推出的文化类节目《典籍里的中国》中与秦汉史相关内容如《说文解字》《史记》《汉书》等的录制，张欣、杨博参与了《简牍探中华》节目录制。

五 回望与展望

以上对建所 70 年来秦汉史学科的组织建置、研究领域、主要工作和重要成就等作了一点简单的回顾总结。回望这 70 年，作为秦汉史研究重镇，我所秦汉史科研团队始终保持稳定并充满活力，每一时期都有学术领军人物出现，在此基础上形成了一批有分量的研究成果，在史学界产生了较为重要的影响。这些成就的取得，原因是多方面的，以下三个方面尤为重要。

(一) 始终关注学术前沿问题，积极参与重大问题和热点问题讨论

中国封建社会土地所有制是新中国成立之后的学术前沿和热点问题，贺昌群、林甘泉等多位秦汉史学者予以关注并参与研讨，他们的著作《汉唐间封建土地所有制形式研究》、《中国封建土地制度史》（第 1 卷）后来成为这一领域具有重要影响的代表性成果。贺昌群在《汉唐间封建土地所有制形式研究》一书的序言中写道："万一这本小结集多少提供了一些有参考价值的结论，那也不是属于我个人的，而应属于近几年来共同讨论封建土地所有制问题的同志。"① 虽是自谦之辞，但仍可看出他对学术争论在历史研究过程中的推动作用是非常认可的。林甘泉并不赞同封建土地国有制之说，但是同样从嘤鸣相闻的学术争论中受益颇多，"在这个问题上，我和贺昌群先生的意见并不完全一致，但这丝毫没有影响我们之间的情谊。我虽然认为封建土地国有制在秦汉以后只是在某些历史阶段而不是在封建社会整个历史时期占支配地位，但从《汉唐间封建土地所有制形式研究》一书中也学习到不少东西"②。林甘泉在漫长的学术生涯中，参与了"历史主义与阶级观点""中国古代政治体制""'封建'的'本义'与'封建社会'"等前沿问题的讨论，在中国史学思潮话语体系中留下了不可磨灭的印迹。

简帛出土是中国 20 世纪最为重要的考古发现之一，我所贺昌群、张政烺、李学勤、谢桂华等老一辈学者对居延汉简、马王堆汉墓帛书、云梦秦简的持续关注，马怡、卜宪群、杨振红、邬文玲等接力传薪，使得简帛研究自 21 世纪以来成为我所秦汉

---

① 《贺昌群文集》第二册，第 286 页。
② 《贺昌群文集》第一册，"总序"第 11 页。

史研究最为重要的增长点，中国社会科学院简帛研究中心成为国际简帛研究的重镇。卜宪群在秦汉国家治理与基层社会治理问题领域的深耕，杨振红、孟彦弘等关于秦汉律令编纂体系的讨论，都是我所秦汉史学人关注学术前沿、热点问题传统的延续。

（二）重视文献整理研究，夯实学科基础

秦汉史学科具有重视文献整理与研究的优良传统，因为这项工作既是学科建设的基础，也最能凸显中国传统学术的特色，如孙晓所言，"自孔子以来，对旧典籍的缀合、整理、诠释一直是中国学术发展的主体形态，这是与西方的不同之处"[①]。70年来，我们在传世文献、简帛文献领域都产生了一批较为重要成果，近年来碑刻文献整理研究也有突破。新近进行的项目，《今注本二十四史》与《蜀石经集存》都列入《2021—2035年国家古籍工作规划》重点出版项目，多个秦汉文献整理研究项目特别是简帛项目得到"古文字与中华文明传承发展工程"的资助。2022年4月，中共中央办公厅、国务院办公厅印发了《关于推进新时代古籍工作的意见》，提出要"加强古籍抢救保护、整理研究和出版利用，促进古籍事业发展"，这为我们在新的历史条件下，以"双创"为目标继续做好古籍整理与研究工作提供了方向指引。

（三）重视学术交流，举办学术活动，扩大学术影响

做好学术交流、举办学术活动都需要得力平台。中国秦汉史研究会秘书处、中国社会科学院简帛研究中心与《简帛研

[①] 孙晓：《从"汉籍之路"到"史家注史"》，《中国社会科学报》2022年7月1日。

究》编辑部都设在秦汉史研究室，由此形成"四位一体"的秦汉史研究与交流平台。

中国秦汉史研究会成立于1981年，我所秦汉史研究室为筹备发起单位之一，时任所长兼研究室主任的林甘泉被选为秦汉史研究会首任会长。现任会长为卜宪群，邬文玲为常务副会长，赵凯为副会长，张欣为秘书长，曾磊为副秘书长。我所李祖德、谢桂华、彭卫、田人隆、卜宪群曾任副会长，田人隆、卜宪群、赵凯曾任秘书长。研究会成立40余年，通过举办会议、出版年会论文集《秦汉史论丛》和会刊《秦汉研究》，推动了秦汉史研究。研究会秘书处长期挂靠在秦汉史研究室，客观上为我室与海内外秦汉史同仁保持密切交流、推动学科建设提供了有利条件。

中国社会科学院简帛研究中心成立于1995年，首任中心主任为谢桂华。谢先生退休之后，卜宪群、杨振红相继担任中心主任，现任主任为邬文玲。简帛研究中心通过开办简牍研讨班和古文书研究班、举办国际国内简帛学学术研讨会、编辑《简帛研究》、组织出版"简帛研究文库"等，成为简帛研究和秦汉史研究的重要交流平台，在海内外产生了深远影响。由简帛研究中心、秦汉史研究室、古文字与中华文明传承发展工程协同攻关创新平台、中国历史研究院海外中国历史文献研究中心共同举办的"出土文献与战国秦汉史研究"系列讲座，先后邀请多位知名专家临雍布道，成为我所秦汉史学科交流互动的重要平台。

70本是古稀之年，但走过70年历程的秦汉史学科仍然保持着勃勃生机。一方面，研究队伍年龄结构较为合理，老成长者年富力强，笔耕不辍；青年才俊迅速成长，锐气英发。另一方面，课题和成果的创新性日益加强，研究领域的不断拓展本身就意味着创新，而看似无可置喙的"熟田"也因新史料、新方法和新科技的加持而时有翻新。从目前情势看，简帛、画像、碑铭、域外汉籍等新史料为秦汉史提供了丰厚的给养，从而使得对具体问题的实证研究成为主流，但是林甘泉、彭卫、卜宪群等关于历史研究的理论思考和基于理论思考的研究实践，仍然指示着秦汉史研究的终极方向。林甘泉先生在总结20世纪的中国历史学时曾说，"一个时代有一个时代的学术，历史学当然应该随着时代的前进而不断有新的发展"[①]。贺昌群、林甘泉、吴树平、谢桂华等老一辈学者给我们留下了丰厚的遗产，秦汉史学科如何在保持优良传统和既有优势的基础上取得新的发展，是我们必须认真思考的问题。

---

① 林甘泉：《20世纪的中国历史学》，《历史研究》1996年第2期；收入《林甘泉文集》，第346—384页。

建所以来的魏晋南北朝史学科发展概况

戴卫红

中国社会科学院古代史研究所魏晋南北朝史研究室主任、研究员

作为历史研究所（古代史研究所）断代史研究的重要部门，建所70年以来，魏晋南北朝史研究室的机构设置经历过多次调整。1954年，中国科学院组建历史研究所第一所、第二所，第一所设有先秦史、秦汉魏晋南北朝史两个研究组。贺昌群任秦汉魏晋南北朝史研究组组长，林甘泉任学术秘书。1958年，中国科学院历史研究所第一所、第二所合并后，研究组改为秦汉魏晋南北朝史研究室，由贺昌群任主任，林甘泉任副主任。1978年，魏晋南北朝史并入隋唐史研究室。1991年研究所进行学科调整，再次与秦汉史合并为秦汉魏晋南北朝史研究室。2014年，魏晋南北朝史并入隋唐史研究室。2019年，历史研究所改名为古代史研究所，魏晋南北朝史研究室成立。历任研究室主任（组长）为贺昌群、黄烈、朱大渭、谢桂华、李凭、卜宪群、杨振红、邬文玲、雷闻，现任研究室主任戴卫红。建所70年以来，所内研究魏晋南北朝史的学者大多聚集在这三个研究室，还有一些先生分散在社会史、历史地理等其他研究室及《中国史研究》编辑部。

一 改革开放之前的魏晋南北朝史研究

在新中国"前十七年"（1949—1966）中，史学界最引人关注的是围绕中国古代史分期、中国封建土地所有制形式、中国封建社会农民战争、中国资本主义萌芽、汉民族形成这五大基本理论问题，即"五朵金花"及相关问题展开的深入、热烈讨论。其中，魏晋南北朝社会性质问题、民族融合问题、土地制度问题构成了这些理论问题讨论的重要支撑点。

（一）关于封建土地所有制、农民战争、阶级结构等重大理论问题的探讨

运用马克思主义理论研究汉唐间封建土地所有制形式，是当时秦汉魏晋南北朝史研究室学术研究的一个重点，贺昌群先生有系列文章和论著。1954年，时任南京图书馆馆长的贺昌群先生调任中国科学院历史研究所第二所研究员，兼中国科学院图书馆馆长。在继魏晋玄学思想、中西交通史研究后，贺昌群先生把重点转移到两汉魏晋南北朝的土地所有制的研究上。他认为在中国封建社会前期，封建国家土地所有制占支配地位。他曾"试图把马克思主义的普遍原则，运用到秦汉、隋唐间历史的具体研究工作中去"[①]。1956年他出版《论两汉土地占有形态的发展》（上海人民出版社），1958年发表《汉唐间的国有土地所有制与均田制》，1960年发表《关于封建土地国有制问题的一些意见》，在这些文章中，他认为秦汉郡县制建立以后

[①] 贺昌群：《关于"货卖奴婢马牛田宅有文券"的历史意义》，《贺昌群文集》第一卷，商务印书馆2003年版，第574页。

至唐代，全国范围的土地集中在专制主义国家手里，是封建国家土地所有制，皇帝是最高地主，但这并不排除私人或公共占有权和使用权。① 1964 年又出版《汉唐间封建土地所有制形式研究》，认为从汉朝到唐朝这段时间主要土地制度的性质是"国家土地所有制"而不是"私有地主所有制"；私有制是完全局限于公有制的基础之上的，私有制是相对存在的，公有制是占绝对优势的；汉唐时期土地制度对军事制度有约束和影响。

当时对中国封建社会农民战争问题的探讨，集中于农民战争的性质、农民战争中的思想武器问题、农民政权的性质、农民战争与宗教之间的关系、农民战争的历史作用等。1957 年，奉调至京任中国科学院历史研究所第二所副所长的熊德基先生，着眼汉末太平道与黄巾军关系，考辨《太平经》内容及其作者，比较其中教义与黄巾军思想的异同，揭示《太平经》与天师道的关系。他利用当时尚无人注意的敦煌文献中的《太平经》目录，探究了这部书的最初概貌及其流传删改情况，认为《太平经》不仅不是农民革命的"经典"，而且是与黄巾敌对的统治阶级思想意识的反映。② 在此基础上，他又考察了中国历史上"正教"与"异教"分化发展的态势及其与农民战争的多重关系，认为异端宗教的组织与农民起义的组织不同，两者之间并无内在的必然联系，只有在内、外部因素具备的条件下，前者才有可能转化为后者。③ 这些观点不仅深化了农民战争与宗教关系的讨论，也是宗教史研究的重要成果。1957 年 9 月从四川大

---

① 贺昌群：《关于封建土地国有制问题的一些意见》，《新建设》1960 年 2 月号，后收入《中国封建社会土地所有制形式问题讨论集》，生活·读书·新知三联书店 1962 年版。
② 熊铁基：《〈太平经〉的作者和思想及其与黄巾和天师道的关系》，《历史研究》1962 年第 4 期。
③ 熊德基：《中国农民战争与宗教及其相关诸问题》，《历史论丛》第 1 辑，中华书局 1964 年版。

学毕业分配到中国社会科学院历史研究所工作的朱大渭先生，也对孙恩徐道覆起义、唐寓之起兵的性质和历史作用进行了考察和论证。①

与中国古代史分期问题紧密相关，熊铁基先生认为要全面考察魏晋南北朝这一历史时期，首先需要弄清当时的社会阶级结构，再考察土地占有制，进而分析政权结构中各阶级的力量对比与其消长变化，以及各阶级在意识形态方面的反映。魏晋南北朝时期的阶级结构是探讨此期纷繁复杂的历史现象奥秘的一把钥匙。因此，他从1963年开始着手写作《魏晋南北朝时期各阶级的分析》，自1972年起，相继撰成六朝农民、豪族、兵家、官私奴婢及官户、杂户等专题论文；又针对魏晋以来身份等级名称繁多、所指对象交叉不一的状态，强调了澄清概念和规范表述的必要，阐明了户籍类型、身份差异、门第高下、民族区分与阶级结构的基本关系。② 这为相关研究廓清了基础，对把握魏晋南北朝及各时期社会结构均有指导意义。

汉民族是如何形成的，与周边民族之间到底是什么样的关系，在"汉民族形成问题"争鸣中，史学家们从学理上对该问题予以澄清，并将讨论的范围扩展到历史上的中国及其疆域、历史上的民族关系、历史上民族之间战争的性质、民族融合、民族同化、民族政策、民族间的"和亲"等问题。黄烈先生对于中国古代民族史有系列论文进行研究。黄烈先生1948年毕业于西北大学历史系，1949年至1954年任共青团江西省委干事，后到中国

---

① 朱大渭：《孙恩徐道覆起义的性质及其历史作用》，《中华历史论丛》1964年第1期；朱大渭：《唐寓之起兵的性质是农民起义吗？》，《中国农民战争史论丛》第一辑，山西人民出版社1978年版。

② 关于熊德基先生六朝阶级结构的研究及论著详情，参见刘驰《史家当具千秋识——熊德基先生与其史学研究》，原载《炎黄文化研究》第6辑，大象出版社2007年版；后收入刘驰《魏晋南北朝社会与经济探究》，社会科学文献出版社2021年版。

社会科学院学术秘书处工作，任郭沫若先生秘书兼学术助手。
1956 年进入中国社会科学院历史研究所，参加了郭沫若主编的
《中国史稿》撰写工作。在古代民族史研究方面，作者对前人研
究较少、比较薄弱以至空白的方面，比较关键的问题，与前人有
显著分歧的地方，需要对前人成果进行综合的内容，选择了魏晋
南北朝时期影响较大的羌、氐、匈奴、鲜卑等族进行上溯研究，
发表了《五胡汉化与五胡政权的关系》（《历史研究》1963 年第
3 期）、《有关氐族来源和形成的一些问题》（《历史研究》1965
年第 2 期）、《关于前秦政权的民族性质及其对东晋战争性质问
题》（《中国史研究》1979 年第 1 期）等文章。黄烈先生从民族
的汉化及其政权所采取的各项政策与魏晋汉族政权基本相同等方
面出发，认为前秦与东晋的诸种矛盾中，民族矛盾已降为次要矛
盾，双方统治阶级相互兼并的矛盾占了主导地位。因而，前秦对
东晋的战争性质，是封建兼并统一战争。这一论点基本上符合历
史事实。对于前秦政权民族性质的判断，文章在 1979 年发表之
后，曾引起史学界的热烈讨论。①

（二）重视史论结合，论从史出

早在《魏晋清谈思想初论》的序言中，贺昌群先生就说：
"历史学为通儒之学，为古今合一之学，故往往言远而意近。
世无纯粹客观之考证，亦无纯粹主观之议论，客观与主观，如
高下之相倾，音声之相和，前后之相随。"因此，他研究魏晋
清谈思想即努力在考证与议论之间寻找到一个平衡点，从而可
以深刻地揭示"古今之变"。除此之外，贺昌群先生运用唯物
史观的观点，从封建土地所有制的变化来研究均田制、府兵制

---

① 周伟洲：《评黄烈著〈中国古代民族史研究〉》，《历史研究》1988 年第 4 期。

等问题，由此阐释了经济基础决定上层建筑，对隋唐史的发展脉络进行梳理。他认为隋文帝建立隋朝之后，拥有强大的中央政权，推行府兵制，保障了均田制下农民利益，为生产力的发展提供了保障。经济基础与上层建筑处在一种平衡状态下。而到了唐代中后期，随着均田制遭到破坏，府兵制逐步瓦解，国家失去强大的中央武装力量。①

熊德基先生史学研究的主要特点之一，也是他注重马克思主义理论的应用，关键在于联系实际去理解、去思考，以之指导史学研究工作，来驾驭所掌握的史料，从而达到认清历史规律的目的。著名历史学家韩国磐在《六朝史考实》的序言中认为，"然其功底深厚，力学不倦，马克思列宁主义著作及经史百家之书，靡不涉猎，而取精用宏，卓然有立……至于史学，乃其主治之学，尤为所致力者，然不轻易着笔，尝与人云：治史必须胸有真知灼见，决不可率而操觚；再则，必须全面掌握资料，为山九仞，尚不可功亏一篑，挂一漏万，更何从取信于人？又则不宜人云亦云，随波逐流，必须有所发明，有所发现，道前人之所未道者。执此以为准绳，亦可略见其治学之严。"② 诚如刘驰在总结熊德基的史学研究特点时所说，"精于史实的考辨，重视理论上的提炼，处处体现了唯物史观原理与中国历史实际的结合。他关注的论域和问题深受时代影响，又经其长期研习和独立思考所得，大都是相关领域的关键难点，史界公认其论必有得，影响持久。"③

---

① 刘卫芳：《贺昌群史学成就探究》，硕士学位论文，河南师范大学，2014年，指导教师李峰。
② 熊德基：《六朝史考实》，中华书局2000年版，韩国磐先生序，第1—3页。
③ 刘驰：《史家当具千秋识——熊德基先生与其史学研究》，原载《炎黄文化研究》第6辑，大象出版社2007年版；后收入刘驰《魏晋南北朝社会与经济探究》，社会科学文献出版社2021年版。

二　20 世纪八九十年代的魏晋南北朝史研究

1978 年以后，随着实事求是的学风重新确立，我所的魏晋南北朝史研究进入一个全面的复苏阶段。随着全国史学工作者研究工作的全面复苏，各种规模的研究机构和学会应运而生，历史所研究魏晋南北朝史的先生们，参与创办了中国魏晋南北朝史学会，组织并参与了规模各异的学术讨论会；主编和编撰通史以及专门史；新的时代，研究者们不仅在原有研究领域中解放思想、打破僵局，在原有基础上取得了突破性成果，还拓展了研究范围。

（一）新时期的突破和拓展

老一辈学者在相关领域的研究很多始于五六十年代，由于特殊历史原因，直到 70 年代末 80 年代初才得以发表，而且，迈进新时期后，研究者们在原有的研究领域中解放思想，在原有研究基础上取得了突破性成果。这突出表现在中国古代民族史的研究。黄烈《魏晋南北朝民族关系的几个理论问题》（《历史研究》1985 年第 3 期）提出了自己对魏晋南北朝民族关系研究中若干理论问题的思考。1987 年，他出版《中国古代民族史研究》（人民出版社），分导论、上编、下编三部分，导论中明确了马克思主义经典作家对"民族""民族同化和民族融合"等基本概念所赋予的科学含义，应用马克思主义关于民族战争理论来研究我国古代民族，并结合我国民族的历史实际和汉语辞义的特点，对我国学术界实际上已广泛使用的"民族""民族融合"等基本概念做了科学阐释。对中国古代民族融合理论的探讨，提出了古代的民族融合首先是受经济发展规律的支配，落后民族对先进民族的统治，终归要适应比较发达的经济基础，引起本身的改造，出现民族融合。作者还进一步探讨了古代民族融合的途径和规律，上编对魏晋南北朝时期影响较大的羌族、氐族、南匈奴、乌桓、鲜卑、卢水胡等的历史进行了系统考察，下编则对魏晋南北朝时期的民族关系、民族政权、民族战争、民族观念等问题了进行讨论。周伟洲先生认为此书涉及"有关的基本概念""各族政权的民族性质问题""民族战争问题"和"民族融合问题"等四个方面的理论问题。[①]

1965年5月从四川大学硕士毕业来中国社会科学院历史研究所工作的童超先生，在1979年发表《关于"五胡"内迁的几个问题》（《山西大学学报》第4期），对内迁各族如匈奴屠各部、羯、氐、羌的族源、族属以及它们之间错综复杂的关系做了辨析，认为屠各部是南匈奴中一个以地域关系为基础，通过自然途径形成的部落集团；羯人不是被康居人所征服的南部农业居民——索格底亚那人，而是康居（羌渠）游牧人；氐人的社会发展水平较羌人为高，但是羌人的内部发展水平不平衡。经过十六国、北朝时期，这些民族逐渐与汉族相融合。在《论十六国时期的"变夷从夏"及其历史意义》一文中，辩证地研究了十六国时期的生产方式和社会制度、社会经济文化、社会主要矛盾、民族关系的基本发展趋势，认为十六国开始了民族融合的历史进程，从而揭开了北朝时期民族大融合的序幕。[②]

1999年供职于秦汉魏晋南北朝史研究室的陈勇先生，也主要从事秦汉魏晋南北朝政治史与民族史研究，发表《董卓进京

[①] 周伟洲：《评黄烈著〈中国古代民族史研究〉》，《历史研究》1988年第4期。
[②] 童超：《论十六国时期的"变夷从夏"及其历史意义》，载《魏晋南北朝史研究——中国魏晋南北朝史学会第五届年会暨国际学术研讨会论文集》，湖北人民出版社1995年版，第273—286页。

述论》(《中国史研究》1995年第4期)、《"凉州三明"论》(《中国史研究》1998年第2期) 等文章。后调入中国社会科学院民族学与人类学研究所，采用政治史研究的方法处理十六国史，著有《汉赵史论稿——匈奴屠各建国的政治史考察》（商务印书馆2009年版）。

社会经济史研究的扩展。1956年9月，武汉大学毕业的张泽咸先生分配到中国科学院历史研究所一所工作，在治隋唐史的同时，他对秦汉魏晋南北朝经济史倾注了很多心血。在《东晋南北朝屯田述略》(《史学月刊》1981年第3期) 一文从史料出发，探析了北朝时期的屯田，不论从垦殖规模和屯田效果来说，都大大超过于东晋南朝，从屯田的组织领导机构来说，也比东晋南朝时期齐全。北朝时的屯田更在华北广阔的地区推广了种稻，种稻的界线且比过去显著北移。《略论六朝唐宋时期的夫役》(《中国史研究》1994年第4期) 一文对我国古代延续很长时期的夫役到底始于何时、内涵如何及其前后演变的痕迹做了条分缕析。1996年8月至2008年5月，侯旭东先生任职于秦汉魏晋南北朝史研究室，先后从事东晋南朝经济史、北朝民众佛教信仰与乡村社会研究。1996年他发表《东晋南朝小农经济补充形式初探》(《中国史研究》第1期)，对东晋南朝小农经济的两种主要补充形式——从事商品生产与交换、渔采狩猎的形式及其作用，进行了深入探求。

社会生活、文化史的研究范围更加宽广。在衣食住行、婚丧嫁娶、时令节日、文娱等物质和精神生活方面，都有不少论著发表。朱大渭的《中古汉人由跪坐到垂脚高坐》(《中国史研究》1994年第4期) 论证了由于胡床的外来、佛教徒跏趺坐和垂脚小床的广泛流传，加之国内各民族大融合、玄学兴起对礼教的抨击、文化思想上的开放融合浪潮，以及汉末以后国内外物质和精神文化交流所引起的碰撞，从而唤起的人们精神上的某种觉醒，故由商周两汉汉人的跪坐，发展为唐末汉人普遍的垂脚高坐。朱大渭、梁满仓、刘驰、陈勇合著《魏晋南北朝社会生活史》（中国社会科学出版社1998年版）对这一时期的主要文献资料和考古资料作了全面收集和整理，挖掘、分析了许多过去鲜为人知或不被重视的史料，全面揭示了当时社会生活基本面貌和特征，分门别类论述了当时的物质和精神生活的消费活动。1998年，朱大渭《六朝史论》在中华书局出版。其中，《魏晋南北朝文化的基本特征》纵观汉唐历史发展的全局，对其间的文化状况进行宏观与微观相结合的考察，从而总结出带有本质认识的四大基本特征，即自觉趋向型、开放融合型、宗教鬼神崇拜型、区域文化型。梁满仓先生1984—1987年间在中国社会科学院研究生院攻读魏晋南北朝史方向硕士学位，师从黄烈先生，毕业后留所工作，先后发表《论魏晋南北朝的早婚》《北魏后期的贪污之风与治贪之策》《魏晋南北朝时期的木屐、芒马先、靴子》《魏晋南北朝秘学的文化透视》等文化史研究文章。

新的时期，研究者们对魏晋南北朝时期传统的研究热点进行了更深入的拓展，如对世家大族的研究。门阀士族的形成、发展及其衰落是中国中古时期特有的历史现象，对于六朝士族的认识和研究直接关系到对整个魏晋南北朝历史的认识和把握。刘驰1978年考入中国社会科学院研究生院历史系，师从熊德基先生，1982年进入秦汉魏晋南北朝史研究室工作。1985年他发表《北朝胡人士族形成的原因及其影响》（《中国社会科学院研究生院学报》第3期），分析了北朝胡人士族形成、发展和演变的过程。2000年他出版《六朝士族探析》（中央广播电视大学出版社）一书，探讨了士族形成原因、耕作技术的发展与两汉社会经济结构的变化、八王之乱中的寒门人士、五胡政权时期的北方士族及其与寒门的关系，从崔、卢二氏婚姻的缔结看北朝汉人士族形成的原因及其影响，北魏末期的战乱与士族旁支的兴起，山东士族入关房支与关陇集团的合流及其复归，并列有清河崔氏世系表。

1989 年由北京大学调入历史研究所的胡宝国先生，考察了九品中正制的实态及其政治作用和东晋南朝的名士。《汉晋之际的汝颍名士》（《历史研究》1991 年第 5 期）就汉晋间的"汝颍多奇士"之说展开，把汝颍名士置于东汉经学、魏晋玄学之间以及文化与政治之间进行审视。《习凿齿与襄阳》一文，从落后的"荆蛮"地区为何诞生了一位清谈水平居然不输中州士的习凿齿出发，指出在习凿齿之前，此地已出现若干清谈人士了。究其原因，是中州学风通过南阳而影响到了襄阳。《魏西晋时的九品中正制》一文区分了"世族"与"势族"二词，"世族"是拥有传统门望的家族，"势族"则是拥有当朝权势的家族；魏西晋的中正品评，不仅仅考虑先世族望，也深受当朝权势的影响。《东晋南朝的九品中正制》对"门第二品"和"二品才堪"的考辨显示，南朝的中正二品，高门士族可以依其族姓地位获得，一些非高门者也可凭才能获得；"清议"针对的主要是违反礼教的行为，其承担者在中正与御史中丞间曾有转移。

毕业于北京大学历史学系的陈爽先生，1995 年进入社会史研究室工作。1999 年出版《世家大族与北朝政治》，以公元 386 年北魏建立到公元 581 年北周灭亡为止的北朝时代为背景，以北方地区在朝廷中央或地方具有持久性的政治、经济影响力的大家族，即"世家大族"为研究对象。不仅对世家大族这一阶层全貌和兴衰的全面摹画，还以世家中的佼佼者"五姓七望"为重点,就范阳卢氏、太原王氏、荥阳郑氏与《关东风俗传》中所记大族进行了个案考察;既运用了基于唯物史观的科学的分析方法,也兼有社会史观、文明史观等多种视角。

宗教史的研究。早在1950年,贺昌群先生出版《古代西域交通与法显印度巡礼》,运用丰富的中外史料,对法显西行的路线、西域的地理环境和汉晋间佛教东传的情况作了深刻的阐述。侯旭东先生的《五、六世纪北方民众佛教信仰:以造像记为中心》(中国社会科学出版社1998年版)以造像记为中心对5、6世纪北方民众的佛教信仰进行研究,对于佛教思想研究由偏重精英向偏重社会思想、民众思想并重转化。

政治史的研究。1996年由书目文献出版社调入秦汉魏晋南北朝史研究室的李凭先生,于2000年出版《北魏平城时代》(社会科学文献出版社),本书透过北魏平城时代出现的一系列奇特现象,如太子监国、子贵母死、乳母干政等,生动地再现了公元4世纪末至5世纪末北魏政权封建化的轨迹。缀合参证,利用未经留意的史料,对北魏的兄终弟继和父死子继的制度冲突进行了细致考证。并通过考察鲜卑拓跋部建立的北魏平城政权在接触汉族封建制后发生的变迁,探索了中华民族形成过程中汉族与游牧民族相互影响与融合的规律。

(二) 参与各类通史的撰写与编撰

20世纪60—70年代,作为农民战争史研究的一项基础工程,史学界组织部分学者整理、编撰了一套断代的"农民战争史料汇编"。其中张泽咸和朱大渭主编的《魏晋南北朝农民战争史料汇编》(中华书局1980年版)一共收录了537条魏晋南北朝时期的农民战争史料,极具史料价值。在此基础上,朱大渭主编,周年昌、童超与黄惠贤撰写的《中国农民战争史·魏晋南北朝卷》（人民出版社1985年版）总结了这一时期农民起义在地域上的分散性和不平衡性，在斗争目标上的反徭役剥削和反士族门阀等特性，在参加起义者方面的民族成分与阶级成分的复杂性，以及在起义农民的思想武器方面的宗教性和皇权主义等特征，简明扼要地揭示了这一时期若干次农民起义的共同特点；并揭示了这些共同特征形成的根源，同这时典型的自然经济、士族制度盛行、民族关系复杂以及玄学神学的兴起等政治、经济、文化和社会特征等密切相关。

作为全国哲学社会科学"六五"规划重点课题的《中国封建土地制度史》第一卷，由林甘泉、童超撰写，1990年8月中国社会科学出版社出版，全卷共42万多字，包括三编十二章，以战国秦汉和三国西晋存在着封建土地国有制、封建地主土地所有制和自耕农小土地所有制这三种土地所有制基本形式的形成和发展为基本线索，阐述了劳动者与生产资料的结合方式、地主与农民的关系、封建国家的土地管理制度和土地政策、地租与赋税形态的演变等经济史上的一系列重大问题。

朱大渭、张文强著《中国军事通史》第八卷《两晋南北朝军事史》（军事科学出版1998年版），围绕50余次大型战争，全面论述了各个政权政治、经济、国防、军制、武器装备、后勤供应，特别是敌对双方战略战术的指挥正误等与军事相关的诸问题。站在时代的高度，也即从晋到隋特定的历史客观条件出发，深刻地揭示军事史所包含的丰富内涵和特征，并由此去把握这个时期军事史的整体状况和规律，从而真实地反映出我国军事史长河中此阶段军事发展的特殊轨迹。

《中国封建社会经济史》（齐鲁书社1996年版）第2卷由朱大渭、张泽咸先生主编，其中魏晋南北朝编的撰稿人为朱大渭、刘驰、胡宝国。本书以五章的篇幅对魏晋南北朝时期的人口和经济区域变动及北方的畜牧业经济、土地制度与农业生产技术、官私手工业和商业、货币，社会阶级结构及徭役赋税和商税、政治经济政策和民族融合对社会经济发展的作用进行了阐述，总结了这一时期社会经济的八个特点，认为魏晋南北朝的社会经济在破坏、恢复发展、再破坏、再恢复发展的曲折过程中前进。

另外，朱大渭先生主编了百卷本《中国全史》（人民出版社1994年出版）中魏晋南北朝政治、经济、军事、文学、思想、教育、科技、艺术、宗教、习俗等10卷。李学勤、朱大渭主编《中国通史图说》（九州图书出版社1999年出版）10卷本，采用通俗浅显、生动活泼的语言风格，选配6000多幅文物图片，提供给读者一套从人类起源到中华民国建立的通史。

（三）参与创办中国魏晋南北朝史学会

1984年，中国社会科学院历史研究所与北京大学、北京师范大学、武汉大学、山东大学、四川大学、中山大学等七个单位的学者，共同发起成立"中国魏晋南北朝史学会"。11月5日至10日，中国魏晋南北朝史学会成立大会暨首届学术讨论会在四川成都举行，出席代表近百人，提交论文70余篇。与会代表围绕魏晋南北朝时期的民族关系、阶级关系和社会经济三个重大专题，进行了热烈而深入的讨论。会议选出第一届理事会，聘请唐长孺、周一良、王仲荦、何兹全、缪钺、熊德基、田余庆等知名学者为学会顾问，选举黄烈为会长，决定每两年召开一次年会。秘书处设在历史研究所。之后，朱大渭当选为第四、五届会长，李凭当选为第八、九、十届会长，楼劲当选为第十一、十二、十三届会长。

中国魏晋南北朝史学会自1984年11月成立起，便编印

《魏晋南北朝史研究通讯》（以下简称《通讯》）。1984年11月9日举行的学会首届理事会第一次会议，明确了《通讯》由时任副秘书长的童超先生负责，会议纪要上还专门说明其"暂为打印。不定期。今后有条件时改为铅印定期出版"。直至2004年，《通讯》共刊行了十八期，从1986年第3期开始，改油印为铅印，大体上每年1期（1999—2000年空缺），但仍非正式出版物。1990年第6期至1992年第8期《通讯》的封面页下，标有"准印证"号：Z1541-900541，是其获准成批印刷内部发行的凭据。① 2020年，《中国魏晋南北朝史学会会刊》创办，一年一卷，由副会长轮流主编，学会秘书处负责协调。

三 21世纪后的魏晋南北朝史研究

进入21世纪以来，魏晋南北朝史研究在原有学术积淀下得到长足的发展，研究领域更加细化和立体化。研究者们在传统领域深耕细耘，不断推出新作；中青年学者注重借鉴和吸收西方的史学理论，在继承传统的考据方法的同时，运用了个案研究、统计分析等新方法；新的考古发现改变了魏晋南北朝史研究的材料状况，成为推动研究向新方向发展的源泉和动力，西北魏晋简牍、长沙走马楼吴简等简牍材料和墓葬、墓志、造像砖、造像记等的出土，为深入研究当时经济关系、阶级关系、赋税制度、典章制度以及当时、当地的社会生活等提供了丰富的历史信息。

（一）传统领域的深耕细耘

熊德基先生的遗著《六朝史考实》（中华书局2000年版）

---

① 楼劲：《复刊感言》，《中国魏晋南北朝史学会会刊》第一卷，广西师范大学出版社2020年版，第1页。

和《熊德基集》（中国社会科学出版社2008年版）出版，对魏晋政治与制度、北朝后期民族关系与治乱兴衰、唐初统治政策与武则天其人其政等重大问题进行了探讨，旨在从统治集团和社会基础递嬗、民族融合进程、政策制度的调整和思想文化的发展，进一步梳理魏晋南北朝发展至隋唐的历史线索。

梁满仓先生结集出版《汉唐间政治与文化探索》（贵州人民出版社2000年版），对赤壁之战后荆州的归属、蜀汉的政略与北伐的战略、诸葛亮南征及其历史意义、六朝时期的民间祭祀、北魏对汉族统治阶级政策的转变、杨坚与北周政治、杨坚的兴佛复道、杨广夺嫡篡位等三国、南北朝、隋朝历史进行了钩沉、索隐和探微。

《六朝史论续编》是朱大渭先生继《六朝史论》后的又一力作，由学苑出版社2008年1月出版，包括14篇论文、6篇序言和5篇书评。在此书中，朱大渭先生深邃洞察历史人物的时代背景和思想演变，以开阔的视野精详考辨科技史，以严密细致的实证和雄浑的理论分析研究军事史，以纵横捭阖的宏观分析和精密细微的微观考证考察十六国南北朝复杂的民族问题，为我们展现了六朝史上的一个个鲜活的历史画面。在长期的中国史研究实践中，朱先生提倡求真务实的学风，从"互动关系"入手考察历史人物的思想，以实证和理论分析相结合研究军事史、科技史，从宏观和微观结合的角度考察民族问题等，在史学界产生了重大的影响。

政治史的深入推进。1996年入职历史地理研究室的李万生先生，将魏晋南北朝政治史的研究与历史地理相结合。2003年出版的专著《侯景之乱与北朝政局》对历史上著名的侯景之乱进行深入研究，针对事件与北朝政局发展的关系，论述了其契机、发展与影响，揭示了南北朝时中国的统一与事件的密切关系。同年出版的《南北朝史拾遗》（三秦出版社 2003 年版）发现侯景乱梁期间建立的一条防线，并以之为主干，主要从历史地理、政治军事格局等角度放眼南北，探讨了东魏北齐灭亡、西魏北周崛起、南朝易祚乃至灭亡的若干问题。1998 年进入中国社会科学院历史研究所工作的楼劲先生，出版《北魏开国史探》（中国社会科学出版社 2017 年版）对北魏前期基本史料做出了新解读，对北魏建立的思想背景及相关史事作了进一步考订，提出了"儒家化北支传统"这一命题；在北魏基本政治结构及胡、汉关系格局的认识上有所推进。

社会经济史的持续发力。进入 21 世纪，张泽咸先生继发表《汉唐间河西走廊地区农牧生产述略》《汉唐间蒙古高原地区农牧生产述略》后，发表《秦汉时期黄淮平原的农业生产》《略论汉魏北朝时期海河平原农牧业生产》《汉唐间浙江丘陵农业生产述略》系列论文，从区域经济史的新角度，细致考察、系统研究了汉唐时期黄淮平原、海河平原等农产区的农业生产的总体状况和具体部门的生产情形。2003 年他结集出版《汉晋唐时期农业》（中国社会科学出版社），按自然区划分为 11 区，每区分别按秦汉、六朝、隋唐三大阶段纵向探讨各自在汉晋唐这千余年中生产日趋扩大和发展很不平衡的变迁状况，且注意揭示各区在汉以前和唐以后的农业发展源流及其演变，藉以凸显出中国古代农牧业在千余年间的变化轨迹。

2021 年，刘驰先生出版《魏晋南北朝社会与经济探究》（社会科学文献出版社），对自己四十余年学术生涯进行了回顾与总结。其中，他从生产力发展与生产关系的相互作用中探讨士族经济基础的形成，提出西汉时期出现的区田法实质是由于上层建筑对经济基础、生产关系对生产力的反作用力而出现的一种生产方法等，使人耳目一新。

（二）出土文献对魏晋南北朝史研究的推动

陈寅恪先生认为，"一时代之学术，必有其新材料与新问题。取用此材料，以研求问题，则为此时代之新潮流。"① 河北地区、山西等地区发现大面积的北朝墓葬，大量墓志的出土，长沙走马楼吴简得到逐步整理，这些新材料的发现、整理和发布无疑会给文献材料不多的魏晋南北朝历史提供新的信息，学者从其中找到了新的视角。

侯旭东《北朝村民的生活世界》（商务印书馆2005年版）利用出土资料为北朝村落勾勒了一幅"全景图"。其中，《北朝的村落》对大量石刻与出土文书和传世文献进行整理和细致研究，在此基础上补充了将近50个村落和不少称为"川"和"庄"的聚落。《北朝乡里制与村民的空间认同》结合考古发现，充分地证明了北朝在实行三长制的村落中，也广泛地存在乡里编制。《北朝并州乐平郡石艾县安鹿交村个案研究》通过对大量北朝村邑造像记的整理和研究，以个案研究的方法揭示了安鹿交村居民的来源和一些家庭的人员构成，并对村民的生活主要是观念世界加以展示。

1996年长沙走马楼发现三国吴简，为我们了解孙吴时期的经济、赋税、户籍、司法、职官制度等情况提供了新的历史信息。陈爽、侯旭东、孟彦弘是最早进行吴简研究的学者，陈爽对走马楼吴简所见"吏帅客"、奴婢户籍进行了探讨；孟彦弘对吴简中的"事""还民"以及《吏民田家莂》所录田地与汉

---

① 陈寅恪：《陈垣敦煌劫余录序》，《金明馆丛稿二编》，生活・读书・新知三联书店2015年版，第266页。

晋间的民屯形式进行了考释；侯旭东对长沙走马楼吴简"里""丘"关系、走马楼竹简的限米与田亩记录、"折咸米""肿足""乡"与"乡吏""鋘钱""私学"进行了深入研究；他还首倡结合简牍揭剥图，对走马楼吴简三州仓吏"入米簿"的册书进行了复原研究。2006年从中国社会科学院研究生院博士毕业的戴卫红，对孙吴时期军粮调配问题进行了系统的研究，分析了孙吴节度系统的序列、军粮支出简的格式、军粮的种类、军粮的调配的类型以及军粮的运输。并将西北汉简廪食名籍中"月食"简和吴简中"直""禀"简各项内容、特点相比较，全面考察了秦汉魏晋南北朝时期的廪给制。2011年至2017年供职于秦汉魏晋南北朝史研究室的凌文超，聚焦于长沙走马楼吴简的研究，发表了一系列文章，并出版《走马楼吴简采集簿书整理与研究》（广西师范大学出版社2015年版），综合利用考古学整理信息和简牍遗存信息首次大规模、系统地复原整理长沙走马楼三国吴简采集簿书，并在此基础上构建"吴简文书学"，奠定古井简牍文书学形成和发展的基础；又运用"二重证据分合法"研究模式，以确认的簿书为依据，对孙吴临湘侯国文书行政的基本情况进行研究，勾勒了官民互动的一些社会景象，探讨了孙吴在汉晋社会变迁过程中所发挥的承续和革新作用。2013年博士后出站后入职《中国史研究》编辑部的张燕蕊，先后发表《从走马楼吴简户籍书式看孙吴对秦汉户籍制度的继承和发展》《长沙走马楼吴简吏簿研究》等论文，并出版《汉代与孙吴国家基层管理手段比较研究：以出土简牍为中心》（华夏出版社2022年版），比较研究了汉代和孙吴在户籍制度、赋税制度和给贷制度等国家基层管理制度上的异同以及发展变化的规律。

陈爽《出土墓志所见中古谱牒研究》（学林出版社2015年

版）通过文本辨析和图版对照，判定大量魏晋南北朝墓志直接抄录了墓主家族谱牒，并对谱牒残章做了辑录与格式复原，作出了社会史的初步考察。这一研究可视为中古社会史资料的一次重新发现。根据研究结论，可以从六朝墓志中辑录到二百余件原始谱牒，每件少则数十字，多则数百字，世系记录完整，婚姻历官总字数多达数万字，内容涉及魏晋南北朝家庭结构、性别比例、婚姻状况、嫡庶之别等中古社会史的重要内容，从而拓展了中古社会史研究的学术视野。

戴卫红还将视野扩展到东亚出土木简，2017年出版的《韩国木简研究》（广西师范大学出版社）便是站在东亚简牍文化的视角，综合运用中国、边地、域外的多维视角及其史料，紧紧围绕出土的百济、新罗木简中的户籍、仓库制度，百济时期的地方行政体制、户籍、职官以及贷食制度，探讨了简牍文化在中、日、韩等东亚诸国间的传播及其衍变过程等。

（三）新世纪的研究热点

礼制研究。梁满仓先生《魏晋南北朝五礼制度考论》（社会科学文献出版社2009年版）清晰地描述了五礼制度孕育、发生、发展、成熟的过程，考证了五礼制度的具体内容，论证了五礼制度对国家政权的建设作用，对政治发展的促进作用，对人们社会生活的规范作用，由此说明了五礼在魏晋南北朝的制度化乃是社会政治、思想、文化发展的必然结果。2001年北京大学历史学系博士毕业后来所工作的杨英，研究方向为西周、秦汉、魏晋南北朝政治制度史及思想史。2009年出版《祈望和谐——周秦两汉王朝祭礼的演进及其规律》（商务印书馆），以"王朝祭礼"这一概念为核心，对西周至东汉的王朝祭礼的渊源、格局、性质及其演进作了全面深入的研究。指出"象数思维"对中国古代祭礼的深刻影响,认为礼作为古代政治和社会伦理的集合,正是将"象数思维"应用于人伦领域而形成的,王朝祭礼就是基于"象数思维"的宇宙观下古代中国人心目中天人关系的践履形式。并从中国古代政治模式的变迁演化来分析王朝祭礼功能的变化。刘凯在中国社会科学院研究生院硕士在读期间,发表《北魏"神部"问题研究》(《历史研究》2013 年第 3 期)关注北魏宗庙祭祀执掌机构神部,以史籍仅见神部三职官为突破点,对神部"职主礼乐"的功能、存在时间等问题进行考察。2018 年入职魏晋南北朝隋唐史研究室后,发表《从"南耕"到"东耕"》《九锡渊源考辨》《东晋哀帝欲行"洪祀"考》等系列论文对魏晋南北朝的礼制各方面进行了探讨。

史学史的研究。胡宝国《汉唐间史学的发展》(商务印书馆 2003 年版)探讨了西汉至初唐之间史学发展的线索与特点,指出在此期间,史学发生的最大变化在于它脱离了经学的束缚,获得了独立的地位,从而为自身的繁荣提供了可能,经史分离突破了经学一统天下的局面;汉末皇权的衰落、国家控制的弱化,导致了私人修史的盛行,是造成史学繁荣的直接原因;这一历史时期,士人以及士族异常活跃,隋唐皇权对修史的强力干预导致了官修正史传统的形成。

制度史、法律、思想文化史。2000 年入职《中国史研究》编辑部的陈奕玲,对魏晋南北朝时期的文武官职、军号散阶化等问题进行了探讨,《魏晋南北朝文武分途的基础性研究——几个概念的辨析》(《唐都学刊》2012 年第 1 期)对魏晋南北朝时期"军将""武臣""武将""文吏""儒生""文士""文人""学士"等概念进行了辨析,认为"文官"与"武官"之称从东汉开始普及,主要用以区分中央官职。戴卫红《北魏考课制度研究》（中国社会科学出版社 2011 年版）从北魏各个阶段的社会政治现实出发，细致梳理了北魏考课制度形成、确立、演变和破坏的发展历程。探讨了北魏考课制度与胡汉二重行政体制的关系，分析了全方位的官员考课对胡汉二重体制走向一元制度的影响。《魏晋南北朝谥法制度研究》（中国社会科学出版社 2023 年版）指出魏晋南北朝时期是谥法制度发展变化的重要时期，对这一时期的谥法专著、吐鲁番阿斯塔那 316 号墓出土《谥法》残本、保留谥号刻写的第一手材料出土墓志进行了搜集、整理和研究，探讨了这一时期皇帝和皇后妃嫔、宗室、外戚隐逸人物在谥号用字、字数和谥法制度等方面的特点，认为魏晋南北朝时期官员的谥法发生了三个重要的变化。

楼劲先生围绕魏晋南北朝唐宋时期的法律体系、立法问题进行了专题探讨，先后发表《北齐令篇目疑》《关于北魏后期令的班行问题》《北齐初年立法与麟趾格》《〈格〉〈式〉之源与魏晋以来敕例的编纂》《北魏天兴"律令"的性质和形态》《隋无〈格〉〈式〉考》《"法律儒家化"与魏晋以来的"制定法运动"》《武德时期的立法与法律体系——说"武德新格"及所谓"又〈式〉十四卷"》等论文。2014 年他出版《魏晋南北朝隋唐立法与法律体系（上、下）》（中国社会科学出版社），围绕制敕与法典的关系这个帝制时代法制的根本问题，着眼于敕例编纂立法化和法典化进程的起伏，勾勒了从魏晋以来制定法作用和地位愈益突出，直至唐初形成《律》《令》《格》《式》四部法典统一指导举国行政的格局，再到盛唐以后这一格局迅速瓦解，整个法律体系重新开始以各种敕例为中心来整合和发展的历程。

2015 年入职魏晋南北朝史研究室的陈志远，主要从事魏晋南北朝史、六朝佛教史、中古佛教文献、儒佛交涉等领域的研究。他先后发表《傅大士弟子慧和小考》《中山七帝寺兴废考——解读〈隋重修七帝寺碑〉》《亡僧遗物所见中古寺院的知识、艺术世界》等论文，2020年出版的《六朝佛教史研究论集》（博扬文化出版社）对将佛教的传播过程还原为书籍载体的翻译和接受史；从聚书、抄撰、叙事的角度探析佛教史传的衍生机理；并围绕礼仪与戒律，观察南朝的僧俗论争，展现了魏晋南北朝开放跃动的精神史画面。楼劲的《中古政治与思想文化史论》（上海人民出版社2023年版）探讨了中古以前"革命"和"禅让"两种制度的历史观念在早期王朝易代实践中的地位之升降变化及其驱动力；探讨中古儒、墨等学派的发展面貌，澄清了如"汉魏以来儒学衰落和子学萎缩"等长期以来被误解的诸多问题，指出"中古思想界的主流是由儒学不断汲取子学、宗教等多重因子的发展过程所构成"。

四　70年以来我所魏晋南北朝史研究总特征

建所70年来，虽然我所魏晋南北朝史研究者很长一段时间并没有集中于一个专门的断代史研究室，但他们在各自所属的断代史、专门史研究室，在考辨史实的基础上，对魏晋南北朝史进行了深入研究。

（一）关注重大学术问题和理论问题。如贺昌群先生关于中国土地制度的论述、黄烈先生关于中古民族的论述。改革开放之后，对于重大理论问题的关注依然存在，如陈爽、刘驰关于世家大族的探讨，梁满仓、杨英对礼制的探索，楼劲关于魏晋南北朝隋唐法律体系的论述。

（二）在研究领域上，既重视传统优势领域的延续和加强，更重视新领域的开拓和跨学科研究的展开。研究者们在政治制度史、社会经济史等传统研究领域寻找新路径与新方法的同时，也将目光转移到社会史、礼制史、宗教史等方向，并取得一定成果。

（三）在研究时段上，不局限于魏晋南北朝这一个时段，而是在汉唐这个长时段中论述；研究空间上，不局限于中原地区，将目光投入到西域、东亚。贺昌群先生在治学中极为重视"宏观史学"，"观之往古，验之当世，参之人事，察盛衰之理，审权势之宜"，力求通古今之变。他的《汉唐精神》等论文都是体现这一史学观念的代表之作。张泽咸先生关于汉晋唐时期农业的探索，梁满仓先生关于汉唐间的政治与文化的研究，胡宝国先生关于汉唐间史学的发展的研究，楼劲先生关于魏晋南北朝唐宋时期法制的论述以及中古政治与思想文化的研究，戴卫红关于3至9世纪东亚木简的考证，均是在长时段、广空间下进行。

（四）在研究资料上，重视新出土资料与传世资料的结合；研究方法上，不仅重视考证法、二重证据法，也强调个案研究与宏观研究相结合。贺昌群在《魏晋南北朝史》原稿的《撰述凡例》中认为近代史学研究必以考古学、语言学为补助学科。他计划于晚近考古学上之新资料，如六朝墓志、碑刻、陶俑、简牍广为利用，附从插图，以资印证。全书拟分十五章，章分节，节分子目。可惜全书仅成三章，未得竟其全功。黄烈先生根据吐鲁番、楼兰出土的大量文书，证明魏晋南北朝分裂割据时期内地诸政权对西域地区仍实行着有效的管辖，经济联系加强，文化关系更加紧密；从敦煌烽燧出土的天师符木简和吐鲁番出土的道教符篆，论证了南北朝时道教已传入高昌，说明中国内地文化对西域的影响是一脉相承的。陈爽、侯旭东、戴卫红、张燕蕊、凌文超、陈志远等利用三国吴简、墓志、造像记来研究孙吴时期的经济政治制度、世家大族及其谱牒、佛教信仰与基层社会。

（五）积极组织和参与通史、工具书等撰写工作和历史知识的普及。黄烈等为郭沫若主编《中国史稿》第二册（1979年）、第三册（1979年）主要执笔人，该书获我所第一届科研成果奖。梁满仓参加《简明中国历史读本》（2012年）、《中国通史》魏晋南北朝段的撰写工作，还参与了百集中国通史专题片魏晋南北朝时期脚本的写作和拍摄。戴卫红参加《典籍里的中国》中《齐民要术》《水经注》《文心雕龙》的拍摄，积极参与历史知识的普及和中华优秀传统文化的传播。

《庄子·养生主》曰："指（脂）穷于为薪，火传也，不知其尽也。"2019年1月，中国历史研究院成立后，创建魏晋南北朝史研究室。目前研究室有陈爽、杨英、戴卫红、陈志远、刘凯五位同仁，大多为20世纪七八十年代出生的中青年学者，思想开放，视野开阔，在政治制度史、礼制史、社会史、思想文化与宗教史等领域的研究各具特色。团队重视与海内外的学术交流与合作，研究室创办之后，搭建"魏晋南北朝史讲坛""古代东亚史研究沙龙"等平台，定期邀请国内外魏晋南北朝史研究的知名专家、学者来所讲座。中国魏晋南北朝史学会秘书处设在本研究室，研究室与学会合作，组织和筹备学术会议、研究论坛，共同维护"中国魏晋南北朝史学会"微信公众号，定期推送学界学人的研究文章、学术动态及学会资讯，促进和加强了国内外魏晋南北朝史研究的交流，目前已经成为魏晋南北朝史研究者最为关注的专业公众号之一。相信研究室同仁一定会继承我所老一辈学者严谨、求真、务实的学风，夯实基础，培养宽广的视野和学术前沿意识，在魏晋南北朝史研究上取得实质性推进和提升。

建所以来的唐史学科发展概况

刘子凡

中国社会科学院古代史研究所

隋唐五代十国史研究室主任、副研究员

古代史研究所（原历史研究所）唐史学科有着深厚的学术传统和研究基础。1966年以前，唐史学科隶属于中国封建后期史组（第三组），组长杨向奎、副组长郦家驹。1977年中国社会科学院成立，组建魏晋隋唐史研究室，黄烈、朱大渭相继任室主任。1991年，原魏晋隋唐史研究室的隋唐史部分与宋辽金元史研究室合并，组成隋唐宋辽金元史研究室，李斌城、黄正建相继任室主任。2014年，分别组建魏晋南北朝隋唐史研究室与宋辽金元史研究室，黄正建、雷闻相继任魏晋南北朝隋唐史研究室主任。2019年，魏晋南北朝隋唐史研究室分为魏晋南北朝研究室与隋唐五代十国史研究室，雷闻、刘子凡相继任隋唐五代十国史研究室主任。

古代史研究所唐史学科也是国内隋唐五代史和敦煌吐鲁番学研究的重要阵地。1998年6月，中国社会科学院敦煌学研究中心成立，作为院属非实体性研究机构，挂靠在历史研究所开展工作，张弓、黄正建、雷闻、刘子凡先后担任中心主任。2003年唐史学科被定为中国社会科学院重点学科；2009年，隋唐宋辽金元史学科被定为中国社会科学院重点学科；2016年，唐宋史学科被定为中国社会科学院"登峰战略"重点学科；2023年，隋唐宋元史学科被定为中国社会科学院"登峰战略"优势学科。七十年来，古代史研究所唐史学科始终走在学术研究的前沿，名家辈出，硕果累累，在国内外学界具有广泛影响。

一　筚路蓝缕：建所初期的唐史学科建设

1954年，中国科学院组建历史研究所第一所、第二所，当时并未设立隋唐史断代的研究组，但贺昌群、向达先生以及兼职研究员唐长孺先生等著名学者，积极开拓唐史和敦煌学研究领域，培养隋唐史人才，为历史所唐史学科的发展奠定了基础。

贺昌群先生是历史所隋唐史及敦煌学研究的重要开拓者。建所之初，贺昌群任第一所秦汉魏晋南北朝史研究组组长、研究员，兼任中国科学院图书馆馆长。此前贺先生的兴趣多在魏晋南北朝史，特别是对魏晋清谈用功颇深，1946年即出版《魏晋清谈思想初论》。新中国成立后，贺先生的学术思想有了变化，他潜心学习马克思主义学说，接受了经济基础决定上层建筑的理论，故而投身于汉唐间土地制度的研究，"试图把马克思主义的普遍原则，运用到秦汉、隋唐间历史的具体研究工作中去"。[①] 1958年，贺先生出版专著《汉唐间封建的国有土地制与均田制》，该书从唐代的均田制、府兵制入手，上溯至汉、晋、北魏等朝代的田制，力图解决均田制的发展和是否施行等问题。1964年，又在前书基础上进一步补充秦汉田制内容，出

---

① 贺昌群：《汉唐间封建土地所有制形式研究·序》，上海人民出版社1964年版，第1页。

版《汉唐间封建土地所有制形式研究》一书。贺先生的两部著作开拓了历史所关注唐代经济史，特别是均田制研究的学术领域。此外，贺昌群先生早在1949年前就曾为敦煌学发展和敦煌石窟保护大声疾呼，他提到："至于敦煌石室中所发见的古文书以及多种语言的手写经卷的研究，那真是沃野千里，只待人开拓。西洋的东方学者及日本人，现在已经去得远了，我国学术界目前似尚无暇及此！"①贺先生亦投身敦煌学研究，发表了《敦煌佛教艺术的系统》《近年西北考古的成绩》等敦煌学论文，并节译了斯坦因的考察报告，以《敦煌取经记》为名发表。建所之后，贺先生借管理中科院图书馆之便，极大地推动了历史所敦煌学的发展。

建所之初的历史二所所长陈垣先生以及副所长向达先生，也都是敦煌学领域的著名学者。早在1949年前，陈垣先生就编辑出版了《敦煌劫余录》，为北平图书馆藏敦煌文献进行了编目。向达先生更是亲赴敦煌，"匹马孤征，仆仆于惊沙大漠之间"，为敦煌石窟的保护发挥了重要作用。故而陈垣、向达先生也格外重视历史所敦煌学的发展。1957年，向达先生出版了论文集《唐代长安与西域文明》，收录了关于唐代中外关系史和敦煌学的多篇论文。同年，向达先生参与的《敦煌变文集》也相继问世。1962年，李斌城先生自北京大学历史系毕业，分配到历史所从事隋唐五代史研究，入所后即是由向达先生作为导师，负责培养工作。

就在历史一所、二所成立的同年，英国国家博物馆（The British Museum）图书馆（后分出成立英国国家图书馆）采用缩微技术，将馆藏6000余号敦煌文献拍成缩微胶卷，公开发行。

---

① 贺昌群：《敦煌佛教艺术的系统》，《东方杂志》第28卷17号，1931年。

1956年，中国科学院图书馆购得这批缩微胶卷，时任馆长的贺昌群先生随即请刘铭恕编目，形成《斯坦因劫经录》，收录于王重民先生的《敦煌遗书总目索引》中。历史所也从图书馆获得拷贝，成为国内最早拥有这批缩微胶卷的研究单位。在向达、贺昌群等先生的策划和指导下，历史所计划利用这批缩微胶卷以及北京图书馆（今国家图书馆）所藏1949年前在英、法拍摄的部分照片，参考向达、王重民先生早年在英、法时所作录文，编辑敦煌社会文书录文集《敦煌资料》。项目由二所学术秘书阴法鲁负责，那向芹、虞明英校录文书。1961年，由中华书局出版《敦煌资料》第一辑，署名中国科学院历史研究所资料室。该书分户籍、名籍、地亩、敦煌寺院僧尼等名牒、契约、文书等几大类编排，汇集了很多重要材料。在敦煌文献缩微胶卷不易得见的情况下，《敦煌资料》甫一出版就在中日学界产生了广泛影响。日本学者仁井田陞、池田温都对《敦煌资料》进行了评介。当时《敦煌资料》第二辑也完成了初编，但相关工作在"文革"期间中断，未能顺利出版。即便如此，《敦煌资料》第一辑作为国内外第一部敦煌社会经济文书的录文集，对敦煌学研究起到了极大的推动作用，嘉惠学林。

这一时期，唐长孺先生也为历史所唐史学科的建设和人才培养做出了重要贡献。历史第一、第二所组建之时，由于研究人员紧缺，采取聘请兼职研究员和副研究员的办法，邀请一批著名史学家参加所内的研究工作并指导青年同志。武汉大学唐长孺教授即受聘历史所兼职研究员，并同时任一所、二所的学术委员会委员，大大增强了所内的隋唐史研究力量。1956年，张泽咸自武汉大学历史系毕业，分配到历史所工作，同年即赴武汉跟随唐长孺先生学习，1958年回所工作。1962年，方积六同样自武汉大学历史系毕业，进入历史所做研究生，师从唐长孺先生学习唐五代史，毕业后留所工作。1978年历史所恢复研究生招生，唐长孺先生又在历史所招收了张弓、黄正建两位研究生。张、黄二位先生即赴武汉跟随唐先生学习，毕业后留所工作，成为唐史学科的重要力量。

二 兴旺发展：改革开放至世纪之交的隋唐史学科

1977年，中国社会科学院成立，历史研究所唐史学科的发展也迎来了新的阶段。至2006年《天一阁藏明钞本天圣令校证（附唐令复原研究）》正式出版，三十年间取得了丰硕的科研成果，进一步巩固了历史所唐史学科在学界的重要地位。

（一）人才鼎盛，成果丰硕

20世纪80年代，唐史学科集中了张泽咸、李斌城、宋家钰、唐耕耦、方积六、张弓（历任科研处处长、副所长）等一批年龄大体相仿并具有相当水平的研究人员。除上节提到的诸位先生外，宋家钰是1959年自北京大学历史系毕业后来所工作。唐耕耦是山东大学历史系研究生毕业，1965年来所工作，1986年调至北京图书馆敦煌吐鲁番资料中心。

改革开放后，中国学术界迎来了科学研究的春天，历史所唐史学科也回到了学术研究的正常轨道，各位先生惜时奋进，取得了很大成果。80年代，唐史学科同仁承担了《中国史稿》第四卷（隋唐卷）（人民出版社1982年版）的写作任务。同时，研究室编辑出版了论文集《魏晋隋唐史论集》第一辑、第二辑（中国社会科学出版社1981、1983年版），主要收录本所同志的研究论文，展现了当时魏晋隋唐史的新成果。《魏晋隋唐史论集》第一辑《前言》中写道："学术研究是一项严肃而艰苦的工作，判断学术上的是非，也不是一件轻而易举的事，只有在'百家争鸣'方针的指引下，经过长期充分的讨论和深入的研究，才有可能取得进展，科学地解决一些问题。因此，只要是实事求是，勇于创新，持之有据，言之成理，有一定水平的文章，我们都收入集子以供进一步探讨。"重新起步的历史所唐史学科，秉承"务实求真"精神和追求扎实功夫的学风延续至今。

80年代，唐史学科同仁也出版和发表了不少重要论著，选题仍然是在传统研究领域上深耕细作。农民战争史研究领域，代表成果有张泽咸编《唐五代农民战争史料汇编》（中华书局1979年版），李斌城编《中国农民战争史·隋唐五代十国卷》（人民出版社1989年版），方积六《黄巢起义考》（中国社会科学出版社1983年版）等。唐代经济史领域成果尤多，有张泽咸《唐五代赋役史草》（中华书局1986年版）、《隋唐时期农业》（文津出版公司1988年版），张弓《唐代仓廪制度初探》（中华书局1986年版），宋家钰《唐朝户籍法与均田制研究》（中州古籍出版社1988年版）等专著，还有宋家钰《唐代的手实、户籍与计帐》（《历史研究》1981年第6期），张泽咸《论田亩税在唐五代两税法中的地位》（《中国经济史研究》1986年第1期）等。唐代兵制领域，有方积六《关于唐代团结兵的探讨》（《文史》第25辑，中华书局1985年版）和《关于唐代募兵制度的探讨》（《中国史研究》1988年第3期），是国内较早的关于唐代团结兵和募兵的专论。敦煌学领域有白化文、杨宝玉《敦煌学目录初探》（河北人民出版社1989年版）等。在同时代学者中，历史所唐史研究的成绩较为突出。

这一时期，历史所唐史学科引进了众多优秀的中青年学者。

黄正建1981年毕业后留所工作，吴丽娱、牛来颖、杨宝玉、李锦绣等先生都是北京大学硕士研究生毕业，吴丽娱1984年来所工作，牛来颖1988年来所，杨宝玉1989年来所（2011年调至文化史研究室）、李锦绣1993年来所（2003年调至中外关系史研究室）。除了本研究室之外，当时历史所还有不少唐史学科的优秀学者，包括思想史研究室谢保成（1981年留所），文献史研究室吴玉贵（1985年留所），社会史研究室孟彦弘（1994年来所）。历史所唐史学科积累起大部分高校都无法比拟的唐史研究力量。

90年代以来，随着老专家的水平更高和中青年学者的不断成熟，历史所的唐史研究取得了更为丰硕的成果，研究领域在保持传统优势的基础上又有新的开拓，涉及政治史、经济史、宗教史、社会史、礼制史、历史地理、历史文献、敦煌学等多个方面。这一阶段出版的专著，先后有吴玉贵《资治通鉴疑年录》（中国社会科学出版社1994年版），张泽咸《唐代工商业》（中国社会科学出版社1995年版），张弓《汉唐佛寺文化史》（中国社会科学出版社1997年版），张泽咸《唐代阶级结构研究》（中州古籍出版社1996年版），谢保成《隋唐五代史学》（厦门大学出版社1996年版），黄正建《唐代衣食住行研究》（首都师范大学出版社1998年版），李锦绣《唐代财政史稿》上卷三册（北京大学出版社1995年版）、下卷二册（北京大学出版社2001年版），李锦绣《唐代制度史略论稿》（中国政法大学出版社1998年版），李斌城《隋唐五代社会生活史》（中国社会科学出版社1998年版），吴玉贵《突厥汗国与隋唐关系史研究》（中国社会科学出版社1998年版），宋家钰、刘忠编《英国收藏敦煌汉藏文献研究》（中国社会科学出版社2000年版），黄正建《敦煌占卜文书与唐五代占卜研究》（学苑出版社

2001年版)、吴玉贵《中国风俗通史·隋唐五代卷》(上海文艺出版社2001年版)、李斌城主编《唐代文化》(中国社会科学出版社2002年版)、吴丽娱《唐礼摭遗：中古书仪研究》(商务印书馆2002年版)、李锦绣《敦煌吐鲁番文书与唐史研究》(福建人民出版社2006年版)、黄正建主编《中晚唐社会与政治研究》(中国社会科学出版社2006年版)、张弓主编《敦煌典籍与唐五代历史文化（上下卷）》(中国社会科学出版社2006年版)等。工具书与译著则有魏晋隋唐史研究室编《隋唐五代史论著目录》(江苏古籍出版社1985年版)、方积六、吴秀东编《唐五代五十二种笔记小说人名索引》(中华书局1992年版)、吴玉贵译《唐代外来文明》(中国社会科学出版社1995年版)等。其他合著合编合译的还有《中国军事史略》《中国古文明大图集》《中国盐业史》《中国封建社会经济史》《二十世纪唐研究》《日本学者研究中国史论著选译·六朝隋唐卷》以及《中国史研究入门》(初版、再版)等。此外尚有论文数百篇。这一时期历史所的唐史研究，无论是成果的量与质，抑或是研究的广度与深度，在国内外各院校和研究机构中都属于前列，特别是财政史、社会生活史领域当之无愧处于学界优势地位。

(二)《英藏敦煌文献》与《天圣令》的整理出版

20世纪80年代至21世纪初，历史所唐史学科完成了两项在国内外学界具有极大影响力的文献整理项目。

首先是《英藏敦煌文献（汉文佛经以外部分）》的整理出版工作。20世纪80年代，历史所组建敦煌研究组，计划重新编辑、校勘《敦煌资料》。1987年，宋家钰、张弓两位先生经所里批准，远赴英伦，与英国国家图书馆（The British Library）

洽谈补拍英藏敦煌文献照片事宜。幸得图书馆东方部中文组主任吴芳思（Frances Wood）博士等人的积极协助，最终商定重新拍摄全部英藏敦煌文献，由中国社会科学院历史研究所、中国敦煌吐鲁番学会敦煌古文献编辑委员会、英国国家图书馆、伦敦大学亚非学院四家单位共同编辑出版。随后，历史所委派王㧑、王亚蓉随首都师范大学宁可教授赴伦敦，进行文书的挑选和拍摄工作。同时经宋家钰等人协调，确定由四川人民出版社出版。1989年，宋家钰与杨宝玉、师勤赴成都，解决印制中出现的各种复杂问题。同年，敦煌文献的定名工作正式开始，参加工作的有历史所和北京各高校的敦煌学专家，先后参与的有周绍良、宁可、沙知、张弓、宋家钰、郝春文、徐庆全、杨宝玉、荣新江等诸位先生。《英藏敦煌文献（汉文佛经以外部分）》第一卷于1990年正式出版，至1995年出至第十四卷，最后的第十五卷于2005年出版。该书出版后，先后获得中国图书奖一等奖、中国国家图书奖一等奖，以及装帧设计、印刷等多项奖项。在学界更是有着广泛影响，为研究英藏敦煌文献提供了极大便利。这是历史研究所主要参与组织的一次重要的敦煌文书整理项目，也是国内首次出版敦煌文献大型图录，具有开拓之功。①

其次是《天一阁藏明钞本天圣令校证（附唐令复原研究）》的整理出版工作。唐令的复原研究一直是中日学者关注的重要问题。1998年，上海师范大学戴建国教授在浙江宁波天一阁发现了作为北宋令典的《天圣令》一册，其中抄写了大量唐代令文条目，是复原唐令的极其珍贵的孤本令典。2003年，历史所

---

① 详见宋家钰《〈英藏敦煌文献〉编辑、出版始末》、张弓《泪眼亲瞻怜落寞 暂接倩影慰故园——关于〈英藏敦煌文献〉的回忆》，皆载于中国社会科学院历史研究所编《求真务实五十载：历史研究所同仁述往》，中国社会科学出版社2004年版。

申请到院长交办课题，开始与天一阁方面协商。至2005年，经刘荣军、黄正建协调，历史所与天一阁博物馆签署协议，着手整理出版《天圣令》。历史所随即组建课题组，由黄正建负责，唐史学科诸位先生（黄正建、宋家钰、吴丽娱、牛来颖、李锦绣、孟彦弘、雷闻及硕士生赵大莹、程锦）分别负责整理各篇令文。课题组在一年时间内完成了《天圣令》的校录本、清本以及唐令复原工作。2006年10月，《天一阁藏明钞本天圣令校证（附唐令复原研究）》由中华书局出版。该书先后荣获首届中国出版政府奖、第七届中国社会科学院优秀科研成果奖、第四届郭沫若中国历史学奖。历史所唐史学科同仁对《天圣令》的整理，是唐令研究过程中具有里程碑意义的成果，将学界高度重视的《天圣令》全部整理影印，并提供了可资利用的校录与复原文本。这一成果也极大地推动了中日学界的唐代法制史研究，使《天圣令》研究成为一时之显学。[①]

（三）设立敦煌学研究中心

1998年6月，中国社会科学院批准成立院级的敦煌学研究中心，作为院属非实体性研究机构，挂靠在历史研究所（落实在隋唐史研究室）开展工作。该中心旨在团结我院各所从事敦煌学及相关学科研究的学者，加强同国内外敦煌学研究单位与个人的联系，积极开展各类学术研究、合作与交流活动，促进我院乃至我国与世界敦煌学研究的发展。敦煌学研究中心成为历史所唐史学科发展的重要平台。学科依托中心与中国社科院文学所、宗教所、经济所、边疆所、语言所等单位的同仁建立

[①] 详见黄正建《〈天圣令〉整理出版始末》，载中国社会科学院历史研究所编《求真务实六十载：历史研究所同仁述往》，中国社会科学出版社2014年版。

了密切的学术联系,常年组织讲座、会议等学术活动,不断拓展敦煌学和唐史的研究领域。

三 面向新时代:近十余年的隋唐史学科

自世纪之交至今,古代史所唐史学科不断引进中青年人才,在保持学科传统优势的同时,进一步拓展研究领域,并注重科研项目、学科平台、学术会议、国情调研等多方面的建设和实践,学科发展呈现出了新的面貌。

(一) 薪火相传,新作迭出

21世纪,古代史所唐史学科继续坚持构建老、中、青三代相结合的科研队伍。雷闻自北京大学历史学系博士毕业,2003年来所工作(2021年调入北京师范大学历史学院);陈丽萍2007年自首都师范大学历史学博士毕业后来所;王博2014年自日本早稻田大学博士毕业后来所;刘子凡2016年自北京大学历史学系博士后出站后来所;赵洋2019年自首都师范大学历史学院博士毕业后来所。2019年中国历史研究院成立,历史研究所更名为古代史研究所,研究室也随之调整。孟彦弘、刘琴丽(2009年自首都师范大学历史系博士后出站后来所)调入隋唐五代十国史研究室工作,隋唐史研究力量进一步加强。

近十余年来,唐史学科成果集中涌现,研究涉及法制史、礼制史、宗教史、社会史、女性史、边疆史、民族史、史学史、敦煌学和石刻史料研究等多个前沿领域。这一时期的主要著作有张泽咸《晋唐史论集》(中华书局2008年版),谢保成《中国史学史》(中国社会科学出版社2008年版),谢保成《贞观政要集校》(中华书局2009年版),吴玉贵《突厥第二汗国汉文史料编年辑考》（中华书局 2009 年版），吴玉贵《唐书辑校》（中华书局 2009 年版），杨宝玉《敦煌本佛教灵验记校注并研究》（甘肃人民出版社 2009 年版），刘琴丽《唐代举子科考生活研究》（社会科学文献出版社 2010 年版），雷闻《郊庙之外：隋唐国家祭祀与宗教》（生活·读书·新知三联书店 2009 年版），黄正建主编《天圣令与唐宋制度研究》（中国社会科学出版社 2011 年版），吴丽娱《终极之典：中古丧葬制度研究》（中华书局 2012 年版），吴丽娱《敦煌书仪与礼法》（甘肃教育出版社 2013 年版），陈丽萍《贤妃嬖宠：唐代后妃史事考》（社会科学文献出版社 2014 年版），吴丽娱《礼俗之间：敦煌书仪散论》（浙江大学出版社 2015 年版），杨宝玉、吴丽娱《归义军政权与中央关系研究：以入奏活动为中心》（中国社会科学出版社 2015 年版），张弓《汉传佛文化演生史丛稿》（社会科学文献出版社 2016 年版），吴丽娱主编《礼与中国古代社会》（中国社会科学出版社 2016 年版），黄正建《走进日常：唐代社会生活考论》（中西书局 2016 年版），刘子凡《瀚海天山：唐代伊、西、庭三州军政体制研究》（中西书局 2016 年版），黄正建《唐代法典、司法与〈天圣令〉诸问题研究》（中国社会科学出版社 2018 年版），刘琴丽《汉魏六朝隋碑志索引》（中国社会科学出版社 2019 年版），王博译《唐代的民族、外交与墓志》（西北大学出版社 2019 年版），陈丽萍《唐代宗室研究》（中西书局 2022 年版），牛来颖《新视域中的唐代社会经济研究》（社会科学文献出版社 2003 年版）。研究室主办会议的论文集有黄正建主编《中国社会科学院敦煌学研究回顾与前瞻学术研讨会论文集》（上海古籍出版社 2012 年版），黄正建主编《中国古文书学研究初编》（上海古籍出版社 2019 年版），雷闻主编《交流与融合：隋唐河西文化与丝路文明学术研讨会论文集》（中西书局2020年版）等。综合来看，古代史所唐史学科在唐史研究特别是在唐代律令和礼制研究领域仍处于领先地位，同时在社会史、宗教史、边疆民族史等方面也具有较大影响。

（二）"古文书学"及其他科研项目

"中国古文书学"是由古代史所学者提倡的新学科，将中国古代自先秦至明清出土或传世的古文书作为研究对象。2012年，历史所即组织召开第一届"中国古文书学学术研讨会"。2014年，国家社科基金重大项目"中国古文书学研究"立项，黄正建担任首席专家，课题组汇集了所内先秦、秦汉、魏晋、隋唐、宋元、明清等各个断代的学者，研究内容涉及甲骨文、金文、简牍、纸质文书等不同类型的文书。在古代史所的大力支持下，课题组先后主办了八次大规模的国际与国内学术研讨会。同时，课题组成员也应邀参加了日本国立历史民俗博物馆、韩国古文书学会主办的古文书学术研讨会。"中国古文书学研究"课题组还通过举办"中国古文书研究班""中国古文书学暑期研习营"等多种形式，推进古文书学在所内外学者以及青年学生中的影响力。"中国古文书学"的提出与实践，加强了唐史学科与所内其他断代的交流互鉴，拓宽了本所唐史及敦煌学研究的思路，开创了新的研究方向。

近年来，学科同仁承担的国家社科基金项目还有：国家社科基金中国历史研究院重大问题研究专项1项，"中国社会科学院古代史研究所珍稀金石拓片整理与研究"（刘琴丽）；国家社科基金重点项目3项，"《大唐开元礼》校勘整理与研究"（吴丽娱）、"新视域中的唐代社会经济研究"（牛来颖）、"唐代天下秩序研究"（刘子凡）；国家社科基金一般项目1项，"唐代嘉礼研究"（王博）；国家社科基金青年项目 1 项，"唐代北庭文书整理与研究"（刘子凡），国家社科基金冷门绝学项目 1 项，"中国国家图书馆藏敦煌社会经济文书的整理与研究"（陈丽萍）；国家社科基金后期资助项目 2 项，"官文书与唐代政务运行研究"（雷闻）、"中古时期德政碑考论"（刘琴丽）。

（三）期刊与基地建设

《隋唐辽宋金元史论丛》是由原隋唐辽宋金元史研究室主办的专业集刊，研究室调整后，目前由隋唐五代十国史研究室、宋辽西夏金史研究室和元史研究室共同主办。该刊 2001 年创刊，第 1 辑由紫禁城出版社出版，第 2 辑以后由上海古籍出版社出版。创刊主编为黄正建。每年出版一辑，每卷约 30 万字，至 2023 年已出版至第 13 辑。论丛集中展示本所隋唐宋元史学科相关研究人员的研究成果，并邀约学界知名学者撰写专稿，内容涉及隋唐、宋、辽金、元史，举凡政治、经济、宗教、考古、艺术等领域均有专论，以大历史、大视野的角度对中国古代史进行全面考察。该刊在国内外学术界享有广泛声誉，亦是本学科重要的学术阵地。

《中国古文书学研究》是由古代史研究所古代社会史研究室与隋唐五代十国史研究室合办的专业性学术刊物，2023 年由广西师范大学出版社出版第 1 辑。该刊以刊登古文书学相关研究论文与书评为主，内容包括秦汉简牍、敦煌吐鲁番文书、徽州文书等各时段各种类的中国古代文书。

2018 年，本学科与洛阳师范学院签订合作协议，挂牌建立了"中国社会科学院历史研究所魏晋南北朝隋唐史研究基地"，并依托该基地开展各项学术交流活动。同年，历史所在洛阳师范学院召开了"中华思想的基本特点与发展阶段"学术研讨会。

（四）学术会议与对外交流

古代史所唐史学科发挥在学界的影响力，广泛邀请国内外学者来所作学术报告。近十余年来，国内学者方面前后邀请过台湾大学高明士，武汉大学陈国灿，北京大学李志生、朱玉麒、史睿，中国人民大学孟宪实，北京师范大学宁欣，首都师范大学游自勇，复旦大学仇鹿鸣、唐雯，山东大学孙齐，洛阳师范学院毛阳光，敦煌研究院马德，碑林博物馆王庆卫，苏州大学毛秋瑾等知名学者作学术报告。鲁东大学樊文礼、山东师范大学周尚兵、山西大学丁俊等学者先后来所访问。同时多次举办具有影响力的学术会议，包括 2011 年 4 月承办"中国社会科学院敦煌学研究回顾与前瞻"学术研讨会；2012 年以来与多个单位合作主办八届古文书学相关会议；2017 年 9 月与中国政法大学法律古籍整理研究所合办"敦煌吐鲁番法制文献与唐代律令秩序"学术研讨会；2018 年 8 月召开"《天圣令》与日唐法制比较研究"学术研讨会；2018 年 9 月与河北师范大学历史学院共同承办"第七届中国古文书学国际学术研讨会"；2019 年 9 月与中共武威市委宣传部、武威市凉州文化研究院共同承办"交流与融合：隋唐河西文化与丝路文明"学术研讨会；2019 年 10 月与邯郸学院共同承办"第八届中国古文书学学术研讨会"；2021 年 10 月与中国政法大学法律古籍研究所合办"敦煌文献整理与研究的新视野"学术研讨会等。

唐史学科的对外交流也十分活跃。1985—1986 年，山梨大学助教授金子修一来所访问，是历史所接受的第一个长期访问的日本学者。2010 年，金子修一又以国学院大学教授身份在历史所访问一年。2012 年，爱知县立大学丸山裕美子教授也在历史所访问半年。邀请来所讲座的国外学者也有不少，如美国普林斯顿大学教授陆扬、西密西西根大学熊存瑞，日本东京大学池田温、京都府立大学渡边信一郎、中央大学妹尾达彦、明治大学吉村武彦等，此外，天圣令整理课题组与日本以大津透为首的唐令研究课题组交往频繁，所有课题组成员（除已经去世的宋家钰和学生外）陆续被邀请参加日本每两年一次的国际东方学者会议，黄正建和牛来颖的文章还被收入该会的杂志《东方学》。近年来，学科同仁分别受邀参加了众多国际学术会议，访问美国、德国、日本、韩国、塔吉克斯坦等国，以及中国台湾、香港地区。

（五）国情调研与金石拓片整理

古代史所唐史学科坚持理论与实践结合的研究作风，积极参与院、所的调研工作，把学问做在祖国大地上。2016—2017年，魏晋南北朝隋唐史研究室承担了中国社会科学院国情调研基地项目"唐蕃古道"调研的工作。调研组于2016年度调研了甘肃、青海两省的14个县市，2017年度继续调研了青海、西藏两省区的16个县市，总行程约7000公里，与三省区社科院及文保部门进行了深入合作与交流。通过调研，课题组掌握了"唐蕃古道"交通路线以及相关遗址、文物的分布情况和保存现状，获得了很多珍贵的一手资料。为"唐蕃古道"申遗的前期研究工作奠定了重要基础。

唐史学科也积极承担多项院、所交办任务，参与完成了《中国古代历史图谱·隋唐卷》（黄正建）、《简明中国历史读本》（隋唐部分由黄正建撰写）、《中国通史》百集电视片（隋唐部分由雷闻撰稿）、《中华思想通史·隋唐卷》（集体参与）、《（新编）中国通史纲要》（隋唐部分由雷闻、刘子凡撰写）、《中华文明史简明读本》（隋唐部分由刘子凡撰写）等工作。

2018年1月至2019年9月，魏晋南北朝隋唐史研究室承担了历史所可移动文物清理核实（拓片）的工作。在田波副所长、图书馆潘素龙馆长、范猛副研究员的支持下，整理小组对历史所图书馆收藏的金石拓片全部进行了编号、拍照、定名、信息登记，并分装保存。共清理出自商周至晚清民国时期各类重要金石拓片约11000件，内容涵盖墓志、石碑、摩崖、画像石、造像记、瓦当、钱范、青铜器等多个拓片种类，其中有不少是兼具史料价值和文物价值的精品。这次清理工作对这批珍贵文物的保护、研究和展示利用具有重要意义。

四　学科特点

七十年来，古代史研究所唐史学科秉持重视史料、关注问题、鼓励创新的学风，在学科建设方面取得了显著成果，积累起雄厚实力。述往追昔，大致可以总结出古代史所唐史学科发展的几个特点。

（一）立足学术前沿

古代史所唐史学科在学术研究过程中，一直走在学术发展的最前沿。早期研究注重经济史和农民战争史，符合当时的时代特点和需求；20世纪90年代以来，唐史学科研究重点转向社会史、礼制史、法制史；近年来，研究领域更是扩展到宗教史、女性史、边疆民族史、碑刻墓志等新领域。唐史学科组织完成的几种代表性的集体成果，更是引领了学术潮流。1961年出版的《敦煌资料》是国内第一部敦煌社会经济文书录文集，90年代以来陆续出版的《英藏敦煌文献》是国内第一部敦煌文献大型图录，2006年出版的《天一阁藏明钞本天圣令校证（附唐令复原研究)》极大地推动了唐代律令的研究，近年提出的"中国古文书学"则为文书研究提供了新的平台和方向。

(二) 注重出土文献

古代史所的唐史研究者有兼治敦煌学的传统。所内唐史学科同仁大多能"勉作敦煌学之预流"（陈寅恪语），在研究唐史的同时兼治敦煌学，既能用唐史的知识整理敦煌文书，又能利用敦煌文书研究唐史。这就使古代史所的唐史研究在资料的使用上和研究的深度上占有相当优势，故而中国社科院敦煌学研究中心一直挂靠于隋唐史相关的研究室。近年来，碑刻墓志成为唐史研究新的发展动力。古代史所唐史研究者也兼做墓志研究，并完成了古代史所旧藏金石拓片的全面整理。特别是刘琴丽和孟彦弘在石刻史料方面用功颇勤，进行了碑志索引、辨伪等重要工作。

(三) 重视集体项目

这是古代史所的传统，也是优势所在。多年来，唐史学科同仁参加了多项具有影响力的集体项目，如《中国史稿》第四卷（隋唐卷）（张泽咸、宋家钰、李斌城等）、《中国古代社会生活史·隋唐五代社会生活史》（张泽咸、李斌城、吴丽娱、黄正建、李锦绣等）、《天一阁藏明抄本天圣令校证》（宋家钰、吴丽娱、黄正建、李锦绣、孟彦弘、牛来颖、雷闻等）、《〈天圣令〉与唐宋制度研究》（宋家钰、吴丽娱、黄正建、李锦绣、孟彦弘、牛来颖等）、《中晚唐社会与政治研究》（黄正建、吴丽娱、李锦绣、李斌城、牛来颖、杨宝玉）、《敦煌典籍与唐五代历史文化》（张弓、黄正建、吴丽娱、李锦绣、杨宝玉、牛来颖等）、《英国收藏敦煌汉藏文献研究》（宋家钰、刘忠、张弓、吴丽娱、黄正建、杨宝玉等)、《中华思想通史·隋唐五代卷》(雷闻、吴丽娱、黄正建、牛来颖、陈丽萍、王博、刘子凡等)、历史所可移动文物清理核实(拓片)(雷闻、牛来颖、陈丽萍、王博、刘子凡等)。

总体来看,古代史所唐史学科在唐史学界具有重要地位,其中尤以财政史、社会史、礼制史、天圣令整理和研究、敦煌学、古文书学最为显著。学科同仁也先后在相关学会中担任重要职务。中国唐史学会方面,李斌城、张弓、黄正建曾先后担任副会长,雷闻、刘琴丽任常务理事,吴丽娱、牛来颖、孟彦弘、刘子凡等先后任理事。中国敦煌吐鲁番学会方面,先后有唐耕耦、宋家钰、张弓、黄正建、吴丽娱、李锦绣、雷闻、杨宝玉、陈丽萍、刘子凡等担任理事,黄正建、雷闻任常务理事。学科的历史既是珍贵的财富,也是督促我们继续前进的动力。未来古代史研究所的唐史学科,也将继承先辈之学风,开创出新时代的新局面。

建所以来的辽宋金史学科发展概况

康 鹏

中国社会科学院古代史研究所宋辽西夏金史研究室主任、研究员

一时代有一时代的学术，没有学术的时代，只有时代的学术。古代史研究所（原历史研究所，2019年更名）辽宋金史学科历经七十载，其间兴衰起伏，在各个时期，体现出不同的学术取向，折射出不同的时代韵律。

一 初创期、蛰伏期（1954—1977）

1954年历史研究所建所至1977年，是辽宋金史学科的初创期。1949年以后的辽宋金史研究在断代史研究中相对薄弱，[①]本所的情况亦是如此，这从辽宋金史学科附属于明清史组（封建社会后期组）即可窥见一斑。建所初期从事宋史研究的是朱家源、郦家驹两位先生。

朱家源（1910—2007），晚清名臣朱凤标之孙、金石大家

[①] 参见邓广铭《谈谈有关宋史研究的几个问题》，《社会科学战线》1986年第2期；王曾瑜《宋史研究的回顾与展望》，《历史研究》1997年第4期；李华瑞《建国以来的宋史研究》，《中国史研究》2005年增刊。

朱文均之子。自 1958 年开始，朱家源负责《中国历史文物图集》（后更名为《中国古代历史图谱》）宋代部分的编纂工作。郦家驹（1923—2012），20 世纪 40 年代初受业于四川大学蒙文通教授，后转至复旦大学，于 1947 年毕业。一度在江南大学担任钱穆先生助手。1950 年，任教于上海光华大学附中，1957 年调入中国科学院历史研究所，长期担任所秘书工作。

20 世纪 60 年代初，为充实本所的研究力量，先后引进王曾瑜、陈智超、吴泰等青年才俊。

王曾瑜（1939 年生），1962 年毕业于北京大学历史学系，同年来所工作。进所之初，所领导熊德基先生原打算让王曾瑜研究唐史，王曾瑜以自己在北大跟随邓广铭先生研习宋史为由，予以婉拒。此后，有较长一段时间，王曾瑜进入人生中迷茫悲观的时期。1971 年前后，王曾瑜通过重新精读马列主义著作，在苦闷中"得以辨别真伪马列主义，助成了个人的思想解放，扭转了悲观厌世思想"。[①] 王曾瑜日后的史学研究即深受马列主义的思想体系和研究方法的影响。经过两年左右的研读、思考，王曾瑜决意以研究宋史为人生志向。在何龄修先生的帮助下，王曾瑜得以借阅《宋会要辑稿》，苦心研读，同事便给他取了一个"王会要"的绰号。1975 年，王曾瑜在《文物》上发表了处女作《谈宋代的造船业》。

陈智超（1934 年生），著名史学家陈垣之孙，宋史大家陈乐素之子。16 岁高中毕业后，先后参加土改工作和云南中老、中缅边界的公路建设。1957 年考入北京大学历史学系，1962 年的毕业论文《嘉靖中浙江福建地区反对葡萄牙殖民者的斗争》

---

① 王曾瑜：《我和辽宋金史研究》，《学林春秋》三编下册，朝华出版社 1999 年版，第 690 页。

（向达指导）被全文刊登在《北京大学学报》。毕业前夕，历史研究所主动提议让陈智超报考本所宋史专业的硕士研究生，协助本所兼职研究员陈乐素先生进行宋史研究。陈乐素先生的本职是人民教育出版社编审（兼历史编辑室主任），因工作繁忙，无暇顾及宋史研究，历史所希望通过此举充实所内宋史研究的力量。陈智超在研究生阶段，认真钻研马克思主义经典作家著作，苦读《续资治通鉴长编》以及宋人文集等史料，准备以《王安石和他的时代》为题撰写硕士论文。1965年，主持历史所工作的尹达先生要求他结束学业，留在学术秘书室工作。

吴泰（1941—1985），1964年毕业于北京大学历史学系，毕业后成为陈乐素先生的研究生，后留所工作。

在此期间，本所先秦史大家张政烺（1912—2005）先生还曾负责《金史》的点校工作。1971年，在周恩来总理支持下，二十四史点校工作得以重启，文献功底深厚的张政烺先生主动承担无人点校的《金史》，于1975年正式出版。张先生还曾撰写《宋江考》（1953）一文，将关于宋江的史料囊括殆尽，近30年后才有人补充了一条新史料。

整体而言，这一时期受政治环境的影响较大，辽宋金史学科的研究成果不多。不过，历史所同时也培养、储备了一批优秀人才，当属辽宋金史学科的蛰伏期。

二　兴盛期、辉煌期（1978—1998）

1977年，中国社会科学院成立，历史研究所成为中国社会科学院下属机构之一，这一举措标志着社会科学的春天即将到来。1978年12月改革开放，学术研究进入百花齐放的繁荣期。1978—1998年的20年，可以说是历史研究所辽宋金史学科的兴盛期。①

朱家源、郦家驹等老一辈学者主要着意于宋代土地、户口制度的研究。朱家源先生撰有《两宋土地问题浅述》（1981）、《谈谈宋代的乡村中户》（1982）、《宋朝的官户》（与王曾瑜合写，1982）、《宋朝的和籴粮草》（与王曾瑜合写，1985）等文。此外，朱家源先生还曾发表数篇关于法医宋慈的文章。1987年6月，朱家源先生退休，基本不再发表文章。

郦家驹先生撰有《试论关于韩侂胄评价的若干问题》（1981）、《北宋时期的弊政和改革》（1983）、《论南宋的屯田和营田》（1985）、《再论南宋的屯田和营田》（1984）、《两宋时期土地所有权的转移》（1988）等文。郦家驹还与吴泰、陈高华、陈智超共同撰写《中国史稿》第5册（五代宋辽金元部分，人民出版社1983年版）。此外，郦家驹曾参与筹组中国宋史研究会的工作，为宋史研究做出了贡献，20世纪80年代末90年代初，出任宋史研究会副会长。1985年，郦家驹调任中国地方志指导小组，工作重心逐步转移到地方志整理和研究。

与前辈学者相比，五六十年代培养、储备的人才则更为活跃，成果斐然。70年代末至80年代初，吴泰先生预时代之潮流，针对宋江、岳飞、王安石以及农民起义等问题发表系列文章，或引领、或紧跟宋史学界的热门议题，名声大噪。1978年6月8日，吴泰在《光明日报》发表《历史上的宋江是不是投降派》一文，拉开关于宋江问题论战的序幕。邓广铭、马泰来等诸多学者就宋江是否投降、是否攻打方腊等问题展开激烈

---

① 参见李华瑞《建国以来的宋史研究》，《中国史研究》2005年增刊；张其凡《三十年来中国大陆的宋史研究（1978—2008）》，《宋学研究集刊》第2辑，浙江大学出版社2010年版，第541页；关树东《历史所的宋史、辽金史研究》，中国社会科学院历史研究所编《求真务实六十载：历史研究所同仁述往》，中国社会科学出版社2014年版，第189页。

论辩。

1978年6月，陈乐素先生在杭州主持关于岳飞评价问题的座谈会，如何重新评价岳飞成为学界关注的话题。1979年，吴泰发表《应该恢复岳飞的历史地位》一文，力主为岳飞恢复名誉。1977年，吴泰发表《关于王安石变法的几个问题——驳"四人帮"及其喉舌散布的一些谬论》《王安石的历史遭遇和四人帮的罪恶用心》两文，认为王安石变法的根本目的是加强地主阶级对农民阶级的专政。1979—1981年，吴泰相继发表《论唐宋文献中的"庄园"》（1979）、《关于方腊评价的若干问题》（1979）、《方腊出身问题考辨》（1980）、《试论金代各族农牧民的反抗斗争》（1981）、《封建社会的中小地主有历史进步性吗?》（1983）等文，讨论关于农民起义及相关问题。

除了关注传统的热门议题，吴泰还热衷于海外交通史的研究。1978年，吴泰与陈高华合作《宋元时期的海外贸易与泉州港的兴衰》一文，此后两人合作出版《宋元时期的海外贸易》（天津人民出版社1981年版）一书。1991年，吴泰与陈高华、郭松义编写的《海上丝绸之路》（海洋出版社）得以出版。1985年3月10日，吴泰因病逝世，终年45岁，可谓天妒英才。吴泰先生的逝世，是辽宋金史学科的重大损失。

王曾瑜先生自1977年开始，在诸多权威刊物发表重磅文章，声名鹊起。1977年、1980年在《文史哲》先后发表《关于编写〈资治通鉴〉的几个问题》《关于刘恕参加〈通鉴〉编修的补充说明》；1979年在《历史研究》《文史》分别发表《岳飞之死》《岳飞几次北伐的考证》两文；1980年在《中国社会科学》发表《王安石变法简论》；1979年、1980年在《历史学》《中国史研究》发表《宋朝的差役和形势户》《从北朝的九等户到宋朝的五等户》两文。文章涉及文献整理、岳飞、王安石以及宋朝赋役户口等问题，这些文章奠定了王曾瑜先生在宋史学界的学术地位以及日后研究的主要方向。

王曾瑜先生最主要的研究对象是岳飞，在发表关于岳飞的系列文章后，于1983年出版《岳飞新传》（上海人民出版社），与邓广铭先生同年出版的《岳飞传》增订本（人民出版社）并行于世。2002年出版《岳飞和南宋前期政治与军事研究》（河南大学出版社）。在写作岳飞论著的同时，王曾瑜倾注四年多的心血抄录、校对相关史料，整理出版关于岳飞的资料汇辑《鄂国金佗稡编·续编校注》（中华书局1989年版）。王先生认为此书是他所有专著中唯一的一等之作。

王曾瑜先生关于宋辽金兵制的研究，也广为学界瞩目。王先生受恩格斯关于西方军制文章的启发，按现代军制分类，研究宋辽金的兵制，以期实现由传统模式向现代方法的转轨。1983年出版《宋朝兵制初探》（中华书局），1996年出版《金朝军制》（河北大学出版社），2011年出版《辽金军制》（河北大学出版社）。这些论著成为利用现代军制学研究古代兵制的范例。

王曾瑜先生对宋金的社会经济也有深入的研究。王先生从乡村户、坊郭户以及官户、民户等名称中，提出户口分类制度概念，并以此分析宋金社会的阶级结构。1996年出版《宋朝阶级结构》（河北教育出版社），发表《宋衙前杂论》（1987）、《宋朝的役钱》（1990）、《宋朝的科配》（1990）、《宋朝的和买与折帛钱》（1991）、《宋朝户口分类制度略论》（1991）、《金朝户口分类制度和阶级结构》（1993）等论文。

此外王曾瑜先生对于两宋之交的政治、军事史也素有研究，撰有《宋高宗》（吉林文史出版社1996年版），发表

《秦桧事迹述评》(1981)、《宋金富平之战》(1983)、《南宋对金第二次战争的重要战役述评》(1989)、《北宋晚期政治简论》(1994)、《绍兴文字狱》(1994)等十余篇论文。王曾瑜先生还与朱瑞熙、张邦炜、刘复生、蔡崇榜等先生合撰了《辽宋西夏金社会生活史》(中国社会科学出版社1998年版)。

1979年,陈智超先生发表《李曾伯与静江城的修筑》(《文物》第9期),这是陈先生关于宋史研究的第一篇文章。在此之后,陈先生着意整理《宋会要》等历史文献,并以此享誉学界。1981年底,陈智超在北京、上海、杭州等地搜寻刘承幹的"嘉业堂清本"《宋会要》,并以此展开研究。1982年发表《〈宋会要辑稿〉遗文、广雅稿本及嘉业堂清本的再发现》《〈宋会要辑稿〉复文成因补析》;1984年发表《〈宋会要辑稿〉的前世现世和来世》;1987年、1988年先后发表《〈宋会要〉食货类的复原》《论〈宋会要〉辑本的复文》等文。在此期间,陈智超先生将浙江省图书馆藏嘉业堂清本《宋会要》八百万字复印回京,将北京图书馆藏《宋会要》辑稿遗文八十万字汇辑成《宋会要辑稿补编》出版(全国图书馆文献缩微复制中心1988年版)。1995年,陈智超将十余年的研究成果,汇集成《解开〈宋会要〉之谜》(社会科学文献出版社),该书厘清了《宋会要》的来龙去脉、篇目结构,为复原、整理《宋会要》提供了一个可供操作的方案。邓广铭先生对于陈智超的《宋会要》复原工作给予了高度的肯定。

在文献整理方面,陈智超先生与陈高华等先生合著《中国古代史史料学》(北京出版社1983年版),负责宋代以及部分辽夏金史料的写作,该书屡次再版,成为史学研究者重要的入门书籍。陈智超还与王曾瑜等人共同点校《名公书判清明集》

（中华书局1987年版），该书是关于南宋司法的重要文献。陈先生另与乔幼梅主编《中国封建社会经济史》第三卷（齐鲁书社、文津出版社1996年版），并负责宋代经济史的撰写工作。除此之外，陈智超先生对于道教文献以及东亚、东南亚的史籍也颇为熟稔，发表多篇重要文章。

郭正忠（1937—2001）先生于20世纪80年代初调入历史所，以宋史、经济史尤其是盐业史、计量史闻名于海内外，具有深厚的马克思主义史学理论功底。1981年郭先生发表《北宋四川食盐危机考析》《北宋前期解盐的"榷禁"与通商》《宋代四川井盐业中的资本主义萌芽》三篇文章，开启了宋史以及盐业史研究的华丽篇章。1990年，郭正忠出版《宋盐管窥》（山西经济出版社）、《宋代盐业经济史》（人民出版社）两部书籍，对宋代食盐的生产、流通、管理等条梳摭实，精彩迭出，获得学界的高度认可。[①] 郭正忠还曾主编《中国盐业史·古代编》（人民出版社1997年版），并负责宋代部分的写作。郭正忠在欧洲还曾发表多篇盐业史论文，90年代连续当选为国际盐史委员会〔CIHS〕委员（学术顾问）。1993年，郭正忠出版《三至十四世纪中国的权衡度量》（中国社会科学出版社），以两宋为中心，贯通上下一千余年的度量衡制度，颇便学界利用。1997年，郭正忠出版《两宋城乡商品货币经济考略》（经济管理出版社），对宋代城乡的经济结构以及商税、币制、市场等进行了深入的探讨。此外，郭正忠在辽金盐业、宋代科技及人物、文化等方面，也多有贡献。

相较于宋史研究，这一时期历史所的辽金史研究相对滞后，

[①] 关树东：《历史所的宋史、辽金史研究》，中国社会科学院历史研究所编：《求真务实六十载：历史研究所同仁述往》，中国社会科学出版社2014年版，第191—192页。

专业研究者明显偏少。黄振华（1930—2003），1961—1966年在中国人民大学语言研究所任讲师，1966年调入文化部国际文献研究所任翻译，1978年调至历史研究所。黄振华先生自20世纪60年代潜心研习西夏、契丹、女真等民族古文字。80年代发表《"山"、"山"考——契丹文字构造规律新探》（1981）、《明代女真文奴儿干永宁寺碑记新释》（1982）、《西夏天盛廿二年卖地文契考释》（1984）、《契丹文天干名称考》（1985）等关于辽金时期语言文字的论文若干。1986年，黄振华调入国家图书馆工作。

李锡厚（1938年生），1957年考入北京大学历史学系，大学后期在选修邓广铭先生《宋史专题讨论》课之后，深受邓先生影响，开始研读《宋史·职官志》等宋代书籍。临近毕业时，李锡厚因俄语水平突出，邓先生便推荐他报考西夏学大家王静如先生的研究生。可惜因为非成绩方面的原因，未能如愿。1963年，李锡厚被分配至黑龙江的中学教书。1978年考入中国社会科学院研究生院，师从陈述先生攻读辽金史。1981—1987年在中国人民警官大学工作，1987年至历史研究所工作，主攻辽金史，侧重政治史、制度史以及社会史。

1984年，李锡厚先生发表《"辽城"问题商榷》《〈庞廷杂记〉与契丹史学》《〈全辽文〉韩瑜墓志校记六则及附跋商榷》三文，正式走向辽金史研究之路。1987年来所后，在《民族研究》《历史研究》《中国史研究》等刊物陆续发表《辽代宰相制度的演变》《论辽朝的政治体制》《关于"头下"研究的两个问题》等重要文章，引起学界的重视和呼应。李先生2000年以前的重要论著已收入《临潢集》（河北大学出版社2001年版）。李锡厚先生还撰有《耶律阿保机传》（吉林教育出版社1991年版）、《中国政治制度史·辽金西夏卷》（与白滨合著，人民出版社 1996 年版)、《中国封建王朝兴亡史·辽金卷》(广西人民出版社 1996 年版)等专著。李锡厚先生的辽金史研究注重考证和创新,追求不囿成说、独树一帜,李先生是这一时期最具代表性的辽金史学者之一。

1994 年,陈智超、郭正忠、王曾瑜三位先生同时增选为博士研究生导师,可惜由于外语考试过难,三位导师皆未招到博士生。1994 年、1997 年,陈智超、郭正忠相继退休,无法再度招生。1998 年李锡厚先生退休,无缘参评博导和招生。王曾瑜先生仅在 1997 年、2000 年招到两名博士研究生(分别为游彪、关树东),1997 年、2000 年还曾接受两名博士后入站(分别为沈冬梅、李晓)。此外,1978 年历史所曾委托陈乐素先生代为培养一名博士研究生(张其凡)。这一时期,辽宋金史学科未能培养、引进足够的人才,中青年学者呈萎缩态势,仅有江小涛、关树东两位同志分别研究宋史、辽金史。

江小涛(1965 年生),1989 年毕业于北京大学历史系,获硕士学位,师从邓广铭先生。1989 年来所工作,专业方向为宋代政治史、制度史、教育史和学术文化史。关树东(1968 年生),1994 年毕业于中央民族大学,获硕士学位,师从李桂芝教授,同年进入历史研究所工作。2000 年在王曾瑜、李锡厚两位先生联合指导下攻读博士学位,专业方向为辽金史研究。这一时期发表《辽朝部族军的屯戍问题》(1996)、《辽朝御帐官考》(1997)等高水平论文。

这一时期,宋辽金元研究室还出版两辑《辽宋金史论丛》(1985、1991),在学界产生了良好的影响。1978—1998 年的 20 年,是辽宋金史学科的兴盛期、辉煌期。

三 起伏期、深耕期（1999年至今）

1999年以来，辽宋金史学科受到诸多因素影响，进入起伏期。① 随着国家和中国社科院对于社会科学、历史学的再度重视，辽宋金史学科的发展态势逐步好转。

这一时期，江小涛先生撰有《中国政治通史·宋辽金卷》（泰山出版社2003年版）、《中国考试通史·宋辽金元卷》（合著，首都师范大学出版社2004年版）；发表《王安石的"心性之学"》（2008）、《杨业与宋初河东诸将》（2009）、《苏轼与宋代文人画的兴起》（2006）、《士大夫政治传统的重建与宋仁宗时期的"朋党之议"》（2014）、《北宋的文教政策与官方教育理念的变迁》（2022）等文。

关树东先生撰有《中国古代历史图谱·辽夏金卷》（与李锡厚合著，湖南人民出版社2016年版）；发表《辽朝汉人宰相梁颖与权臣耶律乙辛之斗争辨析》（2017）、《金世宗章宗时期政风士风刍议》（2008）、《辽金元贵族政治体制与选官制度的特色》（2018）、《辽朝州县制度中的"道""路"问题探研》（2003）等文。

1999—2000年，两位宋史研究的新锐加入历史所。李立（1971年生），1999年于北京大学获博士学位，师从吴宗国教授，同年来所工作，主要从事宋代政治史、制度史研究。曾发表《北宋河北缘边安抚使研究》（2000）、《宋代政治制度史研究方法论批判》（2004）等文。可惜，不数年，李立转行他就。沈冬梅（1966年生），1997年于杭州大学获博士学位，师从梁

---

① 参见李华瑞《近二十年来宋史研究的特点与趋势》，《社会科学战线》2020年第6期。

太济先生；1997—1999 年，跟随王曾瑜先生做博士后研究。2000 年 1 月来所工作。主要研究方向为宋代社会历史文化、茶的历史文化和理论。出版《宋代茶文化》（学海出版社 2000 年版）、《茶经校注》（中国农业出版社 2006 年版）、《茶与宋代社会生活》（中国社会科学出版社 2007 年版）等专著。初在隋唐宋辽金元史研究室工作，后转至文化史研究室。

2007 年，梁建国（1978 年生）于北京大学获博士学位，师从邓小南教授，同年入所工作。主要研究方向为宋代乡村制度、士人社会、城市空间、环境治理等。在所期间发表《北宋东京的士人拜谒——兼论门生关系的生成》（2008）、《朝堂之外：北宋东京士人走访与雅集》（2009）等文，2014 年转至厦门大学历史系工作。

2008 年，康鹏（1977 年生）于北京大学获博士学位，师从刘浦江教授，同年来所工作。主要研究方向为辽金史、契丹语言文字。出版《契丹小字词汇索引》（与刘浦江教授合编，中华书局 2014 年版）、《辽代五京体制研究》（中国社会科学出版社 2023 年版）等专著；发表《白居易诗文流传辽朝考——兼辨耶律倍仿白氏字号说》（2015）、《辽朝册礼之"都"的变迁》（2021）等文。

2009 年，林鹄（1977 年生）于芝加哥大学博士毕业，同年进入清华大学历史系博士后工作站，合作导师是张国刚教授，2011 年来所，至社会史研究室工作，2014 年调入宋辽金元史研究室。主要研究方向为辽宋政治史以及史学理论、经学、外国文学等。出版专著《辽史百官志考订》（中华书局 2015 年版）、《南望：辽前期政治史》（生活·读书·新知三联书店 2018 年版）、《忧患：边事、党争与北宋政治》（上海人民出版社 2022 年版）；发表论文《耶律阿保机建国方略考——兼论非汉族政权之汉化命题》（2012）、《南宋经界法中的"打量"——关于是否实地测量的讨论》（2023）等。

2016年，雷博（1982年生）来所工作。2013年，雷博于北京大学获博士学位，师从邓小南教授，同年进入北大高等人文研究院博士后工作站，合作导师是杜维明教授，2016年出站。主要研究方向为宋代思想史、政治史、儒家哲学。发表《北宋熙宁青苗借贷及其经义论辩：以王安石〈周礼〉学为线索》（2016）、《试论王安石的"师臣"身份与熙宁君相关系》（2018）等文。

2019年，王申（1991年生）于中国人民大学获博士学位，师从包伟民教授，同年来所工作。主要研究方向为宋代财政史、货币史。发表《论南宋前期东南会子的性质与流通状况》（2019）、《17、18界东南会子并行与南宋财政中的纸币分工——以核算、支付功能为中心》（2023）等文。

2019年，葛焕礼（1971年生）作为中国社会科学院高层次人才引进入所。2003年，葛焕礼于山东大学获博士学位，师从王育济先生，同年留校工作，直至2019年。主要研究方向为宋史、学术思想史。出版专著《尊经重义：唐代中叶至北宋末年的新〈春秋〉学》（山东大学出版社2011年版）；发表《晚唐五代小说中的"仙境"：文士与道士构建之比较》（2020）、《由"义见微旨"注再论陆淳〈春秋微旨〉的撰作时间》（2022）等文。2021年，葛焕礼开始招收博士研究生，结束了本学科20余年没有招收相关专业博士研究生的窘境。

2023年，和智（1987年生）来所工作。2018年，和智于中国社会科学院研究生院获得博士学位，师从史金波先生，同年至首都师范大学博士后工作站，合作导师为李华瑞教授；2020至北京大学博士后工作站，合作导师为邓小南教授，2023

年出站。主要研究方向为西夏文史、中国民族史。出版专著《〈天盛改旧新定律令〉校译补正》（甘肃文化出版社 2022 年版），发表《西夏〈贞观律令〉残片考》（2023）、《西夏文〈天盛律令〉三种版本比较研究》（2023）等文。和智的引入，弥补了古代史所长久以来缺乏西夏学人才的缺憾。

值得一提的是，陈智超、郭正忠、李锡厚、王曾瑜等老先生，以学术为终身事业，退而不休，始终笔耕不辍。陈智超先生退休后，仍坚持每天工作十余小时，从事主编《陈垣全集》以及整理《旧五代史》《宋会要》新辑本的工作。2009 年《陈垣全集》（安徽大学出版社）出版；2021 年《辑补旧五代史》（巴蜀书社）出版，为学界提供了一个更接近《旧五代史》原本的新辑本。2022 年，负责主持的国家社会科学基金重大项目"《宋会要》的复原、校勘与研究"以优秀结项。陈先生认为："人生芳秽有千载，世上荣枯无百年。作为一个历史学家，应当多给后人留下些掷地有声的文章，经得起推敲和时间考验的著作，才无愧于养育我们的祖国、人民。"[①]

郭正忠先生在退休后不久即罹患重疾，仍坚持工作至生命的最后一刻，2001 年 11 月 21 日病逝。

李锡厚先生在退休后新著不断，先后出版《辽金西夏史》（与白滨合著，上海人民出版社 2003 年版）、《辽西夏金史研究》（与白滨、周峰合著，福建人民出版社 2005 年版）、《中国历史·辽史》（人民出版社 2006 年版）、《均田制兴废与所有制变迁》（社会科学文献出版社 2016 年版）、《今注本二十四史·辽史》（与刘凤翥合作，中国社会科学出版社 2021 年版）、《辽

---

① 张龙：《三代治史 一生追求——记我国著名历史学家陈智超先生》，《社会科学论坛》2010 年第 15 期。

史礼志疏证稿》（社会科学文献出版社 2023 年版）。

2004 年，王曾瑜先生退休。2002—2006 年，出任中国宋史研究会会长。2006—2008 年，在河北大学继续招收博士生。王先生晚年还致力于普及历史知识工作，2001 年、2005 年相继出版《靖康奇耻》《大江风云》《忠贯天日》等七部宋代历史纪实小说，讴歌英雄，宣扬正气。2010 年出版《宋朝军制》增订本（中国人民大学出版社），2011 年出版《宋朝军制初探》增订本（中华书局）和《辽金军制》（河北大学出版社），2013 年出版《中华古政治史论集》（中国社会科学出版社）。此外，王先生还将自己发表的论文结集，在河北大学出版社相继出版，包括《锱铢编》（2006）、《涓埃编》（2008）、《纤微编》（2011）、《丝毫编》（2009）、《点滴编》（2010）、《琐屑编》（2020）。

老一辈学人为国为民的家国情怀，对于马克思主义理论的重视以及专注、认真的治学精神，是年轻后辈努力学习的楷模。

近十余年来，党和国家对于社会科学、传统文化愈发重视。习近平总书记关于哲学社会科学的系列讲话，尤其是致中国社会科学院中国历史研究院成立的贺信以及在中国历史研究院召开的文化传承发展座谈会上的重要讲话，表明历史学迎来了又一个重大的时代机遇。中国社会科学院于 2012 年启动的创新工程，于 2017 年实施的学科建设"登峰战略"，极大地提高了科研人员的待遇以及学科建设的支持力度。辽宋金史学科先后作为第一、二轮"登峰战略"重点学科"唐宋史学科"、优势学科"隋唐宋元史学科"的一部分，得到了较为充分的支持。学科研究成果日渐增多，质量逐步提高。辽宋金史学科与隋唐及元史学科合办的《隋唐辽宋金元史论丛》，自 2011 年创刊以来，每年一期，已连续出版 13 期，在学界产生了积极的影响。

  2019年，随着中国历史研究院成立以及历史研究所更名为古代史研究所，辽宋金史学科单独组建"宋辽西夏金史"研究室。这为辽宋金史学科更好地通观10—13世纪全局，整合辽、宋、西夏、金四个朝代的研究提供了良好的平台和机遇。相信在新时代，由新老学者共同撑起的辽宋金史学科经过深耕细作，可以再创辉煌。

建所以来的元史学科发展概况

乌云高娃
中国社会科学院古代史研究所元史研究室主任、研究员

元史研究涉及二十多种语言文献资料,尤其以汉文和波斯语文献史料为主。国内外留存下来不少元代多语种文献资料和考古遗存,这些多语种文献资料和考古遗存的发掘与运用,使国内外学者在元史研究方面拓宽了视野。回顾古代史研究所70年来的元史学科发展,自1954年中国科学院历史研究所二所创立时,设有蒙元史组,元史学家对多语种文献的搜集与整理始终是工作重点。

一 编撰《蒙古史》及蒙元史组的设立

历史研究所蒙元史组的设立与1956年中国跟苏联、蒙古三个国家要合作编写一部《蒙古史》有关。1956年冬,应蒙古人民共和国邀请,中国派出由翁独健(团长)、韩儒林、邵循正三人组成的代表团,一同赴乌兰巴托参加合编《蒙古史》的会议。会上,应蒙古、苏联方面的要求,中国方面承担编辑北方民族史料汇编。1957年冬,翁独健、韩儒林、邵循正等三人再赴莫斯科继续讨论如何编写《蒙古史》及分工问题。为开展蒙

古史研究，1958年决定在中国科学院历史所专设蒙元史研究组，调时任北京市教育局长的翁独健出任蒙元史组组长。向社会招聘姚家积为秘书、林幹编匈奴史料、陆峻岭编鲜卑乌桓史料（后改编《元人文集目录》）、樊圃编突厥史料、韩荫成编柔然史料、黄巨兴译《蒙古人民共和国通史》等，大学毕业生有何高济（译《世界征服者史》）、杨讷等。

1958年原拟在中国召开会议，讨论《蒙古史》的编撰问题，但因牵涉编写内容观点冲突，经上级指示，中国不参加合作编写《蒙古史》的工作。1960年中苏关系开始恶化，编撰《蒙古史》的计划搁置，但是，历史研究所的蒙元史组保留了下来。在翁独健先生的指导下，蒙元史组在搜集民族史资料的同时，开展元史研究。杨讷、陆俊岭、陈高华、白钢等学者，研究方向定为农民战争史，在撰写元代农民战争史方面的文章的同时，整理元代农民战争的资料。

1956年向科学进军，部分高校特设蒙元史研究室，开始招收副博士研究生，南京大学设元史研究室，招收丁国范、陈得芝等研究生。同年北大邵循正配元史助教周良霄。1959年初内蒙古大学设立蒙古史研究室。因编《蒙古史》的缘故，历史研究所与北京大学、南京大学、内蒙古大学合作较为频繁，内蒙古大学的周清澍先生经常到历史研究所访学，与翁独健先生、杨讷先生等一起讨论《蒙古史》的写作提纲，形成国内蒙元史学者多方合作的局面。

翁独健先生研究蒙元史是受陈垣先生和洪业先生的影响。翁独健先生与韩儒林、邵循正等三位学者，在20世纪30年代赴欧洲师从伯希和，专攻蒙元史专业，学习波斯语、蒙古语等，均通晓东西方多种语言文字。翁独健、韩儒林、邵循正等学者回国后，为元史研究注入了新鲜血液。

在翁独健先生的影响下，国内学者对波斯文资料进行了翻译，先后出版《世界征服者史》《史集》等波斯文资料的中译本，使我国元史研究迈向新的高度。翁独健先生为国内元史研究方面培养了一批水平极高的翻译人才。1956年韩儒林先生在南京大学创立元史研究室，在国内招收元史研究方向的研究生。培养了一批懂蒙古语、波斯语、阿拉伯语、藏语、梵文的学者，使国内从事元史研究的学者能够直接利用多种语言文字史料，进行审音与勘同。邵循正先生也培养了不少蒙元史方面的研究生和青年教师，翻译和注释《史集》第二卷，并对《显贵世系》和《元史》进行比较勘同，为我国蒙元史的学科发展及人才培养做出了很大的贡献。杨讷先生和陈高华先生师从邵循正先生，从北京大学毕业后分配到历史研究所工作。

韩儒林先生是历史研究所的学术委员，常因公驻历史研究所。1963年因编《中国通史》第六册参考资料在历史研究所。1965年出任内蒙古大学副校长，同时因编《中国历史地图集》在历史研究所工作。1966年6月因"文化大革命"学部工作停滞，回到内蒙古大学。

1980年韩儒林先生创立中国元史研究会，时任会长。杨讷先生和陈高华先生均在中国元史研究会秘书处工作，与国内外元史学界同行共同探讨元史学科诸多问题。陈高华先生称自己研究蒙元史与翁独健先生的影响有很大关系。

1977年，中国社会科学院成立，1978年历史研究所组建宋辽金元史研究室。《中国通史》的编撰，使历史研究所重视元代断代史研究，陈高华对元代政治史、经济史、文化史、社会史、妇女史、灾荒史等进行研究。1991年，历史研究所研究室进行调整，隋唐史研究室与宋辽金元史研究室合并，组成隋唐宋辽金元史研究室。2014年6月，历史研究所将魏晋南北朝隋唐史研究室与宋辽金元史研究室分开，刘晓担任研究室主任。主要承担《中华思想通史》辽夏金元卷的资料整理和撰写任务。

宋辽金元史研究室自设立以来，在全国学术界处于领先地位。陈高华先生在元史研究方面成果颇丰，曾担任中国元史研究会会长，先后担任中国社会科学院历史学部学部委员与荣誉学部委员。杨讷、史卫民等先生也是元史学界公认的领军人物。研究室涉及研究领域较广，以政治、经济、法律、宗教文化、思想教育与族群研究为主，重视黑水城文书与传统典籍的整理与研究。整理出版《元典章》等重要文献。

二 《元典章》读书班对元史学科的影响

《元典章》是一部元朝法令公牍文书的汇编，其中有一些直接从元代蒙古文文书翻译过来，这些文书文体较为特殊，学界将这批文书命名为元代直译体文书。内蒙古大学的亦邻真先生对蒙元时期文书行政方面的蒙古文直译体颇有研究，并将这一文体命名为蒙古文硬译公牍文体。对《元典章》《高丽史》等文献中出现的硬译公牍文体的特点做了详细的研究。[①] 陈高华先生自1997年在历史研究所开设《元典章》读书班，读书班成员包括张帆、刘晓、党宝海、乌云高娃、蔡春娟等学者。国外学者到北京进修或访学时也参加《元典章》读书班。日本学者樱井智美、加藤雄三、舩田善之、饭山之保、古松崇志，韩国学者李玠奭、宋在雄，美国学者柏清韵等，或长或短参加过

---

① 亦邻真：《元代硬译公牍文体》，载《亦邻真蒙古学文集》，内蒙古人民出版社2001年版，第583—605页。

《元典章》读书班，加强了元史学科的国际交流。

《元典章》读书班成员不仅对《元典章》中政治、经济方面的记载极为关注，而且对蒙古文直译体也是非常重视的。《元典章》属于研究元代早、中期历史的第一手资料，大体保留了当时公文的原貌。书中有大量反映社会基层情况的内容，民事、刑事诉讼案例，保留元代汉语中的俗语、俗字，对元史研究、元代法制史、汉语史研究而言都是必读的重要史料。[①]《元典章》作为元代法律、政治、社会史的一手材料，深受国内外学者重视。

《元典章》读书班对我个人的学术成长也起到了重要作用。我从事蒙元史研究则与陈高华先生及《元典章》读书班有很大关系。1996年我毕业到历史研究所工作，当时在中外关系史研究室。余太山先生领着我到陈高华先生的办公室，让陈高华先生担任我入所之后的指导老师。那个时候，所里新入职的年轻人都有老先生带一带，有点师傅领进门的味道。陈高华先生除了给我修改论文之外，最重要的学习就是带着我读《元典章》。因为日本学者整理出版过《元典章》刑部，而且，日本京都大学的学者也在读《元典章》礼部，我们就从读《元典章》户部开始。对不是学历史出身的我来讲，读《元典章》原刊本有些难，从标点到俗字、异体字，再到释义。有一天，我找到陈高华先生问道："陈先生，我本科、硕士学文学，是不是比人家学历史的差十年，是不是得追赶十年才行啊！"陈先生很认真地说，没有差那么多，赶个两三年就赶上了。陈先生的这句话一直以来鼓励着我。1999年我到南京大学读博士，当时，就博

[①] 陈高华、张帆、刘晓、党宝海点校：《元典章》（全4册），中华书局、天津古籍出版社2011年版，"前言"第2页。

士论文选题是利用波斯文资料还是蒙古文资料为主征求陈高华先生的意见时，陈先生说："你要发挥蒙古文的优势，你的波斯语肯定赶不上蒙古语的水平。"在历史所工作的这些年，我形成了学术研究、学科建设都会征求陈高华先生意见的习惯。

三　多语种文献的挖掘及元史学科展望

2019年中国历史研究院成立，对历史学科进行调整，2019年3月12日在古代史研究所设立元史研究室。这是继1956年韩儒林先生创立南京大学元史研究室以来，在国内设立的第二个以"元史研究室"命名的元史学科。时隔半个世纪，中国历史研究院设立元史研究室，表明党和国家领导人对元史学科的高度重视，这也引起了国内外元史学界的广泛关注。

元史研究室设立之后，我征求过陈高华先生的意见，元史学科的工作侧重点应该放在政治、经济史方面，还是重视多语种文献的挖掘、元代中外关系史研究？陈先生认为元史作为断代史研究，研究重点还是要放在政治、经济、文化方面，多语种文献可以作为个人爱好，做专题性研究。

元史研究室主要研究方向有元代思想史、元代民族与社会、元代边疆治理与民族政策、元代中外关系史、元代多语种文献的整理与研究等。

元朝是中国历史上重要的多民族融合的统一王朝，元代疆域辽阔，元史研究因而具有极其重要的北方民族史意义。元代的边疆治理与边疆政策具有一定的特色。元代也是社会变迁的重要时期，元代民族和社会问题是元史研究的重点所在，有着重要的学术价值。随着多语种新材料的不断发现和域外汉籍的出版，为拓展元代历史和元代民族、边疆问题研究提供了可行的条件。中国历史研究院新设立的元史研究室现有乌云高娃、张国旺、蔡春娟、罗玮、张晓慧等五名研究人员。其中，乌云高娃、罗玮、张晓慧等三位学者能够利用蒙古文、波斯文等资料。五位成员分别能够利用英文、法文、日文、韩国语等研究成果。乌云高娃师从刘迎胜先生，是南京大学培养的兼通蒙古语、八思巴字、波斯语、韩国语、日语等多种语言文字，从事多语文本视野下的元史研究的学者。她继承了韩儒林先生创立元史研究室以来的以多种语言文字资料互证，进行比较语言学的跨学科研究方法，主持中国社会科学院创新工程项目"多语文本视野下的蒙元与中外关系史研究"。罗玮、张晓慧毕业于北京大学，师从张帆教授，并在乌兰研究员和王一丹教授门下分别学习蒙古语和波斯语，是从事元史研究的青年学者。他们也对元代多语种文献进行整理和研究，开展波斯文《史集》部族志研究、元代族谱研究等。

新设立的元史研究室在注重元代政治、经济史研究基础上，对元代波斯文、藏文、蒙古文、八思巴字文献，以及多种文字的出土文物进行收集整理，并利用这些资料对蒙元时期的通用语言、外交文书、驿站交通、草原丝绸之路、海上丝绸之路等诸多问题进行研究。在全球史、"一带一路"、多语文本视野下，全面系统地考察蒙元史及蒙元时期的中外关系史、元代边疆治理及边疆政策问题、元代社会与民族问题，并在研究方法上寻求创新，进行跨学科的合作与研究。

元代多语文本资料，分布地区广，涉及德国、法国、俄罗斯、罗马、土耳其、伊朗、意大利、蒙古国、韩国、日本、越南等国图书馆所藏蒙古文、波斯文、回鹘文、藏文、叙利亚文、阿拉伯文、亚美尼亚文、欧洲语言等资料的搜集与整理。

首先，新时代的元史研究在方法上应该有所创新，新设立的元史研究室的学者将历史学、考古学、语言学、民族学、边疆学、民俗学等多学科有机结合，开拓新的研究视角与研究思路，从而将对元史研究的认识推向多元化、深入化。迄今为止，国内学界对13—14世纪多语文本蒙元史资料的搜集与研究，并未出现全面系统的研究成果。可以说，新设立的元史研究室将立足于多语文本视野下的元史研究，定能弥补国内研究的诸多空白。

其次，多语文本视野下的元史研究在资料方面应该有所创新和突破。新设立的元史研究室将搜集国内外多语种新资料，全面系统地收集国内外波斯文、八思巴字、畏兀儿体蒙古文文献，结合汉文文献材料，在多语文本资料比较研究过程中，全面系统地考察蒙元时期的政治、经济、社会、边疆、民族、文化、对外关系等问题。

最后，新设立的元史研究室将在元史研究方面创新学术观点。以往的学者对蒙元史的研究及蒙元时期的中外关系史的研究，主要以汉文资料为主，而且，侧重于政治史、制度史方面的研究。多语文本视野下的元史研究利用多语文本资料与汉文文献进行比较研究，结合欧美、日本、韩国学者的研究成果，将研究重点放到元朝的外交、中华文化影响力、中华民族共同体、元代大一统、元代丝绸之路、元代航海及海外贸易等方面。

新设立的元史研究室，重视对域外汉籍的搜集与整理。日本、韩国、朝鲜、越南等东亚、东南亚国家和地区，在古代长期受中国汉字汉文化影响。《高丽史》《高丽史节要》《韩国文集丛刊》《蒙古袭来绘词》《八幡愚童训》中，均有关于元史研究的重要记载，发掘这些域外汉籍及图像资料，有利于发掘新的资料和新的研究视角。如：对元朝与高丽医药文化交流、佛教文化交流、理学传入高丽、元代末期红巾军和倭寇对高丽的侵犯等问题，学者极少关注。韩国域外汉籍将为这些研究领域提供新的资料。关于元朝与日本的禅宗文化交流、元朝军队的民族成分，战略战术方面的记载，可以挖掘《蒙古袭来绘词》《八幡愚童训》的记载，这都将弥补《元史》等正史记载的局限性，将极大地丰富元史研究的新资料。

新设立的元史研究室，将挖掘多语文本新资料。国内外图书馆、博物馆留下不少蒙元时期的八思巴字印章、文书等资料。在现存伊朗的波斯文文书和存于西藏的藏文文书上，有加盖八思巴字印章的情况。在蒙古国和韩国发现以八思巴字拼写汉语的文书。日本也有元朝征日本时留下的八思巴字"管军官印章"。这些八思巴字印章和文书，为研究蒙元时期在中国东北、西藏、中原汉地的管理及行政，以及元朝与中亚的波斯、东亚的高丽的外交关系研究，均提供了珍贵的资料。中国内蒙古、甘肃及韩国出土的八思巴字牌符和文书、五种文字的牌符等，对研究蒙元时期多语文本文书、牌符的出现及其对明清王朝的影响等也提供了有利的证据。这些资料有进一步研究的价值。

此外，近年来随着考古发掘的不断推进，在中国内蒙古、甘肃敦煌、北京、浙江杭州及蒙古国、韩国、俄罗斯等地，新发现不少蒙古文、八思巴文、波斯文、藏文、梵文合璧的牌符、铜权、摩崖、题记等。这些多语文本文献和考古遗迹为蒙元史研究提供了新的资料和新的视角。[①] 笔者2023年在考察内蒙古、上海、太仓、景德镇时，发现元代的八思巴字不仅出现在文书、印章、纸钞、牌符、题记上，在出土的瓷器底部也刻有八思巴字。更有意思的是在上海的元代水闸遗址，除了发现瓷碗底部

---

① 乌云高娃：《元代多语文合璧书写形式及其对明清的影响》，《中国史研究动态》2018年第5期。

刻有八思巴字外，有些木桩上也刻有八思巴字。在内蒙古乌兰察布和锡林郭勒博物馆发现，元代的铜权上铸有汉字、八思巴、畏兀儿体蒙古文、波斯文、亦思替非古阿拉伯文等五种文字。还有一些畏兀儿体蒙古文书写的塔铭和银册。这些资料都是鲜为人知，并未进行研究的新资料。因此，研究元代历史，对多语文本资料进行挖掘，开展考古学、博物馆学、历史学、语言学、民族学、文化艺术方面跨学科、多方位、全面深入的研究是非常必要的。

建所以来的明史学科发展概况

张兆裕

中国社会科学院古代史研究所明史研究室原主任、研究员

2024年是古代史研究所（原历史研究所）建所70周年，这是一段值得回顾的时光。明史学科作为古代史研究所诸多学科之一，也走过了不同凡响的70年历程。

经过70年的发展，古代史研究所明史学科作为国内唯一的明史研究的专业研究机构，形成了一支研究力量集中、具有突出学术话语权的科研队伍，涌现出一批著名学者，在国内外明史学界有着重要和广泛的影响力，对于中国明史学科体系的建立与发展，具有举足轻重的地位和作用。

70年间古代史研究所明史学科的发展，凝聚了几代学者的心血和不懈努力，经历了建所后十余年的初创、积聚，以及"文革"十年的停滞，终于迎来改革开放后的重建、发展和繁荣，并进入深入发展的新阶段。

一

历史研究所明史学科自建所之初即已奠定良好基础。历史所二所的明清组在1954年设立后的数年间就汇聚了白寿彝、王

毓铨、吴晗、傅衣凌、谢国桢等著名明史学家，以及杨向奎先生等著名清史学家，形成强大的阵容。白寿彝、王毓铨二位先生分任正副组长，杨向奎先生后接任组长，1966年明清史研究室成立后，向老担任室主任。在这些著名学者的带领下，明清组的学术研究、学科建设逐步开展起来，古代史所明史学科的建设发展之路也自此发端。

除了积聚人才外，建所后十余年间，明史学科的建设和发展主要体现在两个方面：一是确立唯物史观为学术研究指导，运用新的观点分析研究明代问题；二是采取"边干边学"等多种方式，努力培养青年学者，促进青年学者成长。

王毓铨先生很早就接触了马恩著作，并在研究中以马克思主义理论作为指导。他在20世纪50年代出版的《中国古代货币的起源和发展》一书中说，"我国史学界在党的领导下正有力地广泛地用科学的历史唯物主义的观点和方法整理史料，研究历史。根据现已出土的先秦古钱，把古代的货币制度轮廓初步整理出来。"[①] 讲出了唯物史观与他的研究的明确关系。此后他运用马克思理论研究明史问题一直到晚年，写出了一系列经典作品。谢国桢先生在研究中也是这样，他在《我的治学经历》中说：1949年以后"初步学了一些马列主义和毛泽东思想，试图用新的观点来指导科研工作，写出新的论著"[②]。谢老1949年以后的研究始终秉持这个原则，在后来出版的《明代社会经济史料选编》（福建人民出版社2005年版，上册）的凡例中特别指出该书"力图用马克思主义观点来统率"。

诸学者运用唯物史观研究明代历史，并参与到当时学术热

[①] 《王毓铨史论集》上册，中华书局2005年版，第16页。
[②] 《明末清初的学风·附录》，人民出版社1982年版，第283页。

门问题如"五朵金花"的讨论，形成了一批重要成果。如白寿彝先生的《明代矿业的发展》、王毓铨先生的《明代军户》、谢国桢先生的《南明史略》《增订晚明史籍考》以及傅衣凌先生的《明清时代商人及商业资本》《明代江南士民经济初探》《明清农村社会经济》等五六十年代的著作和大量论文，奠定了明史学科的理论和学术研究的高起点。

明清组建立后，学科建设中另一重要工作就是对组里青年学者的培养。明清组除几位老先生外，其余多是各大学毕业来所的青年人。如50年代来所的刘重日、曹贵林、李济贤、胡一雅等，60年代来所的张显清、林金树、沈定平、周绍泉等。

前辈学者除根据青年人个人情况进行具体指导外，还组织一些集体项目，让青年人边干边学。50年代"由于白寿彝先生是兼职，来所时间较少，平常年轻人由王（毓铨）先生指导。除个人阅读典籍外，王先生要求大家集体做两件事情：一是为《皇明经世文编》每一篇章作目录提要；二是把《天下郡国利病书》作史料分类剪辑。两项工作做了大半年才完成，这对青年人步入研究大有好处"[①]。1963年下半年，杨向奎先生亲自带领组里青年人赴山东曲阜，进行孔府档案的搜集整理，这些青年人包括刘重日、何龄修、胡一雅、郭松义、钟遵先、张兆麟、张显清等。他们在向老的指导下，对孔府档案进行拣选整理，把有价值的分类编次。经过半年的工作，抄录了四千余件档案，次年，他们又在向老主持下，完成了40万字的《封建贵族大地主的典型——孔府研究》初稿。孔府档案的整理是当时历史所乃至学术界的大事，产生了广泛影响。

值得一提的是，当时请名家带研究生也是培养青年学者的

---

① 刘重日：《五十年风雨春秋》，《明史研究论丛》第六辑，第2页。

一种方式，如张显清师从吴晗先生，栾成显师从张政烺先生，周绍泉师从杨向奎先生等，但这种方式在当时还不普遍。前辈们在培养年轻学者上倾注的心血，大大提高了组内青年学者的科研能力，为他们的学术研究以及在日后的学科发展中做出重要贡献打下坚实基础。

建所后的学科建设已初具规模，但受当时频繁的政治运动影响，发展得并不理想，"文化大革命"期间则更是完全陷入停顿，这种情况至"文革"之后才彻底改变。

二

改革开放后学术环境发生重大改变，1977年中国社会科学院成立，次年历史所明史研究室独立建室，明史学科开始了独立发展的阶段。此后30多年藉"解放思想，实事求是""百花齐放，百家争鸣"的时代旋律和学术氛围，明史学科全面发展，并逐渐步入兴盛繁荣。

建室后的二十年是明史学科快速发展的时期。建室之初，人才济济，除原来本所学者如王毓铨、谢国桢、刘重日、张显清、林金树、周绍泉、栾成显、沈定平、商传等外，还先后调入了如王春瑜、徐健竹、韦祖辉等学者，二十余位共聚一堂，其盛况令人想慕。在建室后的二十年里，这些学者中王毓铨、刘重日、张显清先后为研究室主任，王春瑜、林金树先后为副主任。

王毓铨先生是明史研究大家，作为第一任室主任，他对研究室的建设、学科的发展贡献巨大，在他规划、指导下，本室同仁共同努力，学科建设得以全面铺开，并快速发展起来，成为国内明史研究的引领者。二十年里可述者甚多，而与学科建设发展关系直接的，主要约有如下数端。

一是展开学术研究的基础建设。《中国近八十年明史论著目录》是建室后不久启动的大型工具书项目，由曹贵林、李济贤、林金树、周绍泉、徐敏以及资料室陈玉华、任三颐等先生编辑。该书收集了1900—1978年国内外公开发表的明史研究论著1万条，包括中国香港、台湾发表的论著也大体齐备，目录编排井井有条，且附有著者译者索引及报纸杂志一览表和英文目录，颇便于学者利用和参考。该书1981年初出版后，得到明史学界的高度肯定，在前信息化时代其对于明史研究的重要意义十分突出。

《明史资料丛刊》（以下简称《丛刊》）的编辑出版，是明史室推动学术发展的又一重要工作。在谢国桢先生的具体关心下，《丛刊》的第一辑在1981年5月出版，谢老在亲自撰写的《编辑缘起》中明确，本刊搜求历史所及各单位与明史研究有关的资料珍本，整理刊印，以供读者参考利用。《丛刊》在这一原则下于80年代共编辑了七辑，因经费原因，只出版了四辑。在"文革"之后学术出版方兴之际，学者苦于一书难求，《丛刊》的编辑出版适应了学科发展的形势需求，对于学科及研究者的意义是不言而喻的。

二是出版《明史研究论丛》，创建专业的成果展示园地。作为建室之初的重要工作，1982年王毓铨先生担任主编的《明史研究论丛》出版，这是国内出版的第一种明史专业刊物。此前日本、美国和中国台湾地区各有明史专刊，《明史研究论丛》的出版改变了这种局面，是明史学科发展中值得很好记录的一笔。"'世界明史研究中心是在中国'，这个大格局永远不能改变。也唯有牢牢掌握明史研究的话语权，我们才能由此进而总结历史经验，以史为鉴，开创未来。《明史研究论丛》也正是在这种思想指导下创办的。"① 作为不定期专刊,《明史研究论丛》视野开阔、内容丰富,在前二十年中出版了五辑,包含国内外学者的高质量论文近 80 篇,涉及明代各个领域,其中尤以明代经济、政治方面的文章为多,反映了当时明史界的关注所在。《明史研究论丛》的编辑出版,引起学界的高度重视,起到了交流学术和"风向标"的重要作用。而且,在专门学术刊物不多、论文发表难度较大的当时,《明史研究论丛》能够提供一个园地,于学人其功莫大焉。

三是建立学术交流机制,创建中国明史学会。组织开展学术交流,是明史室成立后始终致力的工作。1983 年冬由明史室发起在江苏无锡召开"明代经济史讨论会",这是中国明史界第一次学术盛会;1985 年秋在安徽黄山发起召开"第一届中国明史国际学术讨论会",每两年一届的明史国际学术讨论会的机制也由此建立起来,1987 年夏在黑龙江哈尔滨召开了第二届讨论会,1989 年夏在山西太原召开第三届讨论会。在太原会议上,正式成立了中国明史学会,这是第一个全国性的明史研究的学术组织。学会由白寿彝先生任名誉会长,王毓铨先生任第一任会长,刘重日、张海瀛为副会长。学会秘书处设在明史室,张显清为秘书长。学会创办了会刊《明史研究》,由王毓铨先生任主编,1991 年出版第一辑。学会的成立,是明史研究室同仁大力筹备、推动的结果,此后"国内外的明史学术交流也因之日益扩大、深入"。②

四是开拓新的研究领域,开展徽学研究。历史所建立后购进大量徽州文书,在明史室诸先生的呼吁倡议下,1983 年历史

---

① 林金树:《〈明史研究论丛〉与中国明史研究》,《明史研究论丛》第 21 辑,第 7 页。
② 林金树:《〈明史研究论丛〉与中国明史研究》,《明史研究论丛》第 21 辑,第 6 页。

所设立了"徽州文契整理课题组"。1987年周绍泉先生负责该课题组，在他的带领下徽州文书的整理和徽学研究工作日渐兴盛，最突出的成果是1993年40卷《徽州千年契约文书》的整理出版，该书受到海内外学界高度的肯定。与之同年，历史所徽学研究中心成立，成员有周绍泉、栾成显、张雪慧、陈柯云、阿风5人，徽学研究中心引起国内外学界重视。

学科建设发展的核心是有利于学术研究，明史研究室建立后的学科建设，与这一时期研究室的大批学术成果相辅相成。这些成果包括学术论文、个人专著、集体合作著述、资料汇编、科普读物，还包括如王春瑜先生的大量学术随笔等，难以一一胪列。其中，王毓铨先生的论文《论明朝的配户当差制》，王毓铨、刘重日、张显清三先生主编的《中国经济通史·明代卷》，王钰欣、周绍泉二先生主编的《徽州千年契约文书》，栾成显先生的《明代黄册研究》，获所级及以上优秀成果奖。

1994年历史所进行处室调整，明史研究室与清史研究室合并成立明清室研究室，直至2002年再度各自设室，其间张杰夫和高翔先后任主任，林金树、万明、杨珍先后任副主任。在室领导及林金树先生的带领下，明史学科继续发展，学术研究稳步深入，特别是张显清、林金树二位先生主持的《明代政治史》顺利完成并于2003年出版，填补了明史研究中没有完整政治史的学术空白。该书获得各方肯定，印有多版，其受欢迎程度可见一斑。

另外需要提及的是，一批新人加入历史所明史研究队伍，新生力量增多，这使得世纪之交的明史学科展现了一个新的面貌。

三

21世纪开始后的十多年时间里，在改革开放的环境中，明史学科继续不断创新发展，并进入兴旺繁荣的阶段。

2002年历史所明史研究室重新设立，万明担任重建后的第一任室主任，成员最初包括张兆裕、张宪博、阿风、吴艳红、张金奎、许文继等，重建后陈时龙、胡吉勋、赵现海、解扬也先后加入。以中青年为主的年龄优势及相对齐全的研究领域，为学科的新发展奠定了良好基础。

研究室重建之后，在万明主任的带领下学科建设不断推进。对于这段的学科建设情况，万明在《历史研究所明史学科六十年》中有很周详的叙述①，本文在此仅择其要者概述之。

其一，在前辈的基础上，加强学科基础建设并加以创新。

继续编辑明史论著目录是京津明史专家的建议之一，研究室很快将编辑《百年明史研究论著目录》列入学科的工作计划，组织明史学科全员参加的课题组，并特约编辑部许敏老师为主持人，随后申报成为院重大B类课题。《百年明史研究论著目录》在《中国近八十年明史论著目录》基础上新增补1979—2005年发表的论著3万多条，并对百多年的论著条目全部重新分类编辑，使之成为一个更新版本。全书共255万字，由安徽教育出版社2012年出版。这是学科基础建设的重要成果，颇便于学者利用。

继续编辑出版《明史研究论丛》。研究室重建后即着手编

---

① 《求真务实六十载：历史研究所同仁述往》，中国社会科学出版社2014年版，第199—228页。

辑《明史研究论丛》第六辑，作为历史所暨明史研究室成立50周年纪念专辑，该辑《论丛》刊发论文27篇及5篇纪念文章，2004年正式出版，此后《论丛》的出版走上正轨。2010年出版工作做了一个较大改变，从该年出版的《论丛》第八辑起，此后每年出版一辑，由不定期刊物改为年刊。至2014年已出版13辑。出版《论丛》是明史学科建设的重要内容，对于促进学术成果交流产生很大作用。

其二，围绕集体课题展开学术研究，带动学科建设，扩大学科的影响力。

20世纪末，院科研机制变化为课题制，适应此变化，1999年万明提出组织"晚明社会变迁"课题组，此后研究室先后设立了包括"晚明社会变迁""百年明史研究论著目录""明代诏令文书整理与研究""天一阁明代政书珍本丛刊""天一阁藏明史稿整理与研究"5个集体课题。

这些课题在同仁的努力下均已顺利结项，其研究产生了众多成果，除"百年论著目录"外，"晚明社会变迁"成果在2005年由商务印书馆以《晚明社会变迁：问题与研究》为书名出版，获得学界的充分肯定和赞誉，产生了广泛影响。"天一阁政书"课题成果2010年线装书局以《天一阁藏明代政书珍本丛刊》为题出版，含政书54种分为22册，每种文献前附提要一篇。"诏令文书"课题的成果则在《明史研究论丛》第八辑上发表，该辑为"明代诏令文书研究专辑"。通过这些课题，不仅使学科队伍拓展了视野和研究范围，而且这些以工具书、资料整理为主的成果，对学界的明史研究提供了宝贵资料，因之广受赞誉。

2012年中国社会科学院开始实施创新工程，明史学科设立"明代官私文书：国家与社会的互动"项目，万明作为首席研究员，对项目进行了规划设计，首批进入该项目的为张兆裕、阿风，学科的其他成员陈时龙、张金奎、赵现海、解扬以及清史学科的杨海英在随后的2年中也先后进入项目。

其三，建设重点学科，创立新的学术探讨机制。

2009年明史学科进入了院所重点学科之列，这是对明史学科以往发展建设的充分肯定，也成为学科发展的新起点。进入重点学科后，为了推进明史研究的繁荣发展，真正发挥学术交流的作用，2010年以来明史室每年与国内不同高校合作，选择一个明史研究中的重要问题为主题，举办或合作举办讨论会集中探讨问题，以期有效推进相关研究。自2010—2013年组织召开了4次专题学术研讨会，包括：2010年与厦门大学国学院合办"明史在中国史上的地位"国际学术研讨会；2011年与东北师范大学亚洲文明研究院等单位联合主办"世界大变迁视角下的明代中国"国际学术研讨会；2012年与南开大学历史学院明史研究室联合主办的"明代国家与社会"学术研讨会；2013年明史学科得到院创新工程资助，召开了"新世纪明史研究的新热点与新进展"学术研讨会。讨论获得丰硕成果，不仅保持了历史所明史学科在国内外领先的学术地位，也积极推动了明史研究的切实进展与突破。

其四，通过学术交流，促进学科发展建设。

在万明的带动下，明史学科的学术交流呈现超过以往的活跃局面。十多年间与国内包括港台地区学者的交流已难以统计完全，而国际学术交流也十分频繁。如，明史学科与中国中外关系史学会、中国明史学会联合主办与英国人加文·孟席斯的座谈，讨论其著作《1421：中国发现世界》，对其观点提出讨论质疑。邀请美国明史学会第一任会长、明尼苏达大学范德教授（Edward Farmer）、日本爱知大学森正夫教授、日本关西大学松浦章教授、日本大阪经济法科大学伍跃教授来明史室开展学术讲座，交流他们的最新研究成果。在"走出去"方面，2005年、2010年万明随中国史学会代表团参加了第20届、第21届国际历史科学大会；阿风作为日本论文博士学位获得者多次往返日本；2011年，赵现海赴韩国首尔大学访问一年；解扬先后赴美国哈佛大学英国牛津大学访问等。这些交流开阔了视野，收获了新知，也扩大了学科影响。

在明史学科发展中发挥很大作用的中国明史学会，在发展中遇到变化，秘书处一度不再挂靠明史室，2009年中国明史学会改选，商传先生为会长，张宪博任秘书长，秘书处再度依托明史室，在明史室同仁的帮助下，学会工作逐步开展起来。

21世纪最初十余年是历史所明史学科发展最为兴旺的时期，人才济济，学术成果累累，仅专著即有35部之多，有力地掌握了明史学术话语权，成为国内外明史研究的重镇。

四

在历史所建所进入第7个十年之际，明史学科面临着新形势和新局面，学科的建设发展稳步深入，呈现了与以往不同的面貌。

2014年万明荣退后，明史研究室由张兆裕任主任，陈时龙为副主任，成员有张金奎、赵现海、解扬等共5人。2019年中国历史研究院正式成立，张兆裕退居二线，陈时龙另有重用，赵现海、解扬分任明史研究室正副主任，此前一年研究室正式引入博士后秦博。2022年赵现海履新，解扬接任主任，研究室目前为4人，其中研究员3名（博导1名），助理研究员1名。多年来研究室迫切希望增添新生力量，但因各种原因限制，目标未克实现，引进人才始终是明史学科发展的突出工作。

在人员规模保持基本稳定的状态下，十年来因诸同仁的辛勤努力，明史学科得以稳步发展。兹举其大者，约略述之。

一是继续出版《明史研究论丛》。作为明史学科建设的重要工作，研究室同仁们克服因评价体系变化带来的诸多困难，继续出版《明史研究论丛》，保持了学科建设的连续性。在调整版式后，自2015年出版第14辑，至2019年出版第17辑，先后共出版4辑发表论文65篇。2020年，研究室为打破稿源"瓶颈"，争取《明史研究论丛》进入核心期刊目录，决定自2021年第18辑起《论丛》由每年一期改为每年两期，至2023年底已出版至第23辑，共发表论文74篇。《明史研究论丛》由创刊时的不定期出版，到每年一期，再到每年双刊，实现了又一次转变，为《论丛》带来了崭新面貌。

二是以创新工程带动学科建设。2012年研究室以"明代官私文书：国家与社会的互动"项目进入创新工程，万明退休后，张兆裕继续主持该项目，明史学科全员进入，大家各自围绕子项目开展研究，形成一系列成果，2016年该项目顺利结项。2017年明史学科启动"明代中后期的历史进程"创新项目，由张兆裕任首席研究员，赵现海、张金奎为执行研究员，秦博来所后亦进入该项目。在项目组成员的努力下，项目共完成专著3部、论文54篇、古籍整理1部，字数超过200万字，2022年项目顺利结项。与此同时，明史学科的陈时龙、解扬参加《中华思想通史·明代卷》的工作，各自出色地完成了承担的任务，形成诸多优秀成果。2023年明史室联合清史室共同设立创新工程项目"制度·思想·文化——明清社会演进研究"，张金奎、杨海英为首席研究员，明史学科的解扬、秦博进入项目，开始新的创新研究。

三是成为重点学科，为学科发展增加活力。明史学科 2009 年成为中国社科院重点学科，2017 年中国社科院"登峰战略"实施后，在所里的规划下，明、清史两个学科联合申报明清重点学科并获成功，2022 年明清史重点学科再次申报成功。在"登峰战略"的支持下，明清史重点学科开展了一系列学术交流，2017 年冬学科与海南大学合作，进行了围绕明清边疆社会的考察和研讨，2019 年秋学科与东北师大亚洲文明研究院合作举行"明清社会结构与演变趋势"研讨会等。进入"登峰战略"使学科获得了良好发展的条件。

四是积极参与宝坻基地建设。2015 年在明史室的参与下，历史所与天津宝坻区合作举行"袁了凡思想文化国际论坛"，以此为起点，经过明史室解扬的具体沟通，2017 年我所与天津宝坻区签订合作协议，与宝坻共建"传统文化与社会治理研究基地"，明史室负责具体工作。此后共建工作不断完善，运行良好。基地的建立，是学科建设的一项新形式和新成果，拓展了交流平台，在有利于地方文化建设的同时，对于学科成员深入了解基层社会也有莫大益处。

五是加强了学术交流。十年来学科继续与国内高校合作，每年都要举办一到两次学术研讨会，切实推进学术交流的实效。其他如邀请学者来所开展讲座、学科同仁的考察访学则更多。这些工作对学术研究很有意义。

2014—2023 年的十年间，明史学科建设的稳步发展，取得了成效，同仁们先后发表了大量成果，不计论文仅著述即达 10 部。如陈时龙的《明代的科举与经学》（2018），张金奎的《明代山东海防研究》（2014）、《明代锦衣卫制度研究》（2022），赵现海的《明长城时代的开启——长城社会史视野下榆林长城修筑研究》（2014）、《十字路口的长城——明中期榆林生态战争与长城》(2018)、《十字路口的明朝》(2021)、《明代的国家之路》(2022),解扬的《话语与制度——祖制与晚明政治思想》(2021)、译著《文化中心与政治变革——豫东北与明朝的衰亡》(2022),还有张兆裕的校注本《御选明臣奏议》(2017)。

此外,中国明史学会的建设也不断发展,张宪博任秘书长后,学会刊物《明史研究》改为年刊,设立的分会不断增加,原来每两年一届的国际明史讨论会变为每年举办一届,学会与地方机构联合举办活动更多。这些,顺应了社会关注明史的热情和地方政府搭建文化平台寻求发展的需求,也为学者交流明史研究成果和动态提供了便利。

古代史研究所明史学科 70 年的发展,因时代大潮的影响,不同时期呈现不同面貌,其进步或迟或缓,总之在前进。而一代代学者在不同的时期贡献了各自的力量,所谓"江山代有才人出",如今明史学科又开始了一个新的阶段,相信在解扬主任的带领下,学科一定能日臻繁荣。

杨向奎先生与清史学科建设

林存阳
中国社会科学院古代史研究所清史研究室主任、研究员

20世纪波澜壮阔的历史进程中，清王朝在辛亥革命的沉重打击下退出历史舞台，近三百年的清代历史遂成为被研究的对象。以中华人民共和国的成立为转折点和标志，清史研究经过上半叶章太炎、梁启超、孟森、萧一山、郑天挺、谢国桢、侯外庐、傅衣凌、张舜徽、戴逸等诸多学者的奠基和推进，呈现出新的发展局面。尤其是改革开放之后，更是充满活力，日新月异，趋于兴盛。在此期间，清史研究队伍越来越壮大，机构和单位越来越多，专门刊物也不断兴起，清史学科遂成为中国史学科中的一个重要分支。其中，中国科学院、中国社会科学院的历史研究所，可谓清史研究的一个重要阵地，为清史学科建设作出了突出贡献。杨向奎先生（1910年1月10日至2000年7月23日）不唯是该学术阵地的成员，更是领军人物。自1956年从山东大学奉调中国科学院，杨先生先后担任历史研究所中国封建后期史组组长、明清史研究室主任，1978年中国社会科学院成立后的清史研究室主任，无论在研究室发展方向、人才培养，还是集体项目、刊物建设等方面，皆付出了很大心血，奠定了清史学科发展

的坚实基础；其个人研究取得的诸多成就，更成为学界的典范，无怪乎学人们尊称为"向老"了。综观向老一生，不仅孜孜于学术的不懈探究，既博且精，老而弥笃，而且有力地推进了清史研究、清史学科建设的开拓深化；即使就整个20世纪的史学研究发展来看，亦为一重要人物典型。值此祝贺建所70周年之际，略述向老对清史学科建设所作重要贡献，以示对学科前辈的致敬，且为后继者镜鉴。

一

一个学术团队的建设，发展思路非常关键。因为只有发展思路明确、选择得当，才会使该团队焕发活力、人尽其才、凝聚力量、发挥团队协作的优势。奉调中国科学院之前，向老曾先后执教于西北联合大学、东北大学、山东大学，尤其在山东大学的十年，担任历史系主任、文学院院长，对于如何办好一个单位的教学与科研，已然取得了很多成就、积累了丰富的经验。在此基础上，作为中国科学院历史研究所中国封建后期史组组长、明清史研究室和中国社会科学院历史研究所清史研究室主任，向老统筹清史学科发展全局，擘画了具体可行的建设思路，展现出一位学科带头人的眼界、能力和魄力。

分兵把口。如何排兵布阵，是关系到研究室整体格局的一个大问题。于此，向老提出了"分兵把口"的大策略。所谓"分兵把口"，就是"使人人有工作目标，又不会重复研究，而整个研究室不致出现许多空白"[①]，"根据研究室全面发展重点突出的需要，室内每一个研究人员都要明确自己的长期研究领

---

① 荷龄修：《风范长存——悼念杨向奎先生》，《清史论丛》2000年号。

域、研究方向，还要明确近期的研究课题"①。这言简意赅的四个字，看似简单，实则体现了向老的高瞻远瞩和深思熟虑。据何龄修先生回忆，向老曾安排他"找室里每个青年人谈谈，根据情况给他们定一个课题，作为三五年内进行研究的范围"。正是在此举措的引领下，像赫治清先生的天地会研究、傅崇兰先生的清代城市研究、李新达先生的清代军事研究等，就是当时确定的，后来皆取得相当可观的成绩。如此一来，"就把全研究室的科研工作管理起来，并且推动起来了"。② 事实表明，向老"分兵把口"发展思路是可行的、有效的。而随着研究室和清史学科的不断发展，这一思路又得到了推进，进一步演变为"分兵把口、重点突出"。在纪念向老的文章中，时任明清史研究室主任的高翔先生指出："杨向奎先生当年曾告诫研究室同仁：学科建设，要'分兵把口'，明清史学科的主要领域，都要有专人负责，不能有缺门。这一学科建设思想要获得落实，必须要以科研队伍的相对健全为前提。几十年来，在院、所领导的关心，以及有关职能部门的大力支持下，明清史研究室逐渐形成了一支老、中、青相结合，科研力量相对雄厚的研究队伍"，"虽然明清史研究室目前正处于新老交替之际，但在制定科研战略、布置科研力量上，我们始终将分兵把口、重点突出，作为研究室建设的基本指导思想。随着中青年人才的不断成长，杨向奎先生的愿望，将逐渐成为现实"。③

学风建设。学风问题，是关系到学术研究路向和成果价值的大问题，不仅体现着学人的治学态度和风貌，而且决定了大

---

① 吴伯娅：《难忘师恩》，载中国社会科学院历史研究所编《求真务实六十载：历史研究所同仁述往》，中国社会科学出版社2014年版，第47页。
② 何龄修：《风范长存——悼念杨向奎先生》，《清史论丛》2000年号。
③ 高翔：《纪念杨向奎先生》，《清史论丛》2000年号。

大小小范围的学术环境和生态，更关乎一个学科发展的兴衰成败。学术实践证明，"在任何时候，我们都不能期望一个学风浮躁的学者，能取得重要的科研成就，更不能指望一个学风浮躁的研究集体，能真正推动科学事业的发展"。清史学科之所以能够不断砥砺前行，形成自身的特色，一个很关键的原因，就是在坚持马克思主义理论指导下，始终坚守严谨求实的学风，而向老就是此一学风的倡导者和实践者，并深深影响了研究室和学科成员。对此，高翔先生曾强调道："杨向奎先生历来提倡严谨求实的学术风气，强调历史研究必须占有大量史料，强调对传统的方法（包括考据学的方法）应该采取去其糟粕、取其精华的态度，批判地继承。这一科学的态度，深刻地影响了明清史研究室的学者们。几十年来，严谨求实，已经成为历史所明清史研究室的传统"，"甚至在科学精神萎靡、浮躁风气盛行的特殊时期，明清史研究室的学者们也能保持冷静的头脑，不为浮名动心，不为金钱左右，踏踏实实治学，绝不追赶学术时髦"，"这与杨向奎先生的言传身教是分不开的"。①

三大举措。在何龄修先生看来，正是"在向老领导下，清史研究室才有了规模，开始兴旺发达，并且发生影响力"②。而这一局面的形成，无疑得益于向老带领研究室和学科成员实施的三项大举措。于此，周远廉先生曾在回忆向老施政及其成效一文中指出："杨向奎先生担任明清史研究室主任和清史研究室主任期间，采取了好些重大措施，产生了很大影响。其中，搜集、编辑一史馆乾隆朝刑科题本、曲阜孔府档案和创办《清史论丛》的三大措施，都是国内学术机构高等院校未曾做过的

---

① 高翔：《纪念杨向奎先生》，《清史论丛》2000 年号。
② 何龄修：《风范长存——悼念杨向奎先生》，《清史论丛》2000 年号。

空前创举。"① 这三大举措，既领学术界风气之先，又奠定了本室、本学科发展的厚实基础和阵地建设。

二

从事历史研究，原始文献或第一手史料是重要的资源。就清史研究来说，挖掘和利用各种公私档案，其重要性目前已成学界共识。不过，在20世纪60年代，此项工作尚属起步，其重要性和意义还未引起学界足够重视。时任中国封建后期史组组长的向老，则对档案的发掘和利用给予了关注，带领组里同仁开展了两个大项目——曲阜孔府档案和乾隆朝刑科题本，"与有关单位合作，从抄编资料入手进行研究，完成资料汇编和专著"，表现出"开辟新史源、发掘新史料的自觉性"，从而在很大程度上改变了"历史研究所的清史研究原来基础薄弱"的局面。②

向老对档案的接触，早在刚参加工作就开始了。1935年夏，向老大学毕业，留在北京大学文科研究所任助理，从事明清档案的整理工作，为期一年。1961年春天，向老又着手孔府档案的研究。在学生郭克煜和山东师院骆承烈先生的帮助下，向老在孔府档案室查阅了大量资料，在充分了解全部档案后，重点检阅了尤为珍贵的孔府各地的祭田及其他经济收入、政治上的一些特权方面的资料，并请郭、骆两位抄录了所需资料。此行虽然为时仅20天，但向老的收获很大，而且将所得体现于

---

① 周远廉：《基础扎实 成效显著——记杨向奎先生的施政及其成效》，载中国社会科学院历史研究所编《求真务实五十载：历史研究所同仁述往》，中国社会科学出版社2004年版，第273页。

② 何龄修：《风范长存——悼念杨向奎先生》，《清史论丛》2000年号。

《中国古代社会与古代思想研究》一书中。据向老称："《中国古代社会与古代思想研究》一书正文1030页，而论及孔府的则占了全书的十分之一，由此可见我这次去曲阜探'宝'的重要意义了。"①

正因此次探"宝"所获及运用于研究的尝试，向老对孔府这一大批非常难得的文书、档案资料的重要性和意义，更为关注，也充满了进一步整理与研究的热情。时隔一年之后，即1963年春，在向老的筹划下，经所领导同意，决定与曲阜县文物管理委员会、曲阜师范学院历史系合作，选编孔府档案，这个项目由向老具体负责。经与曲阜师范学院骆承烈先生接洽，向老遂于7月带领刘重日、胡一雅、钟遵先、张兆麟、何龄修、郭松义、张显清7人，赴曲阜开展工作。当时参与这项工作的，还有曲阜师院的老师骆承烈、郭克煜、孔令彬，以及协助抄写档案的历史系、中文系学生20多人。面对九千余卷的大量档案，为了工作的顺利开展，向老制定了几条选录原则："明代档案全抄，鸦片战争前的清代档案重点选抄，鸦片战争以后的清代档案适当选抄，民国时的档案不要。"并强调，"抄写档案时不但要保证字不抄错，而且要注意标点符号"，"希望大家不要赶任务，一切都要服从质量，宁要慢些，但要好些"。② 接下来，大家冒着炎炎酷暑，认真负责地投入各自承担的任务。经过一个多月的抄录和两个多月的整理，精选出4353件，约计五六百万字，并进行了拟题、断句。然而，由于时势的原因，这批珍贵档案的整理成果，直到改革开放后，才得以出版。据向老回忆，1979年，骆承烈先生等与他商议出版此前编选的孔府档案资

---

① 杨向奎述，李尚英整理：《杨向奎学述》，浙江人民出版社2000年版，第98页。
② 杨向奎述，李尚英整理：《杨向奎学述》，浙江人民出版社2000年版，第104页。

料，向老欣然同意，并表示坚决支持。于是，历史研究所、曲阜师院、山东大学、山东省社科院等单位联合组成编写组，对原稿做了修订，题为《曲阜孔府档案史料选编》，分3编、24册，500多万字，由齐鲁书社于1980—1985年出版。作为该项目的参与者，骆承烈先生曾深情地回忆过这段经历，不仅感慨于"当时向老既负责全面指挥、安排，业务上又全面负责，工作量特大"，而且对向老坚辞主编而仅列名顾问的精神非常钦佩，"这部作品自始至终都在向老指导、领导和直接参与下进行的，而他却让出了主编的头衔。这种不为个人名利、只为发展学术的高风亮节，一直为人们传颂不已"。骆先生还指出："身为中国孔子基金会副会长的向老，多次到曲阜开会时，向曲阜有关人员谈到建立孔府档案及对孔府档案科学管理的问题。不仅如此，他更乘中央领导在北京、到曲阜参加孔子学术活动之机，向领导提出批款建馆的问题。终于在90年代之初，古城曲阜建成了我国第一处专题档案馆……当人们步入宏伟、先进的曲阜档案馆和读到《曲阜孔府档案史料》这部大型资料集时，永远忘不了向老为此倾注的心血。"①

基于对孔府档案的接触，向老意识到："研究历史一定要掌握可靠的资料，那种人云亦云、东摘西抄的做法最不可取，也最没有出息。"② 在向老看来，如果将孔府这个封建贵族地主的典型，"当做一个麻雀加以解剖，不仅可以具体而微地揭示贵族大地主的结构，以及怎样进行政治、经济和宗法的统治，而且可以更好地了解封建特权等级制度和封建生产方式，从而能够进一步探索中国封建社会制度的许多特点及其发展迟滞的原

---

① 骆承烈：《向老与孔府档案》，载《庆祝杨向奎先生教研六十年论文集》，河北教育出版社1998年版，第758—759页。

② 杨向奎述，李尚英整理：《杨向奎学述》，浙江人民出版社2000年版，第98页。

因。这的确是一件非常有意义的工作"。① 正是有这样的认识，在精选孔府档案的同时，向老便与一同前往的 7 位青年同志决定，"我们不能把自己当作一个资料组，而应是一个研究组，为此就要写一本关于孔府的书"②。于是，大家一起就写作的指导思想和提纲进行了讨论，并于翌年陆续写成初稿。其间，向老或对稿子进行修改，或提出具体意见，并"强调理论分析的重要性，强调结合其他文献把孔府放在当时历史环境中进行解剖"，"与欧洲的封建贵族进行比较研究，以概括出孔府作为中国封建贵族大地主的特点"③。但因时势突变，书稿未能出版。1977 年冬，始再度经过修改，以《封建贵族大地主的典型——孔府研究》为题，交付中国社会科学出版社，于 1981 年 9 月面世。对于这项成果，向老一方面指出存在的不足，另一方面则强调："就其把孔府作为贵族大地主的典型进行比较全面的研究来说，他们几个人的工作，毕竟带有一点开拓性。他们在研究封建贵族这群主要的统治者的过程中，利用了孔府私家档案作为第一手资料，提出了许多问题，进行了分析，做出了结论。在这项研究工作中，他们把马克思列宁主义理论和历史资料、历史实际结合得比较好，有些章节同当时的社会状况做了较好的对比和联系，把分析和论断放在较坚实的基础上。这些都是值得肯定和赞扬的。"还指出："我知道，这几个青年同志一直兢兢业业、踏踏实实，互相讨论和切磋，工作态度十分认真且又团结一致，这就是他们能够取得这些成绩的根本原因。"④ 参

---

① 杨向奎述，李尚英整理：《杨向奎学述》，浙江人民出版社 2000 年版，第 97 页。
② 杨向奎述，李尚英整理：《杨向奎学述》，浙江人民出版社 2000 年版，第 105 页。
③ 何龄修、刘重日、郭松义、胡一雅、钟遵先、张兆麟：《封建贵族大地主的典型——孔府研究》，中国社会科学出版社 1981 年版，"前言"第 2 页。
④ 杨向奎述，李尚英整理：《杨向奎学述》，浙江人民出版社 2000 年版，第 106 页。

与该书撰写的何龄修先生,在回忆中指出自己承担的工作:"我欣然承担了《孔府研究》中的引言、地租剥削量和剥削率、额外盘剥、高利贷和屯义集行税剥削等章节,陆续完成,并通改全书,重新研究和写作个别全节和段落",且强调道:"孔府研究除我们这一项目的导师杨向奎先生最早做过外,其他没有人做过。因此,这是一本有点开创性的专题研究作品,含有许多自己的独立的研究心得。"① 而值得指出的是,经过此番锻炼和磨砺,大家还体会到:"集体研究是一种好的方法,它能够取长补拙,集思广益,提高研究工作的水平。作为一种方法,它是我们科学事业的方向。但是,集体工作是以个人的踏实钻研作为基础的。在集体工作中,应该志同道合,一定要提倡少一点私心,多一些责任心。"② 岁月流逝,如今关于孔府档案的整理与研究,愈益受到重视,相关研究成果愈益丰硕,曲阜师范大学还成立了专门的孔府档案研究中心,而追根溯源,向老及其团队等的筚路蓝缕之功,尤为值得纪念和致敬。

　　与调研孔府档案同时启动的,还有另一个集体项目,即搜集、编辑"乾隆刑科题本租佃关系史料"。该项目由组里成员刘永成先生建议,向老遂决定派人到中央档案馆明清档案部（后改名为中国第一历史档案馆）搜集资料。经过协商,历史研究所与中央档案馆达成合作共识,双方各派人员组成编辑组。刘永成先生任组长,组员有历史研究所的曹贵林、韩恒煜、许曾重、周远廉、吴量恺（来室进修的华中师院历史系的老师）,和档案馆的朱金甫、宋秀之、傅克东、胡明诚、张德泽。另外,中国人民大学档案系六五届毕业学生在档案馆

---

① 何龄修:《何龄修自述》,《清史论丛》2018 年第 2 辑。
② 何龄修、刘重日、郭松义、胡一雅、钟遵先、张兆麟:《封建贵族大地主的典型——孔府研究》,中国社会科学出版社 1981 年版,"前言"第 5 页。

实习的30余人，也参加了选材阶段的挑选档案工作。自1963年秋至1965年，编辑组共查阅了5.8万余件乾隆朝刑科题本的命案之土地债务类档案，从中挑选出3870余件，然后抄录、标点、分类、拟标题。① 组长刘永成先生指出：挑选出的档案"包括土地占有关系、租佃关系、佃农抗租斗争和雇佣关系方面的史料，内容相当丰富。特别是对于清代农业租佃制和地租形态的发展变化、农村阶级斗争的新形势和农业资本主义萌芽等方面的研究，都具有非常重要的史料价值。"② 对于该项目成果，中华书局总编辑金灿然、李侃先生很是看重，遂于1982年、1988年出版。一如孔府档案，本项目对乾隆朝刑科题本档案发掘、整理和研究，也属于先行者。即使放在清朝刑科题本的整理、研究脉络中，亦具有相当的意义。③

此外，据周远廉先生回忆，1965年，向老听说辽宁省档案馆收藏有"信牌档"，属于明代辽东都司的档案，所以，安排他去挑选、抄录了一大批明代辽东都司的材料。④ 而《清史资料》的选辑出版（共七辑，于1980—1985年、1989年由中华书局出版），也体现出向老和研究室同仁对文献档案的重视。此项工作，乃1979年4月全国史学规划会议期间，在讨论清史规划时决定出版的一种专刊。据《编辑凡例》可知，"本书为清代（鸦片战争以前）历史资料专刊，选辑较有价值的稀见的

---

① 参见周远廉《基础扎实 成效显著——记杨向奎先生的施政及其成效》，载中国社会科学院历史研究所编《求真务实五十载：历史研究所同仁述往》，中国社会科学出版社2004年版，第274页。
② 刘永成：《乾隆刑科题本与清代前期农村社会经济研究》，《历史档案》1981年第2期。
③ 详参常建华《清朝刑科题本与新史学》，《清华大学学报》（哲学社会科学版）2018年第5期。
④ 参见周远廉《基础扎实 成效显著——记杨向奎先生的施政及其成效》，载中国社会科学院历史研究所编《求真务实五十载：历史研究所同仁述往》，中国社会科学出版社2004年版，第275页。

清史原始资料和专题资料汇编"。又《稿约》中称，欢迎下列稿件："1. 较有价值的稀见的清代（鸦片战争以前）历史记事、档案、文书、契约、奏疏、年谱、传记、书信、日记、笔记、碑刻和其他形式的原始资料；2. 较有价值的稀见的入关前满族、后金和清的原始资料；3. 清代（鸦片战争以前）少数民族史的较有价值的原始资料，包括用少数民族文字写成的资料的汉文译本；4. 较有价值的外文清代（鸦片战争以前）历史原始资料的汉文译本；5. 整理或摘录的清代（鸦片战争以前）历史专题资料汇编；6. 其他较有价值的稀见的清代（鸦片战争以前）历史原始资料。"① 如果考虑到当时清史（鸦片战争以前）与近代史资料的发掘和出版存在的差距，可见此项工作的难度和重要意义。而从内容的选择来看，亦可见其视野的开阔、对原始资料的高度重视、把握学术动态的敏锐力。尽管限于条件，该刊仅出版了七辑，但其价值是值得肯定的，尤其是所关注到的诸多文献类型，目前很多已成热点或"显学"。因此，我们应感谢《清史资料》的筚路蓝缕之功，致敬编辑组的三位成员——何龄修先生、郭松义先生、许曾重先生！

三

在《纪念杨向奎先生》一文中，高翔先生曾指出："一个研究集体，能否形成、保持和发展自己的科研优势，关键取决于人才的培养，取决于能否造就一支矢志献身学术的科研队伍。"② 然而，回顾清史学科发展的初期，人才队伍建设尚面临很

---

① 中国社会科学院历史研究所清史研究室编：《清史资料》第一辑，中华书局1980年版。
② 高翔：《纪念杨向奎先生》，《清史论丛》2000年号。

大困难。据何龄修先生回忆，1958年刚入所时，在明清史组全组见面会上，副组长王毓铨先生说："我们这里号称明清史组，实际上是'大明天下'。你来了，就搞清史吧！"由此可见，当时"本所清史研究荒原待垦的状态"，而何先生遂成为"本所第一个清史研究实习员"。其后，"刘永成因研究资本主义萌芽而向清史靠拢，周远廉主动学习满文探索清前史，开始有朝这个方向起步者"。① 1955年入所的周远廉先生也指出："初期的清史室，只有十来人，基本上是50年代末至60年代初毕业的大学生，除个别人员已经有了独立工作能力，可以撰文发表以外，大多数人还处在学习和初步研究阶段，如何治学，不太清楚。"② 为了改变这一局面，向老付出了艰辛的努力，花了很大的心血。

有幸得到向老厚爱和教育的何龄修先生，深情地回忆说："他对我是严格的"，"'甚望'我有一种好的学风"。向老曾强调："人才不易，史学不被重视，人才更难出现。尚望珍重。"对向老"语重心长"的教导，何先生"很感动、感谢"，并很注意学习向老对一些问题的看法和做法。据何先生说，向老不仅与他讨论一些清史问题，还出题目要他做，有项目也约他参加。在何先生看来，向老这样做，"都是为了锻炼我、督促我"，"兼有协助他完成的考虑"。总之，何先生与向老多年接触后最大的感触是，"我的经历，反映他在一个后学身上倾注的心血"，并表示："我是永远不会忘记的"。③

---

① 何龄修：《风范长存——悼念杨向奎先生》，载中国社会科学院历史研究所编《求真务实五十载：历史研究所同仁述往》，中国社会科学出版社2004年版，第281页。
② 周远廉：《基础扎实　成效显著——记杨向奎先生的施政及其成效》，载中国社会科学院历史研究所编《求真务实五十载：历史研究所同仁述往》，中国社会科学出版社2004年版，第276页。
③ 何龄修：《风范长存——悼念杨向奎先生》，载中国社会科学院历史研究所编《求真务实五十载：历史研究所同仁述往》，中国社会科学出版社2004年版，第288页。

周远廉先生对向老的栽培更是铭记难忘。他说自己入所后，一直忙于看书、抄卡片、搜集资料，至 1978 年都没单独发表过文章。然自 1979 年开始，"论文不断发表，学术专著接连问世，到 2003 年，共出版拙著十部"。这是什么原因呢？难道是"突然梦中蒙受文曲星指点，从而脱胎换骨、心灵思巧、化愚为智、文如泉涌、文炳雕龙"？周先生说"不是"，究其根由，"与杨向奎先生主持整理刑科题本等创举反映出来的朴实学风之影响，是分不开的"，"是杨向奎先生通过整理档案所表现出来的大量搜集、占有资料，深入分析，进行论述的朴实学风，给我指明了治学之道，从此我就更加努力搜集资料，沿着这条道路走下去"。周先生还指出，向老主持的孔府档案和乾隆刑科题本，通过抄录、整理、搜集资料，然后在此基础上进行研究，"给清史室的年轻人指明了治学的正确方向。这就是必须在详细占有资料的基础上，深入研究，求实求真，才能得出正确的科学的论点，这样的论点往往是创见新见"，"清史室大多数人员正是在这样正确的朴实的学风影响之下，迅速成长的"。而令周先生更为感念的，是向老认为"研究清史，须有人懂得满文"，所以派他于 1964 年春到中央民族学院历史系办的满文班学习满文，1965 年到辽宁省档案馆抄录"信牌档"资料，对其"著书立说，起了很大作用"。饮水思源，周先生感慨道："没有杨向奎先生当年的创举所表现出来的朴实学风的影响，我这个中庸之才的人，是不可能连出拙著，小有成就的"，"我深深感谢杨向奎先生的培养和教诲"。①

1960 年入所的郭松义先生，刚参加工作就被派到《中国史

---

① 周远廉：《基础扎实　成效显著——记杨向奎先生的施政及其成效》，载中国社会科学院历史研究所编《求真务实五十载：历史研究所同仁述往》，中国社会科学出版社 2004 年版，第 275—279 页。

稿》组写清史。大约这一年的9、10月份，郭先生与向老见面，向老对他说："这样好，要读点书才能写出东西来。"尽管见面时间短，也没多谈，但这句话给郭先生"留下了很深的印象"。1961年底，郭先生才与向老单独接触，因为向老负责指导他"打基础"。据郭先生回忆，他对向老指导他的第一次谈话记忆犹新："向老嘱咐我先从《圣武记》读起，因为魏源把有清一代的军政大事都梳理了一遍，给清史画出一个大体的轮廓。接着读《清史稿》和《东华录》。读《清朝文献通考》主要是让你了解清朝的典章制度。《清实录》分量大，放到最后来读。读书要想问题，必要时要做笔记。"在向老单个教练持续一年多的时间里，郭先生自然是获益良多。而1963年夏秋间跟随向老在曲阜整理孔府档案的学术实践，更让郭先生记忆深刻。在他看来，"如此大规模地动员人力物力搞清代档案，不但在历史所是空前的，在全国也显示了大气魄"。他记得向老曾说："将来历史所要写清史，怎样来突破，要靠这些档案。一部书，如果在某些重点问题上有新东西，那就把整本书带起来了。"还说："我们整理档案，不只是把档案结集出版，还要利用它做研究，出成果。"对向老的此番话，郭先生的体会是："看来向老是想通过这项工作，给历史所和学术界提供一批新的研究资料，同时也是在锻炼培养队伍，使像我这样的年轻人能早日适应做研究。"在工作进行中，作为和张兆麟一同在档案室负责挑选档案的成员，郭先生倍感亲切的是，他们得到向老手把手的点拨。另一个让郭先生深受教益的是，在文献之外，向老还引导大家做田野调查。对此，郭先生回忆说："曲阜城西大庄是孔府的一处重要官庄，曾有地产，也有佃户。向老就组织大家作专访，找那里的老人谈孔府，谈当时他们怎样缴租应役，怎样生活。使我们了解不少文献以外的信息。"至于《封建贵族大地主的典型——孔府研究》一书的写作，郭先生承担了其中的第一章和第三、六章中的两节，"每写完一节，便把稿子交给向老审读。当向老把稿子交还我时，上面就留下了许多他修改的笔迹。看得出，向老对我的稿子是费了功夫的"。回顾参与的孔府档案整理与研究工作，郭先生很是感慨地说："曲阜的工作，是我进所初期一次系统地接受整理档案和利用档案作研究的完整训练，也是我1961、1962年打基础的延续和具体实践，而这一切，都是经向老耳提面命、悉心教导下完成的。"正是感念向老对自己的培养之恩，郭先生表示："在我学术前进的道路上，向老所付出的心血，使我没齿难忘。"①

正是通过言传身教，向老为年轻学者和后学示范了治学的途径。常有人向向老请教治学的方法和经验，但向老的回答是："我认为，没有什么方法或经验，如果有的话，那只是两个字——用功，或者说努力。不用功，不努力，而要去找一条捷径是不行的。治学应当有自己的方法，但普遍地适用于每一个人的方法是没有的。"之所以这么说，向老是有亲身感受的。向老说："我跟顾先生做学问时，他从来没有告诉我采取什么普遍适用的方法，而只告诉我研究一种具体课题时，应从何处入手，还存在着什么问题。"在向老看来，"应该说一般人的智力都是中等的，很少有人特别聪明，很少有人特别笨拙，所以要想有所成就，唯一的办法就是用功和努力"。对自己的研究生，向老经常强调："你们年轻，记性好，精力充沛，一天应该工作十二到十五六个小时"，"你们当中有努

---

① 郭松义：《回忆进所初期杨向老对我的培养》，载中国社会科学院历史研究所编《求真务实五十载：历史研究所同仁述往》，中国社会科学出版社2004年版，第290—296页。

力的，有不努力的，十年之后，再回头比较一下，不努力者会对努力者自叹弗如，但这时已经悔之晚矣。所以，'千万不要给后悔留有余地'"。① 这就是向老的治学经验。这一经验显然对研究室和学科人才建设产生了重要影响，所以，高翔先生在谈到向老"一直高度重视学术人才的选拔，精心培养学术人才"时，认为"有两点需要特别提及"："一是先生反复强调治学没有捷径可走，要求年轻学者要勤奋钻研，努力治学，不要为将来留下后悔之地。这一谆谆教诲，对端正明清史研究室的学风具有十分重要的意义；二是热情扶持学术后进。"在高先生看来，"杨向奎先生对后辈学者，从不以权威自居，从不轻视，而是精心指点，大力扶持"，而"通过历史档案的整理，通过各种形式的科研项目，通过研究生教育，杨向奎先生为明清史研究室培养了一大批优秀科研人才"。② 这一优良学风、诲人不倦的风范，成为清史研究室和清史学科同仁坚守的一种传统。

还应指出的是，清史研究室在人才培养方面，尚有两个做法，起到了重要作用。吴伯娅先生在《难忘师恩》一文中回忆说，自己是1976年9月18日从武汉大学历史系毕业后入职中国科学院哲学社会科学部历史研究所的；1978年中国社会科学院成立，历史所恢复各研究室建制，成立了清史研究室，向老、王戎笙先生任正、副主任，研究室成员有周远廉、郭松义等人，自己和新来的大学毕业生李格是研究室的"两名小兵"。随着接触的增多，吴先生真切地感受到："向老既是我们青年人敬仰的史学家，又是一位和蔼可亲的长者，热心育人的园丁。"之所以有这

---

① 杨向奎述，李尚英整理：《杨向奎学述》，浙江人民出版社2000年版，第36页。
② 高翔：《纪念杨向奎先生》，《清史论丛》2000年号。

样的感受，是因为："我和李格是工农兵学员……根据我们的实际情况，研究室给我们的首要任务是补课、打基础，指定有长期科研经验、具有深厚学术积累的先生对我们进行专门指导。王戎笙、何龄修、周远廉、郭松义、韩恒煜等先生是我们的辅导老师。在清史研究室的办公室里，这些先生无偿地轮流给我们上课，无保留地将自己多年的研究心得传授给我们，耐心地指导我们如何读书、如何写作。"① 另一个做法，就是"为了提高科研人员的素质，坚持对新分配来的青年科研人员实行导师制，指定有长期科研经验、具有深厚学术积累的老专家，对他们实行专门指导，使其尽快了解历史所特别是明清史研究室的学术传统，掌握前沿研究动向，确定研究方向，及早步入研究正轨"②。这两项措施，在实践中都收到了良好效果。

四

学术刊物，既是学术成果发表和学人交流互动的园地与平台，也是一个单位实力和凝聚力的体现。清史研究室创办的《清史论丛》和《清史研究通讯》，即是在向老引领和研究室同仁共同努力下，集体智慧的展现。对于刊物的重要性，向老曾强调："社会科学的刊物如同自然科学的实验室，没有刊物的学校与研究机关，研究成果无处发表，得不到学术界的评价和支持，这种成果也就永远得不到检验的机会，结果会枯萎的。可以说刊物是培育学术的泥土，没有刊物，就不会有学术的繁荣。"基于此一认识，早在1951年5月，时任山东大学历史系

---

① 吴伯娅：《难忘师恩》，载中国社会科学院历史研究所编《求真务实六十载：历史研究所同仁述往》，中国社会科学出版社2014年版，第46—47页。
② 高翔：《纪念杨向奎先生》，《清史论丛》2000年号。

主任的向老，便与历史系、文学院同仁，共同创办了《文史哲》。其目标，就是要"（1）办好刊物，繁荣学术；（2）培养学术人才；（3）发现学术人才"。而对于稿件的取舍，向老认为："刊物的编者如同伯乐，在万马奔腾中能够识别良驹不是容易的事，绝不能以名取稿而要在平凡中发现珍奇……无名氏的来稿也许还有缺点，不成熟，但它如果蕴含着一丝一毫的光芒，要采用它，这毫末的光芒可以蔚为奇观，我们千万不能忽视它而任其消灭。"①《清史论丛》《清史研究通讯》的创刊，正是这些成功经验的延续。

1978年秋，清史研究室成立。但在这一年的春天，向老即"预感到史学研究将走上正轨"，于是让周远廉召集王戎笙、何龄修、郭松义、韩恒煜、许曾重、李新达、赫治清、张捷夫、冯佐哲、樊克政、林永匡、吴伯娅、李格等人开会，讨论办刊物之事。在会上，向老说："我一直喜欢办杂志，可以培养和发现人才，交流心得，提高学术水平。但目前要办杂志很费手续，可以出论丛，比较灵活，而学术方面的好处还一样有。"②不过，考虑到"研究工作还未完全恢复，所的科研经费不多，全院乃至全国还没有一个仅仅只是处一级的十来人的小小研究室能办年刊，当时史学界也不过只有《历史研究》《历史学习》等三两个刊物，《清史论丛》能办成吗？稿源何来？谁来编辑？有谁愿意承担出版？尤其是出版，更是难上加难"，大家各抒己见，"同意者、犹豫者、反对者皆有"。最后，还是决定要办。主意定下来之后，向老派周远

---

① 杨向奎：《山大〈文史哲〉创刊前后》，载樊丽明、刘培平主编《我心目中的山东大学》，山东大学出版社2005年版，第122—123页。
② 何龄修：《风范长存——悼念杨向奎先生》，载中国社会科学院历史研究所编《求真务实五十载：历史研究所同仁述往》，中国社会科学出版社2004年版，第282页。

廉与中华书局联系，在李侃先生的大力支持下，议定每年出版一辑。编辑队伍方面，向老亲任主编，王戎笙任副主编，编辑为何龄修、周远廉、郭松义、张捷夫。接下来，大家说干就干，征稿、选稿、审稿、编辑，经过半年努力，9月将稿件交给中华书局。1979年8月，《清史论丛》第一辑面世，"成为国内惟一的研究清史的学术刊物，也开创了由处一级的系、所办刊的先例"。①

对于如何办好《清史论丛》，向老是有自己的方针和思想的。作为编辑组成员，何龄修先生深有体会。在纪念向老的文章中，何先生记载了向老的有关言论。向老认为："对论丛不要求全责备。好文章难得。大部分文章站得住，整本论丛就站得住"；"题目不论大小。大题目探究大问题，规律性的问题，最好。小题目，能够有所发现，有所发明，也是有用的"；"篇幅不论长短。几百几千字、万把字，干净、利落，没有废话，当然不错。但有些问题这点字数是说不清楚的，就要允许更长的篇幅。文章要要求通顺、准确，不掺水，不要拘泥字数。如果一本书稿，二十万字，确实写得好，一时又找不着出版的地方，我们也可以登"；"每个杂志都有自己的质量标准、著作规范。不符合你的标准、规范，你可以不要。也可以提出意见请他改，改好了你就用，仍不符合要求还可以退。但我不赞成强加于人。少量加工、润色是可以的，大量改动，甚至改得面目全非，完全要不得。他写的课题，你得承认他是专家，并非你是专家，就算你也是专家，各人思路还不一样。你有看法，可以自己写成文章，不要写在别人的稿子上，让别人顶着。那样

---

① 周远廉：《基础扎实 成效显著——记杨向奎先生的施政及其成效》，载中国社会科学院历史研究所同仁述往》，中国社会科学出版社2004年版，第275页。

做是粗暴，不尊重作者"；"对青年人要降格以求，他们才有发表的机会。他写出来，发表了，继续钻研的劲头就上来了。如果总也发表不了，有的人可能就泄气了。所以有时候这样做可能影响一个人一辈子的发展"。对于向老的这些主张和思想，何先生"听了很是惊讶"，"觉得他的思想上只考虑科学，没有任何清规戒律……完全是为科学松绑，让科学的种子多一些破土发芽成长的机会"。也正因此，何先生一直牢记向老的这些方针，经其手的工作总是尽力按向老的要求去做。而让何先生更感动的，还有两件事：其一，《清史论丛》办刊过程中曾遇到出版经费困难的问题，向老建议"把他个人项目一些余款和稿费拿出来，维持本研究室这块小园地"，大家当然不同意，然由此可见向老"白手创业，艰难支撑，一段苦心"。其二，作为主编，向老不仅亲自规定方针，还参加审稿、主持退稿等，然毕竟年事渐高，所以，几年后大家"有意识地不让他做具体工作，只在组稿过程中向他请示、报告，编成后总的汇报一次"，向老曾多次透露不再担任主编。但实际上，向老对《清史论丛》的顺利出版是不能少的，于是何龄修先生跟向老详细说明情况，向老虽然说"啊，还有这么多事，那就做着再说"，但仍感觉不自在，"想甩掉这个'包袱'"。对此，何先生感慨道："我知道他对《清史论丛》的热情丝毫不减，只是厌恶空头主编，每次都需要我费唇舌去说服他维持现状。"①

在《清史论丛》创刊号的开篇，编者于前言中，表明了办刊的宗旨和思路。其中强调："深入研究清代的历史，对于完整地分析中国社会历史的全过程，具体地探索中国封建社会的

---

① 何龄修：《风范长存——悼念杨向奎先生》，载中国社会科学院历史研究所编《求真务实五十载：历史研究所同仁述往》，中国社会科学出版社2004年版，第282—285页。

发展规律，准确地阐明鸦片战争后中国社会性质发生变化的内部条件，都是不可缺少的。离开对鸦片战争前清代历史的研究，中国古代、近代、现代历史上的许多重要问题，都将不容易弄清楚"；"我们献给读者的这本《清史论丛》，力图严格执行党的'百花齐放、百家争鸣'的方针。凡是对有关清代历史的某一个问题，确实进行了认真的研究，那怕这种研究成果还不够成熟，但只要言之成理，持之有故，有助于对这些问题的进一步研究和探讨，我们就尽量予以发表……在学术讨论中，我们一定要坚持摆事实、讲道理，以理服人，坚持实事求是的科学态度"；"必须强调占有大量的可靠的历史资料，用艰苦的创造性的劳动进行全面的科学的分析，从中得出应有的结论。"① 凡此，皆体现出本刊的办刊、治学精神。而值得指出的是，《清史论丛》在为学界同仁提供发表研究成果园地的同时，也对本室人员的成长发挥了重要作用。周远廉先生曾说："杨向奎先生创办的《清史论丛》，也给清史室的人员提供了著文和发表的极好条件。这在《清史论丛》第一、二、三辑的目录上，反映得十分清楚。"② 郭松义先生也强调，自己的《江南地主阶级与清初中央集权的矛盾及其发展和变化》一文，原是刚入所时在向老指导下写的一篇读书心得，经补充完善而成近两万字论文，但因时势突变而压于箱底，"直到1978年清史研究室为筹办《清史论丛》征集新稿旧作，才得重见天日"。这一经历，使郭先生感慨道："让我始终感到温馨的是通过这篇文章，透视出那时老辈学者对年轻学人在业务上成长中所作的无私付出

---

① 编者：《努力加强清史研究工作》，《清史论丛》第一辑，第1、3—4页。
② 周远廉：《基础扎实 成效显著——记杨向奎先生的施政及其成效》，载中国社会科学院历史研究所编《求真务实五十载：历史研究所同仁述往》，中国社会科学出版社2004年版，第276页。

和殷切期望。"①

高翔先生在《纪念杨向奎先生》一文中强调:"一个成熟的优秀科研集体,应该拥有自己专门的学术阵地。"回顾《清史论丛》的创刊、发展,高先生指出,"杨向奎先生曾以巨大的精力投入清史研究,1979年倡议创办《清史论丛》,并长期担任主编。《清史论丛》从诞生之日起,就以发表高水平学术专论为特色……《清史论丛》的成功,有其重要的内在原因,这就是它倡导严谨、朴实的文风,编辑组拥有开阔的学术视野和严格的审稿制度。而这些基本的学术特色,主要形成于杨向奎先生担任主编之时,并在此后的岁月中得到继承和发展"。事实表明,《清史论丛》尽管在发展过程中也遇到过一些困难,但在院所两级领导的扶持、清史研究室同仁的共同努力和坚持下,一直在砥砺前行,"对推动清史研究的深入发展,对培养学术新人起到了促进作用,在国内外产生了广泛的学术影响"。②

与《清史论丛》一起创刊的,还有《清史研究通讯》。该刊的创办,乃缘于1979年全国史学规划会议,会上决定委托中国社会科学院历史研究所清史研究室与中国人民大学清史研究所联合主办。编辑部设在清史研究室,一开始为内部刊物,油印,刊印了12期,"在交流情况,联系同行等方面起了一定的作用"。自1982年9月起,经中国社会科学院批准,"扩大篇幅,增加内容,改为正式期刊(季刊),向国内公开发行"。③改版后的《清史研究通讯》,将成为"全国清史工作者研究心得、互通情报的共同园地",主要刊发"《清史》编纂体例的讨论、国内(包括港、台)外书刊评介、史籍订正与史

---

① 郭松义:《清代政治与社会》,中国社会科学出版社2015年版,"自序"第1—2页。
② 高翔:《纪念杨向奎先生》,《清史论丛》2000年号。
③ 《〈清史研究通讯〉公开发行》,《历史档案》1982年第8期。

料推荐、读史札记、学术动态，以及研究清代政治、经济、军事、民族、边疆、中外关系、华侨等方面的学术短文"①，期望"对从事清史研究的同志们在了解情况、开阔视野、交流心得等方面，能够有所裨益"②。该刊于 1982 年 9 月 1 日，出版第 1 期，责任编辑为赫治清、李鸿彬、李新达三位先生。出版 10 期后，经过有关部门核准，从 1985 年起扩大篇幅（由 32 页增为 64 页），由国内发行改为向国内外公开发行。翌年，该刊改由中国人民大学清史研究所独自主办。1991 年，经国家教委和新闻出版署批准，更名为《清史研究》。

五

向老对清史学科的推进和贡献，不仅表现在以上所述诸方面，而且体现在个人研究成果的广博精深和示范效应上。对于学问的追求，可以说是向老一以贯之的精神。早在读中学时期，向老即因教务主任王老师"在经学问题上，今文学派说《左传》是一部假书"、物理教师王老师"我懂得'相对论'，那是四维"的话，便对《左传》究竟是不是假书、什么是"四维"存疑于心。而自 1934 年读大学期间，向老即开始发表学术论文，此后教学、科研相得益彰，笔耕不辍，笃实睿识，精进不已，一直到去世的 2000 年，还在撰著《百年学案》。要而言之，向老在治学方面，博涉经学、史学、哲学、自然科学、思想史等诸多领域，可谓文理兼通，作为以历史学研究为主的学者，是很罕见的。《西汉经学与政治》《中国古代社会与古代思

---

① 赫治清：《〈清史研究通讯〉即将出版》，《中国史研究动态》1982 年第 8 期。
② 《致读者》，《清史研究通讯》1982 年第 1 期。

想研究》《中国古代史论》《清儒学案新编》《大一统与儒家思想》《中国屯垦史》《宗周社会与礼乐文明》《墨经数理研究》《自然哲学与道德哲学》《哲学与科学》《百年学案》《绎史斋学术文集》《繙经室学术文集》等著作、论文集，以及一系列富于新见、创见的学术论文，即向老所思所想、孜孜探求的学术成就和智慧的体现。

对于学问，向老有着高度的自觉。在向老看来，历史学是社会科学中的基础科学，因为它是探讨社会发展规律的科学；而物理学是自然科学中的基础科学，因为它是探讨自然发展规律的科学；无论是学习自然科学还是社会科学，必须有哲学基础，所谓哲学基础，就是辩证唯物主义和历史唯物主义。年近九旬时，向老依然表示：今后将继续研究数理与哲学，进而探讨自然与人生的关系等问题。此可见向老做学问之境界与胸怀！而且，向老对所从事的研究，始终抱着乐观的态度，曾说："我这个人本来就是乐观的，从不悲观，任何时间、任何事情发生，我都没有悲伤过。不仅没有悲伤过，还常嘲笑那种悲伤的人是背着棺材走路的人，为什么要背着棺材呢？放下吧，乐观一点，乐观也是有所成就的必要因素。"[①] 正是秉持这样一种宏阔、乐观的治学精神，向老始终以学问为职志，勤奋治学，尤其是青壮年时经常每天工作十五六个小时，成为学林的佳话、青年学人励志的楷模。

在治学方法上，向老在前辈学者的基础上，有继承，更有创新。兹略举几例：

其一，继王国维先生"二重证据法"之后，提出"三重证据法"，即研究中国古代史，要综合运用文献材料、考古发掘

[①] 杨向奎述，李尚英整理：《杨向奎学述》，浙江人民出版社2000年版，"前言"第4页。

和民俗调查三重证据，民俗调查法也就是文化人类学的方法。此一方法的形成，乃根柢于1956年夏向老积极响应党中央的号召，前赴四川凉山彝族腹心地区昭觉县滥坝乡进行社会历史调查的深入实践。对于向老的这一方法，易谋远先生在《杨向奎先生与民族调查研究》一文中，曾有评论。易先生认为，"史学工作者要在科研上取得重大进展，必须打通与史学有关的文献、考古、民族调查三者之间的间隔，尽量利用各门学科的科学知识"，而向老早就敏锐地看到了这一点。向老常说，"历史学有文献、考古和民族调查三重证据，其中以民族调查尤为重要"。在与向老的接触中，易先生深深地感到，向老"不仅明察解放后几十年来我国少数民族社会历史调查研究工作的甘苦，还洞悉少数民族社会历史调查研究工作对于研究中国古代史的极端重要性，积极赞同多学科的互相渗透和综合性研究"。在易先生看来，史学大师王国维先生根据文献材料、考古材料治商周史，"开创了以'二重证据'方法治史的先河，从那以后中国古代史的研究跨进了一大步，影响很大"，而向老"根据新的历史条件，明确提出用'三重证据'方法治史的主张，其中以民族调查'尤为重要'，这就大大发展了王国维的'二重证据'法，使我们的耳目为之一新，它对史学和民族学研究的大发展必将产生积极的作用"。①

其二，思想史与社会史相结合。这一方法，侯外庐先生主持撰著的《中国思想通史》有很好的体现。向老基于20世纪50年代对中国古代历史上一些重要问题所做的专题研究，加之曾参与外老《中国思想通史》第四卷的撰写，亦呈现了此一方

---

① 易谋远：《杨向奎先生与民族调查研究》，《中国史研究》1990年第3期。另详参杨向奎述，李尚英整理《杨向奎学述》，浙江人民出版社2000年版，第218—227页。

法的价值和意义，具体成果为《中国古代社会与古代思想研究》（上下册，上海人民出版社 1962 年、1964 年版）。据向老称："我自走上学术研究之路，就把重点放在了中国古代思想史和经学上。但我深知，要研究好古代思想史和经学，就必须重视中国古代社会历史的研究。因为有哪样的社会经济就会有哪样的思想意识，而古代思想和经学正是古代社会上层建筑的一个重要组成部分，与古代社会的经济基础相适应。所以，我的研究就是从中国古代社会历史开始的。"① 尽管向老此著"不是一部全面研究中国古代社会和古代思想的书，而是有重点专题研究性质的书"②，但其所体现的思想史与社会史相结合的理论和方法自觉，则是领风气之先的，且与外老《中国思想通史》一起，成为历史研究所的一大治学特色和标志。不过，可惜的是，与《中国思想通史》一再出版不同，向老此著自面世后未能再版。③

其三，新编清儒学案。作为传统社会记载学人之学行、学脉之流变的一种载体，学案可谓源远流长，自先秦诸子滥觞，至朱子《伊洛渊源录》开其端，经明儒畅其流，黄宗羲《明儒学案》出而高标徽帜，再经全祖望、唐鉴等的赓续遂臻于大

---

① 杨向奎述，李尚英整理：《杨向奎学述》，浙江人民出版社 2000 年版，第 73 页。
② 杨向奎：《中国古代社会与古代思想》上册，上海人民出版社 1962 年版，"自叙"第 1 页。
③ 在《杨向奎学述》中，向老曾谈及此书未再版的缘由："这部书出版后，受到了社会的重视。每一册出版，《人民日报》总是在头版刊登出简要的评价文章；《光明日报》也给予较高的评价；另据香港曹聚仁先生说，此书一在香港面市，即被抢购一空。而上海人民出版社的责任编辑也通知我说，由于此书内容好，所以出版社决定加重稿酬。该书出版后，成为畅销书。1966 年，'文化大革命'的风暴席卷了神州大地。在那排斥一切、打倒一切的年代里，我的这部书在社会上的评价也来了一个一百八十度的大转弯，被一些人斥为'为封、资、修张目的坏书'、'一棵大毒草'，我也被当作'资产阶级教授'，受到关押和监管，时不时地要接受'红卫兵小将'的'严肃'批判。'文化大革命'结束后，上海人民出版社来信说，要重新出版此书，问我要不要有所修订，我当时拒绝了：'既然它是一部坏书，现在还出版它作什么？'这是'文化大革命'给我带来的消极因素。然而，这部书也就由此而绝版了。"（第 73—74 页）

备,民国间徐世昌主持撰辑的《清儒学案》,更对有清一代的学术发展脉络做了较丰富的呈现。然而,徐世昌主持撰辑的《清儒学案》虽然"作为一代学术思想史料长编,功不可没",然而,"书成众手,别择未严,且名《学案》而有关评传殊鲜学术内容,难免'庞杂无类'之讥",其"强作《正案》《附案》《诸儒》之分,尤多可议"。有鉴于此,向老遂另辟蹊径,以新的思路和方式,撰成《清儒学案新编》八卷,于1985—1994年,由齐鲁书社出版。向老此著,期以达到清代学术思想史、史料选辑的双重作用,"并因以窥见清代学术思想发展渊源及流派","于案主评传部分重在学术内容的分析;学术思想史料选辑旨在反映案主之学术思想风貌";采取纵深研究方式,"于清初诸大家后,继以理学、朴学、经学各流派,选取足以反映当时学术思想风貌的学者,大体人自一案,师承、家学、交游等概随案记述,不另立门户",至于文学、艺术、自然科学等,则不涉及。① 对于是著,向老曾自我评价道:"我的书虽无统一计划,体例也不完整,但典型训诂、考据那部分和今文经学那部分源流分明,解释清楚,可无愧于前人。"而这八卷之中,向老认为第四卷今文学派、第五卷的汉学派,"是全书中的核心",因为它们"可以说是清代学术界两大流派,都是主流"。② 如果考虑到以个人之力,加之七十多岁年纪,而从事如此大部头的著述,可知向老付出了多么大的心血和对一代学术的宏观把握、剖判能力。③ 向老开启的此一学问门径,既为学

---

① 杨向奎:《〈清儒学案新编〉叙例》,《清儒学案新编》(一),齐鲁书社1985年版,第1页。
② 杨向奎述,李尚英整理:《杨向奎学述》,浙江人民出版社2000年版,第161—162页。
③ 按:第一、二、四、五、六、七卷,为向老著,间采友人专家的个别文章,第三卷与冒怀辛先生合写,第八卷与王树民、陈其泰两先生合写;史料选辑及抄录,多由陈祖武、吴宏元两先生担任。在接受钟岱先生采访时,向老谈到了编撰是书的甘苦,详见钟岱《从〈清儒学案新编〉说到中国文化——访杨向奎先生》,《史学史研究》1988年第2期。

术界同仁所认可,更为弟子门生所赓续,薪火相传,如陈祖武先生著《中国学案史》,即很受学界关注,已出多个版本。

其四,大一统与儒家思想。早在20世纪四五十年代,向老即已关注儒家思想和大一统问题,出版《西汉经学与政治》一书和《儒教与董仲舒》《论西汉新儒家的产生》等文章。1978年,应吉林省社会科学院佟冬院长邀请,向老在吉林讲说了《公羊》大一统义。东北讲学之后,向老对公羊学义法做了更深入的研究,发表了《司马迁的历史哲学》《论何休》《康有为与今文经学》《〈公羊传〉中的历史学说》等文章。1988年春,当年吉林讲学时听讲者张璇如等来京拜访向老,并约请撰写《大一统与儒家思想》,作为"中华一统丛书"中的一种。向老答应之后,因为之前已有深厚的学术积累和相关成果,所以很快便写完书稿,翌年6月,由中国友谊出版公司出版。向老是书,约15万字,虽然篇幅不算大,但探究的问题,却非常地重大,而且视野宏大、内涵丰富,高屋建瓴地揭示和呈现了中国传统社会中大一统思想的缘起、公羊学的内容及发展历程。大致来说,可以分成四个阶段:大一统理想与学说的形成;大一统的政治实践与理论总结;公羊学的沉寂及在清中叶复兴;清末康有为的"大同"理想与大一统思想的更新。正是基于对历史的深度梳理和思考,向老遂得出一个对"大一统"的新认识:"大一统的思想,三千年来浸润着我国人民的思想感情,这是一种凝聚力。这种力量的渊泉,不是狭隘的民族观念,而是内容丰富,包括有政治经济文化各种要素在内的实体。而文化的要素更占有重要地位。'华夏文明'照耀在天地间,使我国人民具有自豪感与自信心,因而是无比的精神力量。它要求人们统一于华夏,统一于'中国';这'华夏'与'中国'不能理解为大民族主义或者是一种强大的征服力量。它是一种理想，一种自民族国家实体升华了的境界，这种境界具有发达的经济，理想的政治，崇高的文化水平，而没有种族歧视及阶级差别，是谓'大同'。当然这种境界是逐渐形成的，由大一统的政治统一过渡到社会性质的变迁。"① 回顾历史，当然不是为了发思古之幽情，而是为了向前看。向老通过梳理大一统和儒家思想的嬗变历程，以及基于对宇宙时空、熵和引力等的思索，实际上形成了一种不同于传统儒学的新认识，而期待新儒学体系的出现。向老认为，新儒学体系应当发挥三种作用：1. 指导人生，即所谓"人生哲学"。2. 调节人际关系，使人人之际更加谐和，更加有序，从而使人人的行为规范化，在规范内的自由才是真正的自由。3. 探索天人之际的理论，"天人之际"不是玄学，人离不开自然；自然离开人生，将蒙昧自处，永远混沌。人类的智慧添加了自然的透明度，自然的透明度又改进了人类的智慧。彼此互补，这是新的"天人之学"。

岁月不居，时代更新。1956—2000 年，向老在历史研究所辛勤工作了 44 年时间，尽管其间有苦有甘，但始终笃志于学问，初心不改，不仅成就斐然，而且带领本室同仁砥砺前行，将清史学科不断推向新境地。周远廉先生曾感慨地说："从 1979 到 1991 年的十来年里，从论著的数量和质量，从学者的人数、学风和水平，从办的刊物及其影响，从在清史界的活动与产生的作用看，我们清史室已经成为当时国内研究清史的中心。这不是我一时心血来潮的随便说说，清史界的不少学者就是这样看的。"② 向老

---

① 杨向奎：《大一统与儒家思想》，北京出版社 2011 年版，第 264 页。
② 周远廉：《基础扎实　成效显著——记杨向奎先生的施政及其成效》，载中国社会科学院历史研究所编《求真务实五十载：历史研究所同仁述往》，中国社会科学出版社 2004 年版，第 278 页。

"开阔爽朗，喜欢研究大问题，研究问题总是从大处着眼，统观全局进行分析"①的治学特点和风格，"具有弘博的气象，充满了思辨的睿智，饱含着丰富而深邃的哲学内涵"的为学格局和境界，更为学人树立了榜样。高翔先生曾饱含深情地强调："我们在继承杨向奎先生严谨学风的同时，更要效法其崇高的学术追求，始终将'究天人之际，通古今之变'作为自己治学基本的追求目标"，"杨向奎先生虽然离开了我们，但他卓越的研究业绩，无疑在当代中国学术发展史上树立起一座不朽的丰碑。"②

沿着前辈开辟的学术大道奋力前进，虽然任重道远，但这是一份义不容辞的责任和使命，清史学科同仁应将接力棒更好地传下去，把薪火燃得更旺些。向老的精神和为研究室、清史学科作出的贡献，永远值得我们学习和铭记！

---

① 何龄修：《风范长存——悼念杨向奎先生》，《清史论丛》2000年号。
② 高翔：《纪念杨向奎先生》，《清史论丛》2000年号。

思想史学科与侯外庐学派的形成建设、传承发展

郑任钊
中国社会科学院古代史研究所古代思想史研究室主任、研究员

侯外庐先生是中国著名的马克思主义历史学家、思想史家、教育家，是中国思想史学科的开创者与奠基人，他将思想史研究置于社会史研究的基础上，为推动马克思主义史学的中国化做出了杰出贡献。侯外庐在半个多世纪的奋斗生涯中，留下了宏富的学术遗产，还形成了以他为核心的独具特色的侯外庐学派。这是一个理论性、思想性极强而又做出过卓越学术成就，薪火相传，至今在中国学术界仍发挥重大作用、有强大生命力的马克思主义学派。[①]

中国社会科学院历史研究所中国思想史研究室（今古代史研究所古代思想史研究室）是由侯外庐先生在1954年亲自组建的，长期以来一直是侯外庐学派的最重要的基地。在近70年的建设发展中，思想史研究室形成了非常厚重的学术传统，产生了大量卓有影响的学术成果和多位学术名家，是中国社科院历史学领域卓有特色的优势学科，在全国思想史和

[①] 参见陈寒鸣《侯外庐与侯外庐学派》，《历史教学》2004年第4期。

哲学史领域深具影响。

一 侯外庐学派的形成与建设

思想史研究室原为中国科学院历史研究所第二所于1954年成立的第四组（中国思想史组），侯外庐兼任组长，高全朴任副组长，学术秘书李学勤、张岂之；1960年第一所、第二所合并后，为历史研究所第五组（中国思想史组）。1977年中国社会科学院成立后，改为中国思想史研究室，黄宣民担任研究室主任，卢钟锋任副主任。1994年以后姜广辉、张海燕、郑任钊相继担任研究室主任。1994—2002年，史学史研究室一度并入中国思想史研究室。2002年中国思想史学科列入中国社会科学院首批重点学科建设工程。2017年中国社会科学院中国思想史研究中心成立，秘书处设于中国思想史研究室。2019年中国历史研究院成立后，更名为古代思想史研究室。

侯外庐学派是在撰著《中国思想通史》的过程中形成发展起来的。1946年，侯外庐与杜国庠、赵纪彬合著了《中国思想通史》第一卷；1947年侯外庐独著完成《近代中国思想学说史》（后来改编为《中国思想通史》第五卷）；1949年上海解放前夕，侯外庐与杜国庠、赵纪彬、邱汉生共同完成了《中国思想通史》第二、三卷的全部书稿。1954年，侯外庐就任中国科学院历史研究所二所副所长，组建了中国思想史组并兼任组长，邀请邱汉生兼职，连续借调张岂之，选调李学勤、杨超、林英、何兆武等后来被称为"诸青"的青年学者进入中国思想史组工作。1955—1964年陆续招收祝瑞开、冒怀辛、卢钟锋、孟祥才为研究生。1959年后陆续引入黄宣民、唐宇元、步近智、陈谷嘉、樊克政、孙开泰等。由此，中国思想史研究室迅速形成了中青年学者结合、多学科人才兼备的学术共同体。在20世纪70年代末80年代初，侯外庐又指导和培养了柯兆利、崔大华、姜广辉等研究生。

从20世纪50年代中期至60年代中期这段时间，侯外庐最大限度地排除干扰，抢时间抓科研，研究室内钻研学问、讨论学术、切磋理论的空气十分浓厚。侯外庐在治学上兼容并蓄、博采众长，主张研究思想史应当先通而后专，先博而后深，对学生积极引导，充分发挥青年人的聪明才智和特色优势。他不仅亲自授业解惑，还安排早期弟子给后来者开课。同时他注重培养学生的实干能力，给他们压担子、派任务，让他们在撰写、修改、讨论、核实资料、补缺订误、推敲论点和润色文字等历练中成长。① 在侯外庐、邱汉生的指导下，通过边干边学、在科学研究基础上进行著述写作的"下水游泳法"和集体合作工作方式的严格训练，一批"有理想，文史功底比较厚，三四年间，表现出异常勤奋、学习朴实的共同特点，并各有所长"②的青年学者，很好地完成了所担负的思想史研究任务，打下了坚实的学术功底，迅速成长为侯外庐学派的中坚力量。这种良好学风，为编著和修订《中国思想通史》奠定了坚实基础，更深刻地影响到侯外庐学派的长远发展。老学者带年青学者，帮助改稿，助力成长，尽心尽力关怀提携后辈，这也是侯外庐学派的一个重要传统。几代学人都得益于这一传统，在集体中成长。

1960年《中国思想通史》五卷六册共260万字全部出版。"全书上限断自发现甲骨文的殷代，下限断至十九世纪中叶，论述了古代中世纪3300年的思想史全程。历代的思想主潮、重

---

① 参见张海燕《侯门一入深似海——思想史研究室今昔》，载中国社会科学院历史研究所编《求真务实六十载：历史研究所同仁述往》，中国社会科学出版社2014年版，第253页。

② 侯外庐：《韧的追求》，生活·读书·新知三联书店1985年版，第315页。

要的思想家、主要的学术流派，大都作了论述，适当说明了其间的承传关系或相因相革的历史。"①《中国思想通史》这部巨著的完成与问世，标志着侯外庐学派的形成。任继愈评论侯外庐学派说："这个学派的形成，不是自封的，是得到了同行公认的。侯外庐先生与他的同伴们合编的《中国思想通史》，这是解放后系统地讲思想史的唯一的一部书。这部书影响是很大的。侯先生在集体编书过程中带出一批人才。当年的'诸青'，是一些青年，现在都成为骨干、顶梁柱，是学科的带头人了。"②

侯外庐不满足《中国思想通史》所取得的成就，提出要寻找研究的"生长点"，邱汉生认为理学和经学可以作为今后重点研究的方向。③ 而研究宋明理学思想，本来也是侯外庐早在20世纪40年代就拟订的研究计划之一。④ 20世纪80年代，《宋明理学史》作为国家"六五"计划重点科研项目正式上马。《宋明理学史》由侯外庐、邱汉生、张岂之主编，邱汉生、张岂之、卢钟锋、冒怀辛、唐宇元、何兆武、黄宣民、步近智、樊克政、李经元、龚杰、崔大华、姜广辉、李晓东、孙开泰、柯兆利、任大援分撰。写作者大部分都来自中国社会科学院历史研究所中国思想史研究室，绝大多数是侯外庐、邱汉生的弟子及再传弟子。这表明侯外庐学派正在快速壮大。《宋明理学史》是1949年后第一部全面系统和科学地阐述宋、元、明时期理学产生、发展和衰颓的学术著作，其在完整性、系统性和科学性、思想性方面都是空前的，它对宋明理学乃至中国思想史、

---

① 侯外庐：《韧的追求》，生活·读书·新知三联书店1985年版，第325页。
② 孙开泰：《纪念侯外庐学术讨论会纪要》，《中国史研究动态》1989年第1期。
③ 参见姜广辉《中国经学思想史·后记》，姜广辉主编《中国经学思想史》第四册，中国社会科学出版社2010年版，第888页。
④ 参见侯外庐《韧的追求》，生活·读书·新知三联书店1985年版，第118页。

文化史的研究做出了重要贡献，对国内学术的发展有积极的推动和示范作用。1987 年《宋明理学史》2 卷 3 册共 130 万字出版，这是侯外庐学派在思想史学科建设上的又一重大成就，也是侯外庐学派治学风格日趋成熟的代表作。

侯外庐关于学科建设的理念是"以任务带学科"，这一理念的基本精神是：学科建设必须面向现实，联系实际，根据现实的需要提出学科建设的任务，明确学科发展的方向。[①] 思想史研究室自组建以来就有搞集体项目的传统，最初的主要任务就是编著《中国思想通史》，20 世纪 70 年代末至 80 年代编著了《宋明理学史》《中国近代哲学史》《中国思想史纲》《中国思想发展史》，20 世纪 90 年代至 21 世纪最初 10 年编著了《中国经学思想史》，可以说几十年来最重量级的成果都是集体成果。在编著这些集体成果的过程中，侯外庐学派在做好传承的基础上，不断发展，持续创新，推动中国思想史学科不断前进。

此外，西北大学中国思想文化研究所、湖南大学岳麓书院等高校思想史研究机构，也是侯外庐学派的重要基地，或为侯外庐亲手奠基，或为侯外庐弟子所建立。侯外庐撰著了中国思想史研究的光辉成果，树立了中国思想史学科的研究典范，培养了一大批思想史研究人才，对海内外的中国思想史研究影响深远。正如吴光所说，"侯外庐先生培养了一大批出类拔萃的学术人才和关心政治、坚持民主理想的知识分子。例如邱汉生、何兆武、张岂之、李学勤、田昌五、祝瑞开、黄宣民、卢钟锋、陈谷嘉、崔大华、姜广辉等著名学者，成为这个学派中的佼佼者。还有不少受到侯外庐学术思想影响的学者，如刘泽华、冯

---

① 卢钟锋：《侯外庐先生与中国思想史学科建设》，载中国社会科学院历史研究所编《求真务实五十载：历史研究所同仁述往》，中国社会科学出版社 2004 年版，第 87 页。

天瑜、萧萐父等,是广义的侯外庐学派"①。

二 侯外庐学派的特色与贡献

高翔同志在纪念侯外庐诞辰120周年学术研讨会上指出:"侯外庐先生是中国思想史学科的创建者,由于他创立了思想史研究的理论和方法,培养和提携了无数青年才俊,从而形成了侯外庐学派,这是当代中国史学令人称道的伟大成就。正是基于这个成就,侯外庐先生当之无愧地成为当代中国史学的光辉旗帜,这是中国社会科学院的无价之宝,也是全国史学界的无价之宝。"

侯外庐是侯外庐学派的开创者,也是学派学术宗旨和风格的奠定者。侯外庐始终高扬马克思主义旗帜,坚定地运用历史唯物主义的立场观点方法观察历史、研究历史,强调社会存在对社会意识的决定作用,承认人民群众在历史发展中的重要作用。李学勤曾回忆说:"在编著《中国思想通史》第四卷时,侯先生要求大家反复学习《〈黑格尔法哲学批判〉导言》、《德意志意识形态》、《哲学笔记》等等。1959年,他撰写《关于封建主义生产关系的一些普遍原理》一文,为了准确理解经典著作的原意,特别要我们研究室杨超同志协助,仔细查对马克思、恩格斯著作的德文本,重译了不少条引文。"②

侯外庐致力于推动马克思主义历史科学的中国化,坚持立足于中国历史实际,将马克思主义观点和方法应用于中国史研究,反对机械地生搬硬套。侯外庐主张:"中国丰富的哲学遗

---

① 吴光:《侯外庐学派的治学特色》,《北京日报》2013年5月13日。
② 李学勤:《深刻的启迪——回忆历史学家侯外庐先生》,《光明日报》1988年8月10日,后收入中国社会科学院历史研究所编《求真务实五十载:历史研究所同仁述往》,第69页。

产必须依据马克思主义的观点方法，作出科学的总结。"① 同时他又强调："在一般的历史规律上，我们既要遵循着社会发展史的普遍性，但在特殊的历史规律上，我们又要判别具体的社会发展的具体路径。"② "马克思主义历史科学的理论与方法，给我们研究中华民族的历史提供了金钥匙，应该拿它去打开古老中国的历史宝库。我们中国学人应当学会使用自己的语言来讲解自己的历史与思潮，学会使用新的方法来发掘自己民族的优良文化传统。"③

侯外庐从翻译《资本论》入手，深入研究马克思主义原典，结合中国历史的实际，创造性地运用到中国社会史和中国思想史的研究之中，形成了以社会史为基础、融社会史和思想史为一体的学术特色。他在坚持马克思、恩格斯提出的社会发展普遍规律的前提下，对马克思的"亚细亚生产方式"提出自己的理解；同时又结合中国古史实际，提出不同于西方历史发展路径的中国古代"维新"路径；通过考察分析明清社会的经济、政治及思想潮流，提出了"早期启蒙说"。

侯外庐对中华文明与中国历史有着深厚感情和高度自信。为国家做学问，为人民做学问，是侯外庐毕生的追求。侯外庐强调，"要把中国丰富的历史资料，和马克思主义历史科学关于人类社会发展的规律，做统一的研究，从中总结出中国社会发展的规律和历史特点"。④ 他将马克思主义理论与中国历史实

---

① 侯外庐、赵纪彬、杜国庠：《中国思想通史》第五卷《自序》，人民出版社1956年版，第1页。
② 侯外庐：《中国古代社会史论·自序》，河北教育出版社2002年版，第6页。
③ 中国社会科学院历史研究所中国思想史研究室编：《侯外庐史学论文选集·序》，人民出版社1987年版，第18页。
④ 中国社会科学院历史研究所中国思想史研究室编：《侯外庐史学论文选集·序》，人民出版社1987年版，第18页。

际相结合，根本目的在于阐明中国历史发展的具体规律，总结中国悠久而丰富的历史遗产，创造性研究和解决中国问题。他对中国思想文化遗产坚持批判继承的科学态度，从根本上说就是为了弘扬中华优秀传统文化，为了建设社会主义新文化服务。

侯外庐在中国思想史领域最杰出的成就是集合众学者之力编纂出了《中国思想通史》这样一部里程碑式的学术著作。《中国思想通史》注重如何应用马克思主义历史科学的理论和方法，总结中国悠久而丰富的历史遗产；运用马克思主义特别是政治经济学理论，分析社会史以至思想史，说明经济基础与上层建筑、意识形态之间的辩证关系；讲求实事求是，从材料实际出发，进行分析研究，提倡"决疑"与"独立自得"。侯先生在多种著作中多次强调，在学术研究上要解决历史的疑难，要坚持独立思考，发扬不断探索的精神。《中国思想通史》按照中国社会史的发展阶段，论述了各社会阶段的思想发展；用马克思主义理论武器，分析中国的古代社会，分析中国自秦汉以来封建社会专制帝王的土地所有制是中央专制主义的经济基础；发掘了一些不被一般思想史、哲学史著作所论述的思想家，力图开拓中国思想史的研究领域，发掘中国历史上唯物主义和反正宗"异端"思想的优良传统。

《中国思想通史》影响极其深远，不仅在于其对中国思想史的发展历程做了系统性梳理，更在于书中所运用的理论与研究方法有着经久的活力，其中最重要的就是思想史与社会史相结合的研究方法。这是侯外庐在唯物史观指导下的方法论创新，也是侯外庐学派最显著的特征。何兆武说："我以为侯先生的最大优点和特点是决不把思想史讲成是思想本身独立的历史，即不是从思想到思想而是把思想首先当成是现实生活的产物，然后才是它从前人的思想储备库中汲取某些资料、方法和智慧。"①

三 侯外庐学派的传承与发展

侯外庐学派是不断发展、不断创新的马克思主义学派。侯外庐的学术风格和追求从一开始就深深烙刻进了侯外庐学派的学术基因之中。1987年侯外庐去世以后，侯外庐学派的学术传承一直在延续。在全国主要有张岂之带领的西北大学中国思想文化研究所团队，陈谷嘉带领的湖南大学岳麓书院团队，黄宣民、卢钟锋、姜广辉带领的中国社会科学院历史研究所中国思想史研究室团队，到目前为止都是历经三四代甚至五代的发展，出版了大量中国思想史等领域的集体成果和个人专著，培养了数百名研究生，各个团队之间在学科建设与人才培养等方面也多有交流。此外还有李学勤、何兆武在清华大学，祝瑞开在上海大学，孟祥才在山东大学，崔大华在河南省社科院，都持续推动中国思想史研究，培养了不少后继的思想史人才。

中国社科院古代史所思想史研究室几十年来一直坚持侯外庐学派的传统，在治学上坚持唯物史观，遵循侯外庐先生指引的马克思主义史学中国化的方向，注重社会史与思想史的内在联系与矛盾运动；强调博通古今、横贯中西的学术素养和研究视野；提倡发挥研究室同仁的整体力量从事集体项目。在这一基础之上，几十年来持续推进中国思想史研究，推进中国思想史学科的建设，取得了一系列令人瞩目的成果。

---

① 《何兆武自述》说："我以为侯先生的最大优点和特点是决不把思想史讲成是思想本身独立的历史，即不是从思想到思想而是把思想首先当成是现实生活的产物，然后才是它从前人的思想储备库中汲取某些资料、方法和智慧。"见高增德、丁东编《世纪学人自述》（第六卷），北京十月文艺出版社2000年版，第2页。

1994年姜广辉接任思想史研究室主任后，在巩固和发展传统研究领域的同时，提出了经学思想研究的新方向，并推动中国社会科学院重大课题、国家社科基金项目《中国经学思想史》的立项和展开。《中国经学思想史》由姜广辉主编，以姜广辉、张文修、王中江、王启发、吴锐、张海晏、梁涛、张广保、郑任钊、汪学群、谢寒枫等思想史研究室同仁为核心写作团队，汇聚邢文、浦卫忠、陈其泰、张践、王葆玹、林忠军、王风、谢保成、李存山、杨亚利、萧永明、朱汉民、林乐昌、任文利、蒋国保、吴长庚、陈居渊、丁进、程晓峰、邱梦燕、文廷海、黄开国、吴仰湘等30余位学者，历经十余年，撰成四卷六册共约300万字，分别于2003年、2010年出版。

《中国经学思想史》是迄今为止国内外第一部系统研究中国古代经学思想的学术专著，意在写一部有"根"的中国思想史与有"魂"的中国经学思想史，对后来经学思想史研究的热络与写作范式都有很重大的影响。这也是对侯外庐先生"使用自己的语言来讲解自己的历史与思潮，学会使用新的方法来发掘自己民族的优良文化传统"思想的继承与发展。

除了《中国经学思想史》外，思想史研究室还组织实施了多个集体项目，如黄宣民主编的《中国儒学发展史》，卢钟锋主持的中国社会科学院重大课题《中国历史的发展道路》，以及多项中国社科院重点课题和古代史研究所创新工程项目首席项目。在《中国经学思想史》的基础上，思想史研究室继续深入拓展经学思想史研究，在《易》学、《礼》学、《诗经》学、《春秋》学思想史研究方面都做了不少研究，有不少相关课题立项，出版专著则有汪学群《清初易学》（商务印书馆2004年版）、《清代中期易学》（社会科学文献出版社2009年版），王启发《礼学思想体系探源》（中州古籍出版社2006年版）、《中国礼学思想发展史研究：从中古到近世》（中国社会科学出版社2021年版），郑任钊《公羊学思想史研究》（中国社会科学出版社2018年版）等。同时思想史研究室继续推进宋明理学的传统研究，又进一步深入阳明学的研究，编辑出版了四卷《国际阳明学研究》（上海古籍出版社2011—2014年版），出版了汪学群《吾心自有光明月：王阳明思想原论》（中国社会科学出版社2017年版）、张海燕《王阳明心学与西方思想研究——启蒙视域下的主体性精神》（人民出版社2022年版）等专著。思想史研究室与上饶师范学院共建朱子学研究基地，并长期合作编辑学术集刊《朱子学研究》（原《朱子学刊》）。该刊创刊于1989年，已经出版40辑，2021年、2023年连续入选CSSCI集刊。另思想史研究室还编辑学术集刊《中国哲学》，自1979年创刊，共出版26辑。

在思想史的其他研究领域，思想史研究室同仁也有不少推进。通史方面，有卢钟锋《中国传统学术史》（河南人民出版社1998年版）、唐宇元《中国伦理思想史》（文津出版社1996年版）；上古思想史方面有吴锐《中国思想的起源》（山东教育出版社2002年版）、《中国上古的帝系构造》（中华书局2017年版）；先秦思想史方面有孙开泰《中国春秋战国思想史》（人民出版社1994年版）、《邹衍与阴阳五行》（山东文艺出版社2004年版），王中江《道家形而上学》（上海文化出版社2001年版），梁涛《中国学术思想编年·先秦卷》（陕西师范大学出版社2005年版）；明清思想史方面有姜广辉《走出理学：清代思想发展的内在理路》（辽宁教育出版社1997年版），汪学群《清代思想史论》（中国社会科学出版社2007年版）、《明代遗民思想研究》（中国社会科学出版社2012年版）；道教思想方面有张广保《金元全真道内丹心性学》（生活·读书·新知三联书店1996年版)、《唐宋内丹道教》(上海文艺出版社2001年版)等专著。

1988—2023年，研究室同仁出版学术专著30余部，古籍整理5部，译著10部，发表学术论文近300篇；完成院重大项目3项，院重点项目1项，所重点13项，国家社科基金一般项目或后期资助项目4项。改革开放以来，思想史研究室共培养硕士研究生23名、博士研究生10名，出站博士后6名。

秉承侯外庐学派为国家做学问、为人民做学问的理念，思想史研究室近年来积极承担中央和院所交办的各项任务，发挥"以史鉴今"的作用，服务于治国理政实践，完成国家社科基金重大委托项目1项，国家社科基金中国历史研究院重大历史问题研究专项2项，撰写的要报多篇获采用、获奖，或得到中央主要领导批示。

继承、发扬侯外庐学派的学术传统与精神，在古代史研究所也不只思想史研究室在做，在中国社科院也不只古代史研究所在做。古代史研究所还有不少学者在做与思想史相关的研究，并做出了不少优秀的成果。如通史方面有步近智《中国学术思想史稿》(中国社会科学出版社2007年版)；明清思想方面有朱昌荣《清初程朱理学研究》(中国社会科学出版社2019年版)，解扬《治政与事君：吕坤〈实政录〉及其经世思想研究》(生活·读书·新知三联书店2011年版)《话语与制度：祖制与晚明政治思想》(生活·读书·新知三联书店2020年版)；经学方面有孙筱《两汉经学与社会》(中国社会科学出版社2002年版)，宋艳萍《公羊学与汉代社会》(学苑出版社2010年版)，张沛林《追寻平实精微：汉唐春秋穀梁学论稿》(福建教育出版社2019年版)，陈时龙《明代的科举与经学》(中国社会科学出版社2018年版)，林存阳《清初三礼学》(社会科学文献出版社 2002 年版）等专著。

2014 年王伟光同志主持的《中华思想通史》正式立项，《中华思想通史》是中国社会科学院创新工程重大项目，国家社科基金重大委托项目。项目明确提出要构建思想史研究的中国学派，要继承发扬侯外庐学派学术传统，坚持唯物史观的指导，坚持思想史与社会史结合的方法，坚持人民思想史的写作思路。包括思想史研究室在内的古代史研究所十余个研究室参加了这个项目，中国社科院也有多个研究所参加了这个项目。古代史研究所承担了三编 10 卷，王震中任原始社会编、奴隶社会编主编，卜宪群任封建社会编主编。经过 8 年多的时间，在所内外五十余位学者的共同努力下，原始社会编完成资料长编 300 万字、正本 150 万字；奴隶社会编完成资料长编 450 万字，正本 260 万字；封建社会编完成资料长编 2970 万字，正本写作 1040 万字。整个项目现在正处在收官阶段。

自 1993 年以来，纪念侯外庐诞辰的学术研讨会每十年举办一次，至今已经延续了 30 年。2023 年适逢侯外庐诞辰 120 周年，10 月 24 日由中国社会科学院主办，中国历史研究院、古代史研究所承办，中国社会科学院中国思想史研究中心、湖南大学岳麓书院、西北大学思想文化研究所协办的"侯外庐与中国马克思主义思想史学派的构建——侯外庐诞辰 120 周年学术研讨会"在中国历史研究院隆重举行。来自中国社会科学院、湖南大学、西北大学、中国艺术研究院、清华大学、北京大学、中国人民大学、北京师范大学、山东大学等单位的百余名专家学者及研究生参加会议。中国社会科学院院长、党组书记，中国历史研究院院长、党委书记高翔出席会议并讲话。高翔认为，侯外庐先生修史治学，走的就是"在五千多年中华文明深厚基础上开辟和发展中国特色社会主义，把马克思主义基本原理同中国具体实际、同中华优秀传统文化相结合"这条必由之路。侯外庐先生始终高扬马克思主义旗帜，坚定地运用历史唯物主义的立场观点方法观察历史，研究历史。高翔指出，侯外庐先生是我国著名的马克思主义历史学家、思想史家、教育家，是中国思想史学科的开创者和奠基人。他开创了侯外庐学派，为推动马克思主义史学的中国化树立了光辉典范，为当代中国史学进步作出了开拓性的卓越贡献。

如今，拥有侯外庐学派学术背景的学者遍布国内许多高校和科研院所，有的学者还担任思想史相关研究机构的负责人或学科带头人，认同侯外庐先生学术理念和治学方法的学者更是蔚为大观，思想史和社会史结合也已经成为思想史研究的共识性原则。

思想史研究室将坚定地扛起侯外庐学派的光荣旗帜，继承和发扬侯外庐所开创的思想史研究与社会史研究相结合的学术传统，继承和发扬为国家做学问、为人民做学问的学术追求，推进中国思想史研究向着更广泛、更深入的学术领域拓展，努力打造具有中国特色、中国风格、中国气派的历史学学派。

侯外庐先生的学术精神，侯外庐先生开创的思想史研究的范式，创立的侯外庐学派，必将在新时代发挥更大的影响，引领中国思想史研究走向更加辉煌的未来。

建所以来的中国古代文化史学科发展概况

刘中玉

中国社会科学院古代史研究所科研处负责人、
古代文化史研究室主任、副研究员

从古代史研究所（以下简称"古代史所"）建所70年的历程来看，中国古代文化史从作为广义的大文化观下的研究范畴到专门性的学科设置、梯队建设，再到逐步形成以研究室为单位集合跨断代、多方向的研究团队，大体经历了通史性资料整理编集（以历史图谱的编纂为侧重）、物质文化史研究（以古代服饰研究、考古修复为侧重）、思想与民族文化史（含宗教文化）、文献整理注释和文化史研究方法论构建等几个阶段。

一 通史性资料整理编集阶段

新中国成立之初，如何在唯物史观指导下重新对中国古代历史进行系统性整理与研究成为中国历史学界的头等大事。1951年7月，中国科学院院长郭沫若在中国史学会成立大会上呼吁广大历史学者以"为人民服务的态度"加入开辟历史研究"新纪元"的行列。1953年，为推进落实"双百"方针，中共中央成立了由陈伯达、郭沫若、吴玉章、范文澜、侯外庐、吕振宇、翦伯赞、胡绳、尹达、刘大年等组成的"中国历史问题研究委员会"，将确立用马克思主义研究中国历史为指导方针，增设历史研究机构等作为首要解决的问题。1954年初，在中国科学院《科学通讯》第一期发表的题为《中国科学院积极准备进一步加强历史研究工作》的文章中指出："开展关于本国历史的研究，开展关于亚洲历史的研究，这就是摆在我国史学界面前光荣而艰巨的任务。"同年再版的郭沫若《中国古代社会研究》"重印弁言"中亦强调："中国古代终有彻底地加以整理的必要，故接受友人的意见，将本书重印，以促进古代研究工作，并藉以表明我在进行古代研究时是做过应有的准备的。"① 结合当时的国内外局势来看，之所以要彻底地开展中国古代历史研究，其目的便是要从中梳理出中国文化与世界各国文化相互交流以及中国文化在世界文化中的地位，用马克思主义史学开辟中国历史研究新境界。

1956年6月，国务院学科科学规划委员会召集举行"哲学社会科学规划座谈会"，在《1956年—1967年哲学社会科学规划草案（初稿）》中即提出：要"1962年以前（因任务较为艰巨，改为'1967年以前'）写出中国文化与世界各国文化相互交流以及中国文化在世界文化中的地位和作用的专著（论文或论文集）"。同年，由郭沫若、陈寅恪、陈垣、范文澜、翦伯赞、尹达、刘大年等40人组成中国历史教科书编辑委员会，启动教科书的编写工作，叙述范围为从旧石器时代到1949年中华

---

① 郭沫若：《殷周青铜器铭文研究·序》，《郭沫若全集·考古编4》，科学出版社1992年版，第1页。

人民共和国成立的历史。1958年8月，受中央委托交办，由郭沫若担任主编组织编写的干部读物《中国历史》（即《中国史稿》）项目正式启动。同年12月，围绕这一"修国史"（包括中华文明探源）任务，同时展开的与文化史关联密切的项目有：《中国历史图谱》的编纂以及中国历史博物馆建馆陈列历史阶段的划分问题。其中《中国历史陈列提纲》审查小组由邓拓、尹达担任组长。

《中国历史图谱》编纂工作启动后，张政烺任主编，尹达为责任领导。彼时张政烺的人事关系尚在北京大学，为历史所兼任研究员。为配合其工作，历史所从各组室抽调阴法鲁、胡嘉、朱家源、李培根、谢清河、张兆麟、安守仁等在物质文化和思想文化方面有所专长的学者组建中国历史图谱组（简称"图谱组"），张政烺任组长。大致分工如下：张政烺、李培根收集战国、秦汉至魏晋文物资料；阴法鲁收集隋唐文物资料；朱家源收集两宋文物资料；安守仁收集辽金元文物资料；胡嘉、张兆麟收集明清文物资料。1959年3月，图谱组完成《〈中国历史图谱〉编辑计划（初稿）》。据陈绍棣《张政烺先生年谱》回忆称："在张政烺先生的主持下，在阴法鲁等几位先生的协助下，张政烺主笔很快拟就了《图谱》编辑计划的基本要求、资料目录的说明。前者阐明了本书的定名、旨趣、内容、时代范围、组成部分、框架和篇幅。后者是编写时对章节安排、农民起义材料、少数民族历史文物、国际关系材料、漆器、瓷器等手工业材料，以及材料和文字说明关系等问题的处理意见。他说要'以纲为纲'，也就是以郭老主编的《中国历史》（初名，即《中国史稿》）编写提纲为《图谱》的编辑大纲，当然不是照搬，而是结合《图谱》的特点有所不同，这就为参与工作的人指明了方向。而后，由张政烺先生将全组人员分工，为收集文物资料，编辑目录做好组织工作。"① 图谱组的宗旨比较明确，即"拟通过具体文物（古物、古迹、古图画和科学家复原的模型或图画等等的照片），形象化地反映祖国悠久的历史、丰富的文化，各族人民的生产斗争、阶级斗争、各民族间的经济文化交流，并体现中国文化在世界历史上的应有地位"②。虽未参与但亲睹经过的萧良琼（当时参加《甲骨文合集》项目）也称《中国历史图谱》项目是"用典型的历史文物，把中国历史形象地立体地用图片展示出来，是了解我国历史和文化传统很有意义的工作"③。可见，将《中国历史图谱》编成一部"中国形象文化史"是当时图谱组的共识。

1959年4月2日，历史所召开编辑中国历史图谱座谈会，讨论张政烺拟定的提纲初稿。郭沫若在座谈会闭幕讲话中强调图谱编纂要注意"多民族国家""工艺史""人民性""力求其同"等原则性问题。④ 当时"中国历史图谱"编辑委员会阵容强大，在1959年7月1日召开的第一次"历史图谱"编委会，参加单位有中宣部、文化部、历史所、考古所、中华书局、历史博物馆、故宫博物院、人民美术出版社等。会议选举齐燕铭同志为主任委员，尹达、侯外庐、金灿然三位同志为副主任委员；委员分别来自中宣部出版处（包子静）、文化部文物局（王冶秋）、中华书局（金灿然）、故宫博物院（吴仲超、唐兰）、北京图书馆（左恭、张铁弦）、历史博物馆（韩寿萱、陈乔、王振铎、沈

---

① 陈绍棣：《张政烺先生年谱》，中国社会科学出版社2019年版，第80页。
② 张政烺：《中国历史图谱资料目录（封建社会部分）（草稿）》，《张政烺文集·苑峰杂著》，中华书局2012年版，第148页。
③ 萧良琼：《纪念好老师张政烺先生》，载张永山编《张政烺先生学行录》，中华书局2010年版，第35页。
④ 参见林甘泉、蔡震主编《郭沫若年谱长编（1892—1978）》（第四卷），中国社会科学出版社2017年版，第1734页；沈从文《谈"文姬归汉图"》，《文物》1959年第6期，又见《中国古代服饰研究》，商务印书馆2017年版，第566—569页。

从文)、考古所(夏鼐)、历史三所(刘大年)、自然科学史研究室(严敦杰,当时该室设在二所)、北京大学(翦伯赞、兰云夫、梁思庄)、中央美术学院(常任侠)、科学院图书馆(贺昌群)、档案局、档案馆、解放军军事科学院、美术出版社、文物出版社,及历史一、二所(侯外庐、尹达、张政烺、阴法鲁)等单位。具体负责编纂的工作组又分核心组(张政烺、张兆麟、安守仁)和普通组员(阴法鲁、胡嘉、李培根、谢清河、朱家源)。

7—10月,图谱组又受命牵头组建西藏考察组,完成交办任务——《西藏图谱》(即《西藏——祖国领土不可分割的一部分》图册)的编纂工作。[①] 西藏工作组领队为阴法鲁(副研究员,隋唐音乐史、文学史),成员有王忠(助理研究员,熟悉藏文、西藏史)、张兆麟(研究实习员)、金自强、李培根等。1960年,西藏历史图谱编辑完稿(定名为《西藏是祖国神圣领土不可分割的一部分》)送审。1961—1964年,图谱组到全国各地收集资料,至"文化大革命"前,共拍摄照片一万多张。1963年,参照苏联模式(苏联科学院考古研究所时称物质文化研究所),将图谱组改为"物质文化史组"。1964—1975年,图谱组人员流动性大,前后有二十多人参与,不过到1975年仅剩张政烺、安守仁、卢善焕、朱家源、陈绍棣、师勤、栾成显等7人。不久,物质文化史组改为物质文化研究室。1978年3月,沈从文从中国历史博物馆(今中国国家博物馆)调入历史所,便暂隶于物质文化研究室(但在家工作)。[②] 1979年3月23日至4月2日,由历史所牵头,在成都召开的中国历史学规划会议上,通过了《1978年—1985年历史学(中国古代史部

[①] 详参安守仁《关于〈中国古代历史文物图集〉前期工作的回忆》一文,载张永山编《张政烺先生学行录》,中华书局2010年版,第197—207页。

[②] 据沈从文次子沈虎雏所编《沈从文年表简编》,载《沈从文全集·附卷》,北岳文艺出版社2009年版,第54—85页。

分）发展规划》，其中明确1979年内要成立秦汉简牍整理和研究中心、古文字研究中心、敦煌吐鲁番文书整理和研究中心等出土文物研究中心。历史所的"古文字与古文献研究室"便是该年在物质文化研究室的基础上成立的，张政烺先后担任过物质文化研究室、古文字与古文献研究室的室主任。1980年以后，《中国历史图谱》工作继续推进，并几易其名，最后定名为《中国（古代）历史文物图集》。90年代，因人事变动，张政烺退出图谱组，三十余年辛苦付出引为憾事。后王曾瑜踵其事，终于完成《中国古代历史图谱》编纂工作，并于2016年由湖南人民出版社出版。

二　物质文化史研究阶段

与张政烺侧重于金石学的考古学史不同，沈从文则以古代服饰、织绣工艺纹样为主的物质文化史研究最为学林知著。事实上从1959年开始，沈从文便将研究重点放在服饰史方面，1960—1963年，他为轻工业出版社编拟《中国服饰资料》目录。1963年冬，根据周恩来总理的指示，文化部将编印历代服装图录的任务交办给中国历史博物馆（以下简称"历博"），由历博组织《中国古代服饰资料》编撰组，并请沈从文担任主编。1964年7月，《中国古代服饰资料选辑》文稿完成，请郭沫若题签并序。① 郭序从艺术与生活、民族文化和人民创造的角度指出该编的学术价值和现实意义："古代服饰是工艺美术的主要组成部分，资料甚多，大可集中研究。于此可以考见民族文化发展的轨迹和各兄弟民族间的相互影响、历代生产方式、

---

① 史树青：《"今日回思志备坚"——忆郭老》，《中国历史博物馆馆刊》1979年第1期。又见龚济民、方仁念《郭沫若年谱》下册，天津人民出版社1982年版，第1279页。

阶级关系、风俗习惯、文物制度等，大可一目了然，是绝好的史料。"① 同年，该编交付中国财经出版社，后因"文化大革命"开始，出版被搁置。1978年，沈从文调入历史所后，提出继续修订和补充《中国古代服饰资料》旧稿。为配合其工作，经中国社科院同意，历史所借调考古所王㐨、王亚蓉，组成临时工作室（其他临时成员有李宏、胡戟、张兆和、谷守英）。1979年1月，书稿增补完成，定名为《中国古代服饰研究》，并于1981年由商务印书馆香港分馆印行。② 该书一问世便受到国内外学术界高度评价，认为是服饰史方面的开拓性著作，是该领域的第一部通史，③ 并先后作为国礼送给多国元首和政要。1993年，该书荣获中国社会科学院优秀科研成果奖（1977—1991年度）。

为保留工作团队，继续推进以古代服饰文化为主的物质文化史研究，增补工作一结束，沈从文便致函胡乔木院长，申请组建古代服饰研究室，并获得批复。1980年，历史所设立古代服饰研究室，沈从文担任室主任。

沈从文对于历史所中国古代文化史学科的另一个贡献便是在方法论上。他一直重视向传统有用遗产学习的方法，在系统性学习唯物史观后，他将毛泽东唯物主义的历史主义方法论，特别是辩证分析和联系发展的基本原则，与自己文史研究必须与文物结合并重的体悟联系起来，形成从实物形象出发的实物、图像、文献三结合研究法；并在学科建设方面，提出运用现代考古学、文物学、民族志等学科理论，对丰富的古代形象材料

---

① 参见沈从文编著《中国古代服饰研究·郭序》，商务印书馆2017年版。
② 参见沈从文编著《中国古代服饰研究·后记、再版后记》，商务印书馆2017年版，第749—755页。
③ 孙机：《中国古舆服论丛·后记》，文物出版社2001年版，第507页。

进行系统性整理和研究的学科发展规划。其从形象出发的物质文化史研究方法，对于中国古代文化史学科建设具有一定的理论启发意义，也因此成为当前古代史所构建形象史学方法论的传统和基础。

　　1983年，沈从文因病难以秉笔，由王㐨接任室主任。1991年，历史所进行学科调整，原有的古代服饰研究室被扩建为中国文化史研究室。服饰史研究作为该室的重点项目，则以课题组的形式继续进行，对内改称"中国古代服饰研究组"①。1991年，"古代服饰研究会"成立，推举王㐨为名誉会长、王亚蓉为副会长。1994年9月，由服饰研究组策划，湖南省博物馆、历史所与韩国东亚日报、绣林苑共同主办的"韩中古今刺绣交流展"在韩国首都汉城（今首尔）开幕（《人民日报》1994年9月27日第7版）。同年，"纪念沈从文从事服饰文化研究四十周年汇报展"在郭沫若纪念馆举行，中国社科院党委书记、常务副院长王忍之出席并题词。1995年，中国社会科学院古代服饰研究中心获批成立。由王㐨任中心顾问，王亚蓉任中心主任，主持日常工作。聘请郭汉英（中科院理论物理所研究员）、冼鼎昌（中科院高能物理所研究员、中科院院士）、吴坚武（中科院高能物理所研究员）、徐苹芳（中国社科院考古所研究员）为顾问，孙机（中国历史博物馆研究员）、彭浩（湖北荆州博物馆研究员副馆长）、徐秉琨（辽宁省博物馆研究员、前馆长）、王岩（中国社科院考古所研究员）为特邀研究员。服饰研究中心成立后，首先开展的工作便是计划与黑龙江考古所、中国社科院考古所、故宫博物院、上海纺织大学、西安唐史学

---

① 据1994年历史所内部资料《历史研究所学科发展状况研究报告》（《历史研究所学科调整方案》附件）。

会等合作，主编《中国历代服饰大系》六卷本图谱，并撰写《中国服饰史》。

服饰研究中心当时在纺织文物的田野发掘起取、修复方面具有领先优势，特别是在实验考古学方面，有对古代丝绸服饰工艺从纤维、织染、缝纫、绘绣等全面系统研究的经验。尤其是王㐨所发明的桑蚕单丝网加固技术，不仅完成了国务院交办的阿尔巴尼亚羊皮古书修复任务，此后还被广泛应用到长沙马王堆汉墓、湖北江陵楚墓、陕西法门寺等出土丝织品的保护修复上。不过1997年以后，由于王㐨的去世，及其他人员的退休、调离，服饰研究中心的工作陷入停顿，并最终于2004年被撤销。

三　思想与民族文化史阶段

1979年的成都中国历史学规划会议上，还提出要推进夏文化、中国文化在世界史上的地位和中外文化交流等专题研究，并完成《中国文化史》《中国历史文物图集》（即《中国历史图谱》）等重要著作，同时还提出加强区域文化研究，计划在武汉设立楚文化研究中心，在太原设立晋国史研究中心，在西安设立秦汉史、隋唐史研究中心等思路。1983年，历史所计划"七五"期间继续推进文化史研究，由有关单位协作，编辑出版一套《中国文化史丛书》。1984年2月19日，白寿彝致林甘泉（中国古代史规划小组）的信亦提及此事："前接到规划小组的来信，原说在二月二十三日以前，将书面意见提出来，我记错了时间，把这事耽误了。现在限期早过，但还想说一点意见供参考。第一，是否可以考虑出一部中国文化史丛书，为这方面的研究开辟道路。我们在这方面的工作一直太落后了，如何阐述我国古代的灿烂文化，鼓舞青年一代的民族自豪感，恐怕是很重要的课题之一。"但是事实上，除了学科建设的门类框架外，在具体研究领域和项目完成上并不理想，这也正是90年代历史所要重新进行学科调整的原因之一。

1991年，扩建后的文化史研究室（以下简称"文化室"）由步近智担任室主任。步近智是侯外庐的弟子兼助手①，在文化研究中，他擅长运用侯外庐提出的"通"而后"专""博"而后"深"的"思想史研究与社会史研究相结合"的研究方法，先后参与《中国思想发展史》《宋明理学史》《明清实学思潮史》《中华文明史》（十卷本）等项目，兼及中韩实学比较研究；与夫人张安奇合著《中国学术思想史稿》《顾宪成高攀龙评传》《好学集》等。其中《宋明理学史》获1995年国家教委人文社会科学研究优秀成果一等奖，1997年中国社会科学院学术著作一等奖，1999年获国家社会科学著作二等奖。当时历史所将中国文化史研究的重点放在学术文化、书院文化、礼乐文化、服饰文化、饮食文化方面。1992年，在历史所支持下，文化室启动《中国文化史丛书》编撰计划，内容以作为观念形态的精神文化为主，意在通过揭示传统文化的现代价值，为中国特色社会主义新文化作出贡献。不过由于1993年底步近智离休，这项计划也未能真正落实。

1994年，历史所制定《历史研究所研究方向和任务》，进行学科调整，把批判地继承历史文化遗产，总结中国历史发展规律，为深化改革和社会主义精神文明建设服务作为下一阶段的主要任务。文化史和社会史自1991年新设研究室以来，由

---

① 1959年，从山东大学历史系毕业的步近智被分配到历史所中国思想史研究室，在外庐先生门下学习和工作。见邹兆辰《以外庐师的治学精神研撰中国思想史——访步近智、张安奇先生》，《历史教学问题》2010年第6期。

于精力分散，步履迟缓，未能有效完成有影响的研究课题，面临被裁撤。不过最终考虑到这两个学科在中国古代史研究中的前沿地位，具有良好的发展前景，原设研究室仍予保留。丁守璞便是在这一形势下接任文化室主任的。他原是中国社科院少数民族文学研究所（今民族文学研究所）文艺理论研究室主任，1993年3月，调入文化室。他长于蒙古文化、蒙藏文化研究，注重田野调查与文献典籍相结合的研究方法，曾著有《历史的足迹——论民族文学与文化》《蒙藏关系史大系——文化卷》（合著）、《蒙藏文化交流史话》（合著），并撰有《少数民族文化十年（1983—1992）》《中国少数民族文化与现代化》《文化的选择与重构——兼论传统文化与现代生活》等文章。1998年，丁守璞向历史所提出编写一部以物质文化史为主线，系统阐述包括有55个少数民族文化史在内的真正意义上的中国文化史，并计划推出《中国古代物质文化史纲》，惜未能付诸实现。

1999—2002年，丁守璞续任文化室主任，王育成续任副主任。2002年，丁守璞退休，王育成主持工作，不久接任室主任。2010年，王育成届满不再担任室主任，孙晓从秦汉史研究室调入主持工作，不久任室主任。这一时期，历史所文化史研究领域的主要科研成果有陈高华《元代文化史》、李斌城《唐代文化》、丁守璞《蒙藏文化关系史》、王育成《道教法印令牌探奥》《明代彩绘全真宗祖图研究》、孙晓《两汉经学与两汉社会》、赵连赏《中国古代服饰智道透析》《中国古代服饰文化图典》、杨宝玉《英藏敦煌文献（第9—11、15卷）》《敦煌沧桑》《敦煌文献探析》《敦煌本佛教灵验记校注并研究》、沈冬梅《茶经校注》、刘乐贤《睡虎地秦简日书研究》《马王堆天文书考释》、李宗山《中国家具史图说》、胡振宇《殷商史》（合著）、刘永霞《茅山宗师陶弘景的道与术》，以及历史所多位同仁参与的《中国风俗通史》项目（先秦、秦汉、隋唐五代、元、清卷）。

四 文献整理注释和方法论构建阶段

2011 年，为打破文化史学科长期相对"沉寂"的状态，经所党委研究决定，分别从隋唐宋辽金元研究室、中外关系史研究室调入杨宝玉、沈冬梅、刘中玉到文化室，以加强文化史的研究力量。2014 年，刘中玉任室副主任。2019 年，中国历史研究院成立后，历史研究所更名为古代史研究所，文化室由原来的中国文化史研究室更名为古代文化史研究室，刘中玉任室主任。2023 年，宋学立任室副主任。目前文化室在职研究人员 10 人，研究领域主要集中在形象史学、海洋文化、域外汉籍、正史文献、敦煌文献、宗教文化、物质文化等领域。近年来，文化室在传世文献整理研究、理论创新、刊物建设、基础研究与应用研究融合、平台建设、学术交流等方面均取得了较大进展。

传世文献整理方面。一是继续推进《今注本二十四史》的编纂工作。该项目由张政烺任总编纂，赖长扬、孙晓任执行总编纂，1994 年 8 月由文化部批准立项，1995 年正式启动。邀集古代史所及国内二十多所高校、科研机构的三百余位学者参与编纂，是第一部全面注释与校点"二十四史"文本的史学巨著。其中有多部今注由文化室人员主持点校。对于古籍今注，张政烺有一种观点，认为："普及古籍，今注远胜今译。"虽然他没有直接参与今注，但还是提出若干原则性、指导性的意见，如"要作好今注，厚积的功夫要多么深、广、细"；"书面材料不足，地面文物和考古发掘的研究成果更是注家的重要资料；

至于各史中的天文、律历、地理等《志》以及各项生产方面的事务，则又有自然科学史的研究成果必须吸收，才能注解得确切"；"方方面面的科研成果对于正确理解各类古籍，做普及读本，都有极有用的知识。但是绝不能用这些知识去改造古籍，而是据以正确地解释原文，在确证原文有错漏的地方订正或补充"；"要做到善于选择广大读者的难点，正确地解决，而且深入浅出"；"一系列高难度的工作必须有充裕的时间，绝不能急于求成"；等等。他指出："各类古籍从不同的角度帮助我们了解过去，展望未来。史书则是更直接、更系统地记载我们这个五千年的文明古国是怎样不断地战胜各种艰难险阻，而在这广袤的土地上屹立至今的。读史书使我们了解世世代代祖先的经历，从中辨识我国传统文化的精华与糟粕，认识我们的长处和短处，认识过去的得失及其因果，认识到应如何团结奋进、自强不息、建设社会主义精神文明、发展科学技术，以面对世界"[①]。这种古为今用、向公众普及有用知识的史学家的使命意识，正是《今注本二十四史》项目的初衷。孙晓、卜宪群认为，今注本是文化传承、文本传承、学术传承的有机结合，"旨在为社会提供对中华历史文化文本的正确解读，掌握中华民族历史文化的话语权"[②]。已出版相关成果先后入选2020—2021年度中国社会科学院重大科研成果，荣获中国社会科学出版社2020年度优秀出版成果/年度优秀图书——特别贡献奖、2021年"全国主要史学研究与教学机构2020—2021年度重大成果奖"、第五届中国出版政府奖提名等，受到学界和社会各界好评。

---

① 张政烺：《关于古籍今注今译》，《张政烺文史论集》，中华书局2004年版，第831—833页。原文载《传统文化与现代》1995年第4期。
② 孙晓、卜宪群：《正史与〈今注本二十四史〉》，《中国社会科学评价》2022年第8期。

二是完成《域外汉籍珍本文库》（2007—2018 年）编纂工作。该项目是国家"十一五"文化发展规划重大出版工程，是由历史所（具体工作由文化室承担）主持编纂，西南师范大学出版社和人民出版社联合出版的大型古籍整理项目。通过对域外汉籍的系统性调查整理，遴选孤本、善本，编纂影印古籍丛书，从而有效把握汉文古籍在海外的留存状况。仿《四库全书》经史子集分类法，并撰写目录与提要索引，共五辑，凡2000 多种 800 余册。另有《永乐北藏》《汉魏经学佚书丛编》《闽刻珍本丛刊》《史记考证资料汇编》《日本五山版汉籍善本集刊》《明代通俗日用类书集刊》等多种。

理论创新和刊物建设方面。2011 年，为了继承和发扬历史所中国古代文化史学科的思想文化史和物质文化史研究传统，文化室在郭沫若"形象学"方法论体系、沈从文实物、图像、文献三结合的物质文化史研究方法论，及其他前辈学人历史形象阐释研究法的基础上，提出构建文化史研究的"形象史学方法论"，并创建了《形象史学》集刊作为宣传和推广平台。旨在通过构建形象史学方法论，来推动和提升全面性、整体性的中国古代文化史研究。近年来在中国社科院创新工程和登峰战略资助下，《形象史学》从最初的年刊逐步发展为半年刊、季刊，致力于推动传统文化的优秀特质、内在演进机制、变迁发展的实证性研究和理论性阐释，以及形象史学方法论的研究实践。先后入选为国家"2011 计划"出土文献与中国古代文明研究协同创新中心重要刊物、南京大学 CSSCI 收录集刊、中国社会科学院创新工程科研岗位准入考核期刊、中国社会科学院 AMI（集刊）核心集刊，并先后获出土文献与中国古代文明研究协同创新工程，教育部、国家语委甲骨文研究与应用专项，古文字与中华文明传承发展工程等资助。常设栏目有理论前沿、文化传承研究、器物研究、汉画研究、服饰研究、图像研究、跨文化研究、文本研究等，着重推出中国古代史学科领域的最新前沿动态和相关热点最新研究成果，在学界产生了良好反响，受到同行专家的高度肯定。值得一提的是，近年来形象史学方法论已成为博硕学位论文和相关专题研究经常引用和使用的方法论之一。2023年，《形象史学》荣获郭沫若中国历史学奖优秀史学刊物提名奖。

基础研究与应用研究融合方面。近年来，文化室依托国家社科基金、中国社科院创新工程以及各级部门交办、委托课题，主要开展了域外汉籍整理、今注本二十四史、妈祖文化与海洋文化融合研究、中华文化生命力研究、关于中华民族整体史观建构的若干思考、蒙元概念使用的历史与现状、《汉书》注释与研究、中国古代物质文化史、敦煌文献中所存纪传体史籍整理与研究、晚唐敦煌文士张球与归义军史研究、中国传统文化中的现代元素、敦煌与中印交通、丝路文化史、金元全真教宗教认同的建构研究、域外汉籍所见宋代僧人文化认同研究等党和国家各部委交办、地方政府委托的课题，积极推动中华优秀传统文化的创造性转化与创新性发展。相关科研成果主要有孙晓《中国历史极简本》（主编）、杨宝玉《归义军政权与中央关系研究——以入奏活动为中心》《敦煌文献》、刘中玉《混同与重构：元代文人画学研究》《中华图像文化史·元代卷》、《汉画中的生活与精神世界》（主编）、《海洋文化与妈祖文化融合研究》（主编）、沈冬梅《茶的极致：宋代点茶文化》，以及张广保主编、宋学立译《多重视野下的西方全真教研究》，张广保、宋学立《宗教教化与西南边疆经略——以元明时期云南为中心的考察》等。古籍整理成果有孙晓主编和主持校注的《日藏明人别集珍本丛刊》《大越史记》《大日本史》《今注本汉书》、纪雪娟《今注本旧五代史》《今注本新五代史》（主持校注）、沈冬梅《茶经校注》等。

平台建设与学术交流方面。近年来，文化室围绕妈祖文化、海洋文化、形象史学，先后与河西学院、莆田学院、南京大学、河北大学、宁波大学、越南社会科学翰林院汉喃研究院、安徽师范大学历史学院、新疆大学等高校和科研机构开展合作；设立莆田学院妈祖文化研究基地、河北大学形象史学研究所等；举办形象史学与明清宫廷史研讨会、形象史学与丝路文化国际学术研讨会、形象史学与丝路文化国际学术研讨会、形象史学与燕赵文化国际学术研讨会、形象史学系列精品课程、系列国际妈祖文化学术研讨会、《域外汉籍珍本文库》学术座谈暨项目总结会、"形象史学视野下的舆图与边疆文化"系列学术研讨会、形象史学与浙东文化专题研讨会、纪念沈从文先生诞辰120周年国际学术研讨会、海洋文化与中华文明传承发展学术研讨会、草原生态文化与中华文明传承发展学术研讨会、"中华民族共同体形成路径与演进机制"学术研讨会等多个学术论坛；邀请中国人民大学、北京大学、北京师范大学、陕西师范大学、北京外国语大学、中央美术学院、美国洛杉矶加州大学、捷克科学院亚非研究所、美国达慕思大学等海内外学者来所讲座；到美国、英国、法国、德国、荷兰、意大利、波兰、斯洛伐克、日本、韩国及中国港澳台多所大学和科研机构访问，积极开展学术合作与文化交流。

2023年9月8日，中国史学会传统文化专业委员会成立。该专委会是由中国史学会直接领导的全国性二级专业学会，古代史所代管，具体工作由文化室承担。卜宪群所长任主任委员，刘中玉任秘书长。专委会以团结广大中国传统文化史学界工作者，推进中华优秀传统文化创造性转化、创新性发展为目标，通过多学科协同攻关的方式,深入开展传统文化形成、发展、变迁的内在机制与演进路径的实践研究和理论阐释,以期为社会主义文化新形态建设、中华民族现代文明建设提供理论支撑。

整体来看,近年来古代史所的中国古代文化史学科以形象史学方法论和《形象史学》集刊、传世文献整理为抓手,一方面推动了中国文化史研究的视角转换、方法创新,使古代史所的文化室成为目前国内中国古代文化史学科建设和理论建设的一支重要力量;另一方面《今注本二十四史》等大型古籍整理项目的推出,为中国传统文化研究和文化传承发展的普及推广奠定了坚实的文献学基础,在国内外颇受好评。今后,文化室将克服专业结构、人员结构、年龄结构上配置不合理的困难,坚持正确的政治导向,加强学科理论建设和话语建设,以建设全面与发展的文化史观为目标,不断提高中国古代文化史研究和中华优秀传统文化系统性、现代性阐释的能力与水平。

古代社会史学科四十年发展概况

邱源嫒

中国社会科学院古代史研究所古代社会史研究室主任、研究员

1986年被公认为"中国社会史元年",1986年10月,中国社会科学院历史研究所(现古代史研究所)与南开大学、《历史研究》编辑部等单位共同召开第一次社会史研讨会,成为社会史复兴的标志性时间。三十余年来,没有人可以忽略社会史带给史学界的启发与生机,学者们基于社会史研究而生发的分歧、争论、疑惑、思考、探索,不仅形塑了本领域的发展方向,吸纳各种学科的理论、跨学科思考,结合人类学、社会学孕育而生的田野调查,眼光向下关注大众的社会史研究范式,对中国史学各断代史、各专门史产生了不可限量的巨大冲击,触发了学者们聚焦异于传统史学的研究领域,也拓展了学者们的研究视角和方法论使用。

中国社会科学院古代史研究所古代社会史研究室(原历史研究所社会史研究室),在将近四十年大陆学术界社会史学科的复兴、发展中,对本学科的建设和推进产生了重要影响力和推动作用。

一　古代社会史研究室的建立

20世纪80年代初，随着全国范围内拨乱反正的全面展开，史学界也逐渐摆脱"左"的禁锢，开始对以往学术研究进行深刻反思。正是在这一契机中，在突破史学研究以阶级斗争为指导的僵化观念，延续梁启超、李大钊、顾颉刚等前人开创的学术脉络，吸纳西方学术理论等多种因素的促进下，中国社会史开始了复兴之路。

1986年10月，第一届中国社会史研讨会在天津召开，大会对中国社会史的研究对象、范畴、社会史与其他学科的关系、开展社会史研究的意义等问题进行了探讨。诸多科研单位及高校，成立了专门的社会史研究室或研究点，调拨优秀科研人员，规划了一批中长期研究课题。

本所即是第一批增设专门社会史研究室的科研机构，1991年，所里从优化学科结构出发，认为"社会史是近年来新开辟的一个研究领域，与传统的关于社会历史的研究不同，是历史学与社会学、文化人类学等多种学科交叉的生长点。同时，我所有一些科研人员已涉足这一领域，并发表了有影响的论著。增设社会史研究室，将有利于我所占领这一研究领域的前沿"[1]。古代社会史研究室建立至今，历任研究室负责人为郭松义、商传、定宜庄、陈爽、阿风、赵凯。现有研究人员4人，研究员邱源媛，任研究室主任，副研究员贺晓燕，助理研究员汪润、王正华。

研究室的建立，反映了历史所领导高度的学术敏锐性，开

---

[1]《历史所"八五"科研计划纲要》。

阔的海内外学术视野，这样的起点一开始就决定了社会史研究室具备一些明显的学术特点：开阔、多元、跨学科的学术视野，敏锐、创新的学术触角，与国际国内学术界的密切联系、深度合作，这些学术特点一直延续至今。

二 跨学科研究视野与广泛的学术交流

坚持跨学科研究视野，坚持与海内外学术界的广泛交流、深度合作，自社会史研究室第一任主任郭松义开始，即成为本室的重要特点，研究室的每一代学人都具有较高的国际学术视野，注重吸纳人类学、社会学、经济学、民族学等不同学科领域的研究理论，与海内外学人、学术机构保持密切联系，参加国际学术会议、与海内外学术团队深度合作、出访国内外大学研究机构等，是社会史研究室的常态，这样的学术氛围与学术培养，让社会史研究室的每一位研究成员受益匪浅，开阔学术视野，也成为研究室保持至今的学术风气。

本所建立社会史研究室之前，郭松义一直从事清史研究，20世纪80年代初期，开风气之先，郭松义成为最早接触国际学术界的中国大陆学者之一。当时，学术界对于经济史、人口史等领域的研究主要是描述性的、定性的分析，定量的方法使用的极少，郭松义从"量"这个角度出发，收集数据，做定量的分析，发表了一系列关于中国古代粮食生产的文章，[①] 采用定量分析的方式。1987年，美国历史人口学会召开第三次亚洲人

---

① 郭松义：《清前期南方稻作区的粮食生产》，《中国经济史研究》1994年第1期；《清代粮食市场和商品粮食数量的估测》，《中国史研究》1994年第4期；《清代北方旱作区的粮食生产》，《中国经济史研究》1995年第1期；《明清时期的粮食生产与农民生活水平》，《中国社会科学院历史所学刊》第1集，社会科学文献出版社2001年版。

口年会，郭松义受邀发表《清代人口问题与婚姻状况的考察》一文，① 以家谱作为人口研究的论据，是中国大陆第一篇人口史研究使用计量方法的文章。

郭松义的研究视角和研究方法，在当时是引领学术界的，同时也契合了正在萌芽的社会史复兴的研究路径，所领导考虑到郭松义的研究特长，将郭松义任命为第一任社会史研究室主任。郭松义一上任就组织不同学科的海内外学者做了一系列国际学术活动，让新成立的社会史研究室在国际国内学术界发出了重量级的声音，产生了很好的学术影响力。

1993 年，郭松义与当时在美国加州理工学院的李中清，在北京组织召开"清代皇族人口及其环境——人口与社会历史（1600—1920）"研讨会。这次会议强调人口问题的社会背景和环境状况，邀请不同学科的学者参加，希望学科之间可以相互借鉴。参会的学者有来自民族史、历史地理学、疾病学、经济史等领域的王锺翰、侯仁之、张丕远、陈可冀、定宜庄与中国台湾的赖惠敏、刘素芬等。会议论文出版《清代皇族人口行为和社会环境》，② 在当时的人口史、社会史、环境史等领域产生了很好的影响，郭松义、李中清、定宜庄等作为组织者，在 1998 年，又组织了一场与前次会议相互关联的"中国婚姻、家庭与人口行为"国际学术会议，共 30 位学者出席，分别来自美国、意大利、比利时、瑞典、日本和中国的历史学、人类学、社会学学者，从各自的领域，以不同的视角探讨婚姻、家庭、人口行为，并结集出版《婚姻家庭与人口行为》。③

---

① 郭松义：《清代人口问题与婚姻状况的考察》，《中国史研究》1987 年第 3 期。
② 郭松义、李中清主编：《清代皇族人口行为和社会环境》，北京大学出版社 1994 年版。
③ 郭松义、李中清、定宜庄主编：《婚姻家庭与人口行为》，北京大学出版社 2000 年版。

作为研究室发展的重要一页，1995年组织、筹备海峡两岸"传统社会与当代中国社会史"学术研讨会值得书写纪念。本次会议由中国社会科学院历史研究所和台湾联合报系文化基金会合作举办，社会史研究室承办，来自海峡两岸各科研机构与高等院校的社会史学者共六十余人到会，中国台湾方面有杜正胜、李亦园、王寿南、邵玉铭、梁其姿、熊秉真、赖会敏等，中国大陆学者有郭松义、冯尔康、李学勤、林甘泉、刘志琴、商传、定宜庄、马大正、常建华、许谭、王子今、李世愉、郑振满、赵世瑜、陈春声等。三天的学术会议活跃、融洽，与会学者认为在两岸的政治、经济、文化交流中，学术文化交流对于中国未来的发展具有特别重大且深远的意义。本次会议无论对于社会史学科发展，还是海峡两岸学术交流，均具有划时代的里程碑意义。

自1990年社会史研究室建立以来，一代一代的社会史研究室学人没有间断过跨学科的学术探索。郭松义、定宜庄与美国学者李中清、康文林关于辽东八旗人群户口册整理与研究的合作，兼顾传统史学、数量统计、田野调查等研究方式，持续了将近十年。第二任研究室主任商传于2009年起担任中国明史学会会长，主持多项中外明史界交流活动。吴玉贵、胡宝国曾先后被聘为北大中古史研究中心学术委员。陈爽、孟彦弘先后被聘为北大中古史研究中心兼职教授。

年轻一代的社会史研究室学人，随着中国学术界的进一步开放，有更多的交流机会。2014年，阿风调入社会史研究室担任研究室主任，与中国政法大学、日本学术界在古文书学、法律史等领域交流甚多，于2015年，联合思想史研究室共同举办中国社会科学论坛"中国古代社会变化与思想变迁"国际学术研讨会。邱源媛于2014—2015年，在哈佛大学东亚系访学一年。汪润于 2014—2015 年，在韩国首尔大学奎章阁访学一年。自 2014 年以来，邱源媛等研究室成员多次参加如全美亚洲年会（AAS）、欧洲汉学年会（EACS）、台湾"中研院"明清研究国际学术研讨会等具有重大国际影响的国际学术会议，在这些大型学术会议中组织分会场，发表文章。研究室整体持续不断的交流活动，在国际国内学术界产生了很好的影响力。

广泛的学术交流、多学科对话，与人类学结合的历史人类学、田野考察、口述史；与人口学、计量学相结合的人口史；与医疗、生态环境相结合的医疗史、环境史；与人口、历史地理结合的城市史；与经济学、法学结合的社会经济史、法律史等，借鉴其他学科的理论与方法，促发研究室产生一大批具有前瞻性的研究成果，本室同仁在这些研究领域内的勤奋耕耘给史学界带来了大量优秀成果，对社会史各个方面的发展起到了举足轻重的推动作用。

三 推进多维度历史研究

（一）从"眼光向下"到"自下而上"

法国年鉴学派于 20 世纪上半叶提出的长时段、整体观，以及反对以政治史为主体的历史研究等理论，无疑强烈地撞击了国际史学界，为史学研究开拓了一片天地，成为 20 世纪最具影响力的理论之一。这些学说对中国史学界，尤其是社会史的复兴、发展，也产生了重要的影响。无论持何种理论观点的学者，自社会史复兴初始起，都一致认同社会史不同于传统史学的王朝史和政治史，它并不仅仅重视上层建筑中的政治因素，更加强调在长时段中对整体社会的变迁进行全方位的考察，关注政治之外的经济、文化、生活，关注历史发展中的草根阶层，打破了传统史学以往从上而下的模式。这一颠覆性的改变，使得大量过去从未进入史学家视野的领域，成为人们关注的焦点。

社会经济史是研究室最早重视的领域之一，郭松义在清代粮食生产的研究之外，敏锐地关注到当时的现实人口问题，他借鉴人口学、统计学等学科的理论与方法，对清代人口统计、人口增长、流迁、男女寿命、人口与婚姻状态、经济发展的关系等问题进行了有益的探讨。[①] 此后，研究室阿风、汪润、王正华等学者在各自的区域史研究中，以社会经济史为重点，既呈现了区域化不同特点，又有整体性观照（详见下文）。

社会结构是社会史研究中的有机组成部分，2004—2007年，社会史研究室以"中国传统社会结构及其演变研究——社会主导群体为主"为题，对中国古代各个历史时期的社会主导群体进行了研究。课题主持人商传，参与学者有本室定宜庄、胡宝国、吴玉贵、孟彦弘、陈爽等，他们指出社会主导群体的演变是社会变迁的重要标志，而社会主导群体的变化也是社会转型的先决条件。该课题在中国由血缘社会转向地缘社会的过程中，就整体社会结构进行了深入的、开创性的对比研究。

宗族史的相关研究起步较早，尤其难能可贵的是学者们跳出以往对家族族权是政权附庸的先验性框架，从宗族的社会功能、文化功能等方面，对宗族、家族进行了较之先前更为深入、客观的探讨。陈爽《世家大族与北朝政治》[②] 一书，在宏观考察与微观剖析相互结合的基础上，通过考察北朝世家大族的家族背景、宗族形态、政治取向、文化风貌等问题，

---

① 如郭松义《清初人口统计中的一些问题》，《清史研究集》第2辑；《清代的人口增长和人口流迁》，《清史论丛》第5辑等多篇文章。

② 陈爽：《世家大族与北朝政治》，中国社会科学出版社1998年版。

进而揭示北朝世家大族的演进历程及其对北朝隋唐政治的影响。

婚姻、家庭以及妇女史研究方面，研究室成果卓著。郭松义《伦理与生活——清代的婚姻关系》①，与定宜庄合作《清代民间婚书研究》②均是该领域的上乘之作。定宜庄《满族的妇女生活与婚姻制度研究》③《最后的记忆：十六位旗人妇女的口述历史》④，前者从制度视角的国家宏观层面，后者运用口述的方式，呈现16位妇女现实生活的微观层面，相辅相成的讨论了清代满族妇女的点滴生活。阿风的《明清时代妇女的地位与权利——以明清契约文书、诉讼档案为中心》⑤，以契约、诉讼等文书为切入点，对明清时期的妇女法律地位等问题，进行了深入探讨。

医疗史、生命史、灾害史一直社会史学界的热点领域，郭松义利用大量的档案史料，关注了蒙汗药、自杀、北京城内人口死亡情况等此前学界较少涉及的领域。⑥ 2020年，新冠疫情冲击全球，面对如此巨大的全球危机，国内史学界迅速做出了学术反应。社会史研究室也加入讨论，在疫情严重的2020年2月份，就中国历史上不同的阶段，讨论了古代国家治理体系如何应对灾疫，从中可以吸取哪些经验和教训等问题。⑦

---

① 郭松义：《伦理与生活——清代的婚姻关系》，商务印书馆2000年版。
② 郭松义、定宜庄：《清代民间婚书研究》，人民出版社2005年版。
③ 定宜庄：《满族的妇女生活与婚姻制度研究》，北京大学出版社1999年版。
④ 定宜庄：《最后的记忆：十六位旗人妇女的口述历史》，中国广播电视出版社1999年版。
⑤ 阿风：《明清时代妇女的地位与权利——以明清契约文书、诉讼档案为中心》，社会科学文献出版社2009年版。
⑥ 郭松义：《清宣统年间北京城内人口死亡情况的分析》，《中国人口科学》2002年第3期；《清代刑案中记录的蒙汗药》，《清史论集：庆祝王锺翰教授九十华诞》，紫禁城出版社2003年版；《自杀与社会：以清代北京为例》，《中国社会历史评论》第8卷等文章。
⑦ 本刊编辑部采访整理：《中国古代的瘟疫和灾害治理——相关学者访谈录》，《中国史研究动态》2020年第3期。

社会史研究从来都不是简单的"眼光向下",而是独辟蹊径地以"自下而上"的角度重新审视历史。社会史研究也绝不是对传统史学研究的摒弃,政治史、制度史、思想史等传统史学领域,是社会史研究的基础,最具有创新性的社会史研究离不开学者对传统问题的深度认识和把握,反过来说,以社会史为视角的思考也推进了传统史学领域、传统史学问题的进一步甚至全新的释读。

鉴于此,社会史研究室同仁一直保持着对传统史学领域的关注,从各自不同学术背景出发,在社会史与传统史学的结合方面做了诸多工作,如胡宝国《汉唐间史学的发展》[①]、吴玉贵《突厥汗国与隋唐关系史研究》[②]《中国风俗通史·隋唐五代史》[③]《白居易"毡帐诗"所见唐代胡风》[④],陈爽《出土墓志所见中古谱牒研究》[⑤],孟彦弘《出土文献与汉唐典制研究》[⑥],赵凯《秦汉法律文化研究》[⑦],林鹄《宗法、丧服、庙制——儒家早期经典与宋儒的宗族观》[⑧],邱源媛《清前期宫廷礼乐研究》[⑨],贺晓燕《清代科举落第制度研究》[⑩],汪润《"夺取汉学中心"的理念与实践——以〈辅仁学志〉为中心》[⑪],等等。继承传统史学,吸纳多学科理论,践行自下而上的学术视角,是多年来的社会史

[①] 胡宝国:《汉唐间史学的发展》,商务印书馆2003年版。
[②] 吴玉贵:《突厥汗国与隋唐关系史研究》,中国社会科学出版社1998年版。
[③] 吴玉贵:《中国风俗通史·隋唐五代史》,上海文艺出版社2001年版。
[④] 吴玉贵:《白居易"毡帐诗"所见唐代胡风》,《唐研究》第5辑,北京大学出版社1999年版。
[⑤] 陈爽:《出土墓志所见中古谱牒研究》,学林出版社2015年版。
[⑥] 孟彦弘:《出土文献与汉唐典制研究》,北京大学出版社2015年版。
[⑦] 赵凯:《秦汉法律文化研究》,中国人民大学出版社2007年版。
[⑧] 林鹄:《宗法、丧服、庙制——儒家早期经典与宋儒的宗族观》,《社会》2015年第1期。
[⑨] 邱源媛:《清前期宫廷礼乐研究》,社会科学文献出版社2012年版。
[⑩] 贺晓燕:《清代科举落第制度研究》,广东人民出版社2022年版。
[⑪] 汪润:《"夺取汉学中心"的理念与实践——以〈辅仁学志〉为中心》,学苑出版社2018年版。

研究室同仁坚持的学术理念。

（二）区域史与整体史的结合

自 1998 年郭松义、定宜庄与美国学者李中清、康文林对辽东地区的研究开始，区域史研究便受到研究室的重视，近十来年，更是成为研究室学科建设重点推进的方向。在二十余年不同区域的研究中，研究室形成了具有自身特点的研究方式。

第一，强调区域史研究的整体史建构，区域史不等于地方史，区域研究也并非地方研究。区域史即是整体史，超越王朝国家的框架，从区域的脉络解释中国历史结构，丰富并发展国家视角下的历史叙述。同时，重视各层级制度，打破碎片化研究模式，均是研究室一直强调的研究思路。这种整体观的重视，使得研究室各成员的不同区域史研究，既有独立区域的个性化观照，也有相互交流、对比，并且以制度为核心转轴的整体性把握。

第二，由于研究室在口述史、古文书研究领域的特长（详见下文），每一位成员的区域史研究虽各有侧重，但都兼具文献、田野、口述等方法，在寻找文献的同时，也重视口述，重视活着的人如何记忆历史、认识现在。官方档案、民间文献、口述史料，甚至于满蒙汉等多语种文献相互参照，是社会史研究室的重要研究特点。

郭松义、定宜庄等对于辽东区域史研究，二位先生几度前往辽宁省近百个村庄，访问了百余名老人，在田野实践中，形成一套调查方法。[①] 阿风立足于徽州区域史研究，利用契

[①] 定宜庄、郭松义、李中清、康文林：《辽东移民中的旗人社会》，上海社会科学院出版社 2004 年版。

约、诉讼文书等，涉及社会经济史与法律史研究范畴，发表了一批具有影响力的论著。① 邱源媛关注了直隶地区的八旗制度对乡间社会的作用，以至延续至今的影响力，讨论了八旗系统与府州县二元性管理制度下的社会人群、社会机制、社会结构，由此讨论八旗制度在清代政治、社会中的普遍性意义。② 贺晓燕以明清科举落第制度与落第士人人群出路为研究重点，重视传统制度史，同时结合田野调查，挖掘民间文献，考察对江南、华南、西北、西南等区域的科举家族变迁。③ 汪润在华北、东北、西南进行了关于家族组织、社会经济、移民社会等方面的田野考察，并且对家族与地方社会有系统深入的研究，提出华北家族建构以坟墓为中心，与华南家族存在本质差别。④ 王正华以明清华北为研究时空，充分利用契约文书等民间文献，结合田野调查，从社会经济史视角出发，综合审视地权市场与政治体制、赋役制度等经济体系、社会结构等之间的关系，揭示了地权形成演变的复杂样态和深层次逻

---

① 阿风：《明清徽州诉讼文书研究》，上海古籍出版社2016年版；《徽州文书中"主盟"的性质》，《明史研究》1999年第6辑；《明清时期徽州妇女在土地买卖中的权利与地位》，《历史研究》2000年第1期；《公籍与私籍：明代徽州人的诉讼书证观念》，《徽学》2013年第8卷。

② 参见邱源媛《清代旗民分治下的民众应对》，《历史研究》2020年第6期；《口述与文献双重视野下"燕王扫北"的记忆构建——兼论华北区域史研究中旗人群体的"整体缺失"》，《中国史研究》2015年第4期；《八旗圈地制度的辐射：清初拨补地考实》，《清史研究》2021年第3期；《清代旗人户口册的整理与研究》，《历史档案》2016年第3期；《清代宣化府旗民争水的民间话语与官方叙述》，《区域史研究》2021年第1辑（总第5辑）；《清代直隶旗地的数量与分布考实》，《满语研究》2020年第2期等文章。

③ 贺晓燕：《清代童生试中的"审音"制度》，《历史档案》2016年第4期；《清代宁夏武鼎甲考略》，《清史论丛》2020年第1期；《简析清代生童罢考、闹考、阻考之风》，《探索与争鸣》2009年第8期；《试论清代科举落第士子的出路——以儒医为例》，《清史论丛》2021年第1期。

④ 汪润：《华北的祖茔与宗族组织——北京房山祖茔碑铭解析》，郑振满主编：《碑铭研究》第2辑，社会科学文献出版社2014年版；《谱牒研究出现"文化转向"》，《中国社会科学报》2016年3月21日第929期；《社会文化史中的"观"与视觉性》，《形象史学研究》(2013)，人民出版社2014年版。

辑，推进了明清地权结构和市场的研究。①

自 2016 年起，研究室开展以"南北区域史对话"为主题的系列学术活动，旨在推动中国南方与北方区域史研究的合作交流，尤其是希望促进以多语言、重制度的北方民族区域史研究，与重视田野、关注乡村的南方社会史研究团队之间的沟通与合作，在研究思路、研究范式等方面，就民间文献、田野调查、基层社会、族群问题等具体层面展开对话。对话焦点并没有局限于社会史一隅，而广泛推及至制度史、政治史、民族史、人类学、语言学等领域，吸引了不同断代、不同年龄、不同研究背景的海内外学者，对话主题的跨越性、延展性、长时段性为学者们提供了宽阔的比较视野，也从而碰撞出新的问题意识。自 2016 年至今，研究室发起、参与、组织了包括论文专刊、学术会议、学术讲座、田野工作坊等多种形式的南北区域史学术交流，与北京大学、中国人民大学、北京师范大学、中山大学、厦门大学、贵州凯里学院等高校研究院所展开合作。②

2021 年，古代史研究所与凯里学院合作共建"民间文献研究中心"，中心具体事务由古代社会史研究室负责。2021 年、

---

① 王正华：《过程与关系：清代乡村地权的界定与正当》，《中国经济史研究》2023 年第 5 期；王正华：《合与分：清代乡村土地交易中的典与活卖》，《中国经济史研究》2022 年第 5 期；王正华：《清代华北乡村田宅交易中的"水"》，《重庆大学学报》（社会科学版）2021 年第 1 期；王正华：《晚清民国华北乡村田宅交易中的官中现象》，《中国经济史研究》2018 年第 1 期。

② 社会史研究室组织、参与的"南北区域史对话"重要学术活动如下：2016 年 6 月，日本京都举办了全美亚洲年会亚洲分会（AAS-in-Asia），本研究室以"国家与社会的碰撞"为题组织了专题研讨会，此后组稿为特刊，于 2017 年发表于《历史人类学学刊》第 15 卷第 2 期；2017 年 12 月，台湾"中研院"举办的"2017'中研院'明清研究学术研讨会"，研究室以"制度与族群：明清华北地区非汉族群的形塑与治理"为题组织分场讨论会；2019 年 7 月，与北京大学合办"书谱石刻：中古到近世华南与西域研究的对话"工作坊，并组织与会者赴内蒙古田野考察；2019 年 11 月，与中山大学合办"明清体制与田野研究"学术对谈等等，限于篇幅，不在此一一列举。参见邱源媛《华南与内亚的对话——兼论明清区域社会史发展新动向》，《中国史研究动态》2018 年第 5 期。

2022年、2023年，中心举办了多次学术演讲。同时联合安徽大学，分别在北京、安徽黟县、贵州清水江流域等地进行了四次田野调查，每次为期3—7天，召开学术会议三次，邀请了历史学、人类学、民族学、民俗学等学者对不同区域的文书、史料、田野调查等问题展开讨论，将华北、徽州、贵州等区域进行比较。

从各个学者不同区域的独立研究，到研究室主力推动的"南北区域史对话"，以及"民间文献研究中心"对华北、徽州、贵州（西南地区）三个明确区域的持续性对比关注，古代社会史研究室的区域史研究正在逐步完善，相应的学术团队也初具规模，已经并将继续在学界产生持续而有力的学术影响力。

四　重视多元史料的开发与利用

（一）古文书学研究

社会史研究领域、研究对象、研究视角远远超出了传统史学的治学范围，这种变化使得传统史学的经史子集以及档案等史料，不能满足治史者的需要，史料的范围扩展到族谱、碑刻、契约文书、诉讼文书、乡规民约、账本、日记、书信、唱本、剧本、宗教科仪书、经文、善书、药房、日用杂书，甚至突破书面文字的局限，发展到口述、图片、影像、实物、声音等资料。

本室自老一辈学者郭松义等就高度强调对史料的开发利用，官方各层级档案、民间文献、口述史料，一直被研究室学人等同视之。2017年，阿风组织研究室举办"中国古文书读书班"，从2017年至今坚持了多年。学期中每两周一次，本室学者带领学生阅读官方档案（汉文档案、满蒙文档案）、民间文献（徽州文书、清水江文书）等，参加整理者除本所的老师与学生外，还有来自北京大学、清华大学、中国人民大学、中国政法大学、中山大学等学校的老师与学生，在文书整理的同时，培养了人才，扩大了影响。

2017—2019 年，读书班由阿风负责，主要对明代的律学书籍《刑台法律》及朝鲜王朝时期编纂的《吏文》中所收录的明朝公文书进行了整理。其中《刑台法律》中的"行移体式"部分进行校释后，刊印出版。① 2020 年至今，读书班由邱源媛负责，与汪润、王正华带领学生学习徽州、清水江民间文献。同时，鉴于非汉语类文书的研究相当鲜见，邱源媛邀请元史研究室乌云高娃研究员，共同举办了 40 次满文读书活动，带领学生对清代满、蒙等非汉语文书、档案进行学习和整理，培养了数十位本科、硕博士学生阅读满蒙文史料，目前已整理满蒙汉三种文字《三田渡碑》，满文档案、碑文数十件，并刊出《三田渡"大清皇帝功德碑"蒙、满、汉碑文对比研究》。②

为了进一步推广古文书学研究，在所领导的支持下，古代社会史研究室与本所隋唐五代十国史研究室共同创刊《中国古文书学研究》，以刊登研究古文书学相关研究的论文与书评为主，内容包括甲骨文、秦汉魏晋简牍、敦煌吐鲁番文书、黑水城文书、徽州文书、明清档案等各类中国古代文书。

---

① 阿风等整理：《形态法律·行移体式》，《中国古代法律文献研究》第十三辑，社会科学文献出版社 2019 年版，第 370—417 页。
② 小胖、包乌日尼文、包苏日娜、孙聪文、梁雪霸、叶一然、刘泽元、刘惠、陈雪榕：《三田渡"大清皇帝功德碑"蒙、满、汉碑文对比研究》，指导老师：邱源媛、乌云高娃，《中国古文书学研究》第一辑，广西师范大学出版社 2023 年版。

本室古文书学研究，数年来，在研究室学人的集体推动之下，目前已形成了以读书班为核心，同时举办讲座、学术会议、田野调查、期刊发表等活动，科研与教学工作相互促进，培养学术团队的模式，踏踏实实良性成长。

（二）非文献史料的利用：口述史研究

相对于文字类史料而言，非文字化的口述史研究是社会史史料开发的另一个焦点，也是本研究室优势与特色之一。

原研究室主任定宜庄在口述史领域颇有建树，自20世纪90年代开始，在口述史实践和理论推广方面做了很多益于学界的工作。2011年，与本室汪润合编《口述史读本》。[1] 2012年起，研究室与北京出版集团合作，由定宜庄担任主编，邱源媛等成员参与"北京口述历史系列"，截至目前，共出版了3辑14部以北京城市史为主题的口述史研究专著，在社会史、城市史、口述史等研究中独树一帜。有以老店铺为主题的《个人叙述中的同仁堂历史》（定宜庄、张海燕、邢新欣），涉及家族长时段的《诗书继世长——叶赫颜扎氏家族口述历史》（杨原），讲述女性故事的《胡同里的姑奶奶》（定宜庄），还有关注城市边缘的《找寻京郊旗人社会——口述与文献双重视角下的城市边缘群体》（邱源媛）等，作者们尝试从不同的视角解读北京历史文化，展现了团队对北京历史文化多元立体的理解，以及在口述史研究范式上的不断尝试。

古代社会史研究室自1991年建立至今，经历了中国社会史学科复兴与发展的整个过程。三十余年来，研究室学科建设在每位学人的努力下不断推动，研究室既有引领学界的高光时刻，

---

[1] 定宜庄、汪润合编：《口述史读本》，北京大学出版社2011年版。

也经历了因多种因素造成的调整时期。秉持多元开阔的学术视野，坚持与海内外学术界的广泛交流，关注研究热点，推进研究深度，一直是研究室的治学风格，也影响了研究室的中青年学者和学生。保持良好的学术传统，开拓新领域，稳步前行，古代社会史研究室将继续在海内外社会史研究领域中发出我们的声音、扩大我们的影响。

古代中外关系史学科四十年发展概况

李花子

中国社会科学院古代史研究所
古代中外关系史研究室主任、研究员

一 中外关系史研究室的组建及初步发展：1979—1991

中外关系史研究室成立于1979年，起初是为了加强我国的中亚史研究而建的。当时联合国教科文组织编写《中亚文明史》，我国由于缺乏这方面的人才，无法展现自己的话语权，于是在院所领导的支持下，于1978年决定组建中外关系史研究室，由孙毓棠、马雍二位先生担纲。孙毓棠先生（1911—1985）精通英、法、日语，以治秦汉史、中外关系史及近代经济史见长，出任研究室主任；马雍先生（1931—1985）精通英、俄文，长于唐以前中亚和中西交通史，出任研究室副主任。

孙、马二位先生上任后，一方面注重培养人才，1978年招收余太山、林金水、罗益群为历史所中外关系史方向首批研究生，由孙毓棠先生指导。余太山关于嚈哒史、林金水关于利玛窦、罗益群关于贵霜的研究，在当时都是拓荒性的。1979年孙、马二位先生合作招收梁棨九、宋晓梅等研究生，两年后马先生又招收吴玉贵为研究生。其中宋晓梅研究西域高昌国，吴玉贵研究隋唐突厥史，余太山、宋晓梅、吴玉贵毕业后都留在了中外关系史研究室，余太山、吴玉贵还担任了研究室的正副主任，为中外关系史的学科建设做出了重要贡献。

孙、马二位先生在院所领导的支持下，还积极组建全国性的学术团体。1979年10月，在天津召开了中国中亚文化研究协会成立大会及第一届代表大会，推举陈翰笙先生为理事长，孙毓棠先生为副理事长，秘书处挂靠在中外关系史研究室。该协会成立以后，中国正式加入由苏联、巴基斯坦、印度、阿富汗、伊朗五国代表组成的国际中亚文化研究协会，成为其集体成员之一。孙、马二位先生还参加了联合国教科文组织主编的《中亚文明史》国际编委会活动，马雍担任《中亚文明史》编委会委员、国际中亚文化研究协会理事，多次代表中国学者出席《中亚文明史》的编委会会议，中国学者在六卷本《中亚文明史》中撰写了不少重要章节。至此，中国学者在国际中亚史研究领域发出了自己的声音，展现了中国话语权。

孙、马二位先生还组织筹建了全国性学术团体——中国中外关系史学会。1981年5月，中国中外关系史学会成立大会暨第一届学术讨论会在厦门召开，国内著名中外关系史研究者60人出席会议，孙、马二位先生分别被选为理事长、秘书长，秘书处挂靠在中外关系史研究室。如今该学会依然挂靠古代史研究所，不但是中国研究中亚史的学术重镇，也是研究中国与周边国家、地区关系史及海交史的重要阵地，为国家"一带一路"建设提供人文支持。

孙、马二位先生还创办了国内中亚研究的第一份学术刊物，1983年《中亚学刊》第一辑由中华书局出版，极大地推进了中国中亚学的发展，标志着中国的中亚史研究揭开了新的一页。

然而令人痛心的是，第二辑尚未付梓，孙毓棠、马雍先生相继离世，编刊任务落在了余太山先生身上，由于经费的原因，余先生辗转换了几个出版社，除了第一至三辑在中华书局出版以外，第四辑在北京大学出版社出版，第五、六辑在新疆人民出版社出版。由于各种复杂的内外原因，"中亚文化协会"终被撤销，《中亚学刊》也停刊了。

1985年，夏应元先生继任为中外关系史研究室主任。夏先生精通日语，是古代中日关系史的著名学者，他曾担任中国中外关系史学会会长（1997）、中国日本史学会副会长等职。夏先生著有《海上丝绸之路的友好使者·东洋篇》，合著《汉文化论纲》《中日文化交流史大系·历史卷》《中日文化交流史大系·人物卷》等，以及合译内藤湖南著《中国史通论》（上、下），合编《中日关系史资料汇编》等。他还用日文发表多篇论文，如《平安时代与遣唐使》《〈参天台五台山记〉中所见成寻在宋中的收入与待遇问题》《论南宋来日禅僧无学祖元》等。他一方面充分发挥其在日本学术界的影响，在历史所组织中日学者共同参与的学术活动，加强中日关系史研究，提高研究室的地位；另一方面克服重重困难，筹划和组织孙、马二位先生遗著的整理，1990年，马雍先生遗著《西域史地文物丛考》由文物出版社出版；1995年孙先生遗著《孙毓棠学术论文》由中华书局出版，2007年余太山先生编选的《孙毓棠集》由中国社会科学出版社出版。余先生还编辑整理了孙先生的诗集，1992年《宝马与渔夫》由台湾业强出版社出版；2013年，《孙毓棠诗集》由商务印书馆出版。夏先生还为研究室确立了集体项目"西域通史"，放手将主编交给进室工作不久的余太山。余先生不负众望，组织国内中亚史研究者，高质量地完成了《西域通史》的撰写。目前《西域通史》成为这一领域的里程碑式著作。此后，余先生还主编了《西域通史》的姊妹篇——《西域文化史》。研究室的吴焯、吴玉贵参加了这两本书的撰写。

在继续推进中亚史研究的同时，夏先生还注意鼓励其他中外关系史研究，并取得了可观的成绩。2003年张铠撰著的《中国西班牙关系史》荣获由西班牙国王胡安·卡洛斯一世亲自签署的西班牙"天主教伊莎贝尔女王十字勋章"奖，耿昇因译介法国当代汉学家的名著数十部，获得法国政府"文学艺术勋章"，都是20世纪80年代末学科发展奠定的基础。

耿昇先生（1945—2018）是研究法国汉学的著名学者，1968年他毕业于北京外国语大学法文系，1968—1980年在中国外交部任翻译，自1981年起，在历史研究所工作，曾担任中国中外关系史学会会长（2001）。他的代表性论著有《中法文化交流史》《法国汉学史论》（上下册），译著有《中国文化西传欧洲史》《中国对法国哲学思想形成的影响》《突厥历法研究》《伯希和西域探险记》《黄金草原》《丝绸之路，中国—波斯文化交流史》《中国和基督教》等66部，译文近400篇。

中外关系史研究室通过孙毓棠、马雍先生的筹建，以及夏应元先生的努力，到20世纪90年代初为止，在学科建设方面，在中外关系史各个领域遍地开花，除了中亚史这一拳头领域以外，在中日关系史、中国西班牙关系史、中法文化交流史及法国汉学等领域成果卓著。

二 从中亚史到内陆欧亚史的转变：1991—2009

1991年，余太山继任为研究室主任。他的主要研究方向是伊斯兰化以前的欧亚史，重点在6世纪以前。他著有《嚈哒史研究》《塞种史研究》《两汉魏晋南北朝与西域关系史研究》《古族新考》《两汉魏晋南北朝正史西域传研究》《两汉魏晋南北朝正史西域传要注》《早期丝绸之路文献研究》《古代地中海和中国关系史研究》等一系列著作，他还在国外出版了 A Study of Sakā History, A Hypothesis about the Sources of the Sai Tribes, A History of the Relationships between the Western & Eastern Han, Wei, Jin, Northern & Southern Dynasties and the Western Regions 等多部著作，在外国欧亚学界颇受佳评，产生了较大影响。

值得一提的是，2021年7月，余太山系列著作英译本共10册由商务印书馆出版，其研究范畴是公元前6世纪到公元6世纪的中亚史，这一段中亚史有各种资料，其中汉语资料是最关键的。但西方学者（包括俄、印）无法充分利用汉语史料，日本学者虽有研究，但其著作大多为日文，很少英译自己的论著。余先生的研究，不仅填补了中国中亚史研究的空白，而且比日本学者更充分利用了汉语史料。该文集的出版，有助于西方学者理解和运用汉语史料，使中国中亚史的研究"打入"世界学术圈，使得世界史意义上的古代中亚史研究更上一层楼。

在研究室的学科发展中，余先生承上启下，为中国内陆欧亚学的建立及中外关系史学科发展做出了重要贡献。他不但在国内学者罕有涉足的古代中亚学领域成果卓著，而且充分发挥学科带头人的作用，把中外室的学科重点调整为内陆欧亚史研究。

1999年《欧亚学刊》第一辑由中华书局出版，这标志着中国的内陆欧亚学破土而出，中外室的学科重点也由中亚史扩展为内陆欧亚史。2005年，作为学科建设的重要组成部分，还成立了历史研究所内陆欧亚学研究中心。

在历史所的支持下，余先生不断吸引人才，补充新生力量，培养研究梯队。至2008年，研究室共有研究人员11名，平均年龄40岁。其中有3位硕士，6位博士，1位博士后，研究领域包括西域史、中亚史、汉唐丝绸之路史、欧亚古代游牧民族史、东北亚史、北亚史、南亚史、藏学、敦煌学、吐鲁番学等，基本上涵盖了整个内陆欧亚地区。研究室有5位研究人员分别来自蒙古族（青格力、乌云高娃、聂静洁）、柯尔克孜族（贾衣肯）、朝鲜族（李花子）等少数民族，有3位在国外著名大学获得博士学位（马一虹、李花子、青格力），形成了较为完整的，开放创新、勤奋进取、协作共勉的内陆欧亚史研究团队。

余先生认为，欧亚学这样一个新兴学科要存在和发展，必须一个专门刊物，一套研究丛书，一套知识丛书，一套翻译丛书。为此，他呕心沥血，奔走呼号。1999年，国内第一个明确以"内陆欧亚"为研究对象的专门刊物——《欧亚学刊》创刊，迄今已出版21辑，受到广泛的赞誉。为扩大《欧亚学刊》的国际影响，将之打造为国际知名的品牌刊物，深入推进我国的内陆欧亚学研究，该刊从第6辑开始刊登中英文两种文字论文。不久又开始编辑了《欧亚学刊》英文版和国际版，贯彻了学术期刊"走出去"的战略方针，从而增强了我国的国际话语权和影响力。

为推进学科建设，余先生策划和主编了几套高质量丛书，如2000年北京国际文化出版公司出版的"中外关系史知识丛书"（包括《蚕食与鲸吞：俄罗斯侵华史话》《三八线的较量：朝鲜战争与中苏美互动关系》《钓鱼岛风云》《泰西儒士利玛窦》《走向冰点：中苏大论战与1956—1965年的中苏关系》等），2002—2003年云南人民出版社出版的"汉译内陆欧亚历史文化名著丛书"（包括［波斯］尼扎姆·穆尔克著《治国策》，［日］堀敏一著《隋唐帝国与东亚》，［德］帕拉斯著《内陆亚洲厄鲁特历史资料》，［意］伯戴克著《元代西藏史研究》，［荷兰］范·洛惠泽恩－德·黎乌著《斯基泰时期》，［英］裕尔著《东域纪程录丛》，［乌兹别克斯坦］艾哈迈多夫著《16—18世纪中亚历史地理文献》，［英］约翰·马歇尔著《塔克西拉》（全三册），［日］内田吟风著《北方民族史与蒙古史译文集》等9种11册），2003年上海社会科学院出版社出版的"欧亚文明大行走丛书"（包括《光明使者——图说摩尼教》《走进尼雅——精绝古国探秘》《鍑中乾坤——青铜鍑与草原文明》等），2004—2005年人民美术出版社出版的"西域文明探秘"丛书（包括《西域圣火：神秘的古波斯祆教》《文明之劫：近代中国西北文物的外流》《丝绸之路散记》《金钱之旅：从君士坦丁堡到长安》《榴花西来：丝绸之路上的植物》《胡乐新声：丝绸之路上的音乐》《敦煌文献探析》《马背上的信仰：欧亚草原动物风格艺术》等），都是余先生主编的。近年来，余先生又主编了百卷本"内陆欧亚历史文化文库"，由兰州大学出版社陆续出版，含研究专著、译著、知识性丛书三类，被誉为"内陆欧亚研究的经典集合"，为欧亚学的繁荣贡献了浓墨重彩的画卷。

从1999—2008年，是历史研究所内陆欧亚学的构建时期。在这十年里，中外关系史研究室逐步完成了研究范围从中亚史到整个内陆欧亚史的转变，成为国内研究古代内陆欧亚史及中外关系史的重要基地。

三　继续加强内陆欧亚史和中外关系史学科建设：2009年至今

2009年余先生届满荣休，由著名唐史专家李锦绣担任研究室主任，副主任分别由乌云高娃、李花子担任。2019年李锦绣届满辞去研究室主任职务，由李花子担任研究室主任。自2009年以来，中外关系史研究室继续推进内陆欧亚学和中外关系史学科建设，不但扎实进行学术研究，还扩大与国内外同行学者的广泛交流，取得了有目共睹的成绩，这表现在以下几个方面。

第一，继续主编四种刊物。

余太山、李锦绣主编四种刊物，包括《欧亚学刊》国际版、英文版，《丝瓷之路——古代中外关系史研究》，以及《欧亚译丛》。《欧亚学刊》自2011年起进行了改版，国际版用中、英、俄、法、日文等语言刊载国内外学者有关欧亚学及中外关系史研究的论文，这是为欧亚学"请进来"战略服务的；而英文版则是将国内学者的论文译成英文出版，向国外介绍中国学者的研究成果，是中国学术"走出去"的重要一环。《丝瓷之路——古代中外关系史研究》于2011年创刊，分三个专栏，一是内陆欧亚史；二是地中海和中国关系史；三是环太平洋史，即除了内陆欧亚史以外，还包括了中外关系史和海交史的内容，目前已出版8辑。《欧亚译丛》创刊于2015年，主要将海外各国学者的欧亚学及中外关系史论文译成中文，介绍给国内学界，目前已出版到第7辑，受到了国内学界的广泛欢迎。

第二，加强与国外学术机构的交流与沟通。

2009年以后，中外室主办了三次国际会议。2011年6月14日至16日，与俄罗斯布里亚特大学合作举办了"关于中亚民族文化对话：问题整合与民族认同"的国际会议，地点在俄罗斯伊尔库茨克，来自中国、俄国、美国、日本、希腊、蒙古、伊朗、德国、韩国等9个国家的代表参加了这次会议，扩大了本室在国外学术界的影响力。

2018年中外室与吉尔吉斯共和国总统办公厅穆拉斯（Muras）基金会合作，在吉尔吉斯斯坦比什凯克召开了"中国与吉尔吉斯斯坦：古丝绸之路开启的友好关系研讨会暨中文史籍中有关吉尔吉斯历史文献整理与研究成果发布会"，这次大会受到中吉两国的高度重视，吉尔吉斯斯坦总统办公厅主任叶谢纳利耶夫、时任中国社会科学院副院长王京清、古代史研究所所长卜宪群参会致辞，时任吉尔吉斯斯坦总统热恩别科夫约见了参会成员，并对中国学者的研究成果表示衷心感谢。

2023年5月19日，中外室与俄罗斯哈卡斯语言文学与历史研究所共同举办了"古代叶尼塞河流域历史与文化研讨会"，采取线上线下方式举行。哈卡斯共和国科学与教育部副部长萨加拉科夫·尤里先生、哈卡斯语言文学与历史研究所所长玛伊纳加舍娃·尼娜博士，以及古代史研究所所长卜宪群研究员、中外关系史研究室主任李花子致辞。中俄两国共有60余人参会并进行了学术讨论。本次会议的内容包括古代南西伯利亚与中国北方地区的物质文化交流、叶尼塞黠戛斯与中国王朝关系史、南西伯利亚民族史研究、南西伯利亚民族志文化研究等方面，涵盖了古代叶尼塞河流域历史与文化的各个领域。本次会议不但有中俄两国的历史学者参加，也有考古学者及从事文学、宗教及艺术的学者参会，是一次中俄两国跨学科对话的研讨会，为中俄两国学者增进友谊，深入开展内陆欧亚学研究打下了良好的基础。

除了举办国际学术研讨会以外，中外室还邀请国外学者通过"内陆欧亚学"系列讲座的平台，进行学术交流，包括以下活动：

2010年底，邀请日本大阪大学教授荒川正晴主讲"吐鲁番、敦煌文書から見た東アジア世界の冥界観の形成"。

2012 年，邀请土耳其伊勒德兹（Yildiz）科技大学科学与文学学院教授 Mehmet Ölmez 博士作了题为 "From Dongbei to Xibei Turkic Speaking Communities in China" 的学术报告。

2013 年，邀请美国印第安纳大学内陆欧亚学系教授艾鹜德（Christopher P. Atwood）作了题为 "The Xiongnu, the Hu, and the 'People Who Draw the Bows': Thoughts on Dynastic and Ethnic Terminology in early Central Eurasia"（《匈奴、胡和'引弓之民'：早期内陆欧亚的民族称呼和国号》）的学术讲座。

2014 年，邀请波兰科学院考古与人种学所（Institute of Archaeology and Ethnology Polish Academy of Sciences）副教授史葆恪博士（Dr. Bartłomiej Sz. Szmoniewski）作了题为 "The Byzantine coins on the Silk Road-some comments"（《丝绸之路上的拜占庭钱币》）的学术讲座。

2015 年，邀请罗马尼亚科学院雅西考古分所 Dan Aparaschivi 博士作了题为"在罗马帝国当一个医生"的学术报告。

2018 年邀请韩国东北亚历史财团张锡浩先生作了题为"欧亚大陆古岩画"的讲座。

2019 年，邀请韩国庆北大学金贞云博士作了题为"《朱子家礼》与 18 世纪朝鲜家族"的讲座；同年俄罗斯科学院远东分院的阿尔捷米耶娃教授，作了题为"俄罗斯史学界对女真和金帝国的研究"的讲座，另一位俄罗斯学者阿穆尔国立大学的扎比亚科·安德烈·帕夫洛维奇教授作了题为"'两岸一家'阿穆尔河民族共同的历史遗产"的讲座。

2021 年邀请韩国高丽大学的李镇汉教授作了题为"高丽与宋辽金的外交、文化和经贸交流"的讲座。

2022 年邀请韩国学中央研究院的李康汉教授作了题为"13—14 世纪高丽与元帝国的贸易"的讲座等。

中外室还注重与国内外同行合作，自 2009 年以来，在所领导的支持下，先后与日本九州大学、韩国高丽大学、波兰科学院考古所、罗马尼亚科学院、吉尔吉斯斯坦穆拉斯基金会、俄罗斯布里亚特大学、俄罗斯联邦楚瓦什共和国国家人文科学研究所、俄罗斯联邦哈卡斯共和国语言文学与历史研究所等签订了合作协议，与美国、德国、蒙古等国俄罗斯哈卡斯科学院、阿勒泰科学院、图瓦科学院、捷克科学院、哈萨克斯坦科学院、韩国东北亚历史财团等研究机构的学者都建立了良好关系。共接待来自日本、匈牙利、韩国、美国、德国、波兰、土耳其、罗马尼亚、伊朗、俄罗斯、捷克、英国等国学者进行学术交流 200 多次，研究室成员出国参加国际会议并做学术报告和学术访问百余人次，出访国家有日本、韩国、俄罗斯、乌兹别克斯坦、吉尔吉斯斯坦、哈萨克斯坦、美国、德国、蒙古、伊朗、土耳其、瑞典、波兰、捷克、斯洛伐克等国。这些学术交流，开阔了研究人员的视野，也扩大了中外室在国外学界的知名度。

第三，为促进中国与丝路沿线国家的边界问题、跨界民族、历史领土等关乎国家安全的重大历史议题与理论研究的深入，中外室还组织和参加国内外调研活动。

如组织了长时段周边国家丝绸之路遗迹调研，对蒙古国、俄罗斯、吉尔吉斯斯坦、哈萨克斯坦等国草原、绿洲丝路文化进行多角度考察。通过一系列调研活动，不但加强了中外文化交流，而且在整体上把握国外研究的同时，发现问题和解决问题，并培养自己在此领域的人才队伍，达到构建自己的草原丝路研究理论体系的目的，进而更好地服务于"一带一路"建设。

与此同时，为了更好地服务于党和国家及社会，中外室还主动参加了两项国情调研。其一是"边疆地区历史遗迹与文化发展现状"国情调研。此项国情调研主要考察河西走廊、长白山延边地区中朝俄边界和历史遗迹、内蒙古东部地区历史遗迹和宗教遗存。通过对边疆地区历史遗迹和文化发展现状进行实地探查，考察组成员试图从整体上了解和把握我国东北和西部地区历史遗迹、文化发展及保护现状，了解中国边疆地区历史遗迹、宗教信仰、保存文化习俗的状况等。通过调研，考察组成员不仅增强了感性认识，为自己的研究积累资料，推进理性的历史研究，而且也结合历史文献，对我国的边疆政策及其与周边国家的关系问题提出意见和建议。

其二是"丝绸之路上古文明"的国情调研。自汉代张骞"凿空"西域以来，"丝绸之路"的内涵不断拓展，形成了以陆上绿洲、草原、西南和海上丝绸之路路线为主的复杂网状交通系统。此项调研以绿洲丝绸之路为中心展开，主要考察绿洲丝绸之路东段和中段，兼及"河南道"（亦称吐谷浑路）。2018 年开展了调研第一期工作，主要在甘肃、新疆、青海的相关地区调研，从青海西宁至若羌且末，沿丝绸之路河南道进入新疆，至轮台探寻汉西域都护，之后从哈密至敦煌，探索河南道与河西走廊道共同构成的交通网络。这些都是丝绸之路上最重要的关节点，具有很强的代表性。2019 年开展了第二期调研工作，主要在新疆地区调研，从天山以北草原丝绸之路进入天山以南，自库车向西，走汉代丝绸之路"北道"至喀什转入"南道"东行，这是丝绸之路的主体道路，同时兼顾唐朝丝绸之路"北道"。重点考察丝路南北道古国，尤其是进入沙漠腹地，探寻丹丹乌里克和尼雅遗址。雪山巍峨，沙漠浩瀚。调研组成员克服高原缺氧和沙尘蔽日等困难，翻山越岭，披星戴月，进入人迹罕至之处，完成了这次国情调研任务。

第四，为国家"一带一路"建设服务，中外室承担了多项所外重要课题。

2018年，承担了中国社科院外事局交办"中文、蒙文等史籍中有关吉尔吉斯（柯尔克孜）历史文献整理与研究"课题。此课题是吉尔吉斯斯坦共和国总统索伦拜·热恩别科夫访问中国，与中国国家主席习近平、中国文化部部长会面时，提出的要求，对我国的睦邻政策十分必要。为此，中国社科院成立了以李锦绣、余太山为首的"中文、蒙文等史籍中有关吉尔吉斯（柯尔克孜）历史文献整理与研究"课题组，积极开展搜集资料和整理注释工作，于2019年6月完成了阶段性成果《欧亚学刊·吉尔吉斯（柯尔克孜）历史文化研究专号》。

此外，中外室成员还承担了教育部交办课题"蒙古国草原丝路历史文化遗迹调查研究"。该课题组团队考察并掌握蒙古国境内丝绸之路历史文化以及相关发掘研究状况，通过实地调研活动，与蒙古国相关的科研机构、高校建立长效的合作与交流机制，实现合作研讨相关历史问题，形成互信与谅解的历史研究关系，利用历史文化的互知互信消除隔膜，搭建起中蒙"一带一路"联通的文化纽带。2019年，本课题结项。在进行调研活动的同时，鼓励本室成员积极撰写对策研究成果，推进中国与周边地区的人文交流，将丝绸之路研究更好地服务于"一带一路"建设，也取得了一定成效。

第五，中外室成员完成了多项中国社科院创新工程课题，主要包括以下内容。

1. 古代内陆欧亚史

2012年院所批准进创新工程的有3人（李锦绣、乌云高娃、青格力），子课题有"古代内陆欧亚文本东亚蒙汉合璧分类辞书的整理与研究""古代内陆欧亚游牧民族卫拉特历史与文献研究"两个。2013 年增加 2 人（李花子、聂静洁），增加子课题"清代中朝边界问题交涉史""《释迦方志》研究"。2014 年增加 1 人（贾衣肯），增加子课题"正史西突厥、铁勒和回鹘传所见非汉语专词的整理与研究"。2015 年增加 2 人（李艳玲、李鸣飞），增加子课题"土默特蒙古金氏家族文书整理""蒙元时期的海上丝绸之路研究"。2016 年增加 1 人（孙昊），子课题为"靺鞨历史研究"。截至 2016 年，进入"古代内陆欧亚史"创新工程的研究人员有 9 人，进行的子课题有 8 项。

2016 年，此创新工程结项，结项成果共 11 项，包括：《阔阔淖尔史》文本整理研究，《蒙古动物药典》整理研究，明四夷馆鞑靼馆及《华夷译语》鞑靼"来文"研究，《西域图记》与唐代西域经略，《释迦方志》研究，正史西突厥、铁勒和回鹘传所见非汉语专词的整理与研究，土默特蒙古金氏家族契约文书整理新编，《长白山实地踏查——清代中朝边界史研究》，《靺鞨族群变迁研究——以扶余靺鞨为中心》，《东北亚封贡秩序中的渤海"首领"》，《中国古代内陆欧亚史研究文摘（2006—2010）》。课题组成员共发表论文 67 篇，成果远远超出了原计划和任务目标。

2.7 世纪以降丝瓷之路历史文化研究

此创新工程课题 2017 年立项，包括 7 个子课题，即：李锦绣"唐与外部世界"，李艳玲"唐代绿洲农业研究"，贾衣肯"唐宋文集所见与铁勒、突厥、回鹘有关的非汉语专词整理与研究"，聂静洁"唐宋丝绸之路文献研究"，李鸣飞"元代海外交流研究"，青格力"蒙元明清蒙古文文书与丝绸之路研究"和李伟丽"游走在丝路上的部落和汗国：15—19 世纪中俄之间的桥梁"。2022 年，此项目已顺利结项。

3. "一带一路"视野下的东北边疆民族与中外关系史研究

此创新工程课题由李花子主持，2016年立项，含子课题李花子"东亚视域下的延边历史与'间岛问题'研究"，孙昊"丝绸之路与女真政治文明"。此项目于2022年已顺利结项，被评为古代史研究所优秀结项成果。

4. 古代内陆欧亚碑铭题记史料整理研究

此创新工程课题由青格力主持，2020年立项，包括贾衣肯、李鸣飞两位成员。主要包括三方面内容，其一，梳理国内外古代内陆欧亚史相关碑铭题记的研究状况，介绍相关文献资料；其二，进行国内考察，搜集碑铭题记，并对其进行编目、解题、索引；其三，对新发现碑铭题记进行研究。此项目正按计划顺利进行。

5. 区域视野下的古代边疆民族与中外关系史

此创新工程课题由李锦绣、李花子主持，2022年立项，包括7个子课题：李锦绣"唐代的西域与塞北"（首席），李花子"清代中朝边疆史地与中日'间岛问题'"（首席），李艳玲"汉唐西域交通史研究"，贾衣肯"唐代坚昆（黠戛斯）历史文化研究"，孙昊"辽金西夏政治、民族与中国北方边疆史研究"，李鸣飞"元代的政治、经济与外交"，聂静洁"唐宋丝绸之路文献研究"，此项目正按计划有序进行。

第六，人才队伍建设有序展开，除了引进多语种人才以外，本室成员也在努力培养硕博士生及博士后，为本学科的发展储备年轻人才。

学科发展的关键在人才。余太山、李锦绣两位主任都非常重视引进人才，余太山引进了三位海外博士马一虹（留日，病故）、青格力（留日）、李花子（留韩），李锦绣引进了三位年轻的国内博士李艳玲、孙昊和李鸣飞。经过多年的努力，这些研究人员现已成为中外室的中青年学术骨干，在各自领域崭露头角，也使中外室的研究梯队建设更加合理。

语言是中外关系史研究的瓶颈之一。中外关系史学科涉及语言众多，本室学者虽有较强的语言能力，但在研读原始史料、翻阅研究成果方面，仍感到力不从心。2009年以后，本室竭尽所能，鼓励学科成员学习梵文、巴克特里亚文、俄文，内部开设波斯文、蒙古文、俄语、阿拉伯语读书班，培养多种外语专业人才。

在研究生培养方面，自2009年以来，中外室培养了3名博士后（李锦绣指导），4名博士生（李锦绣指导），9名硕士生（青格力、李花子、贾衣肯、李鸣飞指导），还有一名吉尔吉斯斯坦籍在读硕士研究生（贾衣肯指导）。

总之，中外室四十年学科建设之路，是筚路蓝缕、开拓创新的四十年，经过几位室主任及同仁的共同努力，取得了有目共睹的辉煌成绩。在学术平台建设方面，拥有在国内外颇有影响的《欧亚学刊》国际版、英文版，《丝瓷之路——古代中外关系史研究》，以及《欧亚译丛》，不但把国内学者研究内陆欧亚学及中外关系史的成果译介到国外，也将国外学者相关成果介绍给国内，践行了学术"走出去""请进来"的战略。中外室还通过"内陆欧亚学研究"系列讲座的平台，每年定期举办两次及以上学术讲座，不但邀请国内学者参加，也邀请国外学者参加，使该讲座成为沟通中外学界的重要学术平台，迄今为止共举办了79讲，在国内外学界具有了学术品牌的效应。最值得一提的是，经过与国外学术机构及学人的广泛交流，提高了本学科在国际上的影响力，扩大了与周邻国家及地区的人文交流，为国家的"一带一路"建设提供了智力支持。中外室同仁的学术成果也是值得称道的，这是学科建设的重要基础，从目前来看，本学科成员在内陆欧亚地区游牧部族历史及其与周邻诸定居文明之间的关系，特别是与汉文化圈的关系的研究上取得了较大进展，在东北亚史、中朝边界史研究方面取得了出色的成绩，成为国内研究古代内陆欧亚史、中外关系史的重要基地。

古代通史学科发展概况

赵现海　张沛林

中国社会科学院古代史研究所古代通史研究室主任、研究员
中国社会科学院古代史研究所古代通史研究室助理研究员

古代通史研究室成立于2019年3月,主要从事中国古代通史的理论、实践研究和马克思主义史学理论研究。虽然中国古代有着悠久的"通史家风"传统,近现代中国的史学大师们又写作了一批优秀的"中国通史"著作,但把"古代通史"当作一门学科,成立一个研究室,以求阐扬光大,这仍然是开创之举。

一　成立古代通史研究室的必要性

古代中国拥有古代世界最为发达的历史编撰与研究传统。德国哲学家黑格尔就指出:"中国'历史作家'的层出不穷,继续不断,实在是任何民族所比不上的。"① 在我国古代,历史研究不仅是重要的学术领域,而且还扮演着政治上的资政功能、社会中的教化功能。古人审视历史,是从文明的角度,站在贯

---

① [德]黑格尔:《历史哲学》,王造时译,上海书店出版社1999年版,第123页。

通的立场，整体审视历史，由此形成了通史的优良传统。

孔子的《春秋》，司马迁的《史记》，司马光的《资治通鉴》，都是古典中国通史写作之典范。司马迁写作《史记》，所想达到的理想境界就是："究天人之际，通古今之变，成一家之言。"事实上，《史记》就是一部通史。在时间上，《史记》记述了从五帝到司马迁所生活的西汉武帝的纵通脉络。在空间上，《史记》记载了当时西汉人所认知到的地理世界，这其中就包括张骞刚刚"凿通"的西域。因此，通史的通，不仅是时间的纵通，还是空间的横通，是时空交织下人类世界的会通。此后，中国古代不同时期，不断涌现出纪传体、编年体、纪事本末体、典章制度体等不同体裁的通史作品，从而构成了中国古代史学编撰与研究之中的通史传统。

进入近代，随着西方史学意识、方法传入，中国通史写作在过往一百多年也有巨大进步。面对未来，世界依然需要中国通史新架构、新成果，既要及时吸纳相关学科"考史"新成果，如考古学、科技史、艺术史、古文字学，也要适时调整叙事架构、理念、语言，以便更好地担负起中国学者中国通史书写的责任，引领世界中国学研究发展趋势。考史、写史，相互关联，一体两面，没有考订的历史写作不甚可信，没有反映时代进步的历史书写，考史成就也无法传之久远。因此，弘扬中国古代通史的优良传统，积极吸收现代史学滋养，开展新时代的通史研究与写作，十分必要。

二 古代通史研究室成立的基础

历史唯物主义具有浓厚而典型的通史取向。生活于工业革命时代的马克思，目睹了资本主义生产方式对于人类社会的巨大推动与世界影响，从而倡导从世界视野出发，揭示人类历史发展规律，由此建立了历史唯物主义。历史唯物主义不仅致力于揭示人类社会各种现象背后的整体关联，尤其是经济关联；而且致力于揭示人类社会不同区域之间的横向联络，尤其是经济联系，相应的是一种经济视角下的通史体系。

马克思主义传入中国之后，历史唯物主义所秉持的经济视角下的通史观，无疑对于政治视角下的断代史观，构成了全面而巨大的挑战。20世纪30年代影响整个史学界的"社会史大论战"，便是从当时中国社会性质的讨论，追溯到中国古代社会性质的讨论，并影响到了新中国古史分期的讨论，从而推动20世纪中国历史研究的主流，朝向通史脉络转变与迈进，其间涌现了一系列马克思主义史学名家，他们在历史研究与写作中，便体现了明确的通史取向。

中国社会科学院古代史研究所成立以来，以马克思主义为指导，涌现出来众多的史学名家。他们在历史研究与写作中，既涌现出了郭沫若先生主编的《中国史稿》、张政烺先生主编的《中国古代历史图谱》那样的中国通史作品，也产生了很多虽然以断代作为划分，但具有通史理念与取向的作品。古代史研究所一直具有鲜明而浓厚的通史研究传统，而这构成了古代通史研究室成立的坚实基础。

三 积极继承通史研究的优良传统

古代通史研究室成立四年多以来，在这里工作或曾经工作过的凡有七人，年龄最大的是1970年生人，平均年龄为44岁，可以说是名副其实的"少壮派"。面对设立伊始的新学科与极其丰富的旧成果，承担起弘扬"通史家风"，建设三大体系的重任，古代通史研究室的成员如何"殷勤求索"与"竿头进步"？

这首先要求继承通史研究的优良传统。古代史研究所有着以郭老为代表的优秀的"通史"研究传统，郭老创作的《中国古代社会研究》等著作和他主编的《中国史稿》完美体现了"通史"的"横通"与"纵通"，达到了"会通"的境界。为表达对郭老的景仰与传承，古代通史研究室专门寻找到了他为《中国史稿》所写导言的手稿，并郑重影印装裱，以示景仰与勉励。

本室成员也积极开展对郭老"通史"思想的研究。如陈时龙的《郭沫若的通史编纂思想》，发表在《郭沫若研究》第17辑。该文通过对郭老通史编纂思想的研究，总结出很多宝贵的见解。如"通史"作为学科的基础，是"古代通史"研究发展的关键问题。陈时龙指出，郭老把"通史"和"考据学"对立统一了起来，他不反对历史考证，而且以"烦琐"的考据为占有资料的必要手段，但历史研究不能止步于"考据"，在考据的基础上"要明确历史发展的规律"。1963年郭老在广西历史学会成立大会开幕式上所作《谈历史工作者的任务》的讲话中明确地说：今天的历史研究是"要从人类历史发展过程中发掘出它的规律，掌握住这些规律，回过头来，改造人类社会、促进人类社会的不断发展。这是今天历史研究的使命"。这无疑是为"通史"学科建立指明了方向，即"通史"作为学科的基础就是寻找历史规律的历史科学，目的在于为改变世界提供理论与经验的依据。另外，在横通方面，无论是研究的广泛视角，还是多学科的交叉融合，所里的很多老先生都有着丰富的实践成果，古代通史研究室的成员们还在不断探索。

四 推动通史研究的不断创新

在继承弘扬通史优良传统的基础上,本室成员努力推动理论与实践上的突破和创新,这是古代通史研究室学人的更高追求。我们要"干什么""怎么干",常常是室内同仁聚在一起讨论的话题,大家也通过不同的方式展现着自己的思考成果,深度挖掘"通史"学科建立的意义与作用。如赵现海就曾以《中国马克思主义史学的通史取向与当代启示》为题开展讲座活动,他指出中国古代的历史学"不仅提供了认知世界的思想视角,而且被认为是开展政治建设的经验源泉"。受此影响,中国古代历史学编撰与研究,往往有着宏阔的视野,从总结人类世界发展、历代政权兴衰的角度出发,提炼出浑厚的思想维度与政治意识,从而具有鲜明的通史立场。而历史唯物主义无论在时间上,还是空间上,都秉持整体视野的通史观念。虽然有着不同体系,中国传统史学与历史唯物主义精神是有相通之处的,两者有着深度融合的必要性和可能性。尤其是坚持马克思主义史学,克服了一般断代史学的不足,强调纵向的贯通与横向的联系,注重揭示历史现象背后规律,从而勾勒中国历史发展的整体脉络及其在世界历史中的地位与特点,这在当下实证史学兴盛的情况下是建设三大体系尤其应倡导的。传承"通史家风",发扬马克思主义史学优良传统,努力创建"通史"学科,探讨其理论与实践价值,在接下来古代通史研究室的工作中,仍然是重中之重。

五 开展多方面实践

在建立"通史"学科,探讨通史理论与实践方法时,除去基础的科研工作，古代通史研究室还承担了多方面的工作。如组织编校《中国古代史年鉴》，在约稿、组稿、编辑各个环节，室内全体老师都参与其中，已经成功地完成了两期。室内几名成员还集体在中国社科院大学开设了"中国古代史史料学"课程。旨在使历史系本科生了解中国古代历史资料的基本情况及其特征，掌握搜集历史资料的方法，培养和提高学生运用史料的能力，并对中国历史与传统文化典籍有更为深入的认识。课程开展两年来获得了学生们颇多好评。研究室还多次延请名家来所或线上举办"通史"主题讲座，如北京师范大学张越教授的《导夫先路：〈中国古代社会研究〉例示的古史研究大道》、中国社会科学院近代史研究所马勇研究员的《中国通史写作私议》。研究室还和所青年小组一起举办了青年论坛系列讲座，以"寻找会通的中国古史"为主题邀请所内青年学者开展跨学科研究讲座。博采众议，深入学习"通史"理论，研讨学科的发展方向与研究方法。另外，室内成员还组织相关会议，如徐义华老师的"中国早期文明与国家研究座谈会"，积极撰写对策文章，承担所内交办任务，组织人员编写《义乌通史》《中华文明之路》等集体项目。

"通史"虽是旧传统，但"其命维新"。古代通史研究室作为古代史研究所最年轻的一个研究室，在继承古老优秀传统的基础上，必将发挥出巨大能量，为当代史学研究拓展出一片新天地。

建所以来的历史地理学科发展概况

孙靖国

中国社会科学院古代史研究所历史地理研究室主任、副研究员

中国的历史地理学脱胎自传统的沿革地理，后者的研究始自汉代，在清代达到巅峰，以复原疆域政区沿革为主要研究内容。20世纪30年代，顾颉刚、谭其骧等先生激于日本帝国主义侵华日炽，在北京创办《禹贡》半月刊，并发起创立"禹贡学会"，推动了传统的沿革地理向现代历史地理学的转变，并培养起一批历史地理学科人才。1950年，侯仁之先生撰写《"中国沿革地理"课程商榷》一文，提出应该用"历史地理"学科代替"沿革地理"，而中国历史地理的研究，应包括历史时期"自然和人文地理上的重要变迁，如气候的变异、河流的迁徙、海岸的伸缩、自然动植物的生灭移动以及地方的开发、人口的分布、交通的状况、都市的兴衰等等"[①]。自此，中国历史地理研究的学科领域大为拓展，同时也清楚地显示出中国历史地理学科一开始就具有鲜明的"有用于世"的学术价值取向，这一学术价值取向体现在中华人民共和国成立之后的多个重大科研项目中，而中国社会科学院古代史研究所的历史地理

---

① 侯仁之:《"中国沿革地理"课程商榷》，《新建设》1950年第11期。

学科发展的历程与努力方向也体现了这一点。

中国社会科学院古代史研究所是中华人民共和国成立后，最早开展历史地理研究工作、最早建立专业研究机构的专业研究单位之一。1954年，中国科学院历史研究所成立，中国现代历史地理学的奠基人顾颉刚先生来所工作。1960年，历史地理组成立，组长为原"禹贡学会"会员、元史专家姚家积。1977年，中国社会科学院成立，随之转为中国社会科学院历史研究所（2019年更名为古代史研究所）历史地理研究室。

研究室历任主任有：姚家积、陈可畏、辛德勇、华林甫、毛双民、成一农和孙靖国。

历史地理研究室成立以后，工作一直围绕国家重大科研项目的集体课题，如从20世纪60年代初开始，历史地理室的各位老同志承担了外交部关于边界研究和东北史地资料整理等问题的任务，为国家的边界谈判、国土历史文化知识传播与研究做出了重要的贡献。诸如此类的集体项目很多，成果也非常丰硕。历史地理室的学者或主持编撰，或成为其中的重要参与成员。在这些项目中，最为重要的是《中国历史地图集》《中国史稿地图集》《中华人民共和国国家历史地图集》和《中国历史地名大辞典》，这三部地图集和一本大辞典，是中国历史地理学科的重要成果，也是中国历史地理学科为中国历史学界和地理学界贡献的重要工具书，对于其学术、社会价值，以及历史地理室学者的贡献和工作经历，现勾勒如下[①]。

---

① 本文写作，参考了多篇前辈学人著作，尤其是陈可畏、邓自欣《历史地理组的成立与任务》，载中国社会科学院历史研究所编《求真务实五十载：历史研究所同仁述往》，中国社会科学出版社2004年版，第511—521页；史为乐《历史地理研究室的过去与现在》，载中国社会科学院历史研究所编《求真务实六十载：历史研究所同仁述往》，中国社会科学出版社2014年版，第273—280页。

一 《中国历史地图集》的编绘工作

中国自古以来就有编绘读史地图以辅助学习经史的传统，东汉王景受命主持治河时，汉明帝就曾赐予他《禹贡图》以进行参考，之后历代迭有读史地图的编绘，或见于文献，或有实物存世。清末杨守敬编绘的《历代舆地图》成为传统沿革地理学所绘制的读史地图之最高峰。1954年9月，在中南海怀仁堂召开第一届全国人民代表大会第一次会议期间，毛泽东主席召见人大代表、历史三所（今近代史所）所长范文澜和北京市副市长、历史二所兼职研究员吴晗，布置标点《资治通鉴》和改绘清末杨守敬编绘的《历代舆地图》（以下简称《杨图》）任务。随后，范文澜、吴晗邀请中国科学院历史一所副所长尹达、历史二所副所长侯外庐，历史三所副所长刘大年，北京大学历史系主任翦伯赞，国家出版局局长金灿然及教育部、国家测绘局、地图出版社负责人传达毛主席交来改绘《杨图》的任务，立即成立了以范文澜、吴晗、尹达为首的专门委员会，一致决定聘请历史地理学家谭其骧教授任主编，负责主持编图任务，制图出版由地图出版社负责。改绘《杨图》任务由哲学社会科学部主办，其他参加工作单位为协办。1955年谭其骧来北京历史一所开始编绘《杨图》的准备工作。1957年编绘《杨图》工作移到上海复旦大学历史系，范文澜任顾问，具体工作由吴晗、尹达共同负责，吴晗因工作太忙，无暇顾及《杨图》，尹达成为《杨图》实际工作的负责人。在改绘《杨图》的过程中，由于发现《杨图》问题较多，必须重新编绘，于是改名为《中国历史地图集》，开展全面绘制工作。经过艰苦工作，1973年完成编稿，1977年中国社会科学院成立，恢复了《中国历史地图集》主办单位的地位，1982年各册陆续公开出版。《中国历史地图集》共分8册，20个图组，304幅地图，上起原始社会，下至清代，是中国历史地理学科发展史上的里程碑式著作。

《中国历史地图集》的编绘是全国大协作的典范，编绘工作启动之后，陆续邀请南京大学韩儒林教授、云南大学方国瑜教授、中央民族学院傅乐焕教授、民族研究所冯家昇研究员、近代史所王忠研究员、考古研究所夏鼐研究员等负责边疆地区及石器时代的编绘任务。其中，古代史研究所是重要承担单位，工作展开后，派出陈可畏、田尚、徐寿坤、陈有忠、王立本五人去上海，在复旦大学历史地理研究室参加编绘工作。为充实专业力量，1965年分配来所的复旦大学历史地理专业毕业生全部参加《中国历史地图集》工作。在《中国历史地图集》的编稿和设计人员中，古代史所共有16人，人数仅次于复旦大学，成为此图集编绘的中坚力量之一。

二 《中国史稿地图集》的编绘工作

《中国史稿地图集》是郭沫若主编的《中国史稿》的重要组成部分。1956年初，中央请郭若沫主编一部干部读物《中国历史》，经过两年的筹备，编写工作于1958年底开始。1962年，此书定名为《中国史稿》，所附地图集亦名为《中国史稿地图集》。[①] 编写工作一开始，郭沫若就向编写组提出："作为干部读物，在史实的比例、章节的安排、行文的风格等方面，都要活泼些，不要太呆板了；同时，要吸收史学界现有的成果，

---

① 翟清福：《郭沫若与尹达二三事》，载中国郭沫若研究会主编《郭沫若研究》第八辑，文化艺术出版社1990年版，第314页。

使它具有正确的思想、严密的结构和独创的风格。"所以,郭沫若决定"这部书要做到文图并茂,图谱出专册,书内有插图,书后附年表并有历史地图集"①。郭沫若特别提到历史地图,"应有的历史地图,要求编绘达到一定水平"②。"必须尽可能编绘,使读者有比较准确的历史地理的概念"。所以,在《中国史稿》编写之初,"就组织力量分别编绘应有的历史地图,选编有关的图版及插图。第一册中的地图及图版经过郭老一再审阅,才定了下来。《中国史稿地图集》的书名也是郭沫若所题,可见郭老对地图集的重视。后来,因为地图多了些,出版部门认为制图困难,装订费时,颇有难色;这就不得不采取另册出版的形式了"。于是在 1979 年出版了上册。1990 年又出版了下册,以配合《中国史稿》第四、五、六、七册。③

《中国史稿地图集》上册有大小地图 74 幅,下册有大小地图 117 幅,除两册均置于卷首的《中华人民共和国全图》外,共计历史地图 189 幅,在清末以降,1990 年之前,除杨守敬《历代舆地图》和谭其骧《中国历史地图集》之外的主要历史地图集中,居于前列。④

《中国史稿地图集》改变了以往历史地图集以历代王朝疆域为主的格局,反映了统一的多民族国家的疆域政区、经济、交通、战争、城市、科技等广阔历史内容,制作精审,地图语言规范、科学。《中国史稿地图集》上册于 1979 年推出后,受

---

① 翟清福:《郭沫若与尹达二三事》,载中国郭沫若研究会主编《郭沫若研究》第八辑,文化艺术出版社 1990 年版,第 312 页。
② 陈可畏、邓自欣:《历史地理组的成立与任务》,载中国社会科学院历史研究所编《求真务实五十载:历史研究所同仁述往》,中国社会科学出版社 2004 年版,第 516 页。
③ 《中国史稿地图集》下册《编后记》,中国地图出版社 1990 年版。
④ 参见华林甫《110 年来中国历史地图集的编绘成就与未来展望》,《中国历史地理论丛》2021 年第 3 辑,第 112、116 页。

到社会的广泛欢迎，被选定为高等院校的文科教材，先后重印和再版多次。就笔者所了解，《中国史稿地图集》上册精装本第一版第一次印刷印数为 5500 册；平装本印数为 20501 册。下册精装本第一版第一次印刷印数就达到 20000 册，可见其受社会欢迎程度。1995 年，《中国史稿地图集》被评为全国高校优秀教材一等奖，① 充分反映了该图集的学术价值和社会对其的肯定。

《中国史稿地图集》的编绘者来自中国社科院古代史所、考古所、复旦大学和人民出版社等，其中古代史所历史地理研究室的学者为主力，1970 年，中央指示恢复《中国史稿》的编写工作，尹达指定陈可畏负责《地图集》工作，古代史所的陈可畏、刘宗弼、李学勤、卫家雄、田尚、史为乐、邓自欣、苏治光、杜瑜、朱玲玲、朱力雅、王影静等参加了编绘工作，林甘泉先生亦"经常关切着上册地图集的编绘工作，从编绘的内容设计到出版都费了不少的心力"②。

三 《中华人民共和国国家历史地图集》的编绘工作

《中华人民共和国国家历史地图集》（以下简称《国家历史地图集》）是"中华人民共和国国家地图集（原称《中国国家大地图集》）"的一部分，是一部全面反映我国历史自然地理和历史人文地理各方面发展的综合性历史地图集。

---

① 《中国史稿地图集》再版说明，中国地图出版社 1996 年版；陈可畏、邓自欣：《历史地理组的成立与任务》，载中国社会科学院历史研究所编《求真务实五十载：历史研究所同仁述往》，中国社会科学出版社 2004 年版。

② 《中国史稿地图集》上册，人民出版社 1979 年版，"前言"。

《中国国家大地图集》是 1956 年周恩来总理亲自主持制定的我国第一个长期科学技术发展规划"中国十二年科学技术发展规划"的重大科研项目之一。1958 年 7 月 17 日，在北京成立了国家大地图集编纂委员会，计划编制普通地图集、自然地图集、经济地图集、历史地图集四卷。1981 年 5 月，国务院批准了国家科委、国家测绘总局、中国科学院和中国社会科学院《关于继续编纂出版国家地图集的请示报告》。拟定分国家普通地图集、国家自然地图集、国家历史地图集、国家农业地图集和国家经济地图集五卷编纂出版，其中，《国家历史地图集》由中国社会科学院主持。

1982 年 12 月，《国家历史地图集》编委会于北京组成，由中国社会科学院副院长张友渔担任编纂委员会主任，由谭其骧教授任副主任兼总编纂，副主任有夏鼐、侯仁之、史念海、翁独健等，由来自各单位的数百位专家学者承担了编纂工作，或参与协作。

《国家历史地图集》共分为 19 个图组：民族、人口、都市分布、城市遗址与布局、气候、自然灾害、史前遗址、传说时代夏商西周、疆域政区、古代战争、近代战争、文化、地貌、沙漠、植被、动物、农牧、工矿、交通，共 1300 多幅地图和相应的表格、文字说明等，全面、丰富、系统反映了我国历史时期自然和人文各方面地理演进的各方面信息，体现了新中国成立以来我国历史地理研究的新成果和进展。

作为《国家历史地图集》的重要承担单位，古代史所诸多学者参与了多个图组的编绘工作，历史地理室还承担了"古代战争"图组的编绘工作。

2012 年，《国家历史地图集》第一册出版，共包含前 6 个图组，400 余幅地图。问世后，得到各界的一致好评，荣获国家新闻出版广电总局颁发的"第三届中国出版政府奖图书奖"。

总编纂谭其骧先生于1992年去世后,由林甘泉、高德、邹逸麟组成助理小组,代理总编纂工作。2017年以后,原负责同志相继去世,编纂出版工作陷于停顿。2018年,中国社会科学院重新启动了《国家历史地图集》第二、三册的编纂出版工作,编委会决定聘请复旦大学葛剑雄教授担任《国家历史地图集》第二、三册执行主编,主持《国家历史地图集》日常工作。依托古代史所历史地理研究室设立编辑室,任命孙靖国为编辑室主任。编委会决心在中国社会科学院的领导和支持下,努力工作,争取尽快出齐《中华人民共和国国家历史地图集》。

四 《中国历史地名大辞典》的编写工作

地名学史研究是历史地理室成绩斐然的学术领域,也是历史地理学科"有用于世"精神的体现。在1934年《禹贡》创刊词中,就慨叹没有一部可以够用的历史地名大辞典,社会的文化事业建设也迫切需要一部精审的历史地名大辞典。因此,史地室的学者从20世纪70年代之后就开始致力于地名学史的研究,如史为乐《谈地名学与历史研究》(《历史研究》1982年第1期)、《五岳释名》(《史学月刊》1982年第1期)、《中国地名考证文集》(广东省地图出版社1994年版)和华林甫《中国地名学源流》(湖南人民出版社1999年版)等。1995年出版的《中国地名语源词典》(上海辞书出版社)由史为乐主编,请谭其骧先生担任顾问,史地室的多位学者参加。

在这些工作的基础上,2005年,由史为乐主编,邓自欣、朱玲玲副主编,古代史所和全国多个单位学者共同参与撰写的

《中国历史地名大辞典》由中国社会科学出版社出版，收录 6 万余词条，是已通行半个多世纪的《古今地名大辞典》的两倍以上，字数也为其三倍以上。历时 20 余年，八易其稿而成。《中国历史地名大辞典》收词范围广，时间断限长，时间从远古直至中华人民共和国成立前夕。释文征引有据，力求使用第一手资料，尽量找出地名的最早出处。注重地名语源的阐释。尽力吸取最新研究成果，注意反映当今学术水平。地名定点务求精准。出版后收到良好的社会效果，成为广泛应用的工具书，也获得了首届"政府出版奖图书奖"和第三届"郭沫若中国历史学奖"。时隔六年之后，此书又开启修订工作，2017 年，《中国历史地名大辞典（修订版）》由中国社会科学出版社出版，此次修订做了很大幅度的工作：1. 在原书的基础上，修订了原书中错误，新增条目千余条，如关于考古新发现、重要文物古迹、著名的建筑物等。2. 大幅度改动和调整的条目四五千条。随着行政区调整，"今地"也做了相应调整。3. 增加音序索引，更方便读者阅读、检索。4. 重新编绘地图，鉴于全国行政区划的变化，附图也根据 2015 年底的行政区划予以重编和改绘。

五　各个分支学科的研究

　　历史地理学包括历史自然地理、历史人文地理等多个分支学科，作为全国设立最早的历史地理专业研究机构之一，历史地理室力求在各个领域都做出自己的贡献，特梳理如下。

　　1. 历史自然地理是中华人民共和国成立后，为配合国家建设而兴起的分支学科，包括历史时期气候变迁、动植物分布变迁、海岸线与河流水系变迁等。本室研究人员积极投入相关领域研究，如陈可畏《论西汉后期的一次大地震与渤海西岸地貌的变迁》（《考古》1979 年第 2 期），田尚《黄河河源探讨》（《地理学报》1981 年第 3 期），朱玲玲《罗布泊的水系变迁》（《殷都学刊》1987 年第 1 期），朱玲玲《明清时期滹沱河的变迁》（《中国历史地理论丛》1989 第 1 期），史为乐《试论长江大通——芜湖段江岸和沙洲的历史变迁》［《安徽师大学报》（哲学社会科学版）1984 年第 3 期］，田尚、邓自欣《沱江、沫水、离堆考辨》（《历史地理》1987 年刊），孙靖国《〈水经注〉"乱流"新解》（《中国典籍与文化》2010 年第 1 期），张兴照《卜辞所见滴水考》（《南方文物》2016 年第 4 期），张兴照《〈禹贡〉"九河"与黄河分流》［《首都师范大学学报》（社会科学版）2020 年第 6 期］等。在历史自然地理发展的背景下，环境史成为当下方兴未艾的新兴学科，本室研究人员亦积极参与该领域研究，如张兴照《商代地理环境研究》（中国社会科学出版社 2018 年版）、孙景超《宋代以来江南的水利、环境与社会》（齐鲁书社 2020 年版）、成赛男《中国历史气候变化影响研究的思考与前瞻》（《中国史研究动态》2021 年第 6 期）等。历史地理信息系统和数字人文是新世纪历史地理学研究方法的一次重大变化，本室亦积极应对，如孙靖国、成赛男与所外学者合作的《古地图地理信息的初步量化研究》（《图书馆论坛》2021 年第 10 期）。张兴照亦承担中国历史研究院重大课题"大运河历史地理信息系统"建设工作。

2. 地图学史研究是历史地理学近年来的学术热点和增长点，从 20 世纪 90 年代开始，本室学者就对此领域进行研究，如朱玲玲《放马滩战国秦图与先秦时期的地图学》（《郑州大学学报》1992 年第 1 期）、《地图史话》（中国大百科全书出版社 2000 年版）对此领域进行关注。2014 年，以卜宪群所长为首席专家的国家社科基金课题重大项目"《地图学史》翻译工程"

立项，本室成一农、孙靖国担任骨干成员，围绕芝加哥大学出版社《地图学史》系列丛书前三卷的翻译工作，开展地图学史研究。2021—2022 年，《地图学史》前三卷的中译本陆续出版，被评为 2022 年度中国社科院重大成果。这方面的成果还有：孙靖国《舆图指要：中国科学院图书馆藏中国古地图叙录》（中国地图出版社 2012 年版）、成一农《"非科学"的中国传统舆图》（中国社会科学出版社 2016 年版）、孙靖国《〈江防海防图〉再释——兼论中国传统舆图所承载地理信息的复杂性》[《首都师范大学学报》（社会科学版）2020 年第 6 期]、孙景超《台北故宫博物院藏〈云南舆地图说〉考论——兼及〈伯麟图说〉的版本与流传》（《文献》2022 年第 4 期）、孙景超《德藏晚清吉林〈蜂蜜山招垦四至地图〉考释》（《历史地理研究》2022 年第 1 期）等。为支撑研究，孙靖国先后立项国家社科基金青年项目"明清沿海地图研究"、国家社科基金"冷门绝学"专项学者个人项目"明代边海防地图整理与研究"等。

3. 历史城市地理肇端于古代的都邑研究，新中国成立后，尤其是改革开放以来，为配合城市规划与建设，这门分支学科迅速发展壮大。本室学者很早就对此问题加以关注，1983 年，史为乐与陈桥驿、侯仁之、马正林等学者合著《六大古都》（中国青年出版社 1983 年版），引起很大反响。同年，陈可畏《越国都琅邪质疑》（《中国史研究》第 1 期）、杜瑜《中国古代城市的起源与发展》（《中国史研究》第 1 期）开展了对古代都邑和城市起源理论的研究。此后，多名学者继续关注历史城市地理的重要问题，如朱玲玲《元大都的坊》（《殷都学刊》1985 年第 3 期）、《中国古代都城平面布局的特点》（《历史地理》第四辑）、《坊里的起源及其演变初探》（《郑州大学学报》1986 年第 2 期）、杜瑜《汉唐河西城市初探》（《历史地理》第七辑)、杜瑜《中国历史上中心城市的作用及其对城市化的影响》(《中国历史地理论丛》1995年第10期)、孙靖国《中古时期桑干河流域农牧环境的变迁——兼论北魏为何定都平城》(《南都学坛》2012年第3期)等。

4. 历史地理学术动态和综述的追踪与总结,是本室一项影响较大的特色学术领域,杜瑜、朱玲玲《中国历史地理学论著索引》(书目文献出版社1986年版)在学界引起较大反响。1981—2016年,本室学者持续在《中国史研究动态》上发表中国历史地理年度研究综述,华林甫教授所编《中国历史地理学五十年(1949—1999)》(学苑出版社2001年版)中的文章中有一半出自本室学者之手,对学界了解学术发展状况起到了较大的作用。

5. 历史军事地理也是本室比较重视的发展方向,尤其是承担《国家历史地图集》"古代战争"图组工作对此领域研究起到了推动作用。这方面的成果有朱玲玲《蒙金三峰山之战及其进军路线》(《军事历史研究》1987年第4期)、陈可畏《城濮之战地理考释》(《中国历史地理论丛》1989年第1期)、李万生《论侯景江北防线确立的基础》(《中国史研究》2002年第3期)、陈可畏《楚汉战争的垓下究竟在今何处》(《中国史研究》1998年第2期)、李万生《河南之地与三国之争——以侯景叛东魏为中心的考察》(《中国史研究》1998年第3期)、李万生《论侯景江北防线确立的基础》(《中国史研究》2002年第3期)、张兴照《3—6世纪的北方水运与军事经略》(《东岳论丛》2018年第10期)等。

6. 历史交通地理方面,本室研究尤其以大运河研究为重点,如朱玲玲《明代对大运河的治理》(《中国史研究》1980年第2期)、史为乐《穆天子西征试探》(《中国史研究》1992年第3

期)、张兴照《魏晋南北朝时期河北平原内河航运》[《河北师范大学学报》(哲学社会科学版) 2008 年第 6 期]、张兴照《水上交通与商代文明》(《中国社会科学》2013 年第 6 期)、孙景超《国家与地方视野下的运河工程——以唐—元时期练湖为中心的讨论》(《首都师范大学学报》2020 年第 6 期) 等。

7. 历史海洋地理。海洋地理是近年来快速发展的新兴学科，本室在这一领域亦有较大关注，杜瑜的《北方港发展缓慢的历史地理因素》(《海交史研究》1994 年第 2 期)、《明清时期潮、汕、漳、厦港口的发展及其局限》(《海交史研究》1997 年第 2 期)，樊铧的《城市·市场·海运》(学苑出版社 2008 年版)、《明初南北转运重建的真相：永乐十三年停罢海运考》(《历史地理》第 23 辑，上海人民出版社 2008 年版)、《政治决策与明代海运》(社会科学文献出版社 2009 年版) 等论著，都对古代海洋问题进行了反思和探讨。孙靖国则在《〈山东至朝鲜运粮图〉与明清中朝海上通道》(《历史档案》2019 年第 3 期)、《郑若曾系列地图对岛屿的表现方法》[《苏州大学学报》(哲学社会科学版) 2019 年第 4 期] 和《古地图中所见清代内外洋划分与巡洋会哨》(《中国边疆学》第 13 辑，社会科学文献出版社 2020 年版) 等论著中，重点关注古代海图。

8. 历史经济地理领域，有田尚《试论"塞北江南"宁夏平原引黄灌区的形成》(《中国史研究》1982 年第 4 期)，田尚、邓自欣《关于兴建都江堰的几个历史问题》(《史学月刊》1982 年第 5 期)，苏治光《东汉后期至北魏对西域的管辖》(《中国史研究》1984 年第 2 期)，田尚《古代河西走廊的农田水利》(《中国农史》1986 年第 2 期)，邓自欣、田尚《试论都江堰经久不衰的原因》(《中国史研究》1986 年第 3 期)，田尚《古代湟中的农田水利》(《农业考古》1987 年第 1 期)，田尚《清代西域的农田水利》(《中国历史地理论丛》1989年第4期)、张兴照《商代稻作与水利》(《农业考古》2010年第3期)、张兴照《商代水利研究》(中国社会科学出版社2015年版)、张兴照《商代邑聚输排水综考》(《华夏考古》2015年第1期)等研究成果。

9. 历史民族地理方面，陈可畏在《关于中国的民族形成与发展问题》(《民族学研究》1982年第1期)、《乌孙、大月氏原居地及其迁徙考》(《西北史地》1989年第4期)、《拓跋鲜卑南迁大泽考》(《黑龙江民族丛刊》1989年第4期)、《古代呼揭国及其民族试探》(《中国边疆史地研究》1989年第6期)等文章中，对若干重要问题进行了探讨。

为配合修建长江三峡大型综合性水利工程这一国家重大战略，1994年7月，中国社科院科研局批准了史地室申请的关于长江三峡历史地理研究课题，列为院重点科研项目。2002年，北京大学出版社出版了由陈可畏主编，本室研究人员集体编写的《长江三峡地区历史地理之研究》。同时，为了宣传历史知识，史地室学者还编写了诸多通俗读物和工具书，收到了很好的社会效应，如由田尚主编，全室同志分担题目，由朱力雅绘图的《中国古代史常识·历史地理部分》（中国青年出版社1981年版），多次再版，被评为全国爱国主义优秀通俗读物奖。此类通俗读物还有田尚、冯佐哲《地理学家和旅行家徐霞客》(北京旅游出版社1987年版)、杜瑜《地理学史话》（中国大百科全书出版社2000年版）、杜瑜《疆域沿革史话》（中国大百科全书出版社2000年版）、卫家雄《方志史话》（中国大百科全书出版社2000年版）、卫家雄、华林甫《长江史话》（中国大百科全书出版社2000年版）、朱玲玲《文物与地理》（东方出版社2000年版）、朱玲玲《地图史话》（中国大百科全书出版社 2000 年版），杜瑜《海上丝路史话》（中国大百科全书出版社 2000 年版），陈可畏《寺观史话》（中国大百科全书出版社 2000 年版）等。

总体而言，作为国内设立最早的历史地理专业研究机构之一，史地室是中国现代历史地理学科建立并发展过程中的中坚力量，从建室以来，就秉承"为人民做学问""把论文写在祖国大地上"的信念，把力量投入国家和学科建设最需要的集体项目上，不计个人名利得失，史地室同志主持或参与的《中国历史地图集》《中国史稿地图集》《中华人民共和国国家历史地图集》《中国历史地名大辞典》，都是对中国现代历史地理学科建设和历史知识传播起到重要作用的里程碑式著作。2014 年至今，历史地理室经历了较大的人员变动和新老交替，在所领导的支持下，近年来，研究室引进了多名年轻学者，以补充新鲜血液。目前，研究室共有五名研究人员：张兴照、孙靖国、孙景超、成赛男和张煜，主要研究领域集中在历史环境变迁、疆域和区域研究、历史交通地理、历史城市地理和地图学史等方面。史地室同仁将继续努力，在继承老一辈传统的基础上，不断加强学术团队建设与学术创新，努力打造一支"小而精"的研究队伍，集中精力做好《中华人民共和国国家历史地图集》第二、三册的编辑工作，为历史地理学科的发展做出自己的贡献。

新中国郭沫若古籍整理二三事

张 勇

中国社会科学院古代史研究所（郭沫若纪念馆）
公众教育与资讯中心主任、研究员

郭沫若以卷帙浩繁的史学著作、深邃的学术见解，为新中国史学的创立与发展留下了丰富的文化遗产和精神财富，他开创性地运用马克思主义唯物史观和辩证法为指导，从事史学、考古学和古文字学等领域的研究，发现了中国社会发展的历史规律，揭示了中国社会历史的本质内涵，对于新中国马克思主义史学的发展和体系的建立具有"划时代的意义"[①]。特别是郭沫若创造性地运用多种方法，对以《管子》等为代表的古籍进行了系统性、综合性的校勘和整理，为新中国史学研究开拓了崭新领域。

一

郭沫若在古史研究中，发现了很多典籍材料的瑕疵与不足，

[①] 黄烈：《郭沫若在史学上的贡献》，载《郭沫若研究专辑》，文化艺术出版社1984年版，第228页。

《管子》就是其中典型一例。《管子》是先秦诸子各派学说观点的总汇，主要包括儒家、道家、法家、阴阳家等，因此内容驳杂繁多，思想丰富深邃，是研究先秦古代哲学和古代经济学必读的古籍，但"《管子》书号称难读，经历年代久远，古写本已不可复见。简篇错乱，文字夺误，不易董理"①，因此"此项工作，骤视之实觉冗赘，然欲研究中国史，非先事资料之整理，即无从入手。《管子》书乃战国、秦、汉时代文字之总汇，其中多有关于哲学史、经济学说史之资料。道家者言、儒家者言、法家者言、阴阳家者言、农家者言、轻重家者言，杂盛于一篮，而文字复舛误歧出，如不加以整理，则此大批资料听其作为化石而埋没，殊为可惜。前人已费去不少功力，多所校释，但复散见群书，如不为摘要汇集，读者亦难周览。有见及此，故不惜时力而为此冗赘之举"②。虽然在郭沫若之前已经有许维遹、闻一多和孙毓棠等人对《管子》进行过校勘，但是他们的校勘时遗漏的《管子》版本较多，如"陆贻典校刘绩《补注》本、十行无注本、明刻朱东光《中都四子》本、明刻赵用贤《管韩合刻》本，均所未见"③，在此情况下，他们所校勘出的《管子》难免会有不足，甚至是错误。于是自1953年11月，郭沫若便开始在许维遹、闻一多等前人校勘的基础上，自己亲自进行《管子》校订的烦琐工作，以补正前人校勘的不足和谬误。

  校勘第一步的工作便是尽可能多地收集现存各种版本的《管子》，为此郭沫若经常与古文字学家杨树达、古史研究专家

---

  ① 郭沫若：《管子集校·叙录》，《郭沫若全集·历史编》第5卷，人民出版社1984年版，第3页。
  ② 郭沫若：《管子集校·叙录》，《郭沫若全集·历史编》第5卷，人民出版社1984年版，第18页。
  ③ 郭沫若：《管子集校·叙录》，《郭沫若全集·历史编》第5卷，人民出版社1984年版，第15页。

尹达和古文字学家陈梦家等专家学者通信交流，寻找《管子》版本的线索；另外，北京、上海、武汉、长沙等处的各大图书馆也都为他提供了很多可供参阅的资料，有时甚至为了亲自阅读到有关善本，他也会不顾路程的远近专程前往。1954年7月，郭沫若曾专程前往青岛崂山造访华严寺，见到了明抄本《册府元龟》所引《管子》的有关内容。经过多方努力和众人的帮助，郭沫若收集到了宋明版本的《管子》达到了17种之多，取材《管子》校释的书也达到42种之多，这也创下了《管子》校释之最。在此基础上，郭沫若便以宋杨忱本、刘绩《补注》本、十行无注本、朱东光《中都四子》本和明刻赵用贤《管韩合刻》本等重要版本为底本，辅以其他各时期的版本为参考进行《管子》校勘工作。

在校勘过程中，郭沫若在充分运用了对校、本校、理校、他校等基础方法，再加之训诂学、古文字学和音韵学等知识外，还将现代科学知识运用于《管子》校释之中，如在《地员篇》中有关"凡彼草物有十二衰"一句的校释中，他除了引用前人的注释外，还将现代植物学家夏纬英的阐释列入其中，用最新的科学知识解释古人的言论进一步阐发《管子》的当代价值。另外，郭沫若在校释的过程中，还对《管子》各篇的写作和成书的时间，各篇之间的关系，以及内涵蕴意也进行了细致的研究，并得出了很多不同于前人的结论，这些校勘的方法不仅表现出郭沫若求真务实的严谨科学态度，也显示了他合理运用唯物主义理论从事学术研究的指导思想。经过郭沫若的反复修改订正，历经两年多的时间，一百三十余万字的巨著《管子集校》终于在1956年3月由科学出版社出版。"此书体例严谨，规模宏大，所见版本之多，参考历来校勘书籍之广，不仅是以前学者所未有，而且也是解放以来第一部博大精深的批判继承祖国文化遗产的巨大著作。"① 《管子集校》成为"专为供研究者参考"②的重要工具书，为新中国古籍整理工作树立了标杆。

同一时期，郭沫若还整理校勘了另一部古籍《盐铁论》。《盐铁论》是汉昭帝时有关盐铁会议的相关文献，后由桓宽整理成书，其中包括西汉时期的政治、经济和文化等方面的内容，全书共60篇，是后人了解和研究西汉史的重要史料文献，除此以外，郭沫若还认为"《盐铁论》是处理经济题材的对话体的历史小说"③。前人关于《盐铁论》曾有过较为准确的校勘，存疑较少，因此郭沫若在《盐铁论》的整理工作上，便采取了与《管子集校》不同的校勘方法，他在校订全书的过程中，主要采用加注标点，划清段落、补充注释的方式，经过他的整理《盐铁论读本》最终在1957年由科学出版社出版，成为"通行一时的本子"④，该著作的出版为新中国历史古籍的大众化普及作出了示范性的贡献，也为进一步发挥中国古典文献的现代化价值提供了有益的启示。

二

完成《管子集校》《盐铁论》等古籍整理工作后，郭沫若又开始了对《再生缘》的校勘研究。与前二者略有不同，郭沫若对《再生缘》前十七卷的校订颇有"补课"的意味。1960

---

① 马非百：《对于〈管子集校〉所引各家注释中有关〈轻重〉诸篇若干问题之商榷》，《郑州大学学报》1979年第2期。
② 郭沫若：《管子集校·校毕书后》，《郭沫若全集·历史编》第8卷，人民出版社1985年版，第467页。
③ 郭沫若：《盐铁论读本·序》，《郭沫若全集·历史编》第8卷，人民出版社1985年版，第478页。
④ 洪光荣：《中国历代文学书目举要》，新世界出版社2012年版，第300页。

年，郭沫若阅读完金灿然送来的陈寅恪《论再生缘》一文后，非常诧异，他没有想到"那样渊博的、在我们看来是雅人深致的老诗人却那样欣赏弹词，更那样欣赏《再生缘》，而我们这些素来宣扬人民文学的人，却把《再生缘》这样一部书，完全忽视了"[①]。于是，他便很快找到《再生缘》进行阅读，读毕才明白陈寅恪对此书青睐有加是非常有道理的，但同时也发现了自己所阅读的清道光三十年（1850）三益堂所翻刻的《再生缘》的版本质量欠佳，错误甚多等诸多流弊，于是便萌生了重新校订《再生缘》的想法。与《管子集校》校勘相仿，首先要做的工作也是尽可能多地收集《再生缘》的存世版本。

经过多方的努力，1961年4月初，郭沫若在北京图书馆郑振铎捐献的图书中发现了清嘉庆年间20卷的《再生缘》抄本，他将三益堂本与嘉庆抄本进行对比发现，这两个版本的前十七卷的内容相同，而后三卷的内容则有明显差异，于是他就此断定陈端生只做了前十七卷《再生缘》，而后三卷为后人续作。两个月后，郭沫若又在阿英的藏书中寻找到了清道光二年（1822）宝仁堂版的初刻本《再生缘》，通过与之前所发现的版本仔细对比后，他认为目前常见翻刻本《再生缘》均来自宝仁堂的初刻本，这个初刻本是以后各种版本变化的基础。这两个基本问题明确后，郭沫若便开始全面进行《再生缘》的校订工作，在多人协助下，经过一个多月的努力，《再生缘》前十七卷本校勘终于完成，历时一年多的《再生缘》版本收集、整理和校订工作告一段落。就在中华书局准备排版印刷时，由于各种原因，出版未能按照计划付诸实现，直到2002年，北京古籍出版社在原中华书局清样的基础上出版了郭沫若校订版的《再

[①] 郭沫若：《序〈再生缘〉前十七卷校订本》，《光明日报》1961年8月7日。

生缘》)。

郭沫若在校订《再生缘》，收集各种不同版本的同时，逐步对这部古典名著的思想内涵、艺术特色、作者资料和人物形象特点等学术问题进行了深入细致的研究，共发表了《陈端生年谱》《〈再生缘〉前十七卷和它的作者陈端生》《再谈〈再生缘〉的作者陈端生》等多篇论文，条分缕析地阐述了《再生缘》创作的时代背景、成书过程，由此解答了诸如陈端生为什么只写了《再生缘》前十七卷等学术疑问，也反驳了陈寅恪认为陈端生之夫为浙江秀水的范茨的论断，总之无论从思想性还是艺术性的角度上，郭沫若都认为："陈端生的确是一个天才作家，她的《再生缘》比《天雨花》好。如果要和《红楼梦》相比，与其说'南花北梦'，倒不如说'南缘北梦'。"①《再生缘》在郭沫若的校订和研究下提升了它本有的历史价值和美学特征。

三

"读万卷书，行万里路"，是读书人最佳的生存状态，郭沫若亦是如此。20 世纪 50 年代后期开始，担任着国务院副总理、中国科学院院长等重要职务的郭沫若，在国家政局稳定、经济好转、民众安居后，也开始走出书斋，走向广袤的大自然，在祖国的大好河山中轻松地品味文化盛宴。与单纯到名胜景区走马观花的游玩不同，郭沫若的出行多是文化考察，他置身于自然文化现场之中或寻找历史演进的足迹，或研判古迹生成流变的脉络，或纠正流传甚久的历史谬误。可以说，郭沫若寻访自然山水的文化

---

① 郭沫若：《〈再生缘〉前十七卷和它的作者陈端生》，《光明日报》1961 年 5 月 4 日。

行旅看似艰辛，但其中却充溢着廓清历史史实的愉悦与畅快。

1961年2月8日起，郭沫若开始了广西、海南、广东、武汉等地长达十九天的游历之程，每到一处他都留下了动人的纪游诗篇。2月19日，他终于到达了祖国最南端，可谓是真正到了"天涯海角"，沐浴在蓝天碧水之中的郭沫若深情地写下"海水呈深蓝色，近岸处则青如翡翠。帆船三五，在远处如画中点缀，寂然不动。空中有白云呈波状。岸上细沙如银，滨海潮湿处色呈微黄。奇石磊磊，纵横呈聚落"①的抒情语句。新中国成立前，郭沫若由于置身于水深火热的抗战之中，难以形成轻松愉悦的写作心境，因此写景抒情散文并不多，即便是有散文作品，也多写宏观感受之类的情绪，像这种纯粹风景的描写，而且多用比喻手法去夸赞海南的美景佳境，在郭沫若的散文写作中是不多见的。游走于自然天地间的心情是愉悦的，但留给他更深印记的却是散落在民间各处的历史遗迹上所承载的丰富历史信息。在海南当地随行者告诉他，海边巨石上的"天涯"二字为苏轼所写，郭沫若即刻就产生了疑惑，他觉得这两个字的字体与苏体差异明显，而且苏轼当年流放之地与此处相距甚远，但是由于紧凑的行程，他不能停留下来对此史事进行详细考辨，但这个疑惑却一直萦绕在他的心头。

1962年1月，郭沫若第二次来到了海南，特地重访了"天涯海角"。崖县县委请求他在百忙之中抽时间对《崖州志》进行点校，郭沫若便欣然同意。《崖州志》是1900年（光绪二十六年）由当时长官钟元棣下令编撰，1914年，由郑绍材、孟继渊等人共同筹款印制而成的，该地方志主要记录了当时崖州经济文化、民风物产等方面的信息，全书共10册22卷，因当时

---

① 郭沫若：《天涯海角》，《羊城晚报》1962年2月20日。

只印了 100 册，后又几经战乱，再加之保存条件不佳等原因，即便是有少量存书也多残缺不全。特别是《崖州志》"校刊时，从事者似不甚谨严，错落处不少"①。

出于对历史事实探知的迫切愿望，郭沫若便在海南立刻开始了校订《崖州志》的工作，崖州县档案馆所保存的原版本《崖州志》破损不堪，很多内容已经缺失遗落，为此，郭沫若便委托广州市委领导罗培源向中山图书馆借到了一本手抄本《崖州志》和保存如新的原版本《崖州志》。为了最大程度使所校勘的《崖州志》准确无误，郭沫若便对有疑问之处做了眉批，并且亲自到古迹现场，勘察古人留下的诗文石刻的真迹，以辨真伪。

在校勘《崖州志》时，郭沫若发现了该书记载"天涯"石刻为知州程哲所刻。去年游历海南对此问题的存疑又一次浮现而出。那么，"天涯"究竟是否为苏轼所书还是程哲所刻呢？为了验证是否真实，他便来到了"天涯"字下，不顾年事已高，亲自爬上竹梯，在四米多高的石刻上终于发现了"雍正十一年程哲"的题款，流传很久的历史谬误终于得到澄清。为了印证崖州南山岭的有关史实，郭沫若不顾个人安危，亲自爬上了 200 多米高的悬崖，在现场查看了有七百多年之久，已经风化的石刻后，订正了《崖州志》中的有关记载。

郭沫若在《崖州志》的校勘中，始终坚持精益求精的态度。《崖州志·艺文志》中所记载描述大小洞天的诗文，有多处错误。于是，郭沫若便在 2 月 3 日，亲自到大小洞天的"海山奇观"原石刻，亲自校对出毛奎所记载的《大小洞天记》315 个字中有 11 处 99 个字的错误。而且又抄录了《大小洞天

---

① 郭沫若：《序重印〈崖州志〉》，《郭沫若全集·历史编》第 3 卷，人民出版社 1984 年版，第 519 页。

记》所遗漏的175字石壁题刻诗的后记,这便使《崖州志》更加完整。当郭沫若抚摸着这些历史遗迹和古人题刻时,内心一定汹涌澎湃,此时无论再大的艰辛,再多的风险也会在与古人零距离对话中消失殆尽。

由于有过《管子集校》的校勘经验,因此只用了十天左右的时间,郭沫若就完成了全书约37万字的审校工作。在《崖州志》即将出版之际,郭沫若撰写了《序重印〈崖州志〉》一文,详细介绍了该地方志成书特色,并且认为"从糟粕中吸取精华,从砂碛中淘取金屑,亦正我辈今日所应有事"。① 而且还将自己对该书所作二十九处按语作为《崖州志》的补充材料出版。

在校订《崖州志》时,郭沫若对很多历史细节都做出了标注,其中对于有"万古良相"之称李德裕的史事尤感兴趣,遂产生了研究李德裕的想法。他在海南时就多次写信给王戎生、夏鼐等人,查询李德裕的有关材料,很快就完成了《李德裕在海南岛上》一文,郭沫若经过分析李德裕"独上高楼望帝京,鸟飞犹是半年程。青山似欲留人住,百匝千遭绕郡城"的诗句,并结合着相关史料,考证出崖州"只能是海南岛南部崖城的情况,而决不是海南岛北部海口附近的情况。海南岛南部多山,北部平衍。崖城周围,我曾亲自去看过,确实是群山环绕的"②,从而解答了李德裕被贬地崖州具体位置究竟在何处的历史遗留问题;另外,经过《崖州志》中所记载的情形与自己实际考察现状的对照,最后得出"李德裕既由潮州贬崖州,论理不会道经交趾。看来,计有功的说法是较为可信的。可以肯定,

---

① 郭沫若:《序重印〈崖州志〉》,《郭沫若全集·历史编》第3卷,人民出版社1984年版,第520页。
② 郭沫若:《李德裕在海南岛》,《郭沫若全集·历史编》第3卷,人民出版社1984年版,第537页。

这首五绝不是李德裕所作"① 的结论。该文是又一篇郭沫若运用文史互证的史学研究方法的典范之作,并且也被收入《崖州志》之中,进而扩展了对《崖州志》所记载史实严谨考证。

郭沫若对以《管子》《盐铁论》《再生缘》等为代表的一批古籍版本的收集、整理和校勘,是他在新中国成立前古史研究的延续和深化,郭沫若在自己所开拓的广袤学术领地中不断精耕细作,不仅展现出他扎实精湛的古典文化功底和视野,也为他的学术领域开辟了一片片新天地,从而把新中国传统文化的学术研究推上了更高的层次。

---

① 郭沫若:《李德裕在海南岛》,《郭沫若全集·历史编》第 3 卷,人民出版社 1984 年版,第 545—546 页。

我所见证的古代史研究所简帛学科发展历程

邬文玲
中国社会科学院古代史研究所副所长、研究员

随着越来越多的简帛资料的发现、整理与深入研究，经过百余年来几代学者的不懈努力，简帛学发展成为一门独立的国际性的学科，极大地推动了中国早期历史尤其是战国秦汉魏晋史以及古文字学、古文献学、考古学等相关学科的发展。在简帛学的学术史和学科发展史中，古代史研究所70年的简帛研究，发挥了重要作用。1999年秋，我考取中国社会科学院研究生院的博士研究生，入所跟随谢桂华先生学习简帛学，2003年博士毕业留所工作，至今已有20多年的时间。在这20多年里，我见证了所里的简帛学科发展历程。在建所50周年时，谢桂华先生曾撰写《栉风沐雨，成就斐然——记历史研究所简帛研究》一文，分为居延汉简的整理与研究、马王堆帛书的整理研究、云梦秦简的整理研究、尹湾汉墓简牍的整理与研究、郭店楚墓竹简研究、额济纳汉简的整理、其他简帛的整理与研究、简帛研究中心的成立及其工作八个方面，全面回顾了50年间历史所同仁在简帛学领域取得的学术成就及其在简帛学学科发展史上的贡献和地位。值此古代史研究所建所70周年之际，我结

合自己入所求学、留所工作的经历，在谢先生的基础上，接续梳理最近 20 余年来本所简帛学研究和简帛学学科建设的成就。

一 初入研究所的经历与见证

1998 年底我联系谢先生准备报考博士生时，他曾说起还有一位考生表达过报考的意愿，这让我觉得至少会有一名竞争对手。但出乎意料的是，后来开考进入考场才发现只有我一人报考谢先生的博士。对于我个人来说，没有竞争者算是一种幸运，但这也表明当时的简帛学是一个比较冷门的学科，与今天的热门景象形成了鲜明的对比。在读期间，谢先生对我采用的是所里传统的"师徒式"培养方式，卜宪群、刘乐贤、赵平安诸位先生都是我的导师小组成员，对我提携关照有加。在课程方面，除了公共课程需要严格进行课堂教学学习之外，专业方向课主要以阅读指定书目完成课程论文为主。有一段时间，韩国的金庆浩先生来所做访问学者，跟随谢先生学习简帛，谢先生便每周为我们集中授课，除了简帛学基本常识之外，主要讲解尹湾汉墓简牍、居延汉简等简帛材料。当时一起听课的还有就读于北京师范大学的沈颂金和首都师范大学的张小锋，他们两人是西北师范大学的硕士同学，关系十分要好，所以相约来听课。

我上学期间，正值郭店楚墓竹简整理公布，引起海内外学者的广泛关注，成为学界研究讨论的热点。尤其当时出土的楚简资料有限，很多简文的释读、理解以及编联等都有不少争议，值得深入探讨。于是中国社会科学院简帛研究中心和清华大学思想文化研究所合作举办"郭店楚简研讨班"，每周末在清华大学举行研读，很多高校和研究机构的师生都参加了研读班，教室经常满座，如果去得晚的话有时会没有座位，得另外加凳子。谢先生是研读班重要成员，经常带着我一起参加活动。李学勤先生在所里指导的博士后李天虹，博士生王泽文、陶磊，硕士生苏辉等，都是研读班成员。在李学勤先生的建议下，由谢先生牵头，申请了中国社会科学院1999—2004年基础研究重点课题"荆门郭店楚简研究"。

谢先生一贯主张"干活才能有长进"，所以除了讲授简帛学课程，带我参加研读班之外，也让我参与由他主要负责的《简帛研究》和"简帛研究文库"丛书的编校出版工作，以及举办会议时的会务筹备工作。《简帛研究》是用繁体刊印，加之经费有限，谢先生找了一家价格比较便宜的排印公司负责排版，很多具体的工作包括约稿组稿、编辑校对等，都是谢先生亲力亲为，十分艰辛。尤其是排印公司的人员不够专业，且好自作主张，致使增加了很多额外的编校负担。专业人员都清楚，有些繁体字并不是通用的，但很多排版人员并不懂得这一点，只要看到校样中某个字有多处相同的校改，为了省事，就会自作主张进行全文统改替换。下一次看校样时，谢先生好不容易辛苦地把这些改错的地方再改回来，但排版人员一看到有多处校改又给统改回去了。如此反复，让谢先生做了很多无用功。最后逼得谢先生只好亲自到排版公司坐镇，"监督"排版人员一处一处修改，不能全文统改替换。有时好不容易"调教"出来一位能够合作的排版人员，但由于公司人员流动较大，下次再合作时，发现换人了。于是同样的戏码又会重复上演，我看着都觉得要崩溃了，但谢先生却毫不气馁，很快又重整旗鼓开工干活了。

最初《简帛研究》集刊是不定期出版，出版社也不固定，第一、二辑在林剑鸣先生的支持下由法律出版社出版，后林先生不幸去世，第三辑经卜宪群先生联系，在他的同学江淳先生的支持下由广西教育出版社出版。后因江淳先生工作岗位变动，她推荐了广西师范大学出版社，在卜宪群先生的努力下，跟广西师范大学出版社达成长期合作意向，并在何林夏总编辑的建议下，改为定期出版的年刊，且与原来并行刊发的《简帛研究译丛》集刊合并，将其设立为一个译文栏目，以示不废。我在读期间参与编校的是《简帛研究二〇〇一》，这一期特别厚重，分为上下册。刘乐贤、赵平安先生都是这一期编校工作的主要承担者。后来我才注意到，尽管我当时是在读博士生，但谢先生仍然把我列入了这一期的编委和执行编辑之中，其中不乏老师对学生的提携之意，更多的则是老师的为人处世之道使然，让人感念不已。冥冥之中，这也算是恩师给我安排的工作任务，从此以后我便一直充任《简帛研究》的编委至今。谢先生计划在"长沙三国吴简暨百年来简帛发现与研究国际学术研讨会"上将该期赠送给与会的学者，因此编校工作可谓争分夺秒，总算是赶在 2001 年 8 月 16 日会议召开前夕印制出版。这次简帛学国际会议得以成功召开，跟谢先生的努力分不开，他做了很多工作，争取到长沙市人民政府的全力支持。谢先生也让我参与了一些会务工作，在会议期间还交给我一项光荣的任务，让我代读鲁惟一先生的中文发言。参与编校《简帛研究》和参与国际会议的筹备及会务工作，让我得到了多方面的教益。

  在我读书期间，张家山 247 号汉墓竹简的整理定稿工作已经完成，是学界关注的另一大焦点，都在热切期盼其出版。2000 年我博士论文开题时，虽然张家山汉简还没有正式公布，但从李学勤先生那里获知已经全部定稿提交出版社，老师们都认为很快就能见书了，所以我初步选定的题目是云梦睡虎地秦简和张家山汉简律令比较研究。不想其出版并没有预料的那么快，一直到 2001 年底才出版，实际见书已经到了 2002 年中。

我因获得交流访学的机会，于 2001 年 9 月去了哈佛大学。由于不确定张家山汉简什么时候才能正式出版，担心原来选定的毕业论文无法完成，于是将论文题目改为汉代赦免制度研究。我跟随谢先生学习的是简帛学方向，但却没有写以简帛资料为主的毕业论文，这让我心中一直觉得愧对先生之教。2003 年初我回国，不想很快发生了"非典"疫情，不能随意出入校门。论文初稿完成后需要呈递给谢先生审阅，是由学校安排专门的车辆送我去谢先生的住地。谢先生对论文提出了很多修改意见，还帮我补充了不少相关的简牍资料。毕业论文完成不久，正在跟谢先生合作为《历史研究》杂志撰写《二十世纪简帛的发现与研究》一文的沈颂金却不幸病故，谢先生便让我做了该文后续的修改定稿工作。

初入研究所，让我感受最深的就是所里浓厚的学术氛围、"传帮带"的优良传统和宽松的管理模式。学术讲座、学术会议等活动十分频繁，年长的先生和同事们都十分关心青年人的成长，有些重要的学术活动也会提醒青年人参加。每当我有小文草成请益时，谢桂华、马怡、刘乐贤等诸位先生都会倾心指教，提出修改意见。有时中外关系史研究室举办讲座活动，如果跟我的专业相关，余太山先生会专门跟我说，让我去听讲座。所里的学术沙龙活动尤其有特色，当时主要是孟彦弘、侯旭东等先生主持，胡宝国、吴丽娱、黄正建等先生都是重要参与者，很多其他单位的师生也时常来所参与沙龙活动。当时的沙龙活动最大的亮点，就是以批评意见为主。主讲人提前将论文稿发给大家，沙龙活动时，先由主讲人报告论文，然后大家评议提意见，一般是优点略讲，缺点和不足之处详讲。这样的活动不仅对于提升水平、促进学术交流十分有用，而且也有助于增进相互了解。我自己也在沙龙上讲过一篇关于简牍释读的论文，大家提了很多有益的意见。也正是通过这次沙龙活动，黄正建先生了解了我的研究方向，因此后来得知他的同学王素先生整理走马楼三国吴简需要人手时，便向王先生推荐了我，使我有机会跟随王先生学习整理走马楼三国吴简。

入所工作初期，我对于自己的研究发展方向并不十分明确。我自己对简帛释文整理较有兴趣，但当时简帛学尚属于冷门学科，历史所虽然有重视出土文献研究的传统，但普遍更为看重较为宏观的史学问题研究。简帛学似乎更多地被看作是认字的学问而已，算不上有分量的历史学研究。虽然早在 1995 年就成立了院属简帛研究中心，但简帛学并未作为正式的学科列入院学科资助名录之中。记得谢先生一直在为简帛学纳入院学科资助项目奔走呼吁，直到退休之际还在为此努力，不过未能达成所愿。正在私下彷徨之际，当时担任秦汉史研究室主任和简帛研究中心主任的卜宪群先生找我谈话，及时予以点拨，他指出当时学界专门从事简帛释文整理的学者并不多，而随着简帛出土资料的增多，需要更多的人投入释文整理工作，因此建议我以简帛释文整理为主攻方向，并努力做到最好。我听从他的建议，将重心转向简帛学研究，尤其是简帛文字的释读整理研究方面。由于这一方向与自己的兴趣相契合，虽然距离卜先生所提的做到最好的要求尚远，但却使我在旁人看来十分枯燥的文字释读工作中乐此不疲。从 2008 年开始，在卜宪群、杨振红等先生的积极努力下，简帛学科被纳入院特殊学科建设项目，这对于推进本所的简帛学发展意义重大。经过多年的建设培育，本所的简帛学科获得长足发展，2016 年与甲骨学联合组成"出土文献与先秦秦汉史"学科，纳入院优势学科建设项目，使本所的简帛学发展迈上了新的台阶。

二 研究所同仁的简帛整理与研究成果

中国社会科学院一直是简帛学研究的重镇，在简帛整理与研究方面皆长期处于领先地位，张政烺、贺昌群、陈梦家、李学勤、谢桂华等先生都是简帛学领域的著名专家，他们不仅参与了居延汉简、武威汉简、云梦秦简、马王堆帛书、居延新简、尹湾汉简、张家山汉简、额济纳汉简等多批重要出土简帛的整理释读工作，并且利用出土简帛资料、结合传世文献，对战国秦汉魏晋时期的相关社会历史问题进行了广泛深入的探讨，发表了大量研究论著，提出了许多富有创新性的见解，形成了资料整理与问题研究并重的简帛学研究传统，影响深远。本所近20年来的简帛研究也遵循和延续这一传统，取得了丰硕的成果。这里仿效谢先生《栉风沐雨，成就斐然——记历史研究所简帛研究》一文的体例，亦以重要的各批简帛资料为中心，接续分述如下。

（一）张家山汉简的整理与研究

1983年底至1984年初，湖北荆州地区博物馆在江陵张家山发掘M247、M249、M258三座西汉初年的古墓，共出土竹简1600余枚。其中M247号墓出土1236枚，内容包括二年律令、奏谳书、盖庐、脉书、引书、算术书、历谱、遣策等。李学勤先生是张家山247号汉墓竹简整理的主要参与者，不仅参加了《二年律令》《奏谳书》《盖庐》《脉书》《引书》和历谱、遣策的释文与编联工作，而且也是最终出版的整理成果《张家山汉墓竹简［二四七号墓］》的定稿人。张家山汉简正式公布之后，谢桂华先生与中国文物研究所（今中国文化遗产研究院）文物考古与文献研究中心李均明先生、中国政法大学法律古籍研究所徐世虹先生共同发起组织了"张家山汉简研读班",于2003年夏天正式开班。每周末在文物研究所读简,主要研读法律简,研读的方式是由参加者轮流主持,大家一起逐简逐字进行校读。除了我和谢先生之外,本所的宋艳萍和在站博士后蔡万进也参加了研读班。研读班发表了集体成果《张家山汉简〈二年律令〉校读记》,我和宋艳萍参与了该文的执笔撰写。后来李学勤先生和整理小组编写出版《张家山汉墓竹简[二四七号墓]》(释文修订本)时采纳了研读班的校读成果,并将全文作为附录置于修订本末尾。

李学勤先生撰写了《江陵张家山汉简概述》《试说张家山汉简〈史律〉》《张家山汉简研究的几个问题》《〈奏谳书〉与秦汉铭文中的职官省称》《引书与导引图》等多篇讨论张家山汉简的论文,涉及律令、奏谳书、引书、算术书等诸多方面,既有对简牍内容和价值的概述,也有深入的问题讨论,对于学界研究具有引领作用。其中《〈奏谳书〉与秦汉铭文中的职官省称》一文,敏锐地指出秦汉时期简牍和器物铭文中提及机构主官及姓名时,往往省略职官名称,径称机构和主官姓名。这一发现为后来出土的里耶秦简和孔家坡汉简等证实。

本所其他同仁也围绕张家山汉简撰写了多篇研究论文。主要有谢桂华《二年律令所见汉初政治制度》,刘乐贤《谈张家山汉简〈盖庐〉的"地橦""日橦"和"日舀"》《从出土文献看兵阴阳》,卜宪群《秦汉之际国家结构的演变——兼谈张家山汉简中汉与诸侯王国的关系》,杨振红《从〈二年律令〉的性质看汉代法典的编纂修订与律令关系》《秦汉律篇二级分类说——论〈二年律令〉二十七种律均属九章》《"南郡卒史复攸庲等狱簿"再解读》《秦汉"名田宅制"说——从张家山汉简看战国秦汉的土地制度》《龙岗秦简诸"田""租"简释义补正——结合张家山汉简看名田宅制的土地管理和田租征收》《从张家山汉简看秦汉时期的市租》《秦汉简中的"冗""更"与供役方式——从〈二年律令·史律〉谈起》,苏辉《张家山汉简"徒涅"为〈汉书·地理志〉"徒经"补证》,宋艳萍《从张家山汉简看汉初的老年政策》,王启发《从道德正义到政治正义——从张家山汉简〈盖卢〉看先秦时代兵家思想的一个侧面》,邬文玲《张家山汉简〈二年律令〉释文补遗》《张家山汉简〈二年律令〉释文商榷》,杨英《张家山汉简〈二年律令·史律〉之"史书"及周至汉初史官职掌之变》,庄小霞《张家山汉简〈二年律令〉校读札记》等文。赵凯负责遴选编辑出版了《张家山汉简〈二年律令〉研究文集》。

(二) 额济纳汉简的整理与研究

1999—2002年间,内蒙古自治区文物考古研究所在额济纳旗汉代烽燧遗址进行考古调查,共采获500余枚汉简,内容以行政文书为主,涉及汉代政治、经济、军事、历史地理等领域,其中包含部分新莽时期的新见史料,引人注目。谢桂华先生应邀参与这批简牍的整理释读工作,工作地点是在位于乌兰察布盟察右前旗一个只有十几户人家的小山村的庙子沟工作站完成的。2005年整理成果《额济纳汉简》正式出版。当时孙家洲先生担任中国人民大学国学院常务副院长,计划成立简帛学研究所,拟聘请已从所里退休的谢先生担任所长。在着手筹备工作时,经谢先生提议主办了"额济纳汉简研读班",每周六举办一次,前后持续了将近一年的时间。我跟谢先生住得比较近,几乎每次都是跟谢先生一起乘车到人大参加研读活动。所里的马怡、刘乐贤先生,以及后来到所工作当时还是在读研究生的庄小霞、曾磊等都是研读班的成员。研读班取得了非常可观的成果，一是形成了更为准确的释文校订本，由我执笔完成；二是研读班成员撰写了多篇研究论文。这些成果集结为《额济纳汉简释文校本》正式出版。其中收录了谢桂华《额济纳汉简订误》《初读额济纳汉简》《额济纳汉简"茭钱"试解》，马怡《扁书试探》《"始建国二年诏书"册所见诏书之下行》，刘乐贤《额济纳汉简数术资料考》，邬文玲《额简始建国二年诏书册"壹功"试解》《始建国二年新莽与匈奴关系史事考辨》，庄小霞《释新莽"附城"爵称》，曾磊《额济纳汉简所见历谱年代考释》等文。

（三）长沙东牌楼东汉简牍研究

2004 年，长沙市文物考古研究所对位于市中心的东牌楼建筑工地内的古井群进行考古发掘，在 J7 号古井中清理出 426 枚东汉简牍，其中有字简 206 枚，年代为东汉灵帝时期，内容包括公文、私信、习字以及名籍、名刺、券书、签牌等杂文书。2006 年公布了整理成果《长沙东牌楼东汉简牍》，在整理者王素先生的倡导下，北京大学中国古代史研究中心发起主办了"长沙东牌楼东汉简牍研读班"，对这批简牍进行了逐字逐句的校读，提出了一些校订意见。后集结为《〈长沙东牌楼东汉简牍〉释文校订稿》一文发表于《简帛研究二〇〇五》，该文由我和赵宠亮执笔。除了我之外，所里的马怡、陈爽、孟彦弘、侯旭东等先生，当时在所做访问学者的韩国学者李明和先生，当时在读后来入所工作的庄小霞、曾磊都是研读班成员。围绕这批简牍，本所同仁也发表了不少研究论文，包括马怡《读〈东牌楼汉简侈与督邮书〉——汉代书信格式与形制的研究》，邬文玲《长沙东牌楼东汉简牍断简缀合与研究》《长沙东牌楼东汉简牍〈光和六年自相和从书〉研究》《"合檄"试探》，庄小霞《东牌楼简"中仓租券签牌"考释》《东牌楼东汉简牍所见"督盗贼"补考》《长沙东牌楼东汉〈朝东谷〉诗简考释》等。

（四）安徽天长纪庄汉墓木牍的整理与研究

2004 年 11 月，天长市文物管理所、天长市博物馆等单位对安徽省天长市安乐镇纪庄村 19 号西汉墓进行清理发掘，出土 34 枚木牍。内容包括户口簿、算簿、书信、药方等。根据漆器铭文和木牍文字可知，墓主人名谢孟，是东阳县的官吏。木牍出土后，发掘者很快完成了清理、拍照等工作，并作了初步的释文，将木牍移交安徽省博物馆保存。为了让所里的同仁能有更多参与简牍整理的实践机会，经卜宪群先生联络沟通，简帛研究中心与天长市博物馆达成合作整理这批木牍的协议。2011 年由卜宪群先生牵头申请了所重点课题"安徽天长纪庄汉墓木牍整理与研究"。卜宪群、杨振红、马怡、邬文玲、赵凯、宋艳萍、杨英、戴卫红、庄小霞、凌文超等诸位先生都参与了整理释读工作。采取的方式是先由大家独自进行释读，再集中讨论，注释工作则是分组进行的。项目结项后，又由杨振红先生牵头，于 2015 年申请了国家社科基金后期资助项目"天长纪庄汉墓木牍整理与研究"。项目如期完成结项，但在中华书局的出版环节遇到一些波折，又受到疫情影响，未能如期出版。经过多方沟通协调，有望于今年正式出版。

参与整理工作的同仁发表了多篇阶段性研究论文，包括卜宪群《天长纪庄木牍及其价值》，杨振红《纪庄汉墓"贲且"书牍的释读及相关问题——纪庄汉墓木牍所反映的西汉地方社会研究之一》《天长纪庄汉墓谢孟的名、字、身份及与墓主人关系蠡测——纪庄汉墓木牍所反映的西汉地方社会研究之二》《纪庄汉牍再现秦汉社会风貌》，马怡《天长纪庄汉墓所见"奉谒请病"木牍——兼谈简牍时代的谒及其演变》，邬文玲《天长纪庄汉墓墓主人姓名试探》《安徽天长纪庄汉墓墓主身份蠡测》《天长纪庄汉墓木牍〈橞遂致谢孟书〉的复原与研究》，戴卫红《天长纪庄汉墓木牍所见"铁官丞"》《天长纪庄汉墓木牍所见礼品单考析》，宋艳萍《天长纪庄汉墓木牍所见"外厨"考析》《天长纪庄汉墓木牍所见谢孟"通亡逃事"刍议》，庄小霞《天长纪庄汉墓木牍所见"玉体"考——兼及武威出土"王杖"简释读商榷》等。

（五）长沙走马楼三国吴简的整理与研究

1996 年 7—12 月，湖南省长沙市文物工作队、长沙市文物考古研究所发掘清理了位于市内平和堂商贸大厦建筑工地的古井群，在 J22 号古井中发现 10 余万枚三国时期的简牍，大部分属于孙吴临湘县或临湘侯国的文书，主体内容为户籍、各种名籍、赋税簿籍，也有官府往来文书、私人书信、名刺、封检等。由于这批简牍数量庞大，整理耗时漫长，长沙简牍博物馆、中国文化遗产研究院、北京大学历史学系等多家单位联合成立了走马楼简牍整理组，其下又设几个小组分头进行整理工作。其中一个小组的负责人为王素先生，由于人手不足，在整理第三卷时，本所的孟彦弘先生和我分别于 2006 年、2007 年应邀参与文字释读工作，我负责编制了本卷的人名、地名、纪年索引，以及释文与图版的核校工作，该卷于 2008 年 1 月出版。此后我跟随王素先生参与了第七卷、第八卷、第九卷和第十卷的整理释读工作。第七卷、第八卷、第九卷分别于 2013 年、2015 年、2019 年正式出版。第十卷已经提交出版社进入出版环节，有望近期正式出版。2021年整理成果《长沙走马楼三国吴简·竹简（壹—玖）》获得第五届中国出版政府奖，深感与有荣焉。

本所同仁围绕走马楼三国吴简发表了丰硕的研究成果。孟彦弘撰有《释"财用钱"》《吴简所见"事"臆说——从"事"到"课"》《〈吏民田家莂〉所录田地与汉晋间的民屯形式》《释"事"》《吴简所见的"子弟"与孙吴的吏户制——兼论魏晋的以户为役之制》《"在官"与"在宫"》《吴简所见的"吏户"及吏户问题研究》等文；陈爽撰有《走马楼吴简所见奴婢户籍及相关问题》《走马楼吴简所见"吏帅客"试解》等文；侯旭东撰有《长沙三国吴简所见"私学"考——兼论孙吴的占募与领客制》《三国吴简两文书初探》《长沙走马楼吴简所见"乡"与"乡吏"》《三国吴简中的"鋘钱"》《三国吴简所见"盐米"初探》《长沙走马楼吴简"肿足"别解》《走马楼竹简的限米与田亩记录——从"田"的类型与纳"米"类型的关系说起》《吴简所见"折咸米"补释——兼论仓米的转运与吏的职务行为过失补偿》《长沙三国吴简三州仓吏"入米簿"复原的初步研究》《长沙走马楼吴简"里""丘"关系再研究》等十余篇论文；杨振红撰有《从出土"算"、"事"简看两汉三国吴时期的赋役结构——"算赋"非单一税目辨》《长沙吴简所见临湘侯国属乡的数量与名称》《吴简中的吏、吏民与汉晋时期官吏的分野》等文；戴卫红撰有《长沙走马楼吴简中军粮调配问题初探》《走马楼吴简中所见"直""禀"简及相关问题初探》《长沙走马楼所见三州仓出米简初探》《长沙走马楼吴简所见孙吴时期的仓》《长沙走马楼吴简所见取禾、贷禾简再探讨》《长沙走马楼吴简中所见"帅"的探讨》《从简牍文书看中国中古时期地方征税系统：以长沙走马楼三国吴简为中心》《长沙走马楼吴简中所见吏员俸禄实态》等文。

凌文超在吴简簿籍的复原整理与研究方面，贡献突出。他撰有《走马楼吴简采集简"户籍簿"复原整理与研究——兼论吴简"户籍簿"的类型与功能》《走马楼吴简所见"士伍"辨析》《走马楼吴简两套作部工师籍比对复原整理与研究》《走马楼吴简采集库皮账簿整理与研究》《走马楼吴简发掘库布账簿体系整理与研究》《走马楼吴简"隐核波田簿"复原整理与研究》《走马楼吴简库布账簿体系整理与研究——兼论孙吴的户调》《汉、吴简官牛簿整理与研究》《"真吏"别解》《走马楼吴简举私学簿整理与研究——兼论孙吴的占募》《走马楼吴简中所见的生口买卖——兼论魏晋封建论之奴客相混》《走马楼吴简隐核新占民簿整理与研究——兼论孙吴户籍的基本体例》《孙吴户籍之确认——以嘉禾四年南乡户籍为中心》《走马楼吴简库钱账簿体系复原整理与研究》《长沙走马楼孙吴"保质"简考释》《走马楼吴简中所见的"宫"》《走马楼吴简上中下品户数簿整理与研究——兼论孙吴的户等制》《新见吴简私学木牍文书考释》《吴简中所见孙仪之职事》《走马楼吴简祠祀牛皮蹄甲枚数簿整理与研究》《走马楼吴简中的签署、省校及勾画符号举隅》《走马楼吴简隐核州、军吏父兄子弟簿整理与研究——兼论孙吴吏、民分籍诸问题》《新见吴简劝农掾隐核州军吏父兄子弟木牍文书补释》《走马楼吴简三乡户品出钱人名簿整理与研究——兼论八亿钱与波田的兴建》《吴简官牛簿补考》等多篇论文，后集结部分成果出版了《走马楼吴简采集簿书整理与研究》专著一部。邬文玲撰有《〈长沙走马楼三国吴简·竹简（捌）〉所见州中仓出米簿的集成与复原尝试》《〈长沙走马楼三国吴简·竹简〉所见州中仓出米簿的集成与复原尝试（二）》《长沙走马楼三国吴简〈竹木牍〉所见疾疫与医疗文书探论》等文；庄小霞撰有《走马楼吴简所见汉昌、吴昌考》

《走马楼吴简所见"肿足""肿病"再考》《走马楼吴简所见"并间民"考述》《走马楼吴简"役民""应役民""事役民"辨析——兼论走马楼吴简所见孙吴徭役制度》《走马楼吴简"炭民""樵民"释解》等文。

（六）肩水金关汉简的整理与研究

1972年，甘肃居延考古队沿额济纳河流域，对南起金塔县双城子北至额济纳旗居延海一带进行全面的考古调查，获大批简牍及实物。1973—1974年对北部地区的甲渠候官遗址、甲渠塞第四燧遗址、肩水金关遗址进行全面发掘，出土简牍1.9万余枚。1976年在额济纳旗布肯托尼以北地区获木简173枚。1982年复查甲渠候官遗址又获简牍20枚。谢桂华、朱国炤先生参与了这批简牍的整理释读工作。其中甲渠候官和第四燧遗址出土简牍，以及1972—1982年间在居延地区及复查甲渠候官遗址时所获简牍，共8000多枚，于1994年公布了整理成果《居延新简——甲渠候官、甲渠塞第四燧》。

肩水金关遗址出土简牍11577枚，内容以文书档案为主，涉及当时的政治、经济、军事、文化等多个方面。由于各种原因，这批简牍未能及时公布。直到2010年，才重新启动整理出版工作，由甘肃简牍保护研究中心（甘肃简牍博物馆）、甘肃省文物考古研究所、中国文化遗产研究院古文献研究室、中国社会科学院简帛研究中心联合组建团队进行整理释读。早年谢桂华先生即参与了肩水金关汉简的释读工作，共同完成了初步的释文稿。重启整理工作时，甘肃简牍保护中心对这批简牍进行红外扫描，获取了高质量的红外图版，整理团队在原有释文稿的基础上，对照红外图版，逐一进行核校，形成了更为准确的释文版本。第一卷的整理出版得到卜宪群、杨振红先生的支持。我和杨振红先生参与了第二卷至第五卷的释文审订工作。2011—2016年，出版了全部五卷的整理成果《肩水金关汉简（壹—伍）》，公布了肩水金关遗址出土全部简牍的释文和图版。

本所同仁发表的相关研究论文包括马怡《〈赵宪借襦书〉与〈赵君劵存物书〉——金关汉简私文书释考二则》，邬文玲《〈甘露二年御史书〉校读》，凌文超《肩水金关汉简罢卒名籍与庸之身份》，曾磊《肩水金关汉简中的〈厩律〉遗文》等。

（七）里耶秦简的整理与研究

2002年4—6月，湖南省文物考古研究所等文物考古部门对龙山县里耶镇里耶战国—秦代古城遗址进行抢救性发掘，在城内的J1号古井中清理出土简牍37000余枚，其中有字简牍19000余枚，除少量战国楚简外，绝大多数为秦代简牍。简文所见纪年涵盖秦王政二十五年至三十七年和秦二世元年、二年，内容为秦朝洞庭郡迁陵县廷的文书档案，涉及当时社会的各个层面，诸如人口、土地、赋税、吏员、刑徒、仓储、道路、邮驿、津渡、兵器、中央政令的转达执行、民族矛盾与民事纠纷的处理等，极大地丰富了对秦代政治、经济等各项制度的认识。目前已经出版两卷整理成果《里耶秦简（壹、贰）》。里耶秦简出土后，当地很快筹建了里耶秦简博物馆，湖南省文物考古研究所调拨200枚里耶秦简，藏于该馆。2015年，里耶秦简博物馆与中国人民大学联合整理馆藏简牍，我参加了释文审订工作。2016年出版了整理成果《里耶秦简博物馆藏秦简》。

本所同仁的相关研究论文有：马怡《里耶秦简选校》《里耶秦简中几组涉及校券的官文书》《秦简所见赀钱与赎钱——以里耶秦简"阳陵卒"文书为中心》，卜宪群《湘西里耶秦简与秦代历史研究》，刘乐贤《里耶秦简和孔家坡汉简中的职官省称》、杨振红《里耶秦简 J1（16）5、J1（16）6 的释读与文书的制作、传递》，宋艳萍《里耶秦简阳陵卒简蠡测》，邬文玲《里耶秦简所见"户赋"及相关问题琐议》《"守""主"称谓与秦代官文书用语》《里耶秦简所见"续食"简牍及其文书结构》《里耶秦简释文补遗三则》《里耶秦简〈欣与吕柏书〉试析》《秦简释文注释补遗》，戴卫红《湖南里耶秦简所见"伐阅"文书》《里耶秦简所见功劳文书》，庄小霞《里耶秦简所见秦统一衡制新证》《里耶秦简所见秦"得虎复除"制度考释》《里耶秦简"某官发"类简研究》，石洋《论里耶秦简中的几份通缉文书》《里耶秦方"叚如故更假人"新解》，齐继伟《秦简"月食者"新证》《秦代官徒调配问题初探》《秦代县行政文书运作研究——以"徒作簿"为例》等。

（八）岳麓书院藏秦简的整理与研究

2007 年 12 月，湖南大学岳麓书院从香港抢救性购藏了一批秦简，共 2100 枚，其中比较完整的简 1300 余枚。2008 年又获捐赠 76 枚。大部分为竹简，少量为木简。内容包括质日、为吏治官及黔首、占梦书、数书、奏谳书、秦律杂抄、秦令杂抄等七大类。这批简清理完毕之后，很快展开释文整理工作。为了让我有更多学习机会，卜宪群先生与陈松长先生沟通协调，让我到岳麓书院参与秦简的释文工作。当时陈松长先生团队已经完成了初步的释文，我主要是做了点核查的工作。此后岳麓书院藏秦简每一卷出版之前，陈松长先生都会组织一次大规模的释文审定会，我和杨振红先生基本都是全程参与，受益匪浅。2010—2021 年，七卷整理成果《岳麓书院藏秦简（壹—柒）》全部出版公布。

本所同仁的相关研究论文有：石洋《岳麓秦简肆〈亡律〉

所见"齍"字补说——兼论几则关联律文的理解》，齐继伟《秦汉"妖言"再认识——基于岳麓简"以不反为反"令的考察》《简牍所见秦代"为不善"罪——兼述秦代法律与伦常秩序》，庄小霞《岳麓秦简所见"訾税"问题新证》（合著）等。

（九）北京大学藏秦汉简牍的整理与研究

2009年初，北京大学接受捐赠，获藏一批海外回归的西汉竹简，共3346枚。内容皆为古代书籍，包括字书《仓颉篇》、古本《老子》、古佚书《赵正书》、道家著作《周驯（训）》、俗赋《妄稽》、汉赋《反淫》，以及术数书、医方等。2010年初，北京大学又接受捐赠，获藏一批从海外回归的秦简牍。共有竹简762枚（其中约300枚为双面书写）、木简21枚、木牍6枚、竹牍4枚、木觚1枚、骰子1枚、算筹61根。抄写年代大约在战国末至秦始皇时期，内容包括26种不同类型的文献，涉及古代政治、地理、社会经济、数学、历法、医学、文学、民间信仰等诸多领域，为研究秦代政治制度、社会经济、思想文化、科学技术等提供了宝贵的资料。刘丽、杨博参与了北京大学藏秦简的整理释读工作，刘丽负责《制衣》部分，杨博负责《田书》部分。2023年出版了整理成果《北京大学藏秦简牍（壹—伍）》。

本所同仁的相关研究论文有：杨振红《北大藏汉简〈苍颉篇·颛顼〉校释与解读》，曾磊《试谈〈史记·李斯列传〉与〈赵正书〉对李斯形象的塑造》，宋艳萍《"荧惑守心"与秦始皇之死》，刘丽《北大藏秦简〈制衣〉释文注释》，杨博《北大秦简〈田书〉与秦代田亩、田租问题新释》《北大秦简〈田书〉的逆次简册背划线》《"簿籍"与"取程"：北大藏秦简〈田书〉性质再探》《北大藏秦简〈田书〉初识》等。

(十) 其他简帛的整理与研究

关于上海博物馆藏战国楚竹书,王天然撰有《〈孔子闲居〉成篇考》一文。

关于清华大学藏战国楚简,杨振红撰有《从清华简〈金縢〉看〈尚书〉的传流及周公历史记载的演变》一文;刘丽出版《清华简〈保训〉集释》专著一部,撰有《清华简〈保训〉性质、体裁与年代探析》《也论清华简〈摄命〉体例》《清华简〈封许之命〉探析》等文;杨博撰有《清华竹书〈系年〉的纪时》《由清华简郑国史料重拟两周之际编年》《战国早期三晋世系之体现——〈系年〉战国史事研读札记》《清华竹书〈系年〉所记战国早期战事之勾勒》《裁繁御简:〈系年〉所见战国史书的编纂》等文;邵蓓撰有《平王东迁的史料分析》一文;任会斌撰有《清华简〈系年〉所见之北海》一文。

关于马王堆汉墓简帛,刘乐贤出版《马王堆天文书考释》专著一部,对马王堆天文书的出土情况、内容性质与时代、内容考释及相关问题进行了探讨。他还撰有《马王堆帛书札记四则》《马王堆帛书〈出行占〉补释二则》等文;宋艳萍撰有《"美人""才人"考——马王堆三号汉墓遣册所见"美人""才人"引发》一文;刘丽撰有《马王堆汉墓帛书〈明君〉》《长沙马王堆帛书〈明君〉篇思想倾向探析》等文。

关于尹湾汉墓简牍,卜宪群撰有《尹湾汉简与汉史研究》《也谈尹湾汉墓简牍的性质》《尹湾汉墓简牍军吏以"十岁补"补证》等文;马怡撰有《尹湾汉墓遣策札记》《一个汉代郡吏和他的书囊——读尹湾汉墓简牍〈君兄缯方缇中物疏〉》等文;赵凯撰有《尹湾汉简〈集簿〉受杖人数与九十以上人口数合计问题蠡述》《尹湾汉简的一组"养老"统计数字》等文。2023 年，清华大学出土文献研究与保护中心、连云港市博物馆、中国社会科学院简帛研究中心联合启动了尹湾汉墓简牍再整理项目，邬文玲、曾磊作为简帛中心成员参与释读校注工作。

关于居延汉简，谢桂华先生撰有《〈居延汉简补编〉释文补正举隅》一文；马怡先生主持编撰《居延新简释校》（合编），庄小霞和曾磊参与释校工作；马怡撰有《居延简〈宣与幼孙少妇书〉——汉代边地官吏的私人通信》一文；曾磊撰有《居延汉简"车祭"简所见出行占色》一文；邬文玲撰有《简牍中的"真"字与"算"字——兼论简牍文书分类》《居延汉简释文补遗》《居延新简释文补遗》《居延新简释文补遗（四则）》《居延汉简"功劳文书"释文补遗》《简牍所见汉代的财政调度及大司农属官》等文；宋艳萍撰有《居延新简"厌魅书"考析》《汉简所见"以私印行事"研究》等文。

关于孔家坡汉简，刘乐贤撰有《孔家坡汉简〈日书〉"岁"篇初探》一文。

关于敦煌汉简，邬文玲撰有《敦煌汉简"侯普致左子渊书"校读》《敦煌汉简中的一件买卖契约》等文；庄小霞撰有《"击匈奴降者赏令"新释——兼论西汉封侯匈奴降者的法律依据》一文。

关于悬泉汉简，我和曾磊参与这批简的释文审订工作，目前已出版整理成果三卷《悬泉汉简（壹、贰、叁）》。马怡撰有《悬泉汉简"失亡传信册"补考》一文；宋艳萍撰有《从悬泉汉简所见"持节"简看汉代的"持节"制度》一文；曾磊撰有《悬泉汉简"传信"简释文校补》一文。

关于海昏侯刘贺墓出土简牍，杨博参与这批简牍的整理释读工作，负责《诏书》《六博》《房中》等部分，已出版初步的整理研究成果《海昏简牍初论》。卜宪群撰有《政制、政治与政事：也谈海昏侯的立废》一文；邬文玲撰有《江西南昌西汉海昏侯墓出土漆器铭文"工牢"试解》一文；杨博撰有《海昏简牍中的"蛊"与"房中"》《西汉海昏侯刘贺墓出土〈海昏侯国除诏书〉》《海昏竹书〈六博〉的博道》《海昏侯墓出土简牍与儒家"六艺"典籍》《海昏"房中"书篇章结构的推拟》《西汉海昏侯刘贺墓出土"房中"简初识》等文。

关于长沙走马楼西汉简牍，我参与了这批简牍的整理释读工作，撰有《秦汉简牍中两则简文的读法》《走马楼西汉简所见赦令初探》等文。目前这批简牍的阶段性整理成果《长沙走马楼西汉简牍选粹》已出版。

关于五一广场东汉简牍，戴卫红撰有《长沙五一广场东汉简牍所见亭长及其职务犯罪》《五一广场东汉简所见"例"职》等文；曾磊撰有《长沙五一广场简识小（五则）》一文；庄小霞撰有《长沙五一广场J1③：264—294号木牍所见文书制作流转研究》（合著）、《长沙五一广场东汉简CWJ1③：285号木牍文书结构新探》《出土东汉司法简牍语词汇释》等文；王彬撰有《湖南长沙五一广场东汉简J1③：325—32考释》《东汉长沙郡临湘县的从掾位与待事掾及其工作》等文。

关于海外简牍，刘乐贤撰有《出土数术文献与日本的阴阳道文献》一文，杨振红撰有《韩半岛出土简牍与韩国庆州、扶余木简释文补正》（合著）一文，戴卫红出版《韩国木简研究》专著一部，撰有《近年来韩国木简研究现状》《中、韩出土"贷食"简研究》《百济地方行政体制初探：以出土资料为中心》《东亚简牍文化的传播——以韩国出土"椋"字木简为中心的探讨》《出土材料所见百济职官制度》《韩国木简所见百济户籍及其源流》《东亚视角下百济部巷制再研究》《百济官品冠服制的创制：东亚视角下的百济官品冠服制》《韩国木简所见"某月中"》《中日韩出土九九表简牍及其基层社会的数学学习》等文。

三 简帛综合研究与学科建设成果

除了重点围绕各批简帛资料展开的研究之外，近 20 年来，本所同仁在综合利用简帛资料探讨先秦秦汉魏晋时期的历史文化问题，简帛学学术史和学科理论探讨，简帛学学科平台建设方面，也取得了众多成果。

（一）简帛与先秦秦汉魏晋史综合研究

本所同仁将新出简帛资料与传世文献结合起来，对简帛资料所反映的先秦秦汉魏晋时期的政治、经济、法律、社会、思想、文化、信仰等若干社会历史问题进行了综合探讨，提出了不少新的认识，在学术界产生了重要影响。

关于思想文化史研究，杨博出版《凯俤君子 民之父母——战国楚竹书中的君子与社会》专著一部，撰有《战国秦汉简帛所见的文献校理与典籍文明》《楚竹书与〈荀子〉学术思想的承传》《楚竹书君子"治世"思想与战国秦汉社会》《楚竹书与战国时期的古史撰述》《战国楚竹书早期儒、道"治世"学说的相互关系》《战国楚竹书与儒家"理想社会"构建》《新出简帛文献与"书"类文献的历史书写》《新出文献战国文本的差异叙述》《新出文献与先秦"世系"类材料的流传》《出土文献视野下的〈论语〉文本形态演进》《楚竹书所见战国秦汉时期政治思想与现实社会的互动》《简牍典籍和律令的"序次"》《出土简牍与西汉中期以前流传的"礼"书形态》《出土简牍所见〈齐民要术〉渊源考略》等文。

关于乡里与基层社会研究，卜宪群撰有《秦汉之际乡里吏员杂考》《从简帛看秦汉乡里的文书问题》《秦汉"乡举里选"考辨》《从简帛看秦汉乡里组织的经济职能问题》《从简牍看秦代乡里的吏员设置与行政功能》《秦汉日常秩序中的社会与行政关系初探——关于"自言"一词的解读》（合著）、《乡论与秩序：先秦至汉魏民间舆论与国家关系的历史考察》《秦汉乡里社会演变与国家治理的历史考察》等多篇论文，引领了学界对秦汉乡里与基层社会以及国家治理的关注和探讨，使之成为近年的热点议题。戴卫红撰有《东汉简牍所见亭长及基层社会治安》《从湖南省郴州苏仙桥遗址 J10 出土的晋简看西晋上计制度》《魏晋南北朝时期亭制的变化》等文；王彬撰有《王杖诏令与东汉时期的武威社会》一文。

关于名物制度研究，马怡撰有《皂囊与汉简所见皂纬书》《"诸于"考》《西郭宝墓衣物疏所见汉代织物考》《西郭宝墓衣物疏所见汉代名物杂考》《简牍时代的仓廪图：粮仓、量器与简牍——从汉晋画像所见粮食出纳场景说起》《汉墓中的布类葬服——兼说"毋尊单衣"及其性质》《书帙丛考》《说粉米》《汉代的计时器及相关问题》《武威汉墓之旐——墓葬幡物的名称、特征与沿革》《墨笔、含毫及其它——古代笔墨书写杂考》等文，对相关名物制度做了精辟考辨，澄清不少以往有争议的问题，得到广泛认同。庄小霞撰有《西北汉简所见汉代边塞居室什物考》一文，曾磊撰有《"童车"试解》一文。

关于法制史研究，杨振红撰有《出土法律文书与秦汉律二级分类构造》《汉代法律体系及其研究方法》《从出土秦汉律看中国古代的"礼""法"观念及其法律体现——中国古代法律之儒家化说商兑》等文；孟彦弘撰有《秦汉法典体系的演变》《从"具律"到"名例律"——秦汉法典体系演变之一例》《汉律的分级与分类——再论秦汉法典的体系》等文；赵凯撰有《秦汉律中的"投书罪"》《汉代匿名文书犯罪诸问题再探讨》一文；邬文玲撰有《汉代赦免制度施行程序初探》《秦汉赦令与债务免除》《汉代诸帝赦令补考》等文；石洋撰有《秦简日书所见占盗、占亡之异同》《秦、汉初律令"受"字用法的特殊性——兼论"受"的制度功能》《楚官文书简中的"受"与西汉官文书简中的"授"——秦、汉初律令"受"字用法特殊性补论》等文；庄小霞撰有《"失期当斩"再探——兼论秦律与三代以来法律传统的渊源》一文；齐继伟撰有《秦〈发征律〉蠡测——兼论"律篇二级分类说"》《由出土秦律令重审"以法为教"》等文。

关于郡县制、爵制与官制研究，杨振红撰有《从秦"邦""内史"的演变看战国秦汉时期郡县制的发展》《秦汉官僚体系中的公卿大夫士爵位系统及其意义——中国古代官僚政治社会构造研究之一》等文；凌文超撰有《秦汉时期"士大夫"》《汉初爵制结构的演变与官、民爵的形成》《秦汉魏晋编户民社会身份的变迁：从"士大夫"到"吏民"》等文；邬文玲撰有《汉代"使主客"略考》《一枚新莽时期的文书残简》等文；戴卫红撰有《秦汉功劳制及其文书再探》《汉末魏晋时期县级主官加领校探讨》等文；庄小霞撰有《汉代家丞补考》《汉代家丞新考》等文。

关于社会经济史研究，杨振红撰有《从新出土简牍看秦汉时期的田租征收》《徭、戍为秦汉正卒基本义务说——更卒之役不是"徭"》等文；石洋撰有《秦汉时期借贷的期限与收息周期》《"貣""贷"别义的形成——秦时期借贷关系史之一页》《"耀""燿"分形前史——战国至西晋出土文字所见"燿"的使用》等文；戴卫红撰有《出土文字材料所见秦铁官》《出土资料所见孙吴对建业的经营》等文；凌文超撰有《汉晋赋役制度识小》《西北汉简中所见的"庸"与"葆"》等文；庄小霞撰有《秦汉简牍所见"巴县盐"新解及相关问题考述》《汉代女性与分家析产》等文。

关于书写文化研究，马怡撰有《从"握卷写"到"伏纸写"——图像所见中国古人的书写姿势及其变迁》一文；孟彦弘撰有《以图证史：艺术与真实——凭几而写抑或持简而书》一文；曾磊撰有《出土文献所见秦汉"多笔数字"》一文；戴卫红撰有《三国两晋时期的简、纸并用》一文。

关于社会生活研究，宋艳萍撰有《秦汉简牍〈日书〉所见占盗方法研究》《从秦简〈日书〉出现的祭与祠窥析秦代地域文化的特点》《秦汉简牍〈日书〉所见"失火"简考析》等文；庄小霞撰有《简牍所见汉代私人书信致送试探》《汉晋名刺、名谒简地名书写范式考述》等文。

专著方面，杨振红出版《出土简牍与秦汉社会》《出土简牍与秦汉社会（续编）》两部专著。前者主要利用新出简牍材料，探讨秦汉法律体系、战国秦汉土地制度、月令与秦汉政治关系等问题；后者主要利用出土简牍资料，探讨秦汉郡县制、官僚制、赋税徭役制度等问题，提出若干新的见解，诸如秦及汉初为名田宅制、秦汉律篇存在二级分类构造、秦汉官僚体系中存在公卿大夫士爵位系统等新观点，在学界产生了重要影响。其中《出土简牍与秦汉社会》一书获第四届郭沫若中国历史学奖三等奖。

孟彦弘出版《出土文献与汉唐典制研究》专著一部，利用张家山汉简、长沙走马楼吴简、敦煌吐鲁番文书、天圣令等新发现的资料，探讨汉唐间的法典编纂、土地制度、赋役制度、驿传运输及过所等问题，提出了不少新见。

（二）简帛学学术史与学科理论探讨

经过百余年的发展，简帛学已经成为一门国际性的学问。不过与丰硕的实证性研究成果相比，学科理论建构却明显滞后，科学系统的简帛学理论体系长期没有形成和确立，这对于简帛学的学科建设和发展是极其不利的。学界认识到加强简帛学理论研究和建设的重要性，本所前辈学者做了很多开创性的努力，后辈同仁接力推进，做了不少工作。

本所同仁围绕简帛学学术史研究，学科定义、概念与范畴，研究对象、内容和范围，学科体系、属性与分支等基本理论问题探讨方面，发表了不少研究成果。卜宪群撰有《二十世纪的简帛学与史学研究》《简帛与简帛学》《简帛学刍议》《新出简帛的史学价值》《新出材料与改革开放30年来的中国古代史研究》《简帛与秦汉地方行政制度研究》《21世纪以来简帛研究的基本状况（2000—2012）》《谈谈简牍与秦汉乡里行政研究》等文；谢桂华、邬文玲撰有《二十世纪简帛的发现与研究》（合著）一文；杨振红撰有《简帛学的知识系统与交叉学科属性》一文。邬文玲合作出版《当代中国简帛学研究（1949—2019）》专著一部，合编《简帛学的理论与实践》集刊两辑，撰有《谢桂华先生的简牍学成就》《出土简帛记述的古代中国》等文；凌文超撰有《吴简考古学与吴简文书学刍议》一文；杨博出版《战国楚竹书史学价值探研》专著一部，撰有《由篇及卷：区位关系、简册形制与出土简帛的史料认知》《出土战国秦汉简牍典籍的史料特点》《战国楚竹书非"史书"类文献史料内涵析论》等文。

为了推进简帛学理论探讨与建构，简帛研究中心与首都师范大学历史学院分别于2015、2016、2018、2019年联合召开了四届以简帛学理论探讨为主题的"简帛学的理论与实践学术研讨会"，组织了四组有关简帛学理论思考的笔谈，并合作创办了《简帛学理论与实践》集刊，目前已出版两辑。

（三）简帛学学科平台建设

近20年来，本所同仁沿着前辈学者的足迹，继续推进简帛研究中心的各项工作，为简帛学学科发展搭建坚实的平台。谢桂华先生退休之后，卜宪群先生和杨振红先生相继担任简帛研究中心主任，两位主任都十分重视人才队伍建设、刊物建设、学术交流合作、学生培养，为本所简帛学科的发展做出了重要贡献。

《简帛研究》集刊建设成绩突出。创刊于1993年的《简帛研究》，至今已连续出刊30周年，到2023年秋冬卷为止，共出版34辑，刊文1000余篇。最初集刊的稿件以约稿组稿为主，在卜宪群、杨振红两位先生担任主编期间，进一步规范了集刊的各项工作，建立了双向匿名审稿制度。由于采用繁体刊出，出版社的编辑力量有限，因此集刊的编校工作主要由本所同仁承担。卜宪群、杨振红、马怡、宋艳萍、赵凯、邬文玲、戴卫红、凌文超、庄小霞、曾磊、王天然、刘丽、石洋、杨博、王彬等诸位同仁，皆为集刊的顺利出版贡献了很多心血。尤其是简帛研究中心并无专门的经费，编校工作基本属于义务劳动，每一辑的刊文字数大约55万字，一般至少要看四次以上的校样，但大家都尽心尽力，从无怨言。从2015年开始，《简帛研究》由年刊改为半年刊，每一辑的刊文字数仍然是55万字左右，编校工作量成倍增加，出现了每逢节假日都会收到校样的"魔咒",被大家戏称为节日"大礼包",可谓苦中作乐。正是大家的通力合作,保证了集刊的连续出版。

创刊30年来,《简帛研究》力求做到专业性、前沿性、权威性、国际性和摇篮性,致力于为简帛学研究提供交流、传播平台,尤其注重对年轻的后备人才队伍的引领和培养,一些目前活跃在简帛学界的青年学者有时会向我们提及,说自己的第一篇专业学术论文是发表在《简帛研究》上的。这让我们觉得很欣慰,也很自豪。《简帛研究》也得到国内外学界的广泛认可。2008年,由中国内地、香港、台湾著名学人评出的著名历史学期刊中,《简帛研究》是惟一列入专题类前十名的简帛学刊物。自2012年起,《简帛研究》被南京大学中国社会科学研究评价中心遴选纳入"中文社会科学引文索引(CSSCI)来源集刊"。2022年,被中国社会科学院评价中心遴选纳入"中国人文社会科学集刊AMI综合评价核心集刊"。

高水平学术会议的影响力不断扩大。在院、所的支持下积极开展国内外的学术交流与合作,定期举办高水平的国际、国内简帛学学术研讨会,受到广泛关注。2001年8月16—19日,历史所与中国史学会、长沙市人民政府联合主办"长沙三国吴简暨百年来简帛发现与研究国际学术讨论会",出版《长沙三国吴简暨百年来简帛发现与研究国际学术讨论会论文集》。2007年10月17—19日,历史所与中国社会科学院考古研究所、湖南省文物考古研究所联合主办"里耶古城·秦简与秦文化国际学术研讨会",出版《里耶古城·秦简与秦文化研究——里耶古城·秦简与秦文化国际学术研讨会论文集》。简帛学国际学术研讨会自2006年以来持续举办:2006年11月5—6日,历史所与简帛研究中心联合主办"中国社会科学院简帛学国际论坛";2011年6月6—7日,历史所与简帛研究中心联合主办"中国社会科学院中国古代史论坛：出土简帛与地方社会";2015年11月5—6日,简帛研究中心与广西师范大学出版社联合主办"第三届简帛学国际学术研讨会暨谢桂华先生《汉晋简牍论丛》出版座谈会";2018年10月19—20日,简帛研究中心与重庆师范大学历史与社会学院联合主办"第四届简帛学国际学术研讨会暨谢桂华先生诞辰八十周年纪念座谈会";2023年11月24—27日,简帛研究中心与广西师范大学出版社联合主办"第五届简帛学国际学术研讨会暨《简帛研究》创刊三十周年座谈会"。

为了推进东亚地区的简牍学研究,简帛研究中心与首都师范大学历史学院、河北师范大学历史学院,联合日本奈良文化财研究所、日本木简学会,韩国庆州文化财研究所、扶余文化财研究所、韩国木简学会等机构,共同举办"中日韩出土简牍研究国际论坛",目前已分别于2019年、2023年召开了两届。

简帛研究中心还与本所的甲骨文殷商史研究中心、敦煌学研究中心、徽学研究中心共同推动了"中国古文书学"这一新兴学科的建立。从2010年开始在所里联合开办"古文书研究班",延续至今。从2012年开始,联合举办"中国古文书学学术研讨会",至今已召开八届这一主题的国际、国内研讨会,第九届国际研讨会将于2024年举行。2014年联合组织团队,申请了国家社科基金重大项目"中国古文书学研究",于2020年完成结项,取得众多阶段性成果,出版论文集《中国古文书学研究初编》。2023年正式创办《中国古文书学研究》集刊,目前已出版第一辑。

"简帛研究文库"丛书持续出版。简帛研究中心与广西师范大学出版社联合推出的"简帛研究文库"丛书,已持续出版

18种海内外学者的简帛研究论著，包括：大庭脩《汉简研究》，鲁惟一《汉代行政记录》，永田英正《居延汉简研究》，冨谷至《秦汉刑罚制度研究》，权仁瀚、金庆浩、李承律编《东亚简牍资料学的可能性探索》，池田知久《问道：〈老子〉思想细读》，宫宅洁《中国古代刑制史》，廖伯源《简牍与制度》，高敏《长沙走马楼简牍研究》，李均明《简牍法制论稿》，杨振红《出土简牍与秦汉社会》《出土简牍与秦汉社会（续编）》，蔡万进《张家山汉简〈奏谳书〉研究》《里耶秦简编年考证（第一卷）》，赵凯编《张家山汉简〈二年律令〉研究文集》，凌文超《走马楼吴简采集簿书整理与研究》，苏俊林《身份与秩序：走马楼吴简中的孙吴基层社会》，戴卫红《韩国木简研究》等。鹰取祐司《秦汉官文书的基础研究》，尹在硕主编《东亚简牍总览》等书，将于近期出版。

培养大批简帛学人才。张政烺、贺昌群等老一辈学者很早就注重简帛学人才的培养。改革开放、恢复研究生教育制度后，林甘泉、李学勤、谢桂华先生开始招收硕、博士研究生和博士后，为本所和学界培育了一批又一批简帛学研究者。卜宪群、杨振红、刘乐贤、于振波、赵平安、蔡万进、江林昌、李天虹、赵凯、邬文玲、戴卫红、庄小霞等都是所里培养成长起来的。彭卫、卜宪群、杨振红先生也招收培养了多名硕、博士生和博士后，贾丽英已是简帛学研究的中坚力量，吴雪飞、符奎、苏俊林、单印飞、王彬、齐继伟等已成长为简帛学研究的青年人才。

近20余年来，古代史所在简帛整理、简帛与历史研究、简帛学理论探讨和学科平台建设、学术交流、人才培养等方面，都取得了粲然可观的成绩。这些成绩的取得，离不开各位同仁潜心学术的执着耕耘、团结合作和无私奉献，离不开中国社会科学院和古代史研究所各级领导、各级职能部门的鼎力支持，离不开国内外同行的大力襄助，谨此向各方致以崇高的敬意和诚挚的谢意！陆游《杂兴》诗云："兰台遗漆书，汲冢收竹简；辛勤万卷读，不负百年眼。"简帛中心的各位同仁当秉承前辈学者孜孜以求的治学精神，致力于简帛整理研究与简帛学学科建设，为简帛学的繁荣发展贡献自己的力量。衷心期望未来古代史所的简帛学研究能在既有的基础上，取得更大的成就。

徽学研究兴起往事

栾成显

中国社会科学院古代史研究所研究员

1964年8月，我从北京师范大学历史系本科毕业，考取中国科学院哲学社会科学部历史研究所张政烺先生的研究生，来到历史所读研。不过，进所仅一个月，即随本所人员下去到山东搞"四清"，随后又进行劳动实习锻炼，至1965年底才回到北京。1966年初又参加京郊门头沟"四清"两个月。而后遇到"文革"，学部成了重灾区，图书馆长期关闭，一直无法正规学习。"文革"结束以后，1964年进所的这批研究生遂转为正式研究人员。

1977年，哲学社会科学部从中国科学院分离出来，中国社会科学院正式成立，研究业务逐渐恢复。改革开放之初，社会上掀起了一股科学热、学习潮，在社会科学界，多年积攒的研究热情也迸发出来，大家积极性很高。原有的研究领域得到复兴，并出现了新的热点，而新的研究课题和学科也不断涌现出来。徽学研究就是在这种形势下迅速兴起的。这里拟以历史所为中心，对徽学研究兴起的一些往事作点回忆，以兹纪念古代史研究所建所70周年。

一　徽州文书的整理与出版

历史所的徽州文书主要是在20世纪五六十年代从北京中国书店收购的。50年代土地改革后，因时代变迁，作为历代土地权属证明的契约文书，从家珍变成了弃物，有相当部分流到社会上，出现了一个徽州文书面世的高潮。其中有许多徽州文书被当作废纸卖给了造纸厂，也有一部分被抢救下来。当时在徽州屯溪有一个古籍书店，负责人是余庭光，抢救了一大批珍贵的徽州文书，其中既有散件文书，也有簿册文书，还有族谱等。屯溪古籍书店抢救的徽州文书多转卖给全国各地收藏单位。这是五六十年代徽州文书流散各地主要途径。也有部分单位直接到徽州去购买，属少数。在北京则是先卖给位于琉璃厂的中国书店，然后再转卖给各收藏单位。历史所的徽州文书主要是从北京中国书店购置的。当时历史所主持其事的是副所长熊德基，除了徽州文书，还收购了很多徽州族谱。

历史所购置的徽州文书，在"文革"之前，有一些簿册文书已制卡编号，纳入正式图书之列；对一些散件文书也做了初步整理，将其编号并分装于纸袋之中。参加这一工作的是历史所资料室的李济贤、牛继斌、霍适之等同志。此外，所内的刘重日、曹贵林等先生，所外的傅衣凌、韦庆远、叶显恩等先生，亦曾分别查阅和利用这批文书中的少部分资料，发表过相关的研究论文。但从整体上来说，20世纪80年代以前，这批文书并没有被认真整理、研究与利用，很长时间都是束之高阁的。

1982年，在中国社科院及历史所领导的支持下，历史所的刘重日、刘永成、武新立及胡一雅等先生发起倡议，写信给全国收藏徽州文书较多的单位，希望召开一个讨论会，各自整理本单位收藏的徽州文书，然后由中国社会科学出版社出版。此倡议得到安徽省博物馆、中国历史博物馆及中国社科院经济研究所的响应。1982年秋，这个会议在安徽省合肥市召开，各个单位商定分头整理自己收藏的徽州文书。1983年，历史所成立了由刘重日、刘永成、胡一雅、武新立负责的徽州文书整理组，参加的有（依姓氏笔画为序）：孙白桦、李济贤、何墨生、张雪慧、陈柯云、周绍泉、栾成显、曹桂林等人，历史所的徽州文书整理工作随即开展起来。

合肥会议商定整理徽州文书之后，历史所和安徽省博物馆都积极响应，组织了专门班子投入整理工作，并分别于数年后交稿。据说中国历史博物馆也整理出了初稿，而经济所实际上并未开展此项工作。最后由中国社会科学出版社出版了两集。一是1988年出版了由安徽省博物馆编辑的《明清徽州社会经济资料丛编》第一集，收录了该馆所藏宋、元、明、清及民国时期徽州契约文书950件；二是1990年出版了由中国社科院历史所徽州文书整理组编辑的《明清徽州社会经济资料丛编》第二集；收录了所藏宋、元、明时期徽州契约文书697件。这两集文书的编辑虽然也存在一些缺陷，但这是首次整理出版的比较系统的徽州文书资料，将各自单位所藏徽州文书，通过整理编辑，出版面世，为学界研究所利用，因而产生了较大影响。它具有徽州文书资料出版的开山效应，推动了徽州文书整理与出版工作。这两集资料一直为徽学研究者所利用，对徽学研究利用徽州文书深入发展作出了重要贡献。

而后，历史所领导又组织了大型契约文书资料《徽州千年契约文书》的编辑出版工作。这一工作受到了当时中国社科院领导胡绳等及各职能部门的重视。1989年夏天，由周绍泉、栾成显、张雪慧、陈柯云及历史所图书馆的王钰欣、罗仲辉等人，正式组成了"徽州千年契约文书"编写组。编写组成立之后，随即展开工作。当时，图书馆的王钰欣、罗仲辉等人积极性很高，罗仲辉先生不辞辛苦，将散藏于图书馆各处的徽州文书集中到一起，依文书所属时间为序加以排列，其工作量很大，且要分辨鉴定，任务十分繁重。而后编写组的人员集中到所内，进行分工编选，由罗仲辉、栾成显负责宋元明部分，张雪慧、陈柯云负责清民国部分，栾成显还负责鱼鳞图册的编选，集中编选在所内奋战了几个月。此外，历史所图书馆的袁立泽、潘素龙、梁勇和苏向群等也做了很多具体工作。最后由王钰欣、周绍泉总其成，共40卷，分成"宋元明编""清民国编"两编，首题"中国社会科学院历史所收藏整理《徽州千年契约文书》"，由王钰欣、周绍泉任主编，栾成显、罗仲辉任副主编，张雪慧、陈柯云等任编委，影印出版。其主要特点是，所编选的契约文书具有系统性、完整性、全面性和代表性，数量大，价值高。该书从历史所收藏的南宋到民国八百多年的徽州文书中精选了散件文书2820件，簿册74部，鱼鳞图册16部，约计1000万字。所选文书多为首次发表。无论从价值上说，还是从数量上说，它都远远超过以前出版的有关徽州文书的资料丛书。另外，该书所载各类文书，并非像此前那样，只重新抄录、登载其文字资料，而是均采取直接从原件摄影制版，电子分色印刷，它呈现在读者面前的，是一幅幅相当清晰准确、完整的原文书照片，观此书即可睹其原貌，为研究者利用原文书提供了最大方便。这是徽州文书出版的一个首创。1993年，《徽州千年契约文书》正式出版。徽州文书影印出版，在海内外学术界产生了极大影响，引起了广泛关注。定价数万元、印刷几百部的大书，没有多久即已售罄，仅日本学者一下子就订购了十几部。国内外学者纷纷发表书讯与评论，日本学者鹤见尚弘在

《东洋学报》发表书评说：该书的出版"对于中国的中世和近代史研究上是一件值得纪念的重要成就，是一件划期性事件，其意义可与曾给中国古代史带来飞速发展的殷墟出土文物和发现敦煌文书新资料相媲美。它一定会给今后中国的中世和近代史研究带来一大转折"（《东洋学报》第76卷第1、2号）。《徽州千年契约文书》荣获中国社会科学院1977—1991年优秀科研成果奖、中国社会科学院历史研究所1977—1991年优秀科研成果一等奖、河北省优秀图书一等奖。《徽州千年契约文书》的出版，不仅为徽州文书资料的整理出版作了表率，而且极大地推动了其后整个徽学研究的深入发展。该书的出版无疑是具有开创性的，它在徽学的发展史上是永远值得大书一笔的。

1993年，周绍泉、赵亚光整理的《窦山公家议校注》付梓，为学界广泛利用这一重要资料提供了方便。他们对该书的整理下了很大功夫。该书荣获历史所优秀科研成果奖。

其后，在《徽州千年契约文书》出版的基础上，历史所图书馆的王钰欣、罗仲辉、袁立泽、梁勇等同志又继续努力，数度寒暑，将历史所收藏的总计14137件（册）文书分类编目，于2000年出版了《徽州文书类目》一书，并建立了相关的数据库，亦受到学界的重视和好评。

总之，在对徽学研究的新资料即徽州文书的整理与公布方面，历史所起了带头作用，做出了表率，极大地推动了徽学研究的深入发展，在徽学的发展史上可谓功不可没。

二　徽学研究成果的发表与徽学研究机构的建立

改革开放初期，历史所徽学研究的成果也很突出。1987

年，周绍泉发表《田宅交易中的契尾试探》（《中国史研究》1987年第1期），该文以系统的文书资料，首次向学界揭示了元明清时期土地税契凭证——契尾的历史。1988年，栾成显在《中国史研究》第4期上发表《龙凤时期朱元璋经理鱼鳞册考析》一文，考证了一部"甲辰"年间的徽州鱼鳞册当为朱元璋建立明朝以前的龙凤十年（即元至正二十四年，1364年）攒造，进而为明代鱼鳞册的始造时间提出了新的论断。该文被译成外文，发表在日本《东洋学报》第70卷第1、2号（1989）。此外，陈柯云、阿风亦在《中国史研究》《历史研究》等发表有关徽学研究的论文，阐论徽州宗族、山林经济及徽州妇女诸问题，提出了很多新的论断。这些论文的发表，显示了徽州文书新资料研究新问题的巨大潜力，对推动徽学研究的深入发展起到了引领作用。

1989年，栾成显在安徽博物馆调研时，发现了有关明代黄册底籍的系列徽州文书，第二年，在该馆连续工作3个月加以抄录，所录文书资料近百万字。1994年，发表《明代黄册底籍的发现及其研究价值》（《文史》第38辑）一文，被《新华文摘》转载。随后，又在《中国社会科学》1996年第4期发表《明清庶民地主经济形态剖析》，论述了明清大户的经济结构。1998年，出版专著《明代黄册研究》（中国社会科学出版社），以一系列新发现的黄册文书为基本资料，厘正了以往学界对明代黄册原本的误判，对黄册制度本身诸问题提出了新的阐释，进而探究明清社会经济史的一些基本问题。该书出版以后，受到较高评价，获中国社会科学院优秀科研成果奖，并被列为中国社会科学院文库图书，至2018年已先后4次印刷，在中外学界产生较大影响。

历史所陈智超先生1997—1999年在哈佛大学做访问学者，

看到该校哈佛燕京图书馆的珍贵馆藏七百余封明人手札，乃为目前已知的数量最大的一批明人信札，且收信人基本为同一人，认定其具有很高的和多方面的文物与史料价值，不啻徽学研究的又一宝藏，从而决定通过深入细致的研究将其发掘出来。随后遍查方志、族谱、文集等，广泛搜集相关资料，又到日本及徽州等地调研，历经数年潜心研究，出版了专著《美国哈佛大学哈佛燕京图书馆藏明代徽州方氏亲友手札七百通考释》（安徽大学出版社2001年版），共三册，第一、二册为释文，第三册为原件图录，计120万言。陈先生通过"认字""认人""认时""认地""认事"，加以翔实考释，对这批珍贵资料作了最基础的研究，为以后各方面的深入探索扫清了种种障碍。这批徽学宝藏的发掘，对于研究明代后期的文学史、经济史、社会史、宗族史乃至艺术史，均有重要意义。该书的出版，受到学界的重视，至今好评不断。

在徽州文书整理分类与徽学学科建设方面，周绍泉先生有突出贡献。1987年，他第一次寻访当年屯溪古籍书店的负责人余庭光，1988年又同栾成显、陈柯云一道访问余庭光老人，详细询问1956年前后徽州文书发现、收购、销售情况。其后，周绍泉发表《徽州文书的由来、收藏与整理》（日本《明史研究》第20期，1992年）一文，首次向中外学界公布了徽州文书的由来与流散过程。同年，还发表了《徽州文书的分类》（《徽州社会科学》1992年第2期）一文，其所确定的分类标准被国内外很多徽州文书研究者所采用。特别是周绍泉在《历史研究》2000年第1期上发表了《徽州文书与徽学》一文，回顾了"徽学"产生的历史，论述了"徽学"概念与内涵，特别阐述了徽州文书研究与徽学构建的内在关系，探讨了徽学在中国学术发展史中的地位与作用。该文产生很大影响，成为徽学学科建设方面必须关注的一篇重要理论文章。2004年，栾成显发表《徽学的界定与构建》（《探索与争鸣》2004年第7期），该文被《新华文摘》2005年第1期全文转载。

1996年，徽学研究中心成员陈柯云先生英年早逝，2002年，中心主任周绍泉先生不幸因病去世；至21世纪初，栾成显、张雪慧也先后退休，历史所的徽学研究到了一个关键时刻。1991年来所的阿风不负众望，承担起重任，继续奋战在徽学研究第一线，发表了一系列成果，尤其是在徽州诉讼文书研究方面，成就显著，在有关徽州诉讼文书分类、诉讼程序、诉讼观念、诉讼费用等探索上均有建树，最后出版了《明清徽州诉讼文书研究》（上海古籍出版社2016年版），该书被纳入国家哲学社会科学成果文库，无疑为21世纪以来徽学研究重要成果之一。

在徽学研究机构建设方面，1993年，"徽州文书研究课题组"更名为"中国社会科学院历史研究所徽学研究中心"，主任：周绍泉，副主任：栾成显，成员：张雪慧、陈柯云、阿风，共五人（见1994年出版的《中国社会科学院历史研究所1954—1994》）。1995年2月又更名为"中国社会科学院徽学研究中心"。该研究中心依靠历史研究所所藏徽州文书及其他资料，同时在国内外广泛调研，积极开展各项学术活动，努力扩大国际交流，为徽学研究不断深入做出了突出贡献。

三　国内外学术交流

徽学研究中心成立之后，在国内外学术交流方面做了许多工作。1993年，在黄山屯溪召开了"首届全国徽学学术讨论会暨徽学研究与黄山建设关系"会议；1994年，又召开了"首届国际徽学学术讨论会";1995 年,召开了"第二届国际徽学学术讨论会";1998 年,在绩溪县召开了国际徽学学术研讨会。其中 1993 年、1995 年、1998 年这些学术会议,都是由历史所徽学研究中心(或中国社科院徽学研究中心)牵头,与安徽大学、安徽师范大学、黄山市社会科学联合会联合主办的。这些会议都是较高水平的学术会议,参加者多为国内外徽学研究的主要人员,是对徽学研究成果和研究队伍的检阅。连续密集召开的高水平的学术会议,使当时方兴未艾的徽学研究势头乘势而上,极大地促进了徽学研究的深入发展。

1999 年,我被聘为由安徽省委组织的国家社科基金项目《徽州文化全书》(20 卷,2005 年出版)的学术顾问(该书共聘请了 4 名学术顾问:叶显恩、张海鹏、汪世清和我),多次参加该项目组织的学术会议,审议多部稿件,与当时省内外的徽学研究专家,进行了深入交流。2001 年,我从历史所退休后即被安徽大学徽学研究中心聘为特聘教授,在安大工作了 7 年,每年驻校 3 个月,以安徽大学徽学研究中心名义在《历史研究》《中国史研究》等刊物发表了多篇学术论文,先后培养了 3 名博士生,参与了各种学术活动。以上这些活动,使我有机会接触到国内外的众多徽学研究专家和徽学研究者,进行了颇为广泛而深入的学术交流。

改革开放以后徽学研究的兴起,一开始就是与国际交流相伴随的。1982 年,日本学者鹤见尚弘作为历史所接待的首位外国访问学者,来历史所研修。我当时正在学习日语,遂派我做具体接待工作。鹤见先生是日本研究中国明清社会经济史专家,尤其对鱼鳞图册的研究很有造诣。他到所以后,首先指名要看的就是徽州鱼鳞图册文书。由于鱼鳞图册属于文书档案,不能外借,只能在阅览室看,需要每天出纳,这个工作即由我和阅览室的沈慧中同志一起来做。这也是我第一次具体接触徽州文书原件，啊，原来历史所还藏有这么多珍贵的徽州文书！既然外国学者这么重视它，为什么我们自己不研究利用呢？遂萌发了做鱼鳞图册与徽州文书研究的想法。

改革开放给学术研究带来了前所未有的广泛交流的条件和机遇，使中外学者互访成为可能。徽州历史文化的独特性及其研究价值，磁石般地吸引着海外学者来到中国，走访徽州。徽学研究中心的周绍泉、栾成显、陈柯云、阿风等也先后出访日本、韩国、法国等地，宣传徽州，倡导徽学，进行合作交流。从1994年开始，也有多名来自韩国、日本的年轻研究者来到徽学研究中心进修、学习，现在这些年轻研究者逐渐成为海外徽学研究的中坚力量。

改革开放以来徽学研究领域中外学者相互交流访问，络绎不绝，颇为突出。这种互访交流在20世纪80年代已很频繁，大大促进了徽学的研究发展，至90年代达到了一个高潮。以1998年在绩溪召开的"1998国际徽学研讨会"为例，来自海内外的70余位学者参加了这次会议，其中来自日本京都大学、京都橘女子大学、大正大学、关西大学、东北大学、东京外国语大学、福冈大学、早稻田大学、韩国高丽大学的学者14位，来自中国台湾的学者2位，还有来自日本的一位华侨学者，等等，中外学者济济一堂，就徽学研究的多项课题进行了广泛的学术交流。

甚至不是专门研究徽学的学者，也慕名赶来参加徽学会议。沟口雄三是日本研究中国思想史的著名专家。他对于中国前近代不同于西方的路向进行了深刻辨析，认为："在中国思想中存在着不同于欧洲思想史的展开的中国独自的思想史的展开"，而反对一般常见的、以欧洲的历史展开和价值观为基准的西方中心论历史观。1994—1995 年我作为日本东京大学外国人研究员，在日研修一年。1994 年底，有一次在东京大学参加契约文书研讨班，参加者有岸本美绪、臼井佐知子等多人，沟口雄三先生也来了，在这次会上，臼井先生极力向沟口先生推荐徽州和黄山，我也在一旁帮腔。1995 年 8 月，沟口雄三先生即来中国，参加国际黄山徽学学术讨论会。会议期间，沟口参观了西递、宏村，非常感慨，当晚在屯溪新安江畔，我亲耳听他说："法国有一个古村落，是世界文化遗产，我到那里参观过，而西递、宏村要远远胜过那里。"

1989 年以来，韩国高丽大学朴元熇教授访问中国各地达十余次之多。其间，或会同韩国东洋史研究会的学者来中国参加学术会议，或带领专攻中国史的研究生到中国各地考察古迹；又邀请多名中国学者到韩国讲学、访问，积极推动中韩之间的学术交流。朴先生实为中韩建交初期两国学术交流的先驱者和开拓者之一。与此同时，他本人作为北京大学的访问学者，参加过多种学术会议，发现了不少学术热点问题，并特别注意古迹探访和资料搜集。他多次深入徽州乡镇，那些仿佛凝固了明清时代原貌的徽州古村落给他留下了深刻印象，久久不能忘怀。在合肥我遇见朴先生，他对我说，通过黄山（徽州）考察，深刻认识到徽州文化的博大精深，遂决定转变研究方向，"明清徽州宗族史研究"这一研究课题，就是在这种学术交流和古迹探访之中而确定下来的。在朴先生的影响下，他的许多学生，如全仁溶、金仙惠等也进入徽学研究领域。

搞学问要独立思考，但绝不能闭门造车。特别是一种学问的兴起，更离不开广泛而深入的学术交流。频繁而密集的国内外学术交流，成为当年徽学研究迅速兴起的必要条件。

历史系的教学秘书们[*]

朱昌荣 等

2024年是古代史研究所（原历史研究所）建所70周年。按照所党委决定，班子的同志们每人都要写一点文字。我自2011年到科研处，直到2020年离开职能处室，前后十年，算是这段所史的参与者和见证者。可以汇报的内容很多，比如，怎么做创新工程的、怎么开展所地合作的、怎么组织交办任务的、怎么推动历史系工作的，等等。思考再三，还是想就历史系工作谈一点认识。考虑到这十余年来，历史系教学秘书先后换了许多同志，应当请他（她）们也都讲一讲，或许更有意思。于是，我就约请先后从事教学秘书工作的凌文超、安子毓、崔忆丰、侯爱梅、王萌、田超同志都各自写点文字，我自己也写上一段，算是对过往历史的纪念吧。（朱昌荣）

---

[*] 要特别说明的是，为统一行文风格，教学秘书们所谈内容均围绕"工作内容""工作成绩""印象比较深的几件事"展开。统稿过程中，朱昌荣除对硬伤做了改动，其他文字内容均保留了大家的原貌。

一

凌文超
北京师范大学历史学院副教授，原历史系秘书

我在历史系的工作时间是 2011 年 10 月至 2012 年 4 月。2011 年 12 月前后与朱昌荣老师逐步交接，此后主要协助处理相关工作。

（一）主要工作内容和工作成绩

2011 年 10 月下旬，因系秘书郑剑英老师突然离世，我被安排紧急接手历史系研究生教务工作，作为新入职人员的基层锻炼。

郑剑英老师是"老系秘"，与研究生院相关人员和学生有密切的往来，处理相关事务驾轻就熟，或许是这个原因，他留下的文件和档案并不多。因此，我刚到科研处报到，楼劲处长就明确了我的主要任务，即做好研究生管理的"建档"工作，实现教务工作的平稳过渡。

在科研处楼劲处长、齐克琛老师、博明妹老师的关心、帮助下，我很快适应了教务秘书的岗位要求，主要完成了以下工作：（1）与研究生院和本系研究生重新建立联系，按研究生院的各项规章制度，完善了教务工作流程。（2）制作历史系研究生导师、学生名录，港澳台研究生招生专业目录，协助处理与宁波大学联合招生诸事宜。（3）制定 2011 年研究生个人培养计划。（4）向研究生院报送系内开设课程考试成绩。（5）初步整理、核查 2012 届毕业生预审资料。（6）制定 2010 级研究生中期考察综合考核表。（7）补录历史系开设课程信息。（8）完善历史系校园平台系统建设。(9) 协助整理、编辑《第三届中日学者中国古代史论坛文集》。(10) 其他系秘书的日常工作。

通过两三个月的努力，在各方面的帮助下，"重启"了历史系教务工作，初步梳理了各项工作制度和流程，基本上实现了教务工作的承续与发展。比如，在此之前，历史系教务工作的数字化建设很少，此后逐步利用校园平台系统开始补录信息，为适应教务信息化办公提供了条件。

此后，朱昌荣老师担任专职系秘书。我们一直就教务工作保持沟通，但我主要承担科研处的其他任务，就没有再具体处理教务工作了。朱老师工作认真负责，各项材料整理得井井有条，教务工作步入正轨并跃上新台阶。

(二) 印象比较深的几件事情

1. 我紧急接替历史系教务工作，事出突然，一时间千头万绪不知从哪里开始。之所以能够"重启"教务工作，一方面要感谢研究生院各部门诸位老师经常在电话中对我进行耐心地指导和说明，尤其要感谢马研院系秘书的直接帮助。当时马研院在历史所楼上，我凡是遇到不懂的地方，就会直接跑过去向她求教，总会获得她不厌其烦地解释。遗憾的是，无论是研究生院的各位老师，还是马研院那位系秘书，在离开教秘岗位时，对于他们的热心帮助，我都未曾专门致谢！另一方面则要感谢研究生们的理解和支持。他们没有跟我提过任何要求，也没有带来任何麻烦，都很朴实，而且彬彬有礼。是他们带给我教学生涯中最初的一段美好回忆。

2. 科研处全方位"锻炼"了我。我工作当中的很多"第一次"是在科研处完成的。第一次参加集体项目"中国古代史名词审订"，卜宪群所长、楼劲处长后来还推荐我参评并获得

"先进个人"荣誉称号,这是对我莫大的肯定;第一次成功申报国家社科基金项目;第一次赴韩国成均馆大学、忠北大学进行国际学术交流……楼劲、齐克琛、博明妹、朱昌荣老师在工作和生活中给予了我诸多支持、帮助和包容,甚至在锻炼结束后经常对我说"常回家看看"。现在回想起来,总是感动不已。

二

安子毓
中国社会科学院古代史研究所
古代文化史研究室副研究员,原历史系秘书

本人自 2014 年 3 月入所并到科研处帮忙(7 月份正式入职),至 2015 年 7 月回文化史研究室工作。在此期间,本人除参与创新工程等诸多工作外,还负责历史系教学秘书工作,在时任副所长、历史系主任王震中老师,时任科研处副处长、历史系副主任朱昌荣老师的领导下进行工作。

(一)主要工作内容

招生方面。招生工作关系重大,头绪繁多,耗时最长。本人组织了 2014 级硕士统招生复试录取工作,参加了 2014 级、2015 级博士初试监考工作,组织了 2014 级博士复试录取工作,组织了 2015 级硕士推免生复试录取工作、2015 级硕士统招生初试及复试录取工作、2015 级博士统招生初试及复试录取工作。2014 年共录取硕士生 6 人、博士生 7 人。2015 年共录取硕士生 5 人、博士生 5 人。

导师遴选方面,联系外审专家将 2014 年参评博导人员的材料一一寄送,组织学位委员会会议并向研究生院报送材料,搜集导师简况表并完成系统填报,顺利完成了2014年博导遴选与硕导备案工作。

毕业答辩方面,2014年有2010级1名博士、2011级5名博士、2011级5名硕士,共计11人毕业,举行了9场答辩。2015年有2012级5名硕士毕业,答辩工作顺利完成。

对于成绩报送、培养计划填报、开题报告、硕士生中期筛选、博士生综合考核、新生见面会等诸多日常管理工作,本人均尽职尽责予以通知、组织并确保完成,以保证学生能顺利完成学业。

(二)取得的工作成绩

1. 在2014级硕士统招生复试过程中,有一名调剂生非常优秀,但限于名额,无法录取。根据复试小组意见,本人认真撰写扩招申请,详尽准备考生材料,为2014级硕士取得一个扩招名额作出了一定贡献。此外,在2014级博士录取工作中,亦取得了2个扩招名额。在2015级硕士统招生复试过程中,复试小组亦决定向招生办申请1个扩招名额。在申请之初,招生办表示没有扩招名额给历史系,但经过多次沟通交流,最终还是获得了这一扩招名额(后因一名拟录取调剂生自行调剂到了厦门大学,这一名额没有用上)。

2. 组织招生复试时,除了必需的材料外,还让参加复试的考生提交了其公开发表的论文或尚未发表的习作,并提供给招生导师,以便导师能更为全面地了解考生的科研能力。

3. 2014年,研究生院启用新的教学系统,新旧系统对接不畅,需补充大量新信息,系统错误亦频繁出现。经过与研究生院频繁沟通改进,基本克服了这些困难,保证了信息的及时填报。

(三) 印象比较深的几件事情

1. 2014 年教育部改革了 2015 级硕士推免生、统招生的考试时间、报名录取方式，跟以前的流程有了很大的不同，需要重新学习熟悉。2014 年统招生初试改在 12 月份进行，这一期间也正是科研处创新工程年终考核工作最为繁忙的时间，而科研处当时的人手又极其稀缺（最少时仅三人）。两项工作叠加，工作量极大。且由于招生流程中多涉及涉密材料，不便处理。因而，在这段时间，晚九点、十点以后下班是常事。经过努力，各项招生工作均顺利完成。

2. 2015 级硕士推免时，朱老师嘱咐不要浪费推免名额，必要时可请身边认识人推荐好的本科毕业生。于是我跟有推免名额的两位老师确认，其中一位老师表示尚未有报名的学生。我赶紧联系师友，看有没有好的本科生能够推荐，以免浪费名额。最终推荐来一位发表了多篇学术论文的应届生报名。后来在复试时出现了一些波折，作为系秘书，我虽然非常惋惜，但也无能为力。好在后来招生导师与王老师、朱老师都对该生发表多篇学术论文印象深刻，最终还是录取了他。我为此感到高兴。

3. 2015 级硕士统招复试时，我试着仿效其他高校的复试形式，统一复试试卷，让考生能自行填写研究方向，以便师生双向选择，以最大程度保证学生兴趣与研究方向相符。由于当时和领导沟通协调的不够，兼之当时招生太少，科目也太少，这一改变相对不是很成功。不过随着领导对新措施的推进和招生数的上涨，这一双向选择的形式似已在现在的复试中实现，对于加强学生学习动力和节省导师指导精力应当皆有推进作用。

三

崔忆丰

中国社会科学院世界经济与政治研究所
人事处副处长，原历史系秘书

我于2015年8月接替安子毓同志，从事历史系秘书工作，至2017年4月结束。

（一）主要工作内容

系秘书是最基层的教学管理人员，有着政策性强、业务性强、服务性强的工作特点。系秘书工作已不再是简单的排课和组织考试，而是需要更多的改革与创新，这一切的前提是不断地学习和调研，结合研究所科研工作与新的教育理念融于实践之中。

我从事系秘书工作期间，勤奋工作，认真履行岗位职责，从年初到年末，顺利完成历史系的各项工作任务。1月组织硕士研究生统考阅卷工作并统计分数上报招生办；2月组织博士研究生专业课出题工作并上交招生办；3月组织博士研究生初试阅卷工作并统计分数上报招生办；4月组织硕士研究生复试工作并确定拟录取硕士生名单，上报招生办，完成导师遴选工作，组织二年级博士生完成开题报告；5月组织博士研究生复试工作并确定拟录取博士名单，上报招生办，组织进行硕博研究生论文答辩，完成二年级硕士生中期筛选工作；6月召开系学位评定委员会会议，审议"建议授予学位人员名单"，确定参评"研究生院优博学位论文"名单并上报学位办，制订新学年课程目录，上报教务处，从招办领取新生录取通知书并寄送；7月做好研究生毕业工作；8月确定博士、硕士招生导师，编制招生专业目录，并报送招生办；9至10月做好新招研究生入学工作，组织三年级硕士生完成开题报告，录入上学期成绩，完成系培养方案的填报；11月组织一年级新生导师完成培养计划的填报；12月组织硕士研究生统考出题工作，寄送试题及考务材料，完成二年级博士生综合考核工作。

系秘书工作有着服务、辅助、协调和管理四项基本职能，以服务于科研教学为目的。我从事系秘书工作期间，辅助系主任、系副主任处理各项日常教学事务，安排系里教学工作的具体事宜，保证各项工作的落实落地。并有效地运用沟通手段，协调各院之间、教师和学生之间的关系。既做到"上传下达"，又做到"下情上报"。

（二）主要工作成绩

虽然我从事系秘书工作时间不长，但也取得了一些微薄的工作成绩。一是当我开始接手系里工作时，发现系里有一些品学兼优但家庭条件较为困难的研究生，经时任系主任王震中、时任系副主任朱昌荣同意，创办了"历史系励志奖学金"，以资鼓励他们更好地在校学习。二是我在从事系秘书工作期间，充分调动系里学生积极参与系内和所内的相关工作。如协助系里举办在面试会、答辩会、新生见面会等工作，我们会遴选专业相近、成绩优秀的学生帮忙做一些会务工作。如科研处举办的一些学术会议，也会邀请系里的学生参与会务工作。在这个过程中，同学们既融入到研究所科研工作中，又对即将面临的答辩等教学环节有了清晰的认知。三是及时保质完成了研究生院在全院各教学系全面启动和推动数据化办公以来欠缺数据的整理，补充建立相关网络系统数据信息，确保教学工作的顺利开展。四是根据工作需要，合并取消一些名称相近、重复的课程，并开设一批历史系精品课程。

作为系秘书须具有高度的政治责任心、强烈的责任感和敬业精神，正确认识自己所从事的工作，树立服务意识和服务思想，全心全意为教育事业服务。同时，还要不断提高自己的政治思想水平和政策理论水平，力求在工作中用理论指导实践，从而更好地贯彻执行党和国家的教学指导思想，适应工作和形势发展需要。

（三）印象比较深的几件事情

我在从事系秘书工作期间，有几件印象比较深的事情与大家分享。一是时任系主任王震中强调，不仅仅是要完成好系里的各项工作，还要主动去了解、关心系里学生们的学习情况和生活情况；二是新旧教学系统对接造成了课程类别的混淆，大量"专业基础课"被混淆为"专业课"，造成前者学分数量不足，并且与其他课程类别也有混淆，严重影响了学生的学分和毕业。经时任系副主任朱昌荣与研究生院进行积极沟通协调，系里在很短的时间内完成相关工作，确保学生的学分达到毕业要求；三是时任系副主任朱昌荣强调，研究生统考出题工作事关重大，首先严格保密纪律，其次要组织好导师出题工作，确保我系招收到优质的生源。

我很幸运可以从事系秘书工作，从研究生培养方案、学科课程设置、学位论文质量、科教融合等方面入手，着力增强研究生科研能力、创新能力和实践能力。科研人员积极参与教学工作，科教融合效应初步显现。在这个过程中，我又看到了研究生们的朝气蓬勃、欣欣向荣，让我收益颇丰。

最后，感谢所长卜宪群、时任党委书记闫坤、时任副所长王震中、副所长朱昌荣等各位领导信任支持，感谢科研处同事们的团结努力，感谢 2013 至 2016 届研究生们的配合帮助。

四

侯爱梅

中国社会科学院古代史研究所
古代通史研究室助理研究员，原历史系秘书

我任历史系教学秘书的时间是 2017 年 3 月至 2018 年 12 月。

（一）主要工作内容

根据研究生院的工作部署安排，在系主任和科研处长的领导下，主要完成以下工作：（1）配合系领导，完成系主任、系秘书更换及历史系学位评定委员会换届工作。（2）组织完成招生、教务、学位等常规工作。严格按照研究生院相关规定，做好命题、监考、阅卷、复试、录取等环节，组织完成 2017 年、2018 年的硕博招生和录取工作，其中，2017 年招收 6 名硕士、6 名博士，2018 年招收 16 名硕士（含 5 名推免生）、4 名博士。完成每学期的课程开设、选课、作业批改、成绩录入、报送工作。组织选修课、专业课和专业基础课的教学工作。制定审核硕博新生培养方案、培养计划。组织相关年级完成硕博开题、中期考核工作。组织完成 2017 届 6 名硕士、8 名博士，2018 届 4 名硕士、6 名博士的学位论文答辩工作，并配合研究生院完成学位论文检测、优博论文评选及学位授予工作。在工作中，注重规范研究生注册、选课、签到、硕士中期考核、博士学科综合考核、开题、毕业资格审查、学位论文匿名评审、查重检测、毕业答辩等培养流程和培养环节。此外，根据系里安排，在每学年的新生师生见面会上,向新生及导师介绍课程设置与学分要求、培养方案、流程和要求,确保系里各项工作顺利开展。(3)组织完成2017年度、2018年度导师遴选工作,其中,2017年新增硕导5名,2018年新增硕导3名、博导2名。完成2017年度、2018年度全体导师年终绩效考核工作。(4)完成学位点评估工作。按照学位办有关要求,完成《学位授权点基础数据信息表》《学位点自我评估总结报告》。(5)其他工作:组织师生参加研究生院每年度的工作会议、开学典礼、毕业典礼等,组织师生参加40周年院庆、运动会等相关活动。

(二) 印象深刻的事情

1. 历史系招生规模大幅扩大。以往每年硕博招生名额仅各5名,2018年招生名额大幅增加,硕士招生名额增加到16名,增加了2倍多。

2. 历史系给研究生提供了非常好的科研环境,除了研究生院的奖助学金外,历史系还设置了"励志奖学金",每年颁发"励志奖学金",鼓励品学兼优、但家境困难的学生安心学习。

3. 历史系的每位导师都在学生培养上倾注了大量的心血,尽其所能地为学生提供丰富的学术资源和专业指导,因此历史系研究生的专业素养普遍较高,科研成果突出。2017届、2018届研究生在读期间在《中国史研究》《中国史研究动态》《史学月刊》等各类期刊上发表专业论文共计101篇,博士人均发表论文4.6篇,硕士人均发表论文3.6篇;毕业生学位论文质量好,在研究生院优秀博士学位论文评选中获奖比例较高,2017年、2018年有3篇获奖,其中,1篇一等奖,2篇三等奖;历史系研究生获得各类奖学金比例较高,2017年获得国家奖学金的比例达到26%。

五

王 萌

中国社会科学院古代史研究所综合处副处长，原历史系秘书

2018年初开始在侯爱梅老师的指导下参与教学秘书工作，至2021年5月彻底交接给田超老师。

（一）主要工作内容和取得的工作成绩

1. 主要工作内容

硕士、博士招生、学位工作。外国留学生及港澳台学生招生。硕士生导师、博士生导师遴选。配合研究生院学位办完成学位点评估和学科建设有关工作。制定审核硕、博培养方案、培养计划。组织完成"中国史专题""中华思想史""正说中国史""中国古代史学科前沿动态的追踪与分析"四门研究生院选修课的教学工作。配合原文博中心，开设"中国通史"课程。做好每学期的课程开设、选课、作业批改、成绩录入、报送等教学工作以及硕博开题、硕士中期考核、博士综合考核等教务工作。

根据研究生院工作部署，历史系积极开展与其他高校合作培养研究生的工作。1名导师被选中参与北京高校高水平人才交叉培养"实培计划"项目，2名导师参与同河南大学联合培养研究生的工作，为相关高校的研究生培养作出贡献。

2. 取得的工作成绩

在2019—2020学年第二学期，历史系新开设一门公共选修课，即"中国古代史学科前沿动态的追踪与分析"，得到广大研究生的普遍好评。

2020年，历史系在保持硕士招生规模的基础上，博士招生规模再度扩大。

（二）印象比较深的几件事情

2019年5月26日，历史系成功举办首届研究生论坛。中国社会科学院大学副校长、中国社会科学院研究生院院长王新清教授，古代史研究所所长、历史系主任卜宪群研究员，以及历史系师生、中国社会科学院大学相关专业学生共40余人参加了本次论坛。

时任古代史研究所综合处处长、历史系副主任朱昌荣主持论坛开幕式。卜宪群在开幕式上致辞，他首先对校领导给予历史系的关心与支持表示由衷地感谢。他回顾了历史系四十余年的光辉历程，勉励学生们应以在历史系读书而感到光荣自豪，同时也应珍惜宝贵的时光，对历史学怀有敬畏之心，做好将毕生精力投入到专业学习与研究的准备。他指出，历史学科具有重要的现实意义，尤其是党的十八大以来，党中央对历史科学给予了高度重视，历史学为中国特色社会主义道路寻找历史依据，为新时代治国理政挖掘历史经验。最后，他对论坛的召开表示热烈祝贺，希望同学们积极参与讨论。

王新清在开幕式上表示，自己为同学们的学术精神和老师们的支持指导而感动，对历史系师生给研究生院带来的荣誉和对学校的支持表示感谢。他介绍了学校近期的建设情况和对优秀学生的奖励机制等，表示学校是师生所共有的，只有师生共同努力才能把社科大和研究生院建设好，希望同学们认真读书、做好学问。

历史系2017级博士研究生徐弛作为学生代表发言。他认为，本次论坛为历史系师生搭建起了一座跨越断代史与专史的学术桥梁。他呼吁同学们积极开拓视野，利用学校提供的资源，踊跃参与各类交流活动。

历史系研究生肖威、李林、王学森、陈佳臻、李肖含、小胖分别做了题为《贞人与商代司徒关系的初步探讨》《重新审视殷商王国对晋南之经略——以酒务头墓地为切入点》《江淮地区曲柄盉的源流与功能探研》《南鄙防盗与元代边地统合问题》《制造奢香——明嘉万时期的"经世"热潮与贵州土司奢香故事的建构》《崇德元年皇太极征朝鲜史实解读——以〈满文原档〉为中心》的报告。古代史研究所孙亚冰研究员、张翀副研究员、罗玮助理研究员、李成燕副编审和吴四伍助理研究员对几位发言人的报告做了评议。

会上，与会人员就论文中涉及的一些问题进行了热烈的讨论。最后，历史系 2018 级博士研究生丁坤丽做了总结发言。

论坛受到与会领导和学者的一致好评。

六

田　超

中国社会科学院古代史研究所科研处干部，历史系秘书

本人从 2021 年 4 月至今作为历史系教学秘书协助所领导、科研处具体负责历史系管理工作。担任系秘书，是我正式入职中国社科院古代史所后所里安排给我的第一份工作，这个时间也恰逢中国社科大历史学院成立、社科大改革，感触颇多。

从事历史系教学秘书工作三年来，我深深感受到中国社科院党组对社科大建设和发展的高度重视，历史系以科研促进教学，始终秉持古代史所"求真务实"的优良学风，与社科大、历史学院共同成长；我也见证、参与了这几年社科大推进科教融合、争创"双一流"建设以及历史学院从创建到成熟的发展

历程。三年里，我历练了工作能力，更重要的是，我深有感触地体会到：历史系工作与其他工作的不同在于，它青春昂扬，为国育人，有温度有热情，我有幸参与进来，服务莘莘学子，唯有怀揣情怀和热情才能在保证日常工作的基础上做出彩，才能给历史系的广大学子创造更多的学术平台，营造像家一样更温暖的港湾，让他们充分体会到那份归属感、幸福感。

（一）管理常规工作及取得的成绩

1. 常规工作

从常规工作来讲，我和其他系秘书的职责一样，负责硕士、博士研究生及外国留学生的招生，含统招、推免招生；研究生培养，包括研究生培养方案的制定、中期考核、报送课程目录、帮助学生选课退课；学位工作，包括研究生学位论文开题以及春季、秋季毕业答辩工作；硕博导遴选以及导师年度考核工作。为配合社科大及历史学院更好地开展科教融合，历史系作为牵头单位，协同中国史一级学科下的国史系、史论系、近代史系、边疆系以及中国历史研究院5个单位，完成了"中国史博士学位授权点"评估申报以及"双一流"高校建设申报工作。

2. 取得的成绩

近年来，历史系招生规模逐年扩增，2023年在读研究生已达91人，达到我系成立以来研究生在读人数的最高值；导师队伍逐年扩大，截至2024年1月，历史系拥有硕导52名，博导19名，无论从数量还是学科建设来看，都形成了较完善的导师教学体系，导师研究领域充分展现了古代史所学科特色；2021年以来，为更好地顺应中国社会科学院大学研究生培养方案的改革，将历史系传统的四门课程调整为《中国古代思想史》

《中国史专题》《中国古代史史料学》《中国古代史学科前沿动态的追踪与分析》，同时增加《史学论文与写作》课程，使课程更具我所学科特色；研究生培养质量高，毕业去向逐年向好，从近年来毕业去向看，80%硕士毕业生选择继续深造，考取北京大学、清华大学、复旦大学、社科大、中山大学等知名高校攻读博士学位；90%以上博士毕业生工作得到落实，基本进入高校或科研院所进行教学或科研工作。

（二）创新性亮点工作及取得的成绩

常规工作之外，历史系在所党委的大力支持下，举办丰富多彩的学术活动，用心迎接和送别每一届新生和毕业生。

1. 疫情期间亮点工作

本人在疫情期间接手历史系，新冠疫情给传统的教学模式带来了巨大冲击。在古代史所党委的坚强领导下，历史系迎难而上、多措并举，充分保障日常教学与管理工作，弘扬传承古代史所"求真务实"的优良学风，开展了丰富的学术活动，搭建了新型学习平台。

讲好入学第一课。历史系秉持多年传统，在严格遵守相关防控措施的前提下，坚持举办线下新学期师生见面会。自2021年起，邀请所长、系主任卜宪群研究员为新生作"新学期第一讲"学术讲座，"系主任的第一讲"成为"新生见面会"的又一特色。同时继承老传统，见面会颁发励志奖学金，旨在提升历史系博士、硕士研究生的学习积极性。

历史系守护着每一届毕业生的最后一公里。在疫情期间，历史系仍确保毕业论文答辩工作有序开展。与传统线下答辩相比，线上答辩"新而不简"。历史系全程参与答辩会议督导，对答辩过程中的重要环节进行把关，实现了答辩过程可追溯，可复查，确保了答辩的质量。历史系克服种种困难，坚持为毕业生送行，通过多种多样丰富多彩的形式为毕业生进行毕业辅导、心理疏导、就业指导、升学向导，坚持举办线下的毕业仪式，自2021年以来，历史系通过自行设计文化衫、真丝领带和丝巾以及制作毕业MV等特色形式，为毕业生送上纪念品，倾心为学生们的这段学习时光画上圆满句号。

2. 创立"中国社会科学院大学历史系外庐研究生学术论坛"。2022年，历史系计划开设属于我系研究生自己的学术讲坛，所里高度重视，卜宪群所长以侯外庐先生的名字为论坛命名，所党委专门对本次论坛方案进行审议。2023年，正值侯外庐先生诞辰120周年，历史系于2月、10月分别举办首届和第二届"外庐研究生学术论坛"，系里的研究生踊跃报名，在论坛上作精彩的学术报告，导师认真负责进行评议，呈现出历史系研究生的科研热情和水平。论坛在深切缅怀侯外老的同时，更是希望同学们以老一辈学者为榜样，在学术的道路上孜孜以求，坚持不懈。

3. 启动"古文字与中华文明传承发展工程"。"纸上得来终觉浅，绝知此事要躬行"。历史系除了鼓励学生参与研究室及导师的科研课题外，还专门启动了"古文字与中华文明传承发展工程"历史系研究生科研项目资助工作。按照古文字工程学科方向划分，鼓励与本项目相关的甲骨文、金文、简帛、碑铭等古文字与先秦秦汉魏晋历史文化研究领域的共50多名研究生撰写规范的学术论文，提供科研资助。

"历史系外庐研究生学术论坛"得到了社科大其他教学系的较好反响和咨询；古文字工程项目连续两次资助了系里五十多名研究生。这两个活动帮助他们申请到了社科大的奖学金，既鼓励了他们写科研成果，还得到了经费资助。

4. 其他

自 2022 年起，历史系每一届研究生入学，系里都会组织他们走进老所长的办公地和生活地郭沫若纪念馆，进行现场教学，在缅怀老一辈马克思主义史学家的同时，领略古代史所的学风，增强他们的历史责任感与使命担当。

此外，历史系还定期举办"导师座谈会"，解答导师们在培养研究生过程中的疑惑，努力解决导师遇到的困难。

（三）难忘的事

虽然截至目前担任历史系秘书仅三年，但回顾这三年，丰富而又充实。回想接手历史系之初，正是一年中历史系工作最繁忙的时候，招生、毕业各项重要工作同步开展，而我像是一个懵懂的孩子一时间完全不知所措，前任系秘书王萌为系工作打下了良好基础。在那个最困难的时候，非常感谢史学片其他系秘书的帮助，尤其是刘巍老师、雷然老师、冯帆老师，我能在接手历史系期间不掉队，离不开他们的帮助，回头想想十分感动；这三年，同样锻炼了我的工作能力和心理素质，多少次徘徊在咬牙坚持下去的边缘，是所领导和处领导给予我支持和鼓励，让我坚韧地走下去；工作中也出现过失误和教训，回头想想，逆境中的挫折和考验才能帮助我成长、成熟。

所领导称历史系为"第三个古代史所"，所党委以及系里的导师对研究生十分关心，无论在学业还是生活中，都尽心尽力帮助学生。为争取最大生源，在系主任卜宪群所长的领导下，招生导师和系里共同努力，每年向社科大争取扩招名额，为更多的学子实现了求学梦想。

2023 年朱昌荣副所长挂职社科大副校长兼历史学院执行院长，朱所曾经担任过历史系的秘书，他经常说他来科研处的第一份工作就是历史系教学秘书，从他的言语中能感受到他对历史系付出的感情和心血。在我接手历史系之初，系里的学生规模以及教学体系已经较成熟、完备，我能深深感受到我的压力和责任，不能把已经开创的大好局面打乱，要做好具体工作，为系里分忧。朱所时常讲起他任系秘书期间的工作方法，时常提醒我要与社科大各部门多沟通、多走动，维护好关系，不能丢失系里原来那些好的传统和做法。我时刻牢记在心，努力把这份本职工作做好。在朱所挂职副校长这一年里，我能从具体工作中感受到学校对常规的既有工作有了更高标准的要求，工作流程更加严谨，同时顺应中国社科院的改革，制定、完善了许多重要制度，这其实对教学系来说是一种保护，因为学生的事无小事，需要规矩和制度的制约，保障社科大、教学系、师生的顺利发展。

七

朱昌荣

中国社会科学院古代史研究所纪委书记、副所长、研究员

历史系是我调到科研处后的第一份工作，也是至今为止做得最为投入、最有成就感的一份工作。实际上，在调到科研处之前，我并未真正从事过行政工作。一定要算是行政经历的话，一段是受中国社科院遴选，作为两人之一（另一位是时任近代史所人事处处长的黄春生同志，后来担任过院工会副主席），被选派到中宣部组织的"全国宣传教育系统司局级干部培训班"，和中宣部、教育部的同志一道从事会议纪要撰写工作。再一段是在院国际合作局亚非处借调一年。至于自2006年入职研究所的其他时间均在清史研究室做科研。我特别感谢组织的

信任，给我了上述两段难得的工作经历，前一段经历，让我知道了什么是行政，何为规矩，锻炼了文字能力。后一段经历，则教会了怎么和同事们相处，怎么开展对外交流，也通过整理院外事档案熟悉了中国社科院开展对外交流的基本情况。

调到科研处，则是2011年的事。事情还得从时任副所长、历史系主任王震中同志的一通电话开始。我至今仍然记得，有一天，王震中同志给我打电话，在自报家门后，和我说："昌荣，受所党委委托，有件事想征求你的意见。"我便问，是什么事。王震中同志说："历史系教学秘书郑剑英同志去世了，你是历史系培养的学生，希望你能帮帮所里的忙，到科研处接替系秘书工作。等以后有合适人选了，你再回去。要是有什么困难，也可以跟组织提出来。"我接电话后，和爱人做了商量。当时的情况是，爱人即将赴美国留学，我也提前和组织申请，并办好了护照准备陪同去。可是在谈了电话内容后，我们便商量她自己去，而我则留下。此事，至今仍是爱人怪罪我的地方。我也在遭遇心烦和挫折时，后悔过。11月7日，我抱着一腔热情，没有跟组织提过任何要求，包括职务、职级和其他未来规划。刚去的时候，凌文超同志还在科研处从事教秘工作，所以严格讲，我接了他的棒。此后，在历史系教秘的岗位上一直干到2014年。2014年以后，我开始主持科研处工作，专职教秘的工作转由安子毓同志负责。同时，我作为副主任分管历史系日常事务。历史系的事，可以说的有很多，时常会萦绕在记忆中。这里，我特别想和大家报告印象最深刻的几个片段。

第一个片段是，白纸好绘蓝图。我的教秘工作是在弱基础中开始的。我才去科研处的时候，办公条件比较紧张。当时科研处的办公室是个套间，里间是时任处长楼劲同志和返聘的齐克琛同志，外间是博明妹同志、凌文超同志和我。大概过了一个月，组织上决定让文超和我交接，我算是真正成了历史系专职教学秘书，至于工位则是在"守门"那个位置。那个位置很开阔，又有镶嵌在墙壁里的书架，便于存放各种文件盒和档案材料，无论是谁到科研处，我总是能很快感知到。这个位置一坐很多年，即便是我当了主持工作的副处长后的很长时间里，也仍然坐在那，习惯了，且有感情。为什么有感情呢？那是因为那个位置深入我心，徘徊时我在那，愉悦时我在那。才接手的时候，历史系的档案和其他兄弟教学系比不算多，而且仅有的那些，地上、桌上、沙发上到处堆的都是，包括试卷、研究生论文、学生报名材料、课程表，等等，至于抽屉里当然也有一些资料，比如公章、报销单据等。要说有什么摆放顺序，我至今也没真正弄清楚。但是，我想老教秘郑老师应当是知道的。此事，我在他生前深有体会。郑老师不算是世俗意义上的有条理的人，可是一旦我们这些做学生的去向他咨询个什么事，他是能记得的，也是能从那一堆堆材料中找出我们所需要的材料的。还有一位同志，我很佩服，也很尊重，那就是齐克琛老师，她是所里的老科研处处长，极其熟悉院所规章制度，很多事情一说，她总是能如抽丝剥茧般，在那看似纷繁复杂的各种材料中找出你要的内容。或许，这就是熟能生巧吧。言归正传，刚开始看到那些堆得到处都是的材料，一时间头大且茫然，不知道应当从何处下手。后面，干脆就做笨功夫，一堆一堆的来，一张一张纸的捋，在电脑上建文件夹，分门别类，把历史系各种材料录入。历史系的档案建设在我的手上，算是第一个完整的进行了系统梳理。当时用的电脑是郑老师留下的旧机子，算是能用，尽管慢一些。大约一个月，我把在科研处办公室里能看到的历史系档案材料全部整理归档了。后来，觉得既然这是我的专职工作，就要做到极致。于是，我又主动打开科研处的库房，把散落在保险柜里的以及装在麻袋、纸箱里的历史系档案材料全部搬出来，整理了一个遍。大体在三个月左右，我终于做到了大处无遗漏。后来，受了当年有学生报考研究生，结果材料都找不到了的刺激，我又去找研究生院办理。同时，又借着工作中逐渐建立起的信任，找到研究生院管理档案的部门，把历史系空缺的尤其是早期的一些重要档案给复印过来归档，算是给历史系的档案材料做了一些补充和完善。回过头看，无论是在国际局整理外事档案，还是在科研处整理历史系档案，都告诉我了一个道理，即"没有调查，就没有发言权"。即是说，聚焦主责，整理档案、熟悉档案，是到一个新的环境，迅速掌握情况的"捷径"。

第二个片段是，要有好的老师。我的教秘工作得到了好多热心同志的悉心指导。印象最深刻的是马研院教秘刘晓欣老师。她是女同志，年龄不大，后来才知道比我小，但是熟悉教学工作，且为人很热情。加之上下楼的关系，工作中，我一有不懂，就一个电话打过去，有的时候连电话也不打，就上门请教去了。每次，她总会耐心地给我讲解，解决我的困惑。再一位是考古系教秘雷然老师。她也是女同志。由于同属历史学部，她经常会到所里来，有的时候是帮郑剑英老师取（送）材料，有的时候是来院里办事。那个时候，我也经常向她请教，且常常蹭她的车去研究生院办事。至于文超同志，尽管担任教学秘书时间不长，但是毕竟比我早到，算是我的前辈。他也教会了我好多，我的不少教秘工作就是在他的基础上开始的。其实，我最应当感谢的是齐克琛老师，她是社科院的老人，所里的老人，更是科研处的老人。要说对院情、所情、处情，在同龄人乃至其他年龄段的同志里，在同一职级的同志里，要说超过她的，不敢说没有，但要说有，一定是凤毛麟角。我经常会向她请教各种事情，每次她都会不厌其烦。年长一点的同志，院内院外、国内国外的先生们都亲切地称呼她"齐大姐"。当然，我要特别感谢王震中副所长、卜宪群所长，他们先后出任历史系主任，是我的领导，我经常向他们报告历史系的工作，遇到不懂的或者疑难困阻，他们也会教导我怎么办理。他们两位领导待人真诚，抓大放小，信任下属，鼓励下属，尊重下属让年轻人能够放开手脚，在规矩的范围里做事情。我也正是在他们身上明白了一个道理：做一个好人，帮不了人，也绝不害人之事。

第三个片段是，要打交道。从事行政于我而言纯粹是偶然。我的性格原本算是比较内向的，不爱交际，更谈不上善于交际。为此，还曾经引起了一些同志的误解，用某位所领导的话说，"在所里过道遇到了，（朱昌荣）都是靠边走，眼睛朝上看"。"靠边走"符合实际，这是表明我作为年轻人要给老同志让道；"朝上看"不准确，我反复解释，这不是他们所想的那样。实际上，我算是有些"社恐"，见到年轻同事都不知道怎么交流，至于和所领导打交道，更是不知所措。担任教秘后，因为工作关系，不得不改变自己的行事风格，开始努力学习和别人打交道。那个时候，最经常接触的是各教学系的教秘们，至今我仍保留有同为教秘的不少同志们的联系方式，偶尔，我们说起那段历史还是会心得很。再一个群体，就是研究生院的职能处。那个时候，为了做好工作，我经常去教务处、招生处、学位办，有些老师的名字，我至今都记得，这些老师们都是帮助过历史系的，帮助过我的。找这些处室，原因很简单，因为覆盖了教秘工作的主要方面。乃至于，那个时候，我只要去了研究生院，在一个处办完了事情之后，就一定去拜访其他处的老师们。我还要特别感谢研究生院的分管领导们，他们在历史系导师规模的扩大、招生名额的扩大，还有教务教学等其他一些重要方面都给我们提供了很大帮助。我至今仍然记得，为了历史系的导师规模，我曾经很多次去研究生院。每次汇报的中心内容都是一个，"历史系高级职称人员太多了，很多在全国知名、海外闻名的研究员们一辈子都没能在所里评上硕导，更谈不上博导"。有的时候，感觉自己像祥林嫂。或许说多了，领导们便听进去了，入了心，后面有领导便在一次会上说，"你们谁像历史系的教秘这般，经常性地到我这坐一坐，讲一讲现状，说一说困难，我也会理解并支持你们。"其实，关系熟悉了之后，一些事情，只要不是违反原则的，比如课程作业交得晚了，生源特别好而招生名额又不够的情况，我在和所领导和系主任汇报之后，便会主动的、愉悦的去办理了，有的时候是亲自去研究生院跑，有的时候是打个电话汇报情况后再拟个申请。基本上，研究生院都帮助了我们。我要特别说的是，他们的帮助都是无私的，至今我也没有请他们吃过一次饭，即便今天他（她）们有的同志已经成为我真正意义上的同事也是如此。做行政工作，总是要开门的，这个门既是指走出办公室，也是指要打开心扉和人交流。关起门，是做不好行政的。

第四个片段是，做事要有前瞻性。举个例子，历史系的硕士生招生规模的急剧扩大是 2018 年的事。我至今都记得，2017年，中国社会科学院大学正式组建。不知道出于何种原因（有人说是中青院带过来的名额，也有人说是教育部增加的，总之是多种说法），当年硕士生的名额特别多，比以往多得多。当时，招生处的负责同志找到相关教学系通报情况，一是了解各教学系的硕招需求，再一个就是希望大的教学系能帮着多"消化"一些名额。因为是新情况，各教学系积极性普遍不高，张望的多。我在请示所领导和系主任后，系里经过反复考虑，主动给招办的同志打电话，表示历史系愿意多要，"多多益善"。后面，历史系从建系几十年来的通常每年5个硕士，一下子扩招到16个。后面，别的教秘知道后，都笑话我说，"昌荣，你这是为什么呀？招了这么多，工作经费又不增加，徒增加了工作量而已。说难听点，工作风险也大。"我听了后，只是笑笑。但是，我又不便多说。其实，我是"打了算盘"，琢磨过，有了主意的。原因就是，我总结出一个道理，"硕士生的招生规模，会影响到博士生招生规模；而博士生招生规模的扩大，又是影响博士生导师遴选名额的关键。"可是这个事情，我怎么向别的教秘们说呢。算不上是私心吧，要说也只能说是历史系太难了，需要抓住这个难得的契机。而且，我也不能让别人去做他（她）不想做的事情。后来，基本上每年历史系的硕士生招生名额就大体维持在10人以上了，而博士生的招生规模也总体上呈现增加态势。结果是，历史系由原来的每次遴选1.5个博导（运气好的话，可以一次上2个），到后来的3个（不算额外增加名额的话）。再后来，有些教学系逐渐回过味来，都后悔不已，认为错失了良机。在这里，我也想特别和现在乃至今后将做历史系教秘工作的同志们说，立足大局，跟上形势变化，吃透文件，按照规则办事，靠前思考，提前布局，自己会取得进步，历史系的事业必将更好。

其实，历史系还有好多事可以说，也应当说，比如历史系的老主任童超同志、数据化建设、历史系的档案建设、历史系的学生们。童超老师担任过副所长，在科研处和编辑部都工作过。为人好，热心所里的工作，提携年轻人。我在科研处期间，因为《简明中国历史读本》《中国通史》和历史系的系史，很多次向他请教。我至今仍保留有多封他写给我的信，以及他批改的《简明中国历史读本》花脸稿。历史系的其他事情，考虑到教秘们都已经陆陆续续说了,我不再赘言。

至今,我常常会想,在古代史所的行政岗位这些年太难了,难得远远超出了自己的想象,尤其是经历的那些人、那些事。如果,能够让我提前看到入职职能处后,会遇到的那些困难,会经历那些很长时间的"朝不保夕";如果,再给我一次选择机会,我想,大概率不会去走行政岗。在行政岗位上,见到一些人、经过一些事,才发现,单纯是可爱的但是要受得住委屈,热情是激扬的但是要能受得住被泼冷水乃至脏水。或许,你并无心行政,但是你如何能阻断他人之想呢!但是,我更要说的是,既然一路走过了,既然要去回忆过去的日子,还有那曾经走过的路,我仍然对历史系充满感情、充满热爱。我今天要讲,今后也会坚持讲,历史系是我到科研处的第一份工作,我正是在这个岗位上历练成长的。再不起眼的角色,干到极致,也可以让自己悟出行政的道理。没有在历史系那段经历,没有在科研处的工作实践,或许我难以在行政岗位上这么一路坚持下来。我在历史系教秘岗位上做了近4年的专职工作,算是近十年来工作最久的教秘了。至于在我之前的凌文超同志,在我之后的安子毓、崔忆丰、侯爱梅、王萌、田超同志,或者是我的前辈,或者算是我的后辈,绝大部分算是我带出来的。他(她)们都在历史系这个岗位上工作过,时间或长或短,都是历史系的一员,都为历史系的建设发展作出了自己的贡献,都支持了我的工作。我想借此机会,衷心表达对他(她)们的谢意。特别想说的是,谢谢你们,有了你们,历史系才能一直走下来,今后也会越走越好。其实,哪有什么岁月静好,那是因为有人在为我们负重前行。

稳步前进的中国史研究编辑部

邵 蓓

中国社会科学院古代史研究所编辑部主任、编审

1978年,党的十一届三中全会决定把工作重心转移到社会主义现代化建设上来。为了进一步繁荣和发展马克思主义历史学,更好地推进古代史学科的发展,给学术界提供成果发表和交流的平台,中国社会科学院历史研究所决定成立中国史研究编辑部,编辑出版《中国史研究》和《中国史研究动态》两份刊物。《中国史研究》定位于发表中国古代史专业学术论文,《中国史研究动态》定位于追踪和报道国内外中国古代史的研究情况,推动中国古代史研究工作的开展。1979年1月《中国史研究动态》创刊号出版,2月《中国史研究》创刊号出版。

中国史研究编辑部的成立和《中国史研究》的创刊始末及30年的发展历程,已经由《中国史研究》的首任主编李祖德先生(《〈中国史研究〉创刊纪事》,载《求真务实五十载:历史研究所同仁述往》,中国社会科学出版社2004年版)、次任主编童超先生(《我与〈中国史研究〉》,《中国社会科学报》2016年1月12日),和现任主编彭卫先生(《〈中国史研究〉杂志的三十年历程》,《中国史研究》2009年第4期;《我在〈中国史研究〉杂志社的三十年》,载《求真务实六十载:历史

研究所同仁述往》，中国社会科学出版社2014年版）作了详细的叙述。《中国史研究动态》的发展历程也由时任主编的刘洪波先生作了回顾（《我和〈中国史研究动态〉》，载《求真务实六十载：历史研究所同仁述往》）。这里，仅就编辑部和两刊2014年以来的发展做一个简要的汇报。

总体来看，近十年的编辑部可以用"稳步前进"来描述。两份杂志在内容和质量上都进一步提升。《中国史研究》稳居核心期刊的位置，并被中国社会科学评价研究院评为AMI权威期刊，《中国史研究动态》是AMI核心期刊，并成功冲入CSSCI来源期刊。

稳步前进的保障首先体现在资金和政策的支持上。众所周知，学术期刊不挣钱，完全依靠拨款来运行，办刊经费充足与否直接影响到刊物的质量。早些年办刊遇到的最大问题之一是资金，当年童超先生主持成立中国史研究杂志社，一个原因也是为了节省经费开支。2013年，《中国史研究》和《中国史研究动态》进入中国社会科学院期刊创新工程，实现专款专用。同年，《中国史研究》成为国家社会科学基金资助期刊。办刊经费有了保证之后，两刊分别提高了稿费和专家审稿费，纸张和印刷质量上也得到提升。

进入创新工程之后，中国社会科学院主管的期刊实行印制、发行、入库、财务、管理"五统一"，排版、印制、发行、入库都由社会科学文献出版社运作，出版社为此还成立了期刊分社。以前的期刊出版就像个体户，编辑部在完成采编的同时，还需要联系印厂、联系邮发、寄送作者样刊，等等，有烦琐的编务要做。据李祖德先生回忆，创刊之初的编辑部每人集编辑、校对、印刷、出版发行于一身，一包到底，全面负责。《中国史研究》创刊号是在房山县印刷厂印制的，离城区较远，编辑到印厂核红、修正、重新排版或倒版，做了很久都不能结束。当天天气还特别寒冷，傍晚飘起了雪花，晚上回归途中，大雪纷飞，天寒地冻，大家又冷又饿，归心似箭，回到家中已经八九点钟了。"风雪夜归人"成为难忘的记忆。后来杂志又先后在河北保定新生印刷厂、北京医药院印刷厂、太阳宫印刷厂等印刷厂印制过。印刷厂需要编辑部自己找，合作也不稳定。我进入编辑部时，当时负责编务的只有曲鸣丽老师一人，她每日坐班，处理来稿登记、寄用稿和退稿通知、与印厂联系收取杂志、寄送样刊，等等，忙得不可开交，编辑部主任张彤老师经常在非坐班日返所，帮她处理这些事务。"五统一"后，印制、发行、入库都由社会科学文献出版社负责，赠刊也只要将名单交给出版社，由他们来具体负责就可以了，编务工作大幅减少。编辑可以静下心来，专心从事采编工作。

2016年，编辑部正式启用了网上采编平台。在此之前，两刊投稿都是采用作者投寄纸稿的方式，耗时耗钱。收到稿件后，由编务造表登记，再由责编按时签字领取。《中国史研究》甚至没有公共邮箱，不方便作者和编辑部联系。有作者想投寄电子稿，也没有门径。开通采编系统之后，投稿按照断代分类归到各段负责的责编名下，责编用自己的账号登录进去，就可以看到作者投稿。整个审稿流程也可以在网上完成。采编平台开通以后，我们发现网上有假冒我们平台的网站，还有作者因此受骗，损失了钱财。所以，为保障作者找对投稿杂志，我们一直采用的是电子稿和纸质稿相结合的投稿方式。但是疫情期间，接收纸稿困难，所以，2021年《中国史研究》宣布停止接收纸质稿，请作者在采编平台上传电子稿。2022年《中国史研究动态》也宣布不再接收纸质稿。采编平台开通后，来稿都存在采编平台，来稿登记也不再必要。特别是疫情期间，采编平台保障了审稿流程大体通畅运行而不至瘫痪。

  稳步前进的另一个保障是我们建立了一支专业和敬业的编辑队伍。据李祖德先生回忆，编辑部组建之初，许多进来的同志不是搞历史的，大家是在编中学，在学中编，一步步由"外行"审稿走入"专家"审稿的。1997年，负责先秦史稿件的史延廷老师工作调动，离开了历史所。据说，编辑部当时想找一个博士毕业生接替他的位置，然而那一年整个北京都没有先秦史的博士研究生毕业，因此，我作为先秦史的硕士毕业生有幸进入了编辑部。那个时候，博士毕业生是稀缺的人才，毕业后的流向多是高校教师或者研究所从事研究工作，很少有人会选择编辑工作。2009年李成燕成为第一个进入编辑部的博士，2014年、2015年张燕蕊和张欣加入了编辑部，苏辉和陈奕玲也先后取得了博士学位。现在，拥有博士学位的编辑在编辑部已经占了多数，他们年纪轻，专业知识水平高，是工作上的主力军。撰写文章是提高编辑水平的一个重要途径，编辑部一直鼓励大家参与课题、做学问。目前编辑部的同志大都有学术论文发表，张欣有国家社会科学基金项目，李成燕、苏辉、张燕蕊出版了专著，陈奕玲参与编写的《中国古代历史图谱》还获得了第五届郭沫若中国历史学奖三等奖。

  从2001年开始国家要求出版专业技术人员需要获得出版专业职业资格证书，2008年起又要求出版单位从事责任编辑的工作人员需要拥有责任编辑证，同时要按时参加国家新闻出版署组织的编辑人员培训，每三年进行一次责任编辑证的续展登记。2014年以来我们已经完成了3次续展注册，坚持人人持证上岗。伴随采编平台的投入使用，两刊编辑部也进一步明确了自己的采编流程，整个编辑工作进一步制度化、规范化。编校质量是名刊工程建设强调的要点之一，加入创新工程后，因为有了资金保障，两刊在坚持责编三校次，主编、副主编通校，每期负责责编通校外，又聘请外编通校，有力保障了期刊的编校质量。我们的编辑认真负责，有时候为了核实一条史料"上穷碧落下黄泉"，真正做到连作者都叹服。多年来，两刊在编校质量上都没有出现大问题，多次受到院审读专家的赞扬。提到编校质量，还要提到"五统一"之后的社会科学文献出版社期刊分社，每次核红稿签字后，社里还会进行一次校对，很多次编辑问题都是他们及时发现并告知编辑部的，避免了编校错误。这种专业的合作，也是我们能够稳定前进的保障。

稳步前进最重要的表现还是体现在刊物内容的提升上。下面分别对两刊近十年的发展略作陈述。

彭卫先生总结《中国史研究》杂志三十年的工作历程主要体现在六个方面：1. 关注重大历史理论和史学理论问题；2. 推动传统领域和新领域的研究工作；3. 提倡利用新资料，推进研究工作；4. 提倡学术争鸣和学术评论；5. 积极推进国际间的学术交流；6. 扶植青年学者。《中国史研究》这十年的发展也是在这个基础上从容进行的。

（一）关注重大历史理论和史学理论问题

《中国史研究》创刊号的《征稿启事》就明确声明："《中国史研究》以马克思列宁主义、毛泽东思想为指导，深入研究中国历史上的各种问题，为新时期的社会主义革命和建设，为实现四个现代化服务；坚持历史学的党性与科学性统一的原则，提倡实事求是、理论联系实际的优良学风；批判封建的、资产阶级的和修正主义的反动史观，发展和繁荣我国马克思主义的历史学。"1983 年第 2 期发表的署名本刊评论员文章《努力开创中国古代史研究的新局面》指出："马克思主义是经过实践检验的科学真理，是指导我们一切工作的理论基础。""必须重新认真地学习马克思主义，这是开创古代史研究工作新局面的根本保证。"坚持马克思主义指导，是《中国史研究》一直坚持的办刊指导思想。2016 年起《中国史研究》设立了"唯物史观与历史研究"专栏，并成为刊物的保留栏目。先后刊发了《考古学视阈下的马克思主义唯物史观》《"五朵金花"问题再审视》《试论史学理论学术体系的建设》《论史学价值观与历史教育》《从社会性质出发：历史研究的根本方法》《唯物史观与学科话语体系建构》《唯物史观对中国历史研究的价值意义》《中国古史分期问题析论》《马克思主义史家与历史考证》等文章，聚焦史学理论和传统重大历史理论问题。2019 年是中华人民共和国成立七十周年，当年第 3 期发表卜宪群先生的《新中国七十年的史学发展道路》专稿，对七十年来中国历史学的发展作了总结。

（二）推动传统领域和新领域的研究工作

《中国史研究》组织了多组专题讨论，涉及中国古代边疆开发与国家治理、中国古代移民与区域史研究、中国古代社会危机与国家应对、中国古代民族融合与国家认同等。经世致用是中国传统学术的追求，如何发挥历史学的现实功用，一直是《中国史研究》思考和努力的方向。杂志主要从两个方面对此问题进行组稿，一个是注重中国历史发展的道路和弘扬中国传统文化，在这个主题下组织了多组文章。另一个是注重与现实问题相结合。比如，我们设置了"'一带一路'的历史研究"专栏，组织了多篇文章就历史上的陆上和海上"丝绸之路"，及有关的中西文化交流进行探讨。

学科前沿也是杂志关注的重点。2021、2022 年学科前沿栏目先后组织了"历史学与考古学的融会"和"人类历史的融会"两组笔谈，前者关注的是考古学独立于历史学之后，双方如何在历史研究方面相互促进、合作研究；后者则从全球史的角度思考中国史研究的问题。2022年是广受瞩目的"中华文明探源工程"开展20周年，《中国史研究》第4期刊发了《"中华文明探源工程"及其主要收获》的特稿，是目前关于这一工程最详细的成果报告。

特别值得一提的是《中国史研究》每期的卷首语。除了对该期内容进行概述外，还对学术发展、学科建设、研究导向和存在问题提出一些建议和意见，针对的都是中国古代史领域的根本问题和当下问题。例如：针对历史研究不够关注现实的倾向，指出历史的"求真"是"致用"的基础，"致用"是"求真"的方向；提倡用问题意识、学术敏感度以及新时代新观念赋予我们的史识，看待传世文献和新出资料、传统课题和新出课题的关系；反对堆砌史料、过度引文和烦琐考证，鼓励"为论文瘦身"；呼吁关注经济史等被忽略的重要领域，希望历史研究能够全面发展等。

（三）提倡利用新资料，推进研究工作

《中国史研究》自创刊之日就很重视出土资料的整理和研究工作。近年来，出土和发现了大量的新材料，对于研究中国古代的历史，特别是早期历史研究，具有十分重要的价值。《中国史研究》陆续组织发表了一批关于近期新发现的文章，包括大河口霸国墓地、曾侯墓地新出青铜器铭文的释读和研究，海昏侯墓地发现及相关研究，甘肃临泽西晋简，南宋徐谓礼文书，中国科学院图书馆藏清顺治《整饬大同左卫兵道造完所属各城堡图说》的研究等。还有传统的甲骨文、金文、战国秦汉

简牍、敦煌吐鲁番文书、徽州文书，以及近年来受到关注的墓志铭、纸背文书等资料的研究。《中国史研究》特别强调新材料在历史研究中的推进作用，倡导新发现新材料和重要历史问题相结合，和传世文献相结合的综合性研究。

（四）提倡学术争鸣和学术评论

《中国史研究》创刊号的《征稿启事》称："本刊努力贯彻党的百家争鸣方针，鼓励、支持创造性的理论探索和不同学派、不同学术观点的自由讨论。"有意义的学术争鸣、有深度的学术评论一直是《中国史研究》鼓励的方向。2015年第2期刊发了郭善兵、梁满仓两位先生对于魏晋南北朝皇家宗庙礼制问题的商榷和答复文章。2018年第4期"问题讨论"专栏刊发了两位年轻学者对于战国卫国纪年的讨论文章。发表的关于吴丽娱先生主编的《礼与中国古代社会》、王子今先生的《秦汉儿童的世界》、黄宽重先生的《孙应时的学宦生涯》等书评都是有深度、有内容的书评，受到了学术界的好评。

（五）扶植青年学者

《中国史研究》不为作者设置年龄、学历、单位的门槛，稿件的刊发与否完全靠稿件质量说话，对于青年作者更是采取鼓励和扶植的态度。据彭卫先生统计，2021年度《中国史研究》的作者队伍，具有正高职称者占33%，副高职称者占31%，中级职称者占19%，在校博士和硕士占17%，大体形成了高级职称—副高级职称—中级职称和在校博硕各占1/3的结构。2022年度的相应比例分别是38%、31%、22%和8%。在年龄上，2021年度青年作者（40岁以下）占51%，中年作者（40岁至60岁）占36%，老年学者（60岁以上）占13%，青年学者与中老年学者的比例各为 1/2。2022 年度的相应比例分别是 43%、42% 和 15%，最年轻的作者 27 岁。30 岁至 40 岁的青年学者已经成为中国古代史研究的重要力量。2021 年第 1 期卷首语寄语青年学者，希望他们能够克服浮躁心理，潜下心来反复修改论文，避免行文中的语气中断、文意扞格和逻辑矛盾等问题。这也是编辑在审稿中发现问题，向青年作者提出的建议。

2014—2023 年是《中国史研究》稳步发展的十年。2013 年起《中国史研究》接受国家社会科学基金资助，2020 年《中国史研究》获评中国知网"2020 中国国际影响力优秀学术期刊"，2021 年获得"中国社会科学院 2020 年'优秀学术期刊奖'"，连续获评"AMI 权威期刊"。

2015 年，《中国史研究动态》主编刘洪波先生退休，杨艳秋先生接任《中国史研究动态》主编，在她的带领下，《中国史研究动态》大胆创新，转换办刊思路，突显主动策划内容，整个刊物的面貌为之一新。2019 年，杨艳秋先生工作调动至历史理论研究所，卜宪群先生担任主编，继续秉承"开门办刊，服务学界"的宗旨，引导《中国史研究动态》锐意创新，在深度广度上不断提升，扩大学术影响力。主要表现在以下几个方面。

（一）改作者投稿方式为主动约稿

《中国史研究动态》以往的稿源主要通过作者主动投稿获得。作者投稿后，编辑部甄选稿件，根据稿件内容组织专栏。这种组稿方式比较被动，期刊质量受投稿稿源限制，也不一定能及时追踪热点问题。2016 年以后，编辑部根据学术发展状况、热点问题策划选题、设置栏目，邀约相关领域的专家学者写稿。约稿亦经过三审，择优录用，有效提升了内容质量。

（二）传统保留栏目的改革和新栏目的创设

《中国史研究动态》自创刊以来的经典栏目如年度综述、专题综述、海外汉学、书评书讯等栏目都予以保留，但进行了一定程度的改革，以学术史研究为主线来统摄各方面的主题。

如年度综述栏目。随着互联网和数据库技术的发展，期刊论文的电子版获取变得比较容易，数据库的检索功能也使得原先罗列式的学科综述变得不再必要。对于保留栏目年度综述，由编辑部邀请高等院校或研究所副高以上职称的学者撰写，强调深度的分析和评论及学科发展前瞻。为了公平起见，编辑部拒绝了所里同事的请求，所有年度综述的作者都请外单位的学者担任，并且每一年的作者都换人，避免陷入老生常谈的窠臼，尽可能保持作者客观评述与个性表达的平衡，以前沿为准绳，以筛选见眼光，以出新为标尺，以评议见史识，打造各断代专家、历年作者之间一个开放学术平台。《中国史研究动态》是AMI核心期刊，是所内同志希望能够发表论文的期刊，编辑部的这一做法体现了他们的勇气和担当。

近年来《中国史研究动态》基本上保持了每年更新一个栏目的速度，新增"专题访谈""新史料·新视野·新发现""笔谈"，以及"批评与反思""史学三个体系建设""学刊巡礼""学人"等栏目，对学科热点前沿问题保持持续的敏锐度，使刊物内容更加丰富。如"学刊巡礼"主要介绍久负盛名的连续出版史学集刊，表明对同行工作的关注与推广，立体多维地展现古代史学科的横峰侧岭，得到了学界同仁的普遍称许。

"笔谈"方面，《中国史研究动态》先后策划了"简帛学理论的构建与创新""江口沉银遗址发现的历史价值""南宋史研究的取向与前瞻""时运兼备的战国史研究""中国古代海洋政策及海权探讨""多学科交叉互证的周代年代学""东汉史研究的前沿与拓展""中国古代户籍制度研究的新进展""灾疫视角下的古代国家治理与应对"等大量热点选题。2018年第1期推出《纪念改革开放四十周年专刊》，在当年随后各期中，还陆续刊出40年来各个专题的研究综述，最后所有纪念改革开放四十周年的文章结集，以《与时同辉——改革开放40年来的中国古代史研究》为名，由凤凰出版社在2018年末出版。2019年第4期策划推出"新中国成立70周年的史学启示"笔谈，邀请瞿林东、段渝、杨富学、栾成显先生撰文，分别代表史学史、先秦史、中古史和明清史方向，兼顾西南、西北地域研究的文化因素，思考70年史学专题研究的发展与前景。

以崭新视野关注重大理论问题。2020年第2期新开设"史学三大体系建设"专栏，邀请学者撰文，对高校有传承脉络的优势学科进行学理上的阐释与评介。2020年是恩格斯诞辰200周年，《中国史研究动态》第6期以《家庭、私有制和国家的起源》为中心，策划了一组笔谈来纪念恩格斯，弘扬历史研究中坚持唯物史观的正确办刊方向。2021年第3期刊发"中国古代社会性质的再研究"笔谈，聚焦奴隶制与社会形态问题。2022年又有"中国早期文明研究基点的多维视角"和"中国古代国家形态再探"专题刊发，希望通过转换视角，推动学界在新的学术条件和机遇下回望并关注宏观理论问题。

注重史学成果保留和传承。史学大家留下来的学术成果及其经验教训是学术界的共同财富。从2016年开始，《中国史研究动态》推出常设的专题访谈栏目，采取师生（友）访谈的方式。有别于其他期刊的生平介绍类访谈，着重请有影响的历史学家就某一专题进行阐述，并对当前此方向的研究作评述与展望，力求谈出新的想法意见，最好还有理论上的总结与反思，在介绍受访者治学之路的同时，给青年学子提供经验和启发。先后组织刊登了对陈高华、刘家和、李学勤、林甘泉、冯尔康、刘泽华、朱绍侯、徐泓、刘庆柱、郑克晟、黎虎、郑学檬、杨际平、沈长云、马大正、赵世超、张荣芳、陈智超、郭松义、王炳华、钱宗范、刘一曼等学者的访谈，是对史学研究和传承的宝贵记录。

2021年初《中国史研究动态》入选南京大学CSSCI来源期刊目录，这是编辑部多年努力的一个体现。在《中国史研究动态》创刊之初，还有以"动态"为名的，以报道学科发展动态为主旨的其他学科的刊物问世，到现在，它们或者已经停刊，或者已经改变了原来的风格主旨，只有《中国史研究动态》始终如一地保持了下来。由于办刊主旨和特点的限制，《中国史研究动态》在学术期刊评价体系中不占优势，但是我们的编辑不抱怨，不忘初心，坚持了下来。2022年《中国史研究动态》编辑部将刊物历年各断代的年度综述汇为一帙，成九卷本《中国史研究历程》（先秦卷、秦汉卷、魏晋南北朝卷、隋唐五代卷、宋代卷、辽金西夏卷、元代卷、明代卷、清代卷），由商务印书馆出版。6月29日商务印书馆与编辑部联合举办发布会，与会学者一致称道此书全面展示了改革开放以来40年间中国古代史研究成果，具有无可替代的史学史、学术史价值。

高翔院长在担任中国社会科学院秘书长，负责管理期刊工作期间，多次在院期刊工作会议上强调一名优秀的学术期刊编辑，应当是思想家、学问家和社会活动家，应当是学术公共话题的策划者、提出者和组织者。近年来两刊编辑部联合，或分别与地方院校、研究机构，合作举办学术会议。以编辑部为主导，选取不同主题，由编辑部和地方联合邀请学者参会，以此加强同各方面专家的联系，积极与学界展开对话，与作者读者展开面对面的交流，以期更好地搭建学术交流的平台。

2019年中国历史研究院成立，历史研究所更名为古代史研究所，搬到位于国家体育场北路的中国历史研究院内办公，编辑部的办公室也由原来的三间变为一间。办公面积变小了，人员却亲近了。两刊编辑部合室办公，互相学习互相促进。

刚搬进历史院不久，突如其来的新冠疫情就打乱了我们正常的工作安排。2020年春节前，我将第1期的三校样带回家看，想着7天假期结束可以送到排版修改、核红，却没有料到等来的是无限期的"暂不返所"。我用仅有的三校样作了一遍又一遍的"核红"，第一次使用电子版校样进行核红。更没想到，在随后的三年里，使用电子校样成为我们的日常。在这三年的非常规工作中，编辑部的同事都本着高度负责的精神，保障了刊物的正常运转，没有拖期，也没有出现重大的编校错误。追踪学科热点问题的选题组稿也在持续，为了了解学科发展状况，和学界多接触，我们的编辑也积极参加学术会议。我觉得编辑部的每个人都堪称优秀，奈何每年的优秀指标只有两个。

2014年，编辑部主任张彤老师期满离任。我、陈奕玲、苏辉三个没有行政管理经验的"年轻人"担任起编辑部主任和副主任的重任，我们虚心向老同志请教和学习，兢兢业业、谨慎努力，尽职尽责，较好地完成了所担当的任务。2024年是建所70周年，是中国史研究编辑部成立46年，以及《中国史研究》和《中国史研究动态》两份刊物创刊45周年，也是我们三人届满之期。这十年来我们跟随杂志一起成长，感触颇多，谨以此文为纪念。

助力科研兴文脉　赓续奋进新征程
——回眸历史研究所图书馆

潘素龙　范　猛

中国社会科学院古代史研究所图书馆原馆长、副研究馆员
中国社会科学院古代史研究所图书馆原副馆长、副研究馆员

中国社会科学院古代史研究所（原历史研究所）即将迎来建所70周年华诞，原历史研究所图书馆根据院规划并入中国历史研究院图书档案馆已有四年时间。根据所里安排和卜宪群所长指示，"写写图书馆"。尽管我们在历史所图书馆工作几十年，熟悉新书采购、图书分编、借阅流通等各个工作环节，对书库里的藏书略知一二，但说到对图书馆历史的了解，可谓知之甚少，实在是惭愧！为写此文，我们查阅了一些档案资料，电话采访了一些历史所的前辈，但愿在片段的记录中，勾勒出图书馆建立、发展的大致脉络。

20世纪50年代，历史所图书馆随同研究所的创建而设立。历史研究所图书馆自建馆之日起，即秉承"为科研服务"的宗旨，坚持"以人为本、读者至上、开放办馆"的理念，走出了一条"为史学研究助力"的特色发展道路。

一 历史研究所图书馆的建立和发展历程

（一）图书馆的建立

原历史研究所图书馆，是一个以收藏中国古代史文献资料为主的专业图书馆。1954年，中国科学院建立了历史研究所第一所和第二所。初创时期，为更好地服务于历史研究工作，郭沫若、尹达、陈垣、侯外庐、向达、熊德基等领导和顾颉刚、杨向奎、胡厚宣、唐长孺、张政烺以及贺昌群、谢国桢、王毓铨等先生，力主加强文献资料搜求、购置力度。为此，研究所在选书、购书方面花费了大量时间、精力，一些知名专家带领年轻学者亲自去古旧书店挑选古籍、采购图书。据陈高华先生回忆：他大学毕业来所后，张政烺先生就曾带着他一起去中国书店的东单古旧书店淘书、选书。当时，除了搜集、购买历史文献资料，同时还收购了一大批家谱、族谱和徽州地区的契约文书等特色文献资料，才有了历史研究所图书馆的雏形；也为日后历史研究所图书馆馆藏成为国内外同类专业馆中的翘楚，打下了坚实的基础。

（二）图书馆的机构和馆舍变迁

历史研究所图书馆作为一个为历史研究工作提供文献资料的科研辅助部门，始终与本所同呼吸共命运，馆舍几经变迁，馆藏条件不断更新变化。根据全院规划，分别于1989年、1996年、2000年，三次随所搬迁。

1989年，根据全院统一安排，历史所从建国门内大街5号院部搬迁到日坛路6号，就是现在"新族大厦"所在地。图书馆60万册文献资料的搬迁成为全所搬家工作的重中之重。以图书馆工作人员为主，行政人员为辅，克服经费少、人手有限的困难，发扬不怕苦、不怕累、分工协作、连续奋战的精神，顺利完成搬迁工作，并按计划时间重新开馆，为科研工作提供服务。

1996年，根据院里规划，历史所又从日坛路6号搬回建国门内大街5号中国社科院院部，图书馆被安排使用原3号楼（现已拆除）一层靠西边的半层房间，因无法放置所有馆藏资料，当时院部食堂的部分空间亦被改造为书库、阅览室使用。图书馆的60万册文献回迁后，管理各个书库的工作人员立刻投入了拆箱、拆包，整理图书，按分类号排序、上架的工作。当时，黄秀英老师虽然是负责图书分编工作，但每天都和我们一起去大库（中文平装库）排书。有一天收工的时候，黄老师才发现自己花镜的镜片缺了一个，什么时候掉的，黄老师完全没有察觉，可见黄老师在看图书类号、排序时精力是多么的集中啊！库里当时光线很暗，我们找了半天也没找到掉了的另一只镜片，这件小事情给我留下了特别深的印象。我们共事二十余年，黄老师就是一个做事认真、工作敬业、严格自律的人！因为有了第一次搬家的经验，一切都在有条不紊地进行，很快图书馆就重新开馆了。

2000年，根据院里安排，历史研究所行政部门及各研究室迁入建国门办公大楼12层，所图书馆则搬入刚刚建成的图书馆大楼。院图书馆为历史研究所图书馆预留了空间，图书楼11层全部及9层、12层部分归历史研究所图书馆使用。2002年，图书馆全部迁入院图书馆大楼内，馆藏文献资料分布情况是：9层为特藏书库，主要存放古籍家谱、古籍方志、古籍丛书，以及徽州契约文书、金石拓片等文献；12层为善本古籍书库，主要存放具有重要历史文物价值、学术资料价值和艺术价值的善本古籍；11层书库较多，有普通古籍书库、平装中文书库、西文书库、日文书库、综合阅览室，以及出纳室、采编室等。因为科研人员对期刊的借阅量较大，所以期刊阅览室仍被保留在科研大楼12层，以方便研究人员查阅利用。

（三）图书馆的文献资源建设

文献资源建设是图书馆的建设之本，是服务读者、服务科研的前提和基础。历史研究所图书馆自创建之日起，筚路蓝缕，在文献资源建设方面孜孜以求，不断汇流成海，建立起专业、丰富的馆藏。

建馆之初，条件非常艰苦，图书馆的文献资料也很少。为适应科研工作需要，确定了以服务于中国古代史研究为重点进行藏书建设的方针。

建所后的五六年间，是历史研究所图书馆藏书建设奠定基础的时期。为迅速建立丰富实用的馆藏文献资源，为科研工作提供支持，所里派出著名的专家学者到全国各地的古旧书店采书、选书、购书，如徽州地区、西安、天津、济南等地。只要见到需要的资料，不计复本，能购尽购，买下充实馆藏，这大概也是图书馆有些文献复本量较多的原因。我曾小心翼翼地问过所里的前辈学者：在外购书不需要请示吗？没有购书经费的额度限制吗？得到的回答是"不用""没有"，这样的答案出乎我的意料。可见，当时所里对于图书馆的文献资料建设是多么的重视与宽容，科研需要是第一位的。因此，历史研究所图书馆的藏书量迅速增加，到60年代初已具有相当规模了。

说到古旧书店，就不得不提中国书店，图书馆有大量古籍都是从这里采买回来的。成立于1952年的中国书店，是全国首家集收购、发行、出版、拍卖为一体的知名文化企业，主要业务就包括经营古旧书刊、碑帖拓片等文献。所里的知名专家经常到中国书店选书，中国书店还专门成立了服务小组提供定点服务，对于所里需要而又暂时没有的书进行缺货登记，并千方百计进行搜寻，服务非常好。可以说，懂书、需要书的研究人员遇到了同样懂书又会服务的书商，真的是图书馆文献建设史上非常幸运的事。直到图书馆并入历史研究院之前，中国书店一直是历史所图书馆的重要供货商之一。

20 世纪 50 年代后期，徽州文书被发现，中国书店从安徽收购了大量该类文献资料。当时负责图书采购的副所长熊德基先生得到消息后，从中国书店收购的文书中精心选购了万余件（册），经过专人整理、编号、装袋，终成历史所图书馆的特色馆藏。可惜此后 20 多年间，这批文献一直鲜见专门的研究。

直到 20 世纪 80 年代，徽学兴起，徽州文书的巨大价值越来越受到研究者的重视，科研机构又兴起一股到安徽等地抢救资料的热潮。"当时所里组织过几次到安徽抢救资料。图书馆为主，办公室为辅，加上有关人员的配合，几次南下，抢购回来大批散在于民间的资料……几次购回的资料，使历史所在徽学领域占有十分重要的地位，起到了关键作用。"①

专家赠书也是馆藏文献资源建设的重要途径。许多曾在历史所工作过的专家将毕生珍藏的图书捐赠给了图书馆，丰富了图书馆的馆藏。1976 年，朱家源先生将家藏近千种古书，9600 多册捐赠图书馆，其中元、明、清初刻本和抄本 100 余种，近 1100 册，具有较高的价值。20 世纪 80 年代，谢国桢先生也捐赠线装古籍近 1 万册，碑帖、画像石、古砖、瓦当拓片 1200 多

---

① 刘荣军：《那些年，我们做过的那些事》，载《求真务实六十载：历史研究所同仁述往》，中国社会科学出版社 2014 年版，第 300 页。

种。古籍当中,以明清杂史、笔记小说占多数。已故著名史学家侯外庐、熊德基、杨希枚3位先生捐赠各类书刊21000多册,其中线装古籍近500种,17000余册。

在图书馆建立后很长一段时间内,并没有设立专门的采购部门和人员,都是所里的专业研究人员参与文献采购业务。他们熟悉历史文献,深谙历史研究所需的历史资料,因此,采买回来的文献资料价值极高,是图书馆文献资源建设的重要功臣。后来,随着国家新闻出版事业的大力发展,历史类研究性图书成倍增长,图书馆适应这一形势,设立了专门的采购部,负责新出版图书的采购业务。图书馆收藏的平装中外文图书数量开始大规模增加。

截至2019年中国历史研究院成立时,历史所图书馆馆藏量近70万册(件),其中线装古籍30余万册,普通中文图书20余万册,外文图书约8万册,契约文书、金石拓片等约2万册(件),中外文期刊约5万册。至此,图书馆的文献资源收藏达到历史最高水平。

(四)图书馆工作人员

20世纪50年代建馆至今,几代图书馆人无私奉献、薪火相传,为历史所图书馆的发展建设做出了贡献。熊德基、李祖德、辛德勇、刘荣军、王震中、田波等所领导先后分管图书馆工作,张云非、李学勤、曹贵林、张新林、武新立、王玉欣、罗仲辉、袁立泽、潘素龙先后担任图书馆负责人。有60余人曾在图书馆工作过,让我们谨记他们的名字(排名顺序根据档案,大致按到图书馆工作时间):

何墨生、余爱德、王芹白、赵琛、冯世尉、冯锡明、胡柏立、罗伯聪、欧居钰、耿清珩、李福曼、李树桐、刘树山、刘修业、张林珠、张若达、杨荣泉、张云非、张钟麟、张兴林、刘浩然、武新立、翟清福、许芝亭、沈惠中、黄秀英、张宝亮、张小芹、林金树、索杰然、谢友兰、赵嘉朱、赵鹏洋、林伟明、孙波、武铁兵、陈海龙、冯志三、吴展、张正仪、高惠萍、杨志清、杜汉民、夏其峰、袁立泽、潘素龙、王钰欣、罗仲辉、曹江红、薛亚玲、娄鸣春、王影静、刘政江、梁勇、刘煦、博明妹、范猛、杨巍巍、李嘉锐、侯爱梅。

何墨生先生是最早在图书馆工作的专职人员之一，建所设馆的见证者。他不苟言笑，做事认真，在流通岗位负责图书借阅工作，对图书的管理非常严格。即使经历了十年"文革"，图书馆的藏书很少损失，何墨生先生功不可没，这真是一件值得庆幸的事。

许芝亭先生来图书馆工作的时间也很早。他早年曾做过收、买古旧图书的工作，所以对古籍比较熟悉。来到图书馆后，他在鉴别、购买古籍，对馆藏古籍进行分类方面做了很多工作。特别是，许先生还擅长古书修复，图书馆经他修复过的古籍有很多。正是得益于许先生的细心照顾，这些古籍才得以完好保存。许先生在任时，图书馆的古籍修复工作从未停止，可惜在许先生退休后，这项工作便停顿下来。

除日常图书管理人员外，图书馆也很重视工作人员的专业素养，通过引进相关专业人员，不断提高图书馆业务能力。

1955年，余爱德老师从武汉中华图专学校（武汉大学图书馆系前身）毕业，被分配到历史所图书馆，负责俄文、西文编目工作。1964年，黄秀英老师从武汉大学图书馆学系毕业，也被分配到历史所图书馆，负责中文编目工作。当时接受过图书馆系统教育、具有图书馆理论专业知识的人很少，两位老师在图书馆工作三十余年，兢兢业业，勤勤恳恳，直到退休，为提高图书馆的文献管理水平做出了贡献。1987年袁立泽从北京师范大学图书馆学系毕业，1988年潘素龙从武汉大学图书情报学院毕业，也加入历史所图书馆队伍，成为图书馆发展前进的新生力量。

2007年，国家实行了"中华古籍保护计划"，对全国古籍进行全面普查保护。中国社科院非常重视，2010年前后开始了全院范围内的古籍普查工作。所里为培养专业古籍人才，2014年从首都图书馆古籍部引进了范猛同志，又从院图书馆古籍部引进了杨巍巍同志。两位同志都是历史学专业毕业，且长期在古籍保护一线工作多年，有着较为丰富的理论水平和实践经验。他们的加入，为图书馆的古籍普查保护工作带来了生机。后来馆里能高质量完成全院古籍清理核实工作，也再一次证实了图书馆专业人才的重要。

二　图书馆配合全院工作纪实

（一）参加全院古籍普查

作为全国古籍收藏重镇，中国社会科学院一贯重视古籍文献资源收藏、保护与建设、利用。2009开始，由院图书馆牵头开展全院第一轮古籍普查工作，各所图书馆积极参加，积累了较为准确可观的普查数据。2014年编制了《中国社会科学院古籍管理规定》，从书库、阅览、修复、出版、函套标准化、数字资源建设、责任追究等方面对古籍工作进行了规范和指导。

2016年6月，中国社会科学院有关领导主持召开全院古籍核查工作专题工作会议，号召院属各单位"组织力量对全院古籍核查清楚"。2017年12月，再次出台《中国社会科学院古籍清理核实工作实施方案》，进一步强调，要摸清家底、规范管理、健全制度，对全院古籍收藏状况进行彻底清查，对实有古籍、实有善本、散失以及借出未还等情况，分别造册、拍摄和登记，最终形成《中国社会科学院古籍清理核实档案》，全面掌握中国社会科学院古籍数量、分布情况和质量品级。

为推动历史所古籍业务开展，高质量完成古籍清理核实工作，所里制定了古籍清理核实工作实施方案，成立了古籍清理核实工作领导小组，负责古籍清理核实的组织协调、审核把关工作。党委书记、主管副所长任正、副组长，成员为图书馆所有工作人员。针对善本、丛书、方志、普通古籍等收藏专题，成立三个专项工作小组，明确责任分工，分别负责善本库、特藏库、普通古籍库古籍的清理核实工作。严格古籍清理核实程序，坚持对古籍逐函、逐册检视、校验、清点，科学、规范、如实填报项目信息。形成完整的"历史研究所古籍清理核实目录"及"历史研究所善本古籍清理核实目录"，由专人再次进行数据核验、整理、汇总，并按照要求做好数据上传衔接工作。

通过此次古籍清理核实工作，真正做到了摸清家底、掌握情况，是对几十年来历史研究所古籍收藏的一次集中总结。从核实结果来看，古籍收藏共计24706种、310362册，其中善本3991种、43746册，在全院古籍收藏单位中首屈一指。

（二）参与可移动文物普查

数量众多的珍贵可移动文物收藏也是中国社会科学院的一大特色。2016年，院里出台了《中国社会科学院可移动文物暂行规定》，为进一步做好可移动文物保护工作奠定了良好基础。2017年4月，又召开了中国社会科学院可移动文物清理核实工作动员会。强调在全院范围内开展可移动文物清理核实工作，下发《中国社会科学院可移动文物清理核实工作方案》，传达可移动文物清理核实工作总体要求，并落实清理核实表格的填写方法，解释表格相关内容、选项，同时对照表格逐步、逐项对中国社会科学院"文物图书资料档案系统"进行操作演示。

会后，所里按照全院工作安排，迅速落实相关要求。专门成立历史所可移动文物清理核实工作小组，所长卜宪群总负责，分管图书馆工作的田波副所长亲自主抓，图书馆及相关研究室具体贯彻落实。清理核实工作正式开始之前，图书馆对所藏可移动文物古籍家谱、徽州文书及金石拓片的存藏情况进行了充分摸底调研，购置了清理核实工作所需设备，同时根据本所实际，设立了徽州文书、金石拓片、甲骨三个清理核实小组，分组工作，流水作业，发挥了最大效率。

具体工作分工是：先秦史研究室负责所藏甲骨、甲骨拓片的数据采集和拍照工作，隋唐史研究室负责存放在图书馆的所藏金石拓片的数据采集和拍照工作，图书馆负责徽州文书的数据采集和拍照工作。最后，所有数据汇总到图书馆，图书馆经过校验后统一上传到院"文物图书资料档案系统"。

经过2年的清理核实，所藏可移动文物清理核实工作于2019年10月圆满完成，并顺利通过验收。共计采集徽州文书数据16406种，金石拓片17672种，甲骨实物2032种。至此，所藏可移动文物藏存情况有了较为清晰的账目，为以后的科学管理和利用奠定了基础。

三　图书馆馆藏文献撷珍

（一）古籍收藏门类齐全、珍品荟萃

历史所图书馆藏有大量古籍，具有重要的历史文物价值、学术资料价值和艺术价值，是馆藏文献中的珍品。

馆藏古籍藏量可观，总量达到 24706 种、49549 函、310362 册，其中善本 3900 余种、43000 余册。2009 年，被文化部授予"全国古籍重点保护单位"称号。《三教宝善卷》《四朝恩遇图》《始丰稿》等入选《国家珍贵古籍名录》。

1. 馆藏刻本

馆藏线装古籍，部类齐全，包括经、史、子、集、丛、志等各大类，尤以史、集、丛部为重。从版刻来讲，除拥有一定数量的宋、元、明及清初刻本外，还有各种稿本、精抄本、名家批校本、收藏本。其中刻本以明刻本和清初刻本居多。明刻本中有明代各朝的内府写刻本、经厂本、藩府本、中央各部院和府州县等地方官府刻本、坊刻本、家刻本、寺庙刻本、南北两监和府县儒学刻本，以及雕锓印造精美的汲古阁刻本和湖州闵氏三色、四色套印本。这些刻本有的不见于通行书目著录，有的传世极少，世所罕见。如明万历刻本袁子让《五先堂文市权酤》、明宫廷藏品《三教宝善卷》，以及清咸丰间江西永新县颜氏家刻本《颜山农集》等，均为传世孤本，史料价值和版本价值极高。又如清初刻本中的精品，清世祖《御制圆明园诗》和清圣祖《御制避暑山庄诗》，均为乾隆殿本，朱墨双色套印，每景一诗一图，俊艳秀丽。连同康、雍、乾三朝其他殿版图书，雕印极为精美，代表了当时雕版印刷技术的最高水平。

2. 馆藏抄本

馆藏抄本中有一批精抄本，如明抄本《遗山先生诗集》，书中有清道光时钱仪吉的手笔题记和"仪吉"印记，还有"文宾日""文楸""唐白虎""文休承印""文嘉之印""文彭之印"等 28 方印章。清鲍廷博手抄本（元）邓文原《巴西文集》。作为四库全书底本的清精抄本（汉）许慎《说文解字》和（宋）郭祥正《青山集》，以及四库全书校本（元）吴澄

《临川吴文正公集》。明毛晋抄本《灵台占》，钤有"汲古主人""子晋""毛扆之印""斧季"等印记。还有清抄本明末清初毕振姬的十二卷《西北之文》，以及世无刻本的（清）张宸《平圃遗稿》等。

3. 馆藏批校本

名家批校本有（清）何元锡批校的（明）徐一夔《始丰稿》、（清）孙星衍校勘的（唐）颜真卿《颜鲁公文集》、（清）彭元瑞校点的（唐）刘肃《大唐新语》等。名家收藏本有（宋）阮阅辑、（明）程珌校的《增修诗话总龟前集》《后集》，不仅钤有"济南王士禛"印 1 方，还有佚名朱墨兰紫四色校补评点。（宋）曾巩辑《类说》一书，钤有清人冯登府"石经阁"和"冯十一伯章"印 2 方。

4. 谢国桢先生捐书

我所明清史专家谢国桢先生捐赠的线装古籍和碑帖、画像石拓、古砖和瓦当拓片也很有特色，图书馆特辟专门书架庋藏。著名版本、目录学家顾廷龙先生曾为之题写室名"谢氏瓜蒂庵藏书室"。谢氏所藏古籍以明清杂史、笔记史料居多。其中部分古籍，根据谢先生生前意愿，经选编后，冠以"瓜蒂庵藏明清掌故丛刊"之名，由上海古籍出版社陆续出版。

5. 馆藏丛书

特藏阅览室及特藏库收藏的古籍丛书、方志、家谱也很成体系。其中馆藏古籍丛书 1000 余种，在专业图书馆中，堪称首屈一指。宋元以来一批较为有名的大套丛书，均有收藏。如《百川学海》《说郛》《津逮秘书》《汉魏丛书》《古今逸史》《昭代丛书》《学海类编》《正谊堂全书》《学津讨源》《古香斋丛书》《知不足斋丛书》《海山仙馆丛书》《惜阴轩丛书》《宜稼堂丛书》《武英殿聚珍版丛书》《清麓丛书》《粤雅堂丛书》

《广雅丛书》《聚学轩丛书》《十万卷楼丛书》《适园丛书》《古逸丛书》《诵芬室丛刊》《郋园全书》《求恕斋丛书》《嘉业堂丛书》《汉学堂丛书》《玄览堂丛书》《四明丛书》《金华丛书》《吴兴丛书》等。

6. 馆藏家谱

馆藏古籍家谱1000余种，其中800余种收入《中国家谱综合目录》，全部藏品已收入上海图书馆编纂的《中国家谱总目》。入藏家谱中，江苏地区300余种，浙江地区200余种，安徽地区150余种，三地合计超过700种，占馆藏家谱七成以上；涉及省区10余个，姓氏近200个。藏品中不乏明代和清初刊印者。如明刻《十万程氏会谱》《率东程氏家谱》《休宁率口程氏续编本宗谱》《歙西岩镇百忍程氏宗信谱》等，为了解晋代程元谭后裔的江南各支派，特别是徽州歙县、休宁程氏支派的发展历史提供了完备而系统的历史资料。另外，有些家谱存本传世已较为稀少，其内容则涉及一批明清以来重要人物的生平学行及其家族传衍情况，如民国刊刻的《毘陵庄氏族谱》，详细记载了清代著名学者庄存玙、庄述祖的家族资料，是研究清代公羊学难得一见的重要史料。

7. 馆藏方志

馆藏古籍方志约2000种，属明清善本者近200种，包括十余种较为珍贵的明刻本、170余种清乾隆以前的刻本以及少量抄本，较为罕见的有《隆庆临江府志》《崇祯清江县志》《康熙济源县志》等。

(二) 徽州文书数量众多、品质上乘，有口皆碑

图书馆藏有一批古代安徽徽州地区的地方文书档案材料，统称"徽州文书"。徽州文书被誉为20世纪继甲骨文、汉晋简

帛、敦煌文书、明清档案等发现之后中国历史文化上的第五大发现，重要性可见一斑。

目前馆藏徽州地区文书、契约和簿册16000余件（册），在全国公藏单位中位居前列。这部分文书资料既有民间的，也有各级官府的；既有散件，亦有簿册。私人部分大多属于程、汪、胡、洪、苏、吴、王、谢等几个大户望族的有关材料。官府文书有各级官府颁发的契尾、税单、归户单（册）、由单、公文、政令和诉讼传票、拘票、审单、判词等。散件部分有土地、山林、河塘、水道、房屋、耕牛、坟地、田皮力坌的买卖、租赁、典当、对换、转让等契约，有银钱、器物的借贷归还收领字据，还有雇佣、承役、继嗣合同、卖身、投主应役、伏罪甘罚文约、保产合文等。簿册部分则有收租簿、置产抄契簿、家庭收支账、宗祠祭祀簿、婚嫁丧葬帐、分家文书、族规家法等。我馆所藏徽州文书不仅数量大、种类多，而且屡经整理，已成系统，为研究我国古代政治史、经济史、文化史、宗族史、法律史、社会史、地方史、区域史，以及人口迁徙、民俗变化、地理沿革等学术课题，提供了极其宝贵的原始资料。

馆藏徽州文书中的珍品有，我国传世最早的户籍凭证——明洪武四年（1371）由户部颁发的户帖，永乐间由府县衙门颁发的垦荒帖文。在簿册类中，有由各级官府攒造的鱼鳞图册（含总图和清册）、田土号簿、归户册、黄册底籍、钱粮实征册、田户亲供册等。其中《元代至正年间祁门十四都竹字号鱼鳞册》是明太祖朱元璋登基前委派官员在徽州地区清丈土地所攒造的鱼鳞图册。据专家考证，当属迄今传世最早的鱼鳞册。

四　踏上新征程的图书馆

2019 年，在整合中国社会科学院原史学片各所图书馆的基础上，成立了中国历史研究院图书档案馆，历史研究所图书馆的藏书全部划转到中国历史研究院图书档案馆。历史研究所图书馆虽然已经成为历史，但这批珍贵的历史文献却完好保存下来，以一种新的方式继续服务历史研究事业，从而开启了图书馆发展的新篇章。

70 年弹指一挥间，集收藏与服务为一体的历史研究所图书馆陪伴了一代又一代历史所学者，为他们的研究工作提供了翔实的文献资料和优质的咨询服务。停下脚步，一起回首，我们不禁感慨：图书是人类进步的阶梯，图书馆是科研的"催化剂"。让我们珍重这些历史文献，一如既往地守候它们、保护它们、开发它们、利用它们，赓续中华文脉，奋进新的征程！

在建所 70 周年之际，让已经离开四年的历史研究所图书馆出现在古代史所所庆的视野中，使我们有机会梳理历史所图书馆的馆史；缅怀为历史所图书馆建立、发展、壮大的奠基者；再一次回顾、领略引以为傲的历史所图书馆璀璨藏品的风采；致敬曾经在历史所图书馆辛勤工作过的图书馆人……

过去的一切都将成为美好的回忆！

恩重如山　难报万一
——恭祝建所七十周年

陈祖武
中国社会科学院学部委员、古代史研究所原所长、研究员

欣逢建所70周年大庆，抚今追昔，喜忭无似。唯近三年间，辗转病榻，几同废物，已难结撰稍有新意的文字，又深感负疚之沉重。谨将近年养疴偶得琐记三则连缀成篇，敬申祝贺悃忱。

一　《学步录》自序

犹记童稚之年，在故乡贵阳正谊小学校念书，承谢志坚先生开导，萌生读史喜好。稍长，先后入贵阳二中、贵阳一中初高中部，又蒙张宗秀、谭科模诸位先生悉心教诲，笃嗜文史，偏好尤挚。二十世纪五十年代末、六十年代初，家境陡然生变，入大学深造之想几成泡影。所幸贵州大学历史系不弃，始得问学姚公书、张振珮、曾昭毅教授等诸位师长，粗识读史门径。一九六五年大学毕业，甫登讲台未及一年，即遭十年浩劫，斯文扫地，不堪回首。四凶既除，春回大地，感谢郑老天挺先生指引，遂远离云贵，负笈京城，考入中国社会科学院历史研究

所，追随先师杨向奎先生问清儒学术。一九八一年修业期满，留所供职，从此忝为史学工作者队伍之一员。

光阴荏苒，逝者如斯，转瞬已届桑榆晚境。恰逢中央文史研究馆敬老崇文，编纂出版《馆员文丛》，谨拜托林存阳、朱曦林二位贤弟，费心搜集整理，而成此《学步录》一帙。生也有涯，学无止境，回首一生读史，皆在艰难的学步之中。学步云云，并非虚语，乃实录也。如蒙方家大雅赐教，无任感激。

二 《感恩师友录》前言

读书求学一生，甘苦其间，怡然忻然，不觉已入八十门槛。唯数十载伏案，忽视休息和锻炼，积劳成疾，悔之已晚。二〇二〇年四月初，旧日罹患之脊髓型颈椎病突然加重，旋承北京医院安排知名专家及时手术，转危为安。然出院数月，康复维艰，病痛接踵，以致不能读书，形同废物。即此一数百字的短文，亦苦苦构思半月余而难成句读。辗转病榻，往事萦回，一桩桩、一件件，依稀重现，宛若就在昨日。其中最为感念而不能忘怀者，则是从小学、中学到大学，直至而今，七十余年间，前辈师长的培养教育深恩、四方友人同道的鼓励鞭策，以及同窗诸多学友的帮助、支持和爱护。铭记终身，难报万一。

承林存阳、朱曦林二位贤弟洞悉心曲，慨允拜托，受累将最近数十年间师长之赐教及本人所撰相关序跋、琐记和友人访谈实录等文字，费心搜求，辑录成帙。谨题为《感恩师友录》，奉教出版界友人，敬祈安排出版，以存此当代浩瀚学海之一粟。

借此机缘，谨向数十年来不断慷慨馈遗精神食粮，助我读书求学的京中及各地诸家出版社、报纸杂志社和图书馆，以及海内外众多师友，敬致深切谢忱和由衷的感激。

三 《学术文集》卷首语

生也有涯，学无止境，读书求学一生，不觉已届桑榆景迫。饮水思源，不忘根本。我生在贵州，长在贵州，是在五星红旗下成长起来的新中国学人。从小学、中学一直到大学，我在家乡接受了系统的学校教育。家乡的山山水水和各民族父老乡亲的养育，赋予我坚定不移的家国情怀和艰苦奋斗的精神品格。一九六五年七月，由贵州大学历史系毕业，从此告别故乡。始而昆明，继之北京，负笈南北，兼师多益，一步一个脚印地摸索前行。

晚近以来，病痛缠身，几同废物。回过头去看一看艰难跋涉的足迹，无间寒暑，朝夕以之，数十年功课皆在伏案恭读清儒学术文献之中。恪遵前辈师长教诲，历年读书为学，每有所得，则只言片语，随手札记。日积月累，由少而多，居然亦能自成片段。承出版界诸多师友厚爱，从一九八三年中华书局约撰《中国历史小丛书》之《顾炎武》，到二〇二二年商务印书馆刊行之《中国学案史》和《感恩师友录》，四十年间，读书所得幸获十余次结集。

近期，又蒙商务印书馆盛谊，拟将我数十年之历次为学结集汇为一帙，凭以为新时代之浩瀚学海存此一粟，奉请方家大雅赐教。传承学脉，德高谊厚，谨致深切谢忱。责任编辑鲍海燕同志，不辞辛劳，兢兢业业，置疫情起伏于不顾，屡屡枉驾寒舍，斟酌商量，精益求精。年轻俊彦如此之敬业精神，最是令我终身铭感。

团结奋斗，不断创新
——写在建所七十周年之际

李世愉

中国社会科学院古代史研究所研究员

时间如白驹过隙，转眼之间，我到历史研究所工作已是第四十二年了。我经历了我所成立30周年、40周年、50周年、60周年的纪念日，现在又要迎来建所70周年的纪念日。对于我这个已退休十余年的人而言，抚今追昔，真是感慨万千。

"十年动乱"结束，迎来了科学的春天。正是在这一时刻，迎着改革开放的春风，我来到了历史研究所。刚一进所，我就深切感到这里科研氛围的火热，大家胸中激荡着一股豪情，决心把"十年动乱"损失的时间夺回来。各个研究室都有自己的重点科研项目，有自己创办的刊物，那时候的历史研究所学术地位很高，外间称之为"国家队"。我们所不仅有许多重大科研项目，而且当时还负责国家社科基金古代史项目的审查立项（后这项工作由中国社科院划归中宣部，成立了国家社科基金办公室），还直接负责了一些大型科研项目的学术组织工作。《中国历史大辞典》就是其中的一项，为此还成立了中国历史大辞典编纂处。我初到历史所，就分配在编纂处工作，负责人是胡一雅先生。

一

说到《中国历史大辞典》，我们不能不说，这是一部由历史研究所组织全国史学工作者共同编纂的有重大影响的大型工具书，荣获2001年中国国家图书奖、国家辞书一等奖，2004年中国社会科学院优秀成果追加奖。它"历经22年沧桑，是全国史学界团结协作之巨著，代表20世纪史研究的最高水平"[①]。

对于中国近代史学家来讲，编纂一部中国历史大辞典，将上下5000年恢宏史实用条目形式精练概述，是几代人的梦想。新中国成立初期，有些学者曾倡议编纂这本大部头的历史巨著，到了20世纪60年代初，中共中央宣传部也曾将这一辞典的编纂任务交给中华书局辞海编辑所（上海辞书出版社的前身）等筹备，可是由于众所周知的原因，这个愿望一直未能实现。1978年6月，中国社会科学院召开了全国史学发展规划筹备会议，邀请全国史学家共商大计。在广泛听取史学工作者意见的基础上，同年秋，由历史所党组书记梁寒冰同志主持制定史学发展规划草案，将《中国历史大辞典》列入其中。1979年4月在成都召开的全国史学规划会议，将此项目列入国家"六五"计划，《中国历史大辞典》的编纂工作得以正式启动，学术界几代人的梦想才有了实现的可能。不久在天津召开编委会成立会，大家一致公推德高望重的著名史学家郑天挺先生担任编委会主任兼主编。在组织作者队伍时，当时的中国社会科学院名誉院长胡乔木同志指示编纂处，一定要面向整个史学界，要让更多

[①] 《光明日报》2001年12月27日第4版今日话题《解读精品辞书〈中国历史大辞典〉》之"本题提示"。

的专家、学者参加这项工作，要注意团结广大史学工作者，体现党和政府对知识分子的重视和关怀。胡一雅和其他同志，遵照领导的指示，代表历史所向全国各高校、研究机构邀请了一大批知名专家，像王玉哲、裘锡圭、刘泽华、田余庆、林剑鸣、胡守为、杨廷福、杨志玖、吴枫、卞孝萱、邓广铭、程应镠、蔡美彪、贾敬颜、戴逸、罗明、王宏钧、荣孟源、陈振江、章开沅、翁独健、刘荣焌、谭其骧、邹逸麟、张岂之、吴泽、杨翼骧、薄树人、严敦杰、李家明等先生分别担任断代史及各专史卷的主编、副主编，并先后调动了全国800多名专家、学者参与编纂工作。那时候，我参加《中国历史大辞典》编纂的组织工作，要经常与全国各地的专家、学者保持联系，在这个过程中，我深深感到了历史所有一种强大的号召力。这当然与历史所的付出与广阔的胸怀是分不开的。在中国历史大辞典编委会中，历史所的人很少，主编请郑天挺担任，而编委会主任，当时大家共同推举历史所的党组书记梁寒冰同志出任，但梁寒冰同志坚持不肯，只做副主任；而副主编中，历史所也只有李学勤一人，后因胡一雅作为编纂处主任，从工作的需要上考虑，大家一致要求将胡一雅先生补作副主编。《中国历史大辞典》下设十四个分卷，开始设计由历史所的专家任主编的只有《明史》（王毓铨）一卷，后秦汉史卷找的几位先生都婉言谢绝，才由时任所长的林甘泉先生出任主编。李学勤也是和南开大学的王玉哲先生共同担任先秦卷的主编。历史所的大度和谦让，赢得了人们的尊重。就连我这个刚到历史所工作的青年人，在与各位老前辈接触时，他们都很客气。记得去谭其骧先生家拜访，临走时，腿脚不便的谭先生非要走出门口，鞠躬送客；在杨志玖先生家，为了留我吃饭，杨先生特意要他的学生张国刚作陪；在罗明、陈振江先生家，他们更是待如上宾，令人感动。

当然，我对前辈们也是非常尊重的。我也知道，他们对我的态度，实际上是对历史所的尊重。通过编纂《中国历史大辞典》，我结识了当时一大批著名的史学家，并在与他们的接触中受益良多。

辞典编纂工作分两步走，先是编纂14个分卷（9个断代史，5个专史），然后将14个分卷合并修订，最终形成了一个完整的《中国历史大辞典》。编纂这样一部大型辞书，必须有科学的、严密的运作方式和程序。首先是确定辞目，这是体现一部辞书优劣的关键性工作。历史辞典收辞范围，涉及面广，内容丰富，哪些该收，哪些不该收，是一个颇费斟酌的问题。胡一雅先生多次组织各卷讨论，最后明确了收辞原则，以确保全书收辞的科学性、系统性和完整性，同时要兼顾各断代史之间的平衡。全书的选目工作前后穿插进行了四年，先是各分卷按统一要求拟目，然后汇总、平衡、协调，经过分散、集中、再分散、再集中的几次反复，到1983年，全书辞目才算基本定型，6万多条的规模基本确定。在日后的撰稿工作中仍有一些调整，最终全书共收辞67154条。1984年，我组织当时住在所里的谢保成、赖长扬、吕宗力、罗仲辉、刘翔，把已基本定型的6万多条目做了统计，看到五个专史分卷所选条目有20%—30%与断代史分卷重复。也就是说，专史分卷所设辞目有70%—80%是断代史分卷没有的，这就显示了专史分卷的价值。

辞目确定之后，还要规定编纂体例。辞书编纂有严格的体例要求，没有这方面素养的人，即使是专家，也不可能一下子掌握。因此，编纂处请上海辞书出版社帮助制定了编纂体例，印成小册子，作者人手一册，反复学习，一条条地学，一遍遍地练，直到掌握为止。当时我们戏称，编纂体例就是我们的"宪法"，必须遵守。为确保释文的知识性、科学性，编纂处要求每个作者撰写每一条释文都要从原始资料出发，认真研究，慎重下笔，并逐条注明资料来源，以便审阅。同时各分卷严格实行三审制，即编委初审，编委交叉复审，主编决审。为保证各分卷之交流，编纂处专门办了一个内部刊物《中国历史大辞典通讯》，由胡柏立同志负责，每年4期，登刊有关辞书编写的体会，考证文章，各分卷样稿，以及编委会会议纪要等。各分卷出版后，编纂处在胡一雅的领导下专门组织专家为已出版的分卷挑毛病，以便在合订时加以纠正。

在分卷的工作基本完成后，合订本的汇编工作从1992年开始准备，至1998年完成，前后整整用了六年时间。历史辞典不同于其他辞典，合订本不能将几个分卷一凑就算完成。首先要调整部分辞目，一些在各分卷可以不出现而作为历史辞典不可缺少的条目，如年号，谥号、庙号、避讳、改元、正朔等要做补充。其次，要对分卷中出现的错误加以纠正。最后，典章制度的条目（大约占全书的六分之一）基本要重新撰写，因为它给读者的释文应该是融会贯通的，而不是几个断代的拼凑。这项工作我们邀请了孟世凯、马大正、谢保成、赖长扬、商传、刘驰几位先生共同完成。另外，还要解决各卷之间的交叉重复问题。那些年，编纂处的同志一直有如履薄冰之感。因为大家深知肩上担子的沉重。为了对时代负责，对读者负责，大家一直有一种强烈的使命感和敬业精神。

自《中国历史大辞典》编纂工作启动，到最后出版，历史所的历届领导都给予了极大的关注，几位所长林甘泉、陈高华、李学勤分别担任分卷主编、副主编。历史所参加这项工作的同志共有71人。

历经20个春秋，《中国历史大辞典》终于与广大读者见面了。这是几代史学工作者心血的结晶，也是史学界团结协作的成果。古人云："众人同心者，可共筑一城。"《中国历史大辞典》正是这样一部"众志成城"的巨大工程。时任中共中央政治局委员、中国社会科学院院长李铁映同志称："伟大的时代产生伟大的作品，《中国历史大辞典》是我们国家强盛与兴旺的标志。""《中国历史大辞典》这项工程的胜利完成有着重大的意义：它不仅使我们的人民得以回首往昔，借鉴历史、述往思来，更加锐意于民族今日的振兴与进取，而且对提高全民族的科学文化水平，增强民族的凝聚力、高扬爱国主义的伟大旗帜都将起到重要的作用。"① 李铁映院长对《中国历史大辞典》的肯定，也是对历史研究所工作的充分肯定。毫无疑问，《中国历史大辞典》的编纂与出版，充分反映了历史所当时在全国史学研究中的核心地位。这期间，胡一雅先生默默工作了二十多年，可谓居功至伟。

谈到《中国历史大辞典》的编纂，我们不能不对当时学术界的领导同志表示崇高的敬意，是他们高瞻远瞩，抓住时机，下定决心，力促其成，为我们文化事业的发展做出了贡献。

二

《中国历史大辞典》工作结束后，我到了清史研究室，毕竟我在北大攻读的是清史专业。其实我在中国历史大辞典编纂处工作时就与清史研究室有诸多联系，特别是与何龄修、郭松义、王戎笙、张捷夫、赫治清、冯佐哲、林永匡等先生联系较多，因而对清史研究室的工作有所了解。我知道，在 20 世纪

---

① 李铁映：《中国史学工作者的一部力作——在〈中国历史大辞典〉出版座谈会上的讲话》，《光明日报》2000 年 4 月 17 日第 2 版。

80年代，即我进入历史所的时候，清史研究室是人才济济。杨向奎先生提出清史研究要分兵把口，当时室内研究清代政治史、经济史、文化史的人员齐备，老中青三代配合默契，一派繁荣景象，令人振奋。那时候，清史研究室在国内有极大的影响，在学术上有崇高的地位。我认为，主要表现在三个方面，或者说是有三个方面的原因。

一是确立重大研究课题，组织全国清史学界的专家学者共同参与。如王戎笙先生主持的《清代全史》的撰写，历经十余年成书，至今仍是最有分量的一部清史，影响深远。何龄修、张捷夫组织的《清代人物传稿》，同样动员了数十名清史研究者，其成果至今无人超越。王戎笙先生还组织过教育部的项目《中国考试史文献集成》清代部分的资料收集与整理，以及《中国考试通史》清代卷的撰写，同样在国内有重大的影响。王戎笙先生组织的《清代全史》及《中国考试史文献集成》都邀我参加，我都欣然答应了，撰写了《清代全史》第3卷中的一章，并负责《中国考试史文献集成》清代卷中有关《清实录》、清代政书、清人笔记三类文献的科举资料的收集整理，也正是在这一过程中，我对科举制度产生了浓厚的兴趣，并走上了专门研究科举的道路。我以前主要研究土司制度，可见重大研究项目对人才培养也是极为重要的。

二是创办刊物。清史研究室在改革开放以后，先后创办了两个刊物，一个是《清史论丛》，另一个是《清史研究动态》（后转给中国人民大学清史研究所，更名为《清史研究》），为清史研究者提供了极好的展示科研水平、个人才华的平台。不仅在当时刊物极少的情况下，就是在今天来看，一个研究室同时创办两个刊物（一个集刊，一个期刊。赫治清先生为了拿下刊号，付出了艰辛的努力），也是极属不易。可以想见，它在学术界的影响是极大的。我们只要看看《清史论丛》及《清史研究通讯》前几期的作者名单，即可发现，当时清史学界的著名学者大多在这里刊登文章。特别要提及的是，杨向老特别强调，《清史论丛》要注意培养青年人；另外，只看文章质量，不看重作者身份也成为《清史论丛》办刊的一大原则。现在许多清史学界的名人，当年他们的成名作就是在《清史论丛》发表的。我清楚地记得，我刚到历史所不久，何龄修先生知道我是商鸿逵先生的学生，特意找到我说："有什么大作可以给我们呀。"我将一篇考证文章交给了他，后来发表在《清史研究通讯》上。除了创办两个刊物之外，清史研究室还定期出版《清史资料》，把一些稀见文献标点出版。记得在1980年冬，我还在北大读研究生时，何龄修先生为把谢国桢先生旧藏的一份抄本乾隆六年"银谱"标点出版，特到北京大学来找商鸿逵先生，请商先生承担。后来，这个银谱标点后，发表在《清史资料》第3辑。这些《清史资料》至今还被清史研究者所珍藏，所使用。

三是组织召开全国性的乃至国际性的学术研讨会。现在仍然召开的清史国际学术研讨会，当年正是在清史研究室前辈积极倡导下，并联络清史学界各方力量共同组织召开的。那时的会议极具号召力，每次会议都有上百人参加，大家以文会友，关系融洽，会议效果极佳。会议促进了交流。那时，清史研究室走出的人很多，到海外参加会议或讲学，而请进来的人也都是清史学界的专家名人，既有日本、美国的学者，也有港台的学者，还有中国内地的同行，互相交流，互相切磋，使人大开眼界。这也使得清史研究室的地位不断提升。

我调进清史研究室，正是高翔同志任主任的时候，也是老同志都已退休的时候。我看到，高翔同志努力抓的三件事，也正是当年清史研究室兴盛的三件法宝。他重视刊物的建设，那时的刊物只剩下《清史论丛》，而且面临着经费的紧缺，他积极想办法，利用上面拨下的重点学科经费，"省吃俭用"，留下一些办刊。同时，他又极为重视刊物的质量。当时的《清史论丛》主编张捷夫先生，虽已退休，每期的编审都很认真。我到研究室后，也配合张捷夫先生做了些工作。高翔同志特别注重召开国际会议，这是提升清史研究室学术地位的重要途径。在经费极为紧张的情况下，高翔同志利用自己广泛的人脉，联系到当时故宫博物院的领导朱诚如先生，得到了故宫博物院的经费支持，一下子解决了大问题。为开好这次会议，室内同志纷纷行动，从发邀请函，联系宾馆，接待外宾，安排会议，大家共同努力，终于在 2001 年 8 月在北京翔云宾馆召开了"清代政治变革与社会发展国际学术研讨会"。那是一次学术盛会，欧美学者、俄罗斯学者、日本学者纷纷到会。而且在高翔同志的建议下，那是第一次不设主席台的会议，开幕式的讲台上只有主持人、发言人各一个直立话筒，其余代表全坐台下。那次会议超过了历届清史会，反响极佳。当时的"中国社会科学院院报"还在 2001 年 10 月 25 日以专版形式对本次会议做了专题报道。高翔同志也要抓项目，并且有自己的计划，后因工作调动，离开了清史研究室，离开了历史研究所。《清史论丛》是清史研究室的一张名片。在《清史论丛》创刊 40 周年之际，已任中国历史研究院院长的高翔同志参加了我室组织的"《清史论丛》创办 40 周年座谈会"，并鼓励我们把刊物办好，并拨款支持我室编成了《〈清史论丛〉四十年论文选编》（该书于 2021 年 9 月由社会科学文献出版社出版），再次引起了人们对《清史论丛》的重视。我知道，历史所正在筹办 2024 年的国际清史研讨会，使我看到清史研究室再次振兴的希望，我也期待着清史研究室重现昔日之光辉。

三

　　来历史所四十一年，看到了历史所的辉煌，也经历了不断的起伏，这是历史发展的必然趋势，也是各个研究机构共同遇到的问题。有人会说"今不如昔"，特别是在高校不断挖人的情况下，历史所给人的印象似乎是不如以前了。的确，我所光荣榜上的前辈们都已作古，难道我们就不发展了吗？回答显然不是，历史所没有了张政烺、杨向奎、胡厚宣，同样，北大历史系也没有了邓广铭、周一良，北师大也没有了白寿彝、何兹全，南开大学也没有了郑天挺、杨志玖、王玉哲，可以肯定地说，今天的古代史研究所在学术界仍然有着举足轻重的地位，这是不容置疑的，毕竟我们还是"国家队"。我认为，我们没必要妄自菲薄，当然也不应盲目自满。我们仍有我们的优势，是其他高校和研究单位无法比拟的，这个巨大的优势就是我们所办的刊物。记得若干年前，教育部的一位高层领导曾对我院某所的一位领导得意地说："现在高校各学科的人才都不比你们社科院差。"的确，高校用重金挖走了中国社科院的一批人才，也包括我们历史所的一批人才。但是他又说，现在唯有中国社科院的刊物，我们高校无法相比。这一现实是高校所承认的，也是当今社会上的共识。我们所创办的《中国史研究》《中国史研究动态》均列为重点刊物，而《中国史研究》更被诸多高校列为国家级重点刊物。很多高校为鼓励他们的教师在《中国史研究》上发表文章，给予重奖，可见我们刊物的地位。当然，《中国史研究》之所以能有今天的地位，也是历史所几十年重视的结果，是几代人共同努力的结果。我从2016—2021

年的六年间，曾担任院科研局特聘的期刊审读专家，负责对《历史研究》《中国史研究》《中国边疆史地研究》《中国地方志》，以及《中国社会科学》《中国社会科学院研究生院学报》的审读工作。六年中，我认真审阅了这些刊物，我深切感到，我们中国社科院的刊物，特别是《历史研究》《中国史研究》的质量要比一般院校的刊物质量高得多，难怪社会上称之为国家级刊物。六年中，就我负责的几个刊物看，《中国史研究》与《历史研究》的学术质量及编校质量是最好的。2020年，科研局组织的评选中，《中国史研究》被评为优秀期刊。这不仅是《中国史研究》编辑部的荣誉，也是我们古代史研究所的荣誉。此外，《中国史研究动态》在该编辑部自身的努力下，在历届所领导的支持帮助下，进步飞快，不仅栏目不断创新，而且在学术质量、编校质量上也是进步明显。所以《中国史研究动态》进入南京大学的评价体系CSSCI来源期刊，也是实至名归。

不仅如此，我们所的各个研究室大都有自己的刊物（即所谓的集刊）。这些年，学术界对集刊格外重视，因为它是某一专业领域学术成果的展示，比一般的期刊、学报要实用得多。而我所各研究室所办刊物有4个入选南京大学的CSSCI来源集刊，《清史论丛》便是其中之一。像我所这种情况，恐怕也是全国仅有的一家。一个大学，一个研究所能有一个集刊进入C刊已不得了，而我们所有4个刊物获此殊荣，能不为此而骄傲吗？难道还有任何理由自我贬低吗？一个时代有一个时代的特色，我们虽然不再有张政烺、杨向奎、胡厚宣、王毓铨那些大家在时的独特影响，但我们现在仍有令全国羡慕的刊物和团队的影响。

这十年，备受学术界重视的国家社科基金重大项目，在我所也取得了令人瞩目的成就。现在有些高校，如果该校某人能拿到一个重大项目，那么便可以升为二级教授，享受各种特殊的待遇。因为获得重大项目实属不易，要有招标竞争，且一年之内没有多少个重大项目，能获此殊荣者当然是凤毛麟角。以往中国社科院有自己的项目，很少去申报国家社科基金项目。十几年前，国家社科基金办公室的领导动员社科院的研究人员去申报国家项目，而且强调，社科院的研究力量很强，国家社科基金不能没有社科院的科研人员参加。其后，院科研局有所动员，各所有所行动。我本人于2012年经人"鼓动"，申报了《中国土司制度史料编纂整理与研究》这一重大课题，通过竞标，终获成功。此后的2014年，我所一下子拿下了4个国家社科基金的重大项目，也都是通过竞标获得的成功。4个项目为：宋镇豪主持的《山东博物馆珍藏甲骨文的整理与研究》；陈智超主持的《〈宋会要〉的复原、校勘与研究》；黄正建主持的《中国古文书学研究》；卜宪群主持的《〈地图学史〉翻译工程》。以上五个项目于2018—2021年已顺利结项。这些年，因为研究、讲学的需要，我经常到西南地区的各高校，他们每每为拿下一个重大项目而大伤脑筋，这已成为诸多高校的压力。偶尔某校拿下一个重大项目，简直就是天大的喜事。有一次，我对他们说："2014年，我们一个所就拿下4个重大项目。"听者简直不敢相信，一个个目瞪口呆。是呀，一般来说，一个高校几年内能拿一项就不得了了，一个历史所一年之内就拿4项！对，我告诉他们，这就是历史所的实力！这是历史所在老一辈创业基础上不断创新、发展的结果。

由于我们的特殊地位，因此外间有许多重要课题委托历史所来完成。据我所知，我所在这方面成果丰硕。以近十年为例，由我所主创的一百集电视片《中国通史》在央视播出，反映很好。与此配套的图书《中国通史》更是获誉不断，自2016年起，先后获第四届中国出版政府奖图书提名奖"大众喜爱的50种图书奖""30种好书奖"等9个奖项，至2023年2月28日，入选凤凰网主办"致敬国学：第五届华人国学大典"。此外，我所研究人员主持的《今注本二十四史》陆续出版，多次获得中国社科院重大科研成果奖。今注本《史记》获中国出版政府奖图书提名奖，今注本《三国志》获中国图书奖，今注本《金史》获郭沫若史学奖。历史所主持的《域外汉籍珍本文库》获社科院重大科研成果奖，共出版800本近3000种国内不见的域外汉籍珍本，被誉为"海外四库全书"。

中国历史研究院成立以后，历史所改名为古代史研究所。这几年，我所承担了历史研究院主持的几个重大课题的研究工作。如《（新编）中国通史》《（新编）中国通史纲要》，还有许多交办课题，先后参加的人员有数十人。这些课题的开展，使一大批青年学者得到了锻炼与成长，也使我们这个老所不断焕发新的活力。

回顾40年的经历，我深深感到，党和政府对历史研究的重视，以及对历史所的关怀和信任，而我们所的一代代的研究人员也没有辜负党和人民的重托，做出了应有的贡献。我相信，今天的古代史研究所一定会更加团结奋斗，不断创新，取得更加辉煌的成就。

史学沙龙·天圣令读书班·古文书研究班
——记我经历过的所内三项学术活动

黄正建
中国社会科学院古代史研究所研究员

历史所[①]有举办各种系列学术活动的传统。在所的层面与国内外许多大学签订了交流协议，定期举办各种论坛，在推动学术交流和加深学术研究方面，起到了很大作用。

除此之外，历史所的学者特别是中青年学者还自发组织了一些系列学术活动，其中我亲身参加或主持的就有三项，即史学沙龙、天圣令读书班和古文书研究班。这三项活动都前后持续了十年左右，很值得回忆与纪念。以下介绍主要依据我手边的资料（包括日记），是从个人角度进行的回忆，并以此庆贺历史所建所70周年。

一 史学沙龙

所谓"史学沙龙"，是指所内中青年同仁，特别是中古史

[①] 历史所现名"古代史研究所"，但对于我们老人来说，还是称"历史所"更亲切一些。

（秦汉隋唐）中青年学者主办的一个学术平台，旨在通过交流讨论，促进学术研究水平的提升。沙龙先后有学术沙龙、青年沙龙、史学沙龙等不同称呼，最后定名为"中国社会科学院历史研究所史学沙龙"，简称"史学沙龙"。

这个沙龙的起源是在1996年。当年的5月10日，"在所里召开了中青年隋唐史研究者沙龙，是第一次，参加的人还是较多的，计有李斌城[①]、谢保成、我、张弓、刘景莲（科研处）、齐克琛（科研处）、吴丽娱、李锦绣、杨宝玉、吴玉贵、陈爽、孟艳红[②]、辛德勇、史延廷、贾依肯、杨珍……还有江小涛是后来的。大家谈的还可以，先自我介绍，然后就能否出论集，或出专刊发表意见"。[③] 这次沙龙是跨研究室的，虽以"沙龙"为名，但并没有学者报告，也没有讨论文章，与以后的沙龙显然不同，但它已经具备了以中青年为主、跨研究室、以中古史为主等因素。沙龙没有就是否出论集或专刊达成一致，后来直到2011年，相关研究室才出版了《隋唐辽宋金元史论丛》，到今年已经出了十三辑。

1996年8月侯旭东来所后，与孟彦弘一起成为沙龙组织者，积极开展各项学术活动，是沙龙得以发展并持续下去的中坚力量。

这以后的大约十年间，沙龙至少组织了五六十场活动。这些活动可以分为三类：

一是邀请所外学者前来做报告，并进行交流讨论。前后大概有十二三次。

---

① 为节省篇幅，以下行文均省略敬称。
② 当时还叫"孟艳红"，后来改为"孟彦弘"。这里凡当时记录依照当时用字，其他行文则一律用"孟彦弘"。
③ 凡引号内文字，除特别注出外，均出自我的日记。

二是讨论所内同仁提交的论文，提出意见与建议，前后大约有四十余次。

三是为退休学者举办荣退报告会，并讨论荣退者在会上所做的报告。这样的活动不多，大概有三四次的样子。

第一种活动邀请的学者包括阎步克、葛兆光、巫鸿、陆扬、陈弱水、熊存瑞、拜根兴、彭小瑜、赵立新、郑雅如、陈怀宇、罗新、陈尚君等，其中最值得记录的是北京大学阎步克一行来参加的那次沙龙活动。

自唐长孺先生提出唐朝历史的"南朝化"理论、田余庆先生提出南北朝历史的出口在北朝以来，隋唐历史是"南朝化"还是"北朝化"就成了学术研究的热点。由于这一争论涉及中古历史的发展大势，引起很多学者参与。为讨论相关问题，1999年2月5日阎步克与陈苏镇、罗新专门来到历史所，参加学术沙龙。阎步克认为："从华夏文明的连续性说是南朝化，从少数族刺激活力说是北朝化。北朝是魏晋历史的出口，在制度和文化上要优于南朝。结论是中国社会的常态是士大夫政治，所以南北朝都不是常态。"对此观点，沙龙参加者进行了热烈讨论。这次沙龙除阎步克、陈苏镇、罗新外，所里有"胡宝国、孟艳红、吴玉贵、侯旭东、吴丽娱、李锦绣、我、刘驰、陈爽、李万生"参加。"中午请吃饭，除阎、陈、罗三人外，大家分摊。"

第二种活动是沙龙活动的大宗，也是最吸引同仁参加的活动。其程序大概是这样：想讨论自己文章的同仁，预先将文章发给大家。到举办沙龙当天，参加者对此文章进行评议讨论，以批评为主，指出文章的问题，并给出修改建议。由于这样的讨论，等于让众多学者审读自己文章，能够看出本人忽略的问题，对修改论文有很大帮助，因此参与者比较踊跃。当然，参加者也必须有一颗强大的心脏,因为批评者是不管岁数大小、职称高低的,往往言辞激烈,直指问题,不留情面。

提交论文参加讨论最多的是侯旭东。当时他待发表的几乎每篇论文都拿到沙龙上讨论过。其他提交论文,接受批评和讨论的还有:郭松义、楼劲、孟彦弘、我、李万生、吴丽娱、马怡、华林甫、陈爽、成一农、邬文玲、马一虹、万明、刘驰、刘晓、吴玉贵等,其中吴丽娱、马怡、楼劲、孟彦弘都是提交论文次数比较多的。

谨录2006年10月28日孟彦弘给我的邮件①:

> 正建先生:今又将小文修改一过,似较第一稿为可观,但不知尊意如何。此次修改,完全受赐于你的批评,真所谓独学而无友,则孤漏而寡闻啊。谢谢、谢谢!看过后,可再提意见,我争取在正式交给唐研究,尽量改得更好一些。我已跟侯公申请,他安排11月8号沙龙讨论这篇小文,届时将能听到更多的批评,也会使小文修改得更好些。
> 致礼!
> 孟彦弘
> 2006－10－28

可见参加沙龙者是将自己已写好的文章先提交沙龙讨论,吸取大家意见后再正式投稿。又可知沙龙实际组织者是侯旭东。不过,2006年11月8日由于我们《天圣令校证》课题组成员集体到宁波开会,所以当天没有安排沙龙活动。

除讨论个人的文章外,有时也就一个主题组织沙龙讨论。

---

① 文字或有错讹,原信照录。

例如 2003 年 7 月 23 日的"学术沙龙，听刘源、杨英、梁满仓、吴丽娱、雷闻、林存阳谈'礼'……孙家洲也来了"。这次沙龙活动相当于一次小型学术研讨会。

第三种活动主要是沙龙与相关研究室合作，为一些先生荣退举办讲座，印象中有何龄修、吴丽娱、李世愉等。比如关于吴丽娱的荣退讲座通知是这样写的：

> 吴丽娱先生荣退纪念学术讨论会
> 报告人：　吴丽娱 先生
> 题目：试论唐宋皇帝的两重丧制与佛道典礼
> 时间：2009 年 7 月 7 日上午 9：30
> 地点：中国社科院历史所 1246 室
> 　　　　　　中国社科院历史所史学沙龙、唐宋史室

通知还附有吴丽娱讲座的提要、目录，以及吴丽娱的简介。由此可知，沙龙在 2009 年时的正式名称是"史学沙龙"。

沙龙学术活动得到了所里的支持。这种支持不仅在于为沙龙使用会议室等提供方便，还在于对一些重要活动提供了餐费。例如 1999 年 9 月 7 日葛兆光来所里讲"黄书、合气等……大家座谈，提了一些意见，聊得不错。中午一起吃饭，参加者有：葛、胡宝国、吴玉贵、侯旭东、李万生、张广保、刘乐贤、我、孟彦弘、吴丽娱、王育成，花 266 元。所里出 200，我们每人分担 6 元。大家都很高兴。"再如 2000 年 8 月 19 日陈弱水来座谈，"计有我、吴（丽娱）、李（锦绣）、牛（来颖）、杨（宝玉）、孟（彦弘）、侯（旭东）、华（林甫），谈的比较好，主要是大家都放开了谈，谈到对学风、学派、学人、论著的看法、异同，有些还是有启发的……中午所里请吃饭，在仿膳，牛、吴点菜仍很谨

慎,结果只花了289元"。2002年1月15日"上午沙龙开会,讨论孟彦弘文章,中午一起吃饭,算科研处出钱请沙龙参加者"。2008年7月15日"上午9点半参加侯旭东调离沙龙,我讲了些惜别的话,也给他的文章提了些意见。胡(宝国)、陈(爽)等都来了。中午所里给了400元,一起吃饭"。

历史所的史学沙龙以讨论热烈、批评犀利在当年的学术界小有名气,甚至被称为"京城第一沙龙"。2008年侯旭东调走后,沙龙活动明显减少,2011年5月17日沙龙举办李世愉荣退讲座(关于清代科举的报告),以及2012年11月6日讨论吴玉贵文章大概就是最后的几次活动了。此后相关学术活动为古文书研究班所替代。

二 天圣令读书班

天一阁藏明抄本北宋《天圣令》残卷(以下简称《天圣令》)是20世纪末发现的重要法典。消息公布后,历史所凭借雄厚研究力量争取到了《天圣令》整理项目,成立了全部为历史所研究人员组成的课题组(成员有宋家钰、吴丽娱、黄正建、牛来颖、李锦绣、孟彦弘、雷闻、赵大莹、程锦①),于2006年出版了《天一阁藏明抄本天圣令校证(附唐令复原研究)》。②《天圣令校证》出版后,在唐宋史和法制史学界形成研究热潮,历史所的唐令研究也因此站在了学术界前沿。如何将这一优势保持下去,除了我们继续对《天圣令》进行持续研究外,培养对唐宋法律史感兴趣的人才也就成了当务之急。2008

---

① 后两人当时是历史所的硕士研究生。
② 关于《天圣令》整理经过,参见黄正建《〈天圣令〉整理出版始末》一文,载《求真务实六十载:历史研究所同仁述往》,中国社会科学出版社2014年版。

年我在台湾交流，参加了高明士主持的唐律读书会，当时他们停止了读唐律，开始从头读《天圣令》，我参加时他们读到《厩牧令》。此前在日本，我也参加过大津透主持的唐代律令读书会，吉永匡史、武井纪子研究《天圣令》中《关市令》《仓库令》的文章都在读书会上讨论过。日本御茶水女子大学古濑奈津子的日本令读书班也开始结合《天圣令》研读日本令。吸取他们的经验，学习他们的方法，回来后，我也有意组织一个《天圣令》的读书班。正好在2009年，历史所隋唐史方向少有的一下子有了三个研究生（我的一个博士生和牛来颖的两个硕士生），于是决定带着研究生一起读《天圣令》。听到消息后，北京师范大学宁欣的学生也申请参加，于是《天圣令》读书班就正式开始了。

2009年10月12日"8点半开始第一次读天圣令，大约有十几个学生，加上所里的我、牛（来颖）、吴（丽娱）、孟（彦弘）、梁（建国），还有宁欣、毛健，读到近12点，讨论非常热烈，提出了许多单独读读不出来的问题，大家都觉得不错，牛（来颖）的学生说非常好。读之前我讲了一下天圣令的背景知识，梁建国来信说讲的非常好"。这其中的"毛健"是湖南社会科学院在历史所进修的学者。

这以后，基本就是每两周进行一次读书班活动。作为老师的参加者主要是历史所的研究人员，除我和牛来颖外，先后有吴丽娱、雷闻、孟彦弘、梁建国、陈丽萍、庄小霞等参加，李锦绣也来做过报告。学生方面，所里隋唐史方向即黄正建、牛来颖、李锦绣、孟彦弘、雷闻、刘琴丽的学生都有参加，此外如杨振红的学生也来参加过若干次。历史所之外，北京地区各大学如北京大学、北京师范大学、中国人民大学（含韩国留学生）、中央民族大学、中国政法大学、清华大学、首都师范大学等也都有学生参加,学生常年保持在20名左右,到读书班结束有超过100名学生参加过历史所的天圣令读书班。

读书班采用逐篇令逐条研读的方式。具体来说是这样:每读一篇令,先请原来的整理者就该令的构成、内容、整理及复原时的问题、研究现状、研究展望等作相关介绍。由于《田令》和《厩牧令》的整理者宋家钰已经去世,因此《田令》由我介绍,《厩牧令》由侯振兵介绍,其他则均为令文原来的整理者:李锦绣介绍了《赋役令》,孟彦弘介绍了《关市令》和《捕亡令》,程锦介绍了《医疾令》,赵大莹介绍了《假宁令》,雷闻介绍了《狱官令》,牛来颖介绍了《营缮令》,吴丽娱介绍了《丧葬令》,我介绍了《杂令》。

具体研读方式是:事先指定一位同学准备3—5条令文的研读资料,包括①提供与令文的校勘、复原相关的史籍资料,以此来判断校勘和复原是否准确;②提出在阅读这几条令文时思考的问题(可以是文本的,也可以是制度上的,等等),并予以初步解答;③将令文译成白话文。资料准备好后,发给读书班成员。读书班成员接到资料后,预先阅读,认真思考,准备讨论发言。

在读书班上,先由准备资料的同学予以讲解,讲完一条后,大家讨论、质疑,力求弄懂每个字词、每条令文,还要讨论制定令文的背景和法意。有段时间,读书班指定专人进行记录,一方面保留讨论的档案,另一方面为将来出版《天圣令》白话文译文做准备。

读书班的原则是:尊重别人意见,不擅自使用和发表别人观点,若使用一定注明。这就保证了大家能够畅所欲言,讨论热烈。在这种对令文乃至断句标点的细致讨论中,会发现很多以前不大注意的问题,甚至会产生对令文的相反理解。如果没有读书班的讨论，恐怕就不会激发这种不同的理解了。

读书班因研读的细致、讨论的热烈、参加者的众多，除学生外还吸引了众多学者参加。例如有在历史所访问的日本爱知县立大学丸山裕美子、鲁东大学樊文礼、山东师范大学周尚兵、青岛大学纳春英，以及在其他学校访问期间来参加的韩国成均馆大学河元洙、韩国东北亚历史财团历史研究室金贞姬、西北大学马泓波等。因来北京而临时参加的就更多了，例如有日本东京大学大津透一行、御茶水女子大学古濑奈津子及其学生、韩国庆北大学任大熙、台湾大学高明士、台北大学陈俊强、山东大学刘玉峰、武汉大学吕博、复旦大学仇鹿鸣等，南开大学的夏炎还专门从天津带学生来参加。澎湃编辑兼主笔饶佳荣在参加了一次读书班后给我微信说："有幸在历史所聆听您主持的读书班，深受教诲，受益良多。这绝不是套话——我第一次旁听读书班，以前只是耳闻'读书班'的大名。"曾参加过半年读书班的丸山裕美子回到日本后撰写文章，这样评价《天圣令》读书班，说："天圣令读书班细致解释词语，正确释读令文，在此基础上复原唐令。同时分析唐宋制度的不同，进而考察产生这种不同的唐宋社会的变化。通过踏实的史料考证，建立在广阔历史学视野基础之上的这个读书班，今后必将拿出构成唐宋制度史基础的研究成果。""这是一个朝气蓬勃的研究会，超越了大学界限，培育着北京的唐代史、宋代史研究生。"[①]

读书班能坚持下来，其实很不容易，除了主持者要有牺牲精神付出时间和精力外[②]，还有经济上的压力。这是因为读书班

---

① 丸山裕美子撰文，阿风编译：《历史研究所的天圣令读书班与中国古文书研究班——2011年我在中国社会科学院的研修经历》，《中国社会科学报》2013年10月25日第3版。

② 以我为例，每次读书班之前的一天都要空出来备课，十年读书班我除了母亲去世前后请过一次假外，基本没有请过假，甚至往往带病主持读书班活动。

早上 8 点半开始，学生最远从房山中国社科院研究生院来，要 6 点就动身，中午读书到 11 点半，他们无法赶回自己的学校吃饭，于是我们决定管他们的午饭。这是一笔不小的开支。社科院食堂可以提供外来人员就餐，一人的餐费从读书班开班（2009）的 8 元陆续涨到 10 元、12 元、15 元、20 元。如果有学生 20 人，一人 20 元的话，一次读书就需要 400 元，一学期就要近 4000 元。如何筹措这笔钱就成了我和牛来颖经常面临的问题。好在所里的课题组成员都很支持，我们出版的《天圣令校证》所获中国社科院优秀成果奖、郭沫若历史学奖的部分奖金以及《〈天圣令〉与唐宋制度研究》的部分稿费，除了全额支付给已故宋家钰的家属外，都用作了读书班学生的餐费。于是有这样的记录：2011 年 4 月 13 日"关于奖金用于读书班，吴（丽娱）、李（锦绣）、孟（彦弘）、赵（大莹）、程（锦）都表示同意并回信"。其中赵大莹和程锦毕业后一个在国家图书馆一个在出版社工作，也都支持读书班；2012 年 3 月 9 日"决定将（稿费）零头征集（我、牛、孟、李）为学生午餐"；10 月 25 日"午饭涨到 15 元一人，于是想开个证明，便宜点，拟好文字后，办公室小常说没用。他打了个电话，买了 15 张饭票，按 12 元一人，节约了 45 元钱"。10 月 30 日"为了天圣令读书班 3000 元事找常建国，买成了 250 张饭票（12 元一张）"。这次是在办公室主任常建国的帮助下，以比较便宜的价钱买到了餐券；12 月 25 日"把天圣令的奖金分了（在职五人，一人 500，其他四人一人一千，余 2000 用作学生饭费）"。2013 年 11 月 7 日"花 3000 元买了 200 张餐券，供学生吃饭用"；2014 年 9 月 5 日"买了五千元的食堂餐券，需要通报大家一下"。这时饭费已涨到 20 元一位，我们只好从各自课题中以劳务费的方式支出；2015 年 3 月 31 日"去换了 2000 元的饭票"；2016 年

2月18日"取钱(《〈天圣令〉与唐宋制度研究》的奖金3600元)……大家都回信了,都说这钱留着给读书班吃饭";2017年9月20日"李锦绣支援读书班的2000元全部到账了"。正是在历史所同仁特别是我们课题组成员的大力支持下,才能从经济上保证了读书班的继续运行。①

所里对读书班也很支持。这表现在以下方面:由于读书班开始很早,办公室工作人员特别是小霍就要保证在8点前后打开会议室门,又由于如果1246会议室不能用而使用1220会议室的话,需要用手持投影仪,也需要办公室事先准备好。刘献敏、赵宇豪都为此特意起早赶来。在实在找不到空会议室的情况下,有时所里也会伸出援手,例如2018年9月6日,虽然我们事先预定了1220会议室,但老干部处要在此会议室开会,协商结果,老干部处特意花了1500元租了行政楼的403会议室,解决了我们的燃眉之急。天圣令读书班作为历史所有影响的读书班,受到所里重视。在2014年所庆60年布置展板时,所里希望能介绍一下读书班,于是我撰写了相关资料并提供了照片,后来就贴在了纪念所庆的展板上。特别是田波副所长。他原来在当代所时,就很注意保存有历史价值的音像资料,曾对我说当年采访宋任穷、陈锡联的音像资料,后来都成了所里的宝贝。出于历史学者的职责,他认为应该给读书班留下一份音像资料。于是在他的安排下,2017年6月22日"上午8点半读书班,请王博文来录像。我先介绍了下读书班的历史,然后郑德长讲营缮令宋11条及其他,大家讨论,录到10点左右"。所里的支持,是读书班能长期坚持下去的重要原因。

---

① 只是到了2019年,餐费涨到一人50元,我们实在负担不起,才终止了饭费的资助,但仍在开班和最后结束时提供了饭费。

过去常有人说中国学术界的读书班,往往虎头蛇尾,未有像日本或中国台湾那样能坚持十年以上的。我们的天圣令读书班却不是这样,我们从头到尾,逐篇令文读完了全部《天圣令》,于2019年11月22日"8点半读书班。徐畅、赵晶来了,陈佳仪也特意来了,读到11点半,让李凤燕叫的外卖(吉野家,我又给了她500元,她还有200元共700元……),中午一起吃饭,边吃边聊、碰杯、照相,然后送同学们离去。金珍与聂雯等拥抱告别,令人感动……十年读书班(2009年10月12日至2019年11月22日)终于结束了"。

历史所天圣令读书班10年的读书活动虽然结束了,但读书班洋溢着的认真读书、相互切磋精神还会延续下去。首都师范大学的硕士生赵洋2013年9月12日第一次参加读书班,考上博士后继续参加,从日本回来后仍然参加,直到6年后的2019年11月读书班结束,是读书班中众多长期参加者之一。现在,赵洋已经是历史所隋唐五代十国研究室的研究人员了,相信他会把读书班的精神在历史所继续传递下去的。

三 古文书研究班

中国原来没有自己的古文书学,现在的"中国古文书学"学科是历史所一些志同道合的同仁在2012年正式提出的。提出的基础是2010年开设的古文书研究班。

2010年春季,历史所举办了一次青年学者论坛。在这次论坛上一些研究各断代文书的学者感觉虽然同在研究文书,但彼此没有交流,希望能成立一个跨断代跨研究室的研究古文书的研究班,于是阿风和张国旺找到我,阐述了他们的想法,希望我当这个研究班的"班长"。由于我一直对文书研究感兴趣,并很想仿照日本史学界建立一个中国的古文书学，就答应了，并对他们说，要办就办个大的，目标就是建立"中国古文书学"。正好在这年的5月下旬，我有个机会去日本开会，就在日本向东京大学的大津透请教关于古文书学的问题，并购买了相关书籍，为所里古文书学研究班作准备。

2010年6月22日，"下午1点半文书读书班[①]开班。我先致开班辞，讲了西方和日本古文书的历史，以及建立中国古文书学的设想等，然后讲占卜，大家听的津津有味。徐义华、陈时龙、邬文玲、小戴、宋艳萍、赵凯等外室的都来了。讲到3点40。大家议论，兴致很高，4点多结束"。

这以后，研究班核心成员除我之外固定为五人，即研究先秦文书的徐义华、研究秦汉简牍的邬文玲、研究敦煌吐鲁番文书的陈丽萍、研究黑水城文书（宋元文书）的张国旺、研究徽州文书（明清文书）的阿风。研究班主要进行了两类活动：

第一类是大约每月一次，组织学术讲座和研读文书。这其中又分两种，一种是邀请所外学者讲座，另一种是由所内各断代文书研究专家讲读文书，而以后者为大宗。

第二类是举办古文书学学术研讨会，从2012—2019年共举办了八届，另外就是与中国政法大学法律古籍整理研究所合作举办了两届古文书学研习营。

邀请所外学者讲座，范围很广，不仅包括国内也包括国外学者，不仅包括中国史也包括世界史学者，计有高田时雄、丸山裕美子、松川节、气贺泽保规、陈国灿、扬之水、黄维忠、朱玉麒、吕厚量、孟宪实、杜立晖、宋坤、史金波、吕博、马德、唐雯、申斌、史睿等，其中丸山裕美子讲日本正仓院文书、

[①] 开始叫"文书读书班"，后来改称"古文书研究班"。

黄维忠讲敦煌吐蕃文献的整理与研究、吕厚量讲古希腊罗马文献、史金波讲西夏文献、杜立晖等讲纸背公文文书、吕博讲衣物疏、马德讲草书写卷、申斌讲明代文书等，都很有启发意义。

由所内学者分断代讲读文书，对原本封闭在本断代的研究者来说，是最有价值的活动，也是最能体现历史所古文书研究班特点的活动。例如：

2010年7月27日"听张国旺讲黑水城文书。内容挺多，大家也踊跃，气氛很好"。8月31日"阿风讲徽州文书，讲的比较好，大家情绪也高"。11月9日"卜宪群讲'文书与地方行政运作'"。

2011年1月4日"请邬文玲讲秦汉简牍，大家听得很高兴"。2月15日"听邬文玲讲简牍第二讲"。4月12日"听邬文玲接着讲简帛、分类等，还挺有意思"。5月31日"听杨宝玉讲敦煌文书，所讲装帧形式……有收获"。7月12日"听杨振红讲简牍材料与公卿大夫士的'位'系统……大家讨论很热烈"。8月23日"听张国旺讲一件黑水城文书，是亦集乃路河渠司呈总管府，总管府又牒呈廉访司的文书。一行行读下来，学到一些知识"。这是具体研读一件古文书。9月20日"陈丽萍讲座"。11月15日"听陈（丽萍）讲敦煌资料"。10月25日"听阿风讲徽州文书中的草字和俗字……学到了一些知识"。这是具体研读文书中的字体。

2012年2月21日"凌文超讲简牍文书学，大家讨论十分热烈"。这是讲文书学。3月20日"听邬文玲讲汉简中的一份和解书，挺有意思"。4月24日"听徐义华讲商周的法律，开拓眼界"。5月15日"孟彦弘作报告，讲驿传制度与文书……大家提问题"。9月11日"听陈丽萍讲杏雨书屋藏羽57R 秦妇吟的卷子"。10月23日"（我）讲'吐鲁番文书中的《辩》'……讨论还比较热烈"。11月20日"听阿风讲徽州文书，介绍所里藏的几件牒、公据、咨、赤契、分家书等，与唐有很大不同"。12月25日"听李锦绣讲文书中的勾帐、勾征帐、五行帐"。

2013年3月5日"听刘晓讲元代公文制度，讲得不错，清楚明了……他认为明清以后的公文制度沿袭了元，而元的有些是来自金，有的是独创，与宋的关系很小"。4月16日"听邬文玲讲秦简中的'续食'"。6月4日"听吴丽娱讲书仪"。11月19日"听陈丽萍报告《关于氏族志》"。

2014年3月4日"我在古文书班作讲座，讲诉讼文书"。10月14日"听阿风讲明代公私文书，有许多异同，受一定启发"。2016年3月29日"刘子凡来讲唐代书信的缄封，挺有意思"。4月26日"听邱媛（源）媛讲清代户口册，实在是复杂"。5月31日"听徐义华讲古文书……讨论到近4点"。9月20日"听朱玫讲高丽户口文书与元明的比较"。2017年7月25日"听赵凯讲'变事书'……讨论还很热烈"。

以上本所同仁的讲座从商周到明清，从文书类型到文书整理，乃至格式字体、用词用语、前后变化，真正起到了打通断代、互相启发借鉴、共同研究古文书的目的。

研究班的第二类活动就是筹备召开古文书学学术研讨会和古文书学研习营。

2012年6月25日在研究班成员筹办和组织下召开了第一届古文书学学术研讨会。在这次会议上正式提出要建立"中国古文书学"。这一主张得到所内外很多人的赞同和支持。2013年11月14日召开了第二届研讨会，会上我们提出了要编写一本《中国古文书读本》的计划，引起众多学者和媒体的兴趣。2014年10月30日召开了第三届研讨会。这次会议是历史所借助中国社会科学院"国学研究论坛"平台召开的古文书学国际研讨会，除国内各大学历史学者外，日本、韩国学者也参加了会议。2015年10月24日我们与首都师范大学历史学院合作召开了第四届研讨会，会议主题是"官文书"。2016年12月2日召开了第五届研讨会，会议主题是古代经济文书。2017年8月10日召开了第六届研讨会。这次会议我们利用了中国社会科学院"社科论坛"平台，也是一次国际性研讨会。2018年9月14日我们与河北师范大学历史文化学院合作召开了第七届研讨会，会议主题是"文书文本解读与古代社会"。2019年10月26日我们与邯郸学院合作召开了第八届研讨会，会议主题是"民间文书与基层社会"。

除此之外，为培养古文书研究的年轻学者，我们研究班与中国政法大学古籍所合作，于2016年7月举办了古文书学夏季研习营，并于2018年7月举办了第二届。研究班的核心成员都在这个研习营上为学员们授了课。

还有就是2014年11月，以研究班核心成员为主，我们申请到了国家社科基金重大项目的"中国古文书学研究"（批准号14ZDB024）。项目到2021年顺利结项。

古文书学研究班和古文书学研究得到了所里的大力支持。在得知我们要召开第一届古文书学研讨会后，2012年5月31日党委书记"刘荣军召见，说古文书的会由历史所主办，让我与楼劲和杨珍商量"；6月15日"下午找刘荣军说开会的事。他现在很重视，亲自与院报记者联系，请他们来报导"。6月25日开会时，刘荣军和副所长杨珍都参加，且由杨珍致辞。会议结束后，6月27日"下午接刘荣军电话，让把（我在研讨会上的）发言整理一下登出去。晚上觉得他说的有道理，就改了一下文章，并发给他"。7月1日"刘荣军来短信说文章已给院报，他们答应尽快发"。果然，后来我的这篇关于中国古文书学的第一篇文章，很快以《"中国古文书学"：超越断代文书研究》的题目刊登在《中国社会科学报》2012 年 7 月 25 日 A05 版上。2013 年创新工程启动，在第二届古文书学会议召开后，"刘荣军、杨珍把我叫去，说这个应该入创新"。明确将"古文书学"视为历史所学术发展的一个创新点。

所长卜宪群也很支持，不仅接受邀请在研究班上做过讲座，而且明确表示支持古文书学会议。我们申报国家社科基金重大项目成功后的开题会（2015 年 1 月 26 日）与结项会（2021 年 3 月 1 日）他也都参加了。

闫坤书记参加了第三届古文书学研讨会，杨珍副所长致辞；余新华书记参加了第六届和第七届古文书学研讨会，并致辞。举办第六届研讨会时，田波副所长还帮忙联系了当代所的会议室。

"中国古文书学"是历史所同仁在古文书研究班基础上提出并建立的新学科，在所里支持下成为了历史所的一个学术创新点和增长点。古文书研究班走过了十几个年头，2019 年我们编辑出版了《中国古文书学研究初编》，2023 年，一本新的《中国古文书学研究（第一辑）》面世。历史所的古文书学研究一定会在今后继续发扬和光大。

以上简要介绍了历史所学者自发组织的史学沙龙、天圣令读书班和古文书研究班的活动开展情况，时间跨度在 25 年以上。这些活动的特点一是由学者组织并积极参与，二是学术含量高取得效果好，三是持续时间长坚持不容易，四是跨研究室跨断代，五是都得到了所里的支持。三项活动涉及所内几十位学者，是历史所科研史中不可或缺的一段历史，因此借庆祝古代史研究所建所 70 周年之际，把它写了出来。由于文章主要依据个人日记，必定是不完全和有缺失的，希望其他参与者和知情者补充修正。

尹达先生与历史研究所

谢保成

中国社会科学院古代史研究所研究员

2024年是历史研究所（古代史研究所）建所70周年，特将我所知尹达先生与历史研究所的往事进行一次系统清理。此前我发表过十二三篇关于尹达先生的文章，有两三篇谈及尹达先生协助郭沫若先生筹办历史研究所、筹办《历史研究》的往事，现作适当合并。

尹达先生自1953年12月受命，至1983年7月病逝，在历史研究所30年。这30年的时间，可分为中国科学院、中国社会科学院两个时期，亦可以郭沫若逝世为分界：前一时期，主要协助郭沫若主持研究所工作、组织编写《中国史稿》；后一时期，在完成编写《中国史稿》的同时，培养研究生、从事史学史学科建设。

一 中国科学院时期

1953年中央成立历史工作委员会，决定在中国科学院组建历史研究所第一、二所，12月3日中国科学院第四十一次院务常务会议任命尹达为历史研究所第一所副所长，协助所长郭沫若筹建上古史所、组建《历史研究》编辑部。是什么原因调派尹达为郭沫若的助手呢？尹达有这样的回忆：

> 一九四五年，郭沫若同志的《古代研究的自我批判》在重庆发表之后，《解放日报》即全文转载，报社的同志要在延安的历史工作者就此发表意见，我是被邀者之一……把自己多年接触郭老著作的感受，如实写出……
>
> 这篇文章在《解放日报》的三月十三日发表后，重庆的《群众》的第十卷第七、八期于四月间转载了。不久，周恩来副主席从重庆回到延安，写信给我，要我把自己的著作给他一册，他返回重庆时，好转给郭老……一九四六年春我从延安到了晋冀鲁豫的北方大学，八月间接到从延安转来郭老的来信和《十批判书》。
>
> ……
>
> 一九四九年北平解放，郭老从东北来到了北平。这时候，我认识了他，得到了面受教益的机会。一九五三年，在中国科学院，我帮他筹建历史研究所第一所，并筹办《历史研究》。从此，我在郭老的领导下，工作了近二十五年，直至郭老去世。①

筹建历史研究所第一、二所，首先是办公地方。新建时间来不及，最终选定建国门内的贡院。当时贡院有三座二层小楼，是中国人民解放军海军司令部。1954年初，正式确定为历史研究所第一、二所的办公地址。

---

① 《郭沫若与古代社会研究》，原载《中国史学集刊》第1辑（江苏古籍出版社1987年版）第166—167页，见《尹达史学论著选集》（人民出版社1989年版，本文下同）第422—423页，《尹达集》（中国社会科学出版社2006年版，本文下同）第391—392页。

建所初期的情况，请看中国科学院计划局编印的 1957 年《中国科学院各独立研究机构简况》的简介：

历史研究所第一所
（一）成立年份：1954 年
（二）负责人：郭沫若、尹达
（三）组织机构：
Ⅰ 研究机构：
1. 先秦史组（负责人萧良琼）　2. 秦汉史组（负责人白淑英）
Ⅱ 行政机构：
1. 办公室　2. 人事组　3. 总务组　4. 图书室　5. 资料室
■附属机构：历史编辑部
（四）主要研究任务：主要研究商周到魏晋南北朝时期的历史。目前着重研究殷代社会性质、汉代社会性质等重大争论问题。
（五）1957 年年底职工人数：104 人；其中：研究人员 49 人
（六）1957 年经费总额：208 千元

历史研究所第二所的基本情况：负责人陈垣、侯外庐，研究机构有隋唐史组、明清史组、蒙古史组、宋元史组、思想史组，主要研究隋唐至鸦片战争时期的历史。行政机构"与历史一所联合办公，故机构同历史一所"。

下面，根据所见尹达手稿、书信以及部分访谈、学人日记、传记等素材，介绍尹达协助郭沫若主持研究所工作的基本情况。

（一）研究所建设

1. 调配高级研究人员

建所初期正式调入历史研究所第一所的高级研究人员依次为顾颉刚、胡厚宣、杨向奎、张政烺。

调配顾颉刚是中国科学院的决定，由刘大年、尹达具体办理。1953年12月初，尹达（代表历史一所）与刘大年（代表中国科学院）一同拜会从上海来京办事的顾颉刚，告知准备邀其为历史研究所第一所研究员。1954年2月，中国科学院正式聘任顾颉刚为专任研究员，并告知历史研究所第一所办公地址已经确定。8月下旬顾颉刚全家自沪抵京，入住干面胡同寓所，一直在历史研究所任职，直至去世。

1955年6月，中国科学院学部成立，尹达为中国科学院哲学社会科学部常务委员。这年10月，因历史一所已创办一年多，高级研究人员调配尚未得到解决，在与高等教育部协商后，尹达起草了一份拟聘所外兼任研究员的报告，全文如下：

张副院长并

转郭院长：

历史研究所第一所，成立业已年余，而高级研究人员至今未能调配，工作进行甚为困难。年来亦曾多方设法，但调配专任的高级研究人员，最近几年恐仍不甚可能。

我们考虑至再，认为聘请在京及京外的科学家以兼任本所研究人员，使在一定期间完成一定研究任务，是十分必要的，同时为他们配备一定助理人员，协助工作，也能够在三五年内培养一些青年干部。只要计划搞得适当，组织工作搞得周密些，我们认为这是一个切合实际的方案。

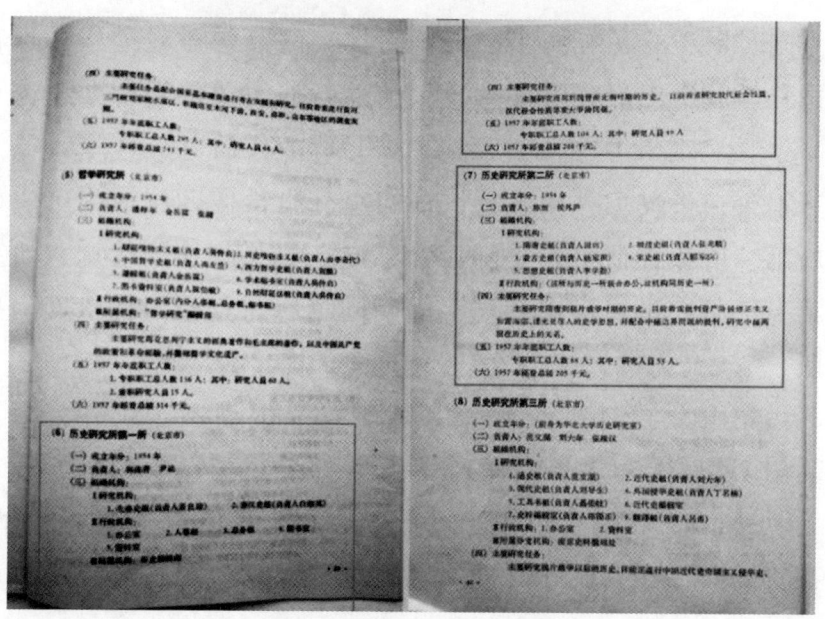

图1 1957年中国科学院各独立研究机构简况 (6) 历史研究所第一所、(7) 历史研究所第二所

另拟"办法草案"请审阅批示。

　　根据这一原则，拟聘北京大学教授张政烺、四川大学徐中舒、山东大学杨向奎及武汉大学唐长孺四位兼任我所研究员；另详附件。山东大学已为杨向奎于应届毕业生选配了两位助手。

　　以上四人都和高等教育部黄副部长交换了意见，他已初步同意。我院如果同意，望能和高等教育部函商，以便早日确定。

　　这一办法是否可行？望批示。

　　敬礼！

尹　达
五五．十月五日①

　　同时报送的还有两个附件：附件一《高等学校的科学家在中国科学院历史研究所（第）一所兼任研究员的暂行办法（草案）》，附件二《历史研究所第一所拟聘兼任研究员名单》。

　　不久，张政烺、徐中舒、杨向奎、唐长孺四位成为历史研究所第一所兼任研究员。随后，杨向奎、张政烺陆续调入研究所为专任研究员，杨向奎住干面胡同寓所，张政烺住永安南里寓所。

　　1956年初，尹达参加全国科学技术规划制定工作，拟写《发展历史科学和培养历史科学人才的十二年远景规划纲要草案（初稿）》，胡厚宣提出编纂"甲骨文总集"的建议被采纳，在修订的《历史科学十二年远景规划（草案）》附件第十表中

---

①　手稿存中国社会科学院古代史研究所，见《求真务实六十载：历史研究所同仁述往》，中国社会科学出版社2014年版，第18页。

列入这一项目:"项目:甲骨文总集。执行单位:考古研究所、历史研究一所。人员:专家一人、研究人员五人。达到目标:约二三十万片,把已发现的甲骨文按期编为总集,写出正确的释文,把不同的文字编成字典。步骤:收集材料二年,写成释文二年,编成字典二年。措施:多方收集材料,剔除重复,是较复杂的工作,正确写出释文是最重要的工作。"① 随即,胡厚宣从上海调入历史研究所第一所为专任研究员,负责编纂工作,住干面胡同寓所。

此外,历史研究所第一所拟聘的兼任研究员还有四川大学的蒙文通等多位高级研究人员,历史一所、二所合并后蒙文通为历史研究所学术委员。

2. 组建学术委员会

在起草调配兼任研究员报告的同时,尹达会同有关方面拟出一份14人的《历史研究所第一所拟聘学术委员名单》报送郭沫若。拟聘学术委员名单如下:郭沫若(学部委员)、嵇文甫(河南师范学院院长)、翦伯赞(北京大学历史系主任,学部委员)、吕振羽(学部委员,党员)、张政烺(北京大学历史系教授)、周一良(北京大学历史系教授)、邓拓(人民日报总编辑,学部委员,党员)、徐中舒(四川大学历史系教授)、杨向奎(山东大学历史系教授,党员)、顾颉刚(历史研究所第一所研究员)、尚钺(中国人民大学历史教研室主任,党员)、唐长孺(武汉大学历史系主任)、唐兰(故宫博物院学术委员会工作)、尹达(本所,学部委员)。② 学术委员会最终确定为15人,增胡厚宣1人。1956年7月5日郭沫若致函尹达:"一

---

① 详见拙著《郭沫若学术思想评传》,北京图书馆出版社1999年版,第266—267页。
② 名单原件存中国社会科学院古代史研究所,见《求真务实六十年载:历史研究所同仁述往》,第20页。

所的学术委员会同意召开一次，恐怕是第一次吧，即可作为成立会。会上除了讨论《集刊》外，也可以讨论别的问题。"① 7月16日，召开了学术委员会第一次会议即成立会。

3. 研究人员的来源与特殊人才的培养

在调配高级研究人员的同时，根据中国科学院的总体规划，确定历史研究所第一所研究人员主要来自四川大学、北京大学、武汉大学历史系应届毕业生。历史一所、二所合并后又增加山东大学、中山大学历史系应届毕业生。也就是说，历史研究所的研究人员，主要来自这五所大学历史系不同专业的毕业生，直至"文化大革命"前，基本如此。

自1958年始，尹达与吴晗负责重编改绘杨守敬《历史舆地图》（即《中国历史地图集》）。1960年2月，历史一所、二所合并为历史研究所，郭沫若兼任所长，尹达、侯外庐任副所长。为培养历史地图绘制人才，1965年2月4日尹达致函哲学社会科学部领导，强调历史地图绘制"要有专门的人才"，"要配套成龙"：

> 目前，国家测绘总局虽说已有"历史地图绘制室"，已有二十多人在工作，但就历史地理及历史学科的需要说，还是远远不能满足需要的。
>
> 就最近几年说，"历史舆地图"的清绘就会因人力不足拖延下来。且"中国大地图集"中的"历史地图集"还未开始，将来会迫切需要比较熟练的绘制历史地图的编绘人才！如果不早作打算，就会影响今后的工作。
>
> 从历史学的发展看，全国有这么二三十位绘制历史地

---

① 黄淳浩编：《郭沫若书信集》（下），中国社会科学出版社1992年版，第194页。

图的专门人才，对各主要历史系都是完全必要的。

从科学院历史学科各所说，不论是历史所、近代史所或考古所，都需要这样的人才。

所以，我希望能从学部编制中增加五个名额；放在测绘总局，在编制"中国舆地图集"的过程，培养这一方面人才，是完全必要的。

切望加以考虑，是为至盼。①

在此基础上，历史研究所组建了历史地理研究室。

(二) 研究所管理

"'全面规划，加强领导'的方针"，是尹达1955年10月底在《关于历史科学工作的现状和改进工作的初步意见》一文中提出的，也是尹达在20世纪50年代管理研究所的基本思想。这篇文稿没有收入尹达文集，在此多作一点介绍。

文稿开头简要讲述了历史科学已取得的成绩：

一九五三年中央决定成立历史工作委员会以来，对历史科学的领导和推进，已有显著效果。在科学院成立了历史研究所第一所和第二所；创办了《历史研究》和《史学译丛》。我国的历史科学中的重要问题已初步开展了讨论。整个历史学界的研究工作已初步开展起来了；不少久已放下研究工作的老历史学者，开始了自己的研究工作；许多青年历史工作者已积极参加有关历史问题的讨论，在中学

---

① 手稿及打印件存中国社会科学院古代史研究所，见《求真务实六十年载：历史研究所同仁述往》，第22页。

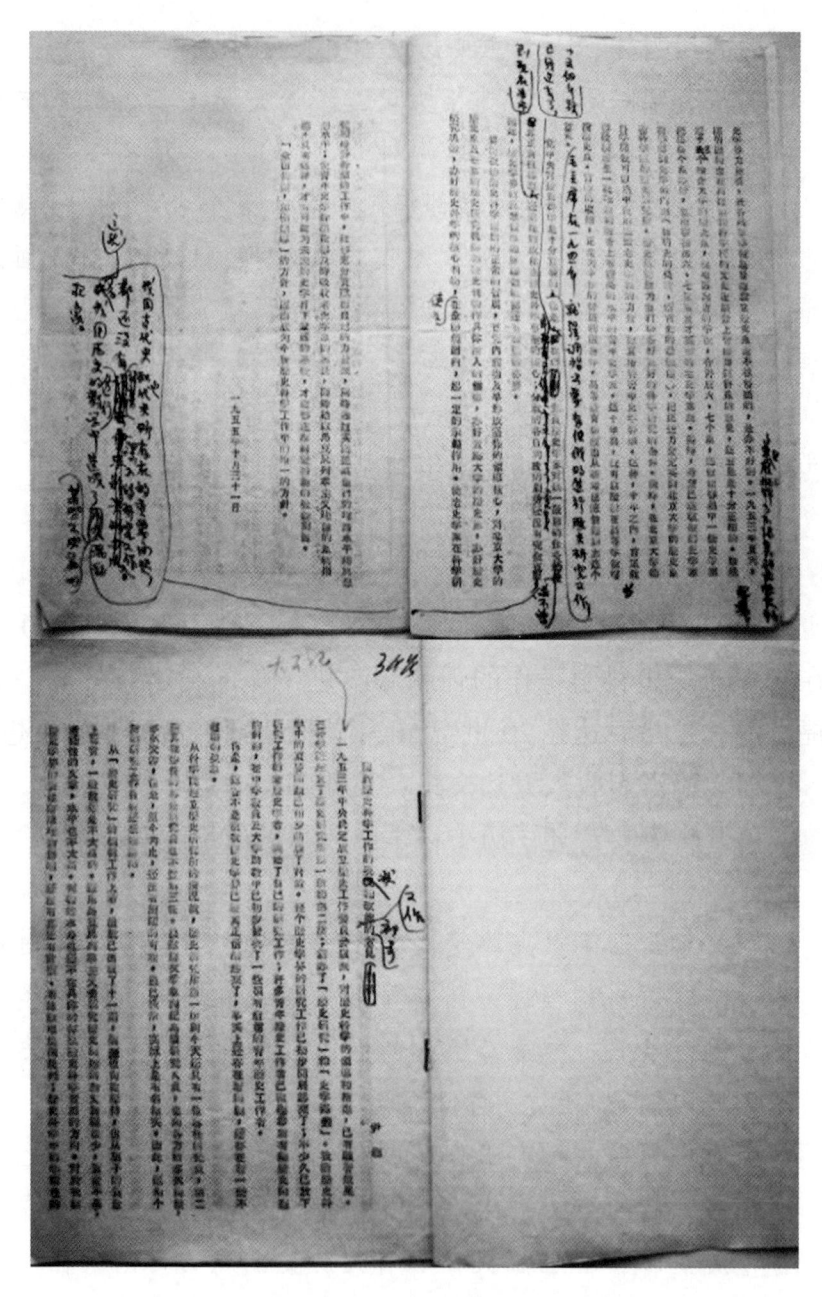

图2 尹达《关于历史科学工作的现状和改进工作的初步意见》
一文打印稿（卷存中国社会科学院古代史研究所）

教育及大学助教中已初步发现了一些很有前途的青年历史工作者。

接着指出存在的问题:"从科学院建立历史研究所的情况说,历史研究所第一所到今天还只有一位专任研究员,第二所真正能胜任的专任研究员也不过两三位……虽已设所,实际上是有名无实。因此,这两个所的研究工作目前还很难展开";"从《历史研究》的编辑工作上看,虽说已出版了十一期,稿源也尚能维持,但从稿子的质量上检查,一般说还是不太高的。运用马克思列宁主义去研究历史问题的论文篇幅很少,质量不高;考证性的文章,水平也不太高。刊物的本身也还不能具体的体现历史科学的发展方向"。随后强调:

> 党中央对历史科学是十分重视的;毛主席在一九四一年就强调指出要有组织的进行历史研究工作,但是,十五个年头已经过去了,我们党员历史学家对这一严肃的任务并不曾真正负担起来;到现在为止,还未能形成推进历史科学事业的核心;分散的各自为政的局势还没有完全克服;我国古代史和近代史所存在的重要问题,都还没有进行深入的研究工作。这就为我国历史的教学中造成了某些不必要的混乱现象。

由此建议:"要使我国历史科学健康的正常的发展,在党内应当及早形成坚强的领导核心,对北京(的)大学的历史系及在京的历史研究机构和历史刊物作具体深入的领导,办好重点大学的历史系,办好历史研究机构,办好历史科学的核心刊物,使之在全国范围内,起一定的示范作用。使老史学家在科学研究和培养干部的工作中，能够充分贡献出自己的力量来，同时通过实践提高他们的理论水平和思想水平；使青年史学干部能够及时吸收老史学家的专长，同时给以马克思列宁主义理论的系统指导。"文稿最后提出：

"全面规划，加强领导"的方针，应当成为今后历史科学工作中的唯一的方针。

落实"全面规划，加强领导"方针的重要举措主要是组织历史一所、二所研究人员进行历史学科的基本建设：理论建设方面，编辑《马克思主义经典作家论资本主义以前社会诸形态》，翻译马克思《摩尔根〈古代社会〉一书摘要》；资料建设方面，选择历史典籍中有关资料，剪贴在特制的大卡片上，分类编排为断代史资料、专史资料，存放在特制的卡片柜中，以备研究采用。

《马克思主义经典作家论资本主义以前社会诸形态》上、下两册，中国科学院历史研究所第一、二所编，中华书局1959年2月出版。"编者的话"（根据编辑情况和标点使用习惯，应为尹达执笔）这样写道：

根据我们研究工作的范围，本书只辑录了经典作家有关资本主义以前诸社会的理论和历史唯物主义的一些基本原理，定名为马克思主义经典作家论资本主义以前社会诸形态。

本书共分五部分：关于历史唯物主义的一些基本原理；关于资本主义以前诸社会的若干问题；关于原始社会；关于奴隶社会；关于封建社会。

我们所收集的只限于已用中文出版的经典作家的著作，其余的俟将来再作补充。

由于理论水平的限制和时间仓促，书中有遗漏欠妥之处，在所难免。为供目前我国历史研究工作中的迫切需要，所以将这一初稿印出两千五百册，供同志们参考；希望同志们从各方面提供意见，以便修改后正式出版。

1958.12.1

两册书的编辑"只限于已用中文出版的经典作家的著作"，《马克思恩格斯全集》中译本没有收录的著作只能"俟将来再作补充"。

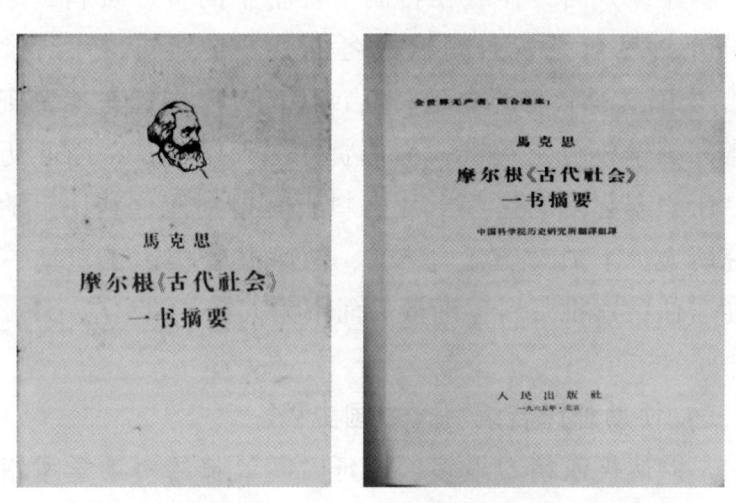

图3　中国科学院历史研究所翻译组译马克思《摩尔根〈古代社会〉一书摘要》封面、内封

摩尔根《古代社会》一书根据在印第安人中搜集的材料论证了"国家发生以前原始时代社会组织的基本特征"，"在原始历史的研究上开辟了一个新的时期"，受到马克思的高度重视。

1881年5月至1882年2月中旬，马克思研读此书，作有"十分详细的摘录"、评语和结论，准备用唯物史观"来阐述摩尔根的研究成果"，但还没来得及实现这一意愿就与世长辞了。恩格斯在整理马克思遗物时发现马克思的这一遗稿，并据以写成《家庭、私有制和国家的起源》。历史一所、二所合并为历史研究所之后，翻译组在俄文版《马克思恩格斯文库》第九卷中发现马克思《摩尔根〈古代社会〉一书摘要》，便作为编辑《马克思主义经典作家论资本主义以前社会诸形态》的延续和补充，根据俄文文本翻译出来，1965年4月由人民出版社出版，成为对中共中央马克思恩格斯列宁斯大林著作编译局编译的《马克思恩格斯全集》中译本的一项重要补充。

资料建设方面，存放在特制卡片柜中的卡片资料，原准备陆续补充，逐渐完善，编辑成各断代史、各专史资料汇编。1961年全国文科教材历史教材会议决定，中国通史参考资料由全国各高等学校分工编选，翦伯赞、郑天挺主持，因此历史一所、二所积累起来的这些卡片资料没有得到充分利用。随着历史研究所人员下放"五七干校"，两座办公楼由工宣队、军宣队长期居住，这批资料逐渐散失而不为人知了。

（三）协助郭沫若编写《中国史稿》

这是尹达投入精力最多、迁延时间最长的一项学术组织工作。我写有《郭沫若主编〈中国史稿〉》一文，详见《求真务实五十载——历史研究所同仁述往》（中国社会科学出版社2004年版）。这里介绍尹达协助郭沫若所做具体工作。

1955年7月人大二次会议期间，毛泽东向郭沫若提出为县团级干部编写一部中国历史的希望。1956年2月尹达拟出《编写中国历史教科书计划草案》，作有如下规划：

1. 中国历史教科书的叙述范围是从旧石器时代到1949年中华人民共和国成立。全书暂定为100万字。

2. 由全国史学家36人组成中国历史教科书编辑委员会，以郭沫若为召集人，负责教科书的编写工作。

3. 殷周组由尹达负责召集，秦汉组及魏晋南北朝组由翦伯赞负责召集，隋唐组由向达负责召集，宋辽金元组由邵循正负责召集，明清组由吴晗负责召集，近代现代组由范文澜负责召集。教科书中的插图由中国科学院考古研究所负责，地图由谭其骧负责，索引、年表由聂崇岐负责。

4. 由郭沫若、陈寅恪、陈垣、范文澜、翦伯赞、尹达、刘大年7人组成中国历史教科书编辑委员会的编审小组，负责组织写稿和审稿的工作，由郭沫若主持。

5. 教科书中关于奴隶制和封建制的分期，采用郭沫若的主张，即殷周为奴隶社会，战国以后为封建社会。

6. 关于教科书的体例：文字要现代语化，不直接引用原始材料，必要时加注释。

计划1957年初完成初稿，"经过征求意见和反复讨论，三年到五年最后定稿付印"。

1958年8月细化分工，确定在郭沫若领导下，由尹达、侯外庐、刘大年、田家英具体组织编写：历史研究所第一、第二所编写原始社会、奴隶社会、封建社会（第一、二、三册），历史研究所第三所编写半殖民地半封建社会上（第四册），中央政治研究室编写半殖民地半封建社会下（第五册）、社会主义社会（第六册），尹达负责全书编写计划、指导思想和体例、历史理论的处理以及人员调用。随即，尹达着手拟出《编写〈中国历史〉的指导思想》《关于历史理论的处理》《编写〈中国历史〉的体例》等带指导性的文件。10月，与范文澜、侯外庐、刘大年、田家英、白寿彝等 14 位编写组负责人和专家对《编写〈中国历史〉的指导思想》进行会商，决定月底前完成各部分编写人员的调配，11 月拟写完成各部分编写大纲。

1959 年初尹达拟就《〈中国历史〉编写提纲和说明》，经郭沫若同意后印发全国各高校历史系和各历史研究机构、部分专家征求意见。3 月，"中国历史"编写小组请郭沫若讲关于中国古代历史研究中的问题，根据记录整理成《关于中国古史研究中的两个问题》（《历史研究》1959 年第 6 期），一是关于中国的奴隶社会，二是关于古史分期问题，成为指导编写的重要依据。11 月底，尹达与编写组人员一起，正式开始编写。其间，因北京大学、中国人民大学、武汉大学、北京师范大学等校参加编写前三册的人员变动，尹达几次调整编写队伍，前后计 60 余人。

图 4　郭沫若（前排左五）、尹达（前排左四）与"中国历史"编写人员合影

经过一年左右时间的编写，至 1960 年 12 月形成二改二印稿即《中国历史初稿》。21 日尹达致函郭沫若：

> 郭老：
>
> "中国历史"的编写工作已进入一个新的阶段，过去的工作有必要向领导上作次汇报。
>
> 四个编写组的情况，他们都分别作了汇报，现将各组情况综合起来，写一草稿，请您审阅，看可用否？请指示。
>
> 各组简报附送一份，供您参考。
>
> 向领导汇报是否先用我们四位的名义（外庐、大年、家英和我）？等三改三印时，用郭老的名义向领导上汇报？请指示。
>
> 布礼！
>
> 尹达
> 十二月廿一日

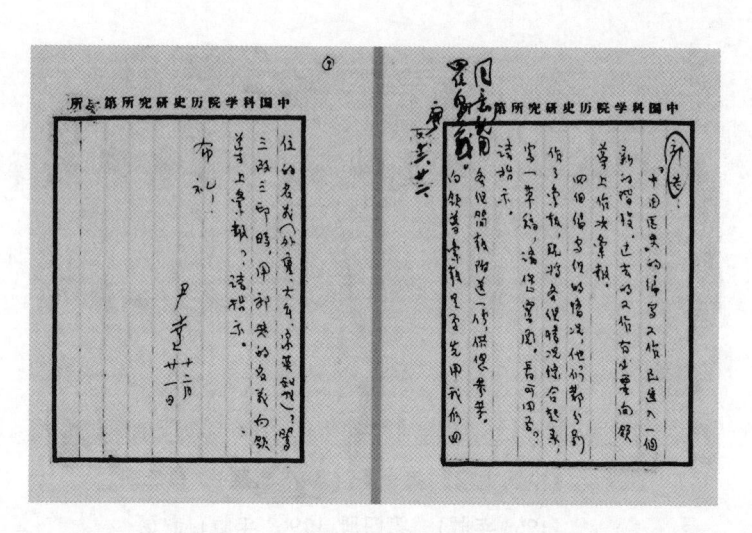

图 5　尹达 1960 年 12 月 21 日就汇报"中国历史"编写情况写给郭沫若的信及郭沫若 22 日的批示（卷存中国社会科学院古代史研究所）

郭沫若作批："同意就用四位的名义。郭 十二．廿二．"①

随即，尹达代表三个编写组在哲学社会科学部第三次扩大会议上作《〈中国历史初稿〉编写情况、体会和存在问题》的汇报。

1961年2月26日，郭沫若看过"奴隶社会"一册，提出41条修改意见。4—6月，二改二印稿即《中国历史初稿》（古代部分）印成七册，分发全国各高等院校历史学和有关历史研究机构进行讨论。在分别讨论的基础上，六大区又采用不同方式组织进一步讨论。编写组对收集的近7000条意见和建议进行分类归纳，较多的是对中国历史上一些重大问题的认识，分别提出处理意见，准备继续进行修改，形成三改三印稿。但同年3月，教育部文科教材会议决定把这部书的初稿作为大专院校历史系试用教材，不得不改变原订"三改三印"的计划，只能"在较短的时间内，尽可能作了一些必要的修改"。

图6 《中国史稿》第一册（1962年版）、第二册（1963年版）、第四册（1962年版）封面

---

① 此信写作年份当为1960年，不是1961年，《郭沫若年谱长编》系年有误。

1962年2月尹达起草了"前言"（修改稿），提出"把这部书作为有待增删修订的'中国史稿'"，经郭沫若确定书名为《中国史稿》。3月3日周扬将修改过的"前言"（修改稿）批还给尹达，请尹达转送郭沫若审阅，3月6日郭沫若审定经周扬修改的"前言"。第一、二、三册由尹达、田昌五、林甘泉、杨向奎、郦家驹统一加工完稿，第四册由刘大年负责定稿。6月第一册（原始社会、奴隶社会）出版，10月第四册（半殖民地半封建社会上）出版，1963年12月第二册（封建社会上）出版。第三册（封建社会下）、第五册（半殖民地半封建社会下）、第六册（社会主义社会），没有正式出版。

前不久，在废弃的台式机硬盘中发现一则关于《中国史稿》第六册（社会主义社会）的记录，借此机会补述在这里：

1982年5、6月间，为尹达先生整理在母校河南大学的讲话稿，在先生家见到《中国史稿》第六册（第七编 社会主义社会），影封面和内封，并作记录。

《中国史稿》第六册，封面题字、图案，与第一、二、四册同，只是改深黄色为紫红色。没有署名，印有"仅供党内征求意见用"九字。

内封三行：
  中国史稿
  第六册
  第七编 社会主义社会

内封后一页，印有简短的"说明"：

说　明

这个草稿铅印出来，只是为了在党内征求意见，以便进行修改。请不要外传，不要丢失，不要翻印。用后收回。

中国历史编写组

一九六二年二月二十六日

目录第一页：

第七编　社会主义社会

第一章　中华人民共和国的成立。中国向社会主义过渡时期的开始。国民经济的恢复。(一九四九年——一九五二年)

第一节　伟大的中华人民共和国的成立

……

第五节　"三反""五反"运动。知识分子改造运动。少数民族地区的民主改革

……

全书共236页，下限写至第一个五年计划，最后一页有这样一段文字：

第一个五年计划建设，是我国历史上的空前创举。这个建设的胜利，在我国建立了社会主义的经济制度，建立了社会主义工业化的初步基础，使我国的人民民主专政制度更加巩固，各族人民的团结更加坚强，同时也进一步加强了社会主义阵营的威力。而靠这些，我国人民就可以在以后更好地和更快地进行我国的社会主义建设，逐步把我国建设成为一个具有现代工业、现代农业和现代科学文化的社会主义国家。

图 7　1962 年 2 月印《中国史稿》第六册
（第七编 社会主义社会）封面、内封

20 世纪 60 年代的《中国史稿》编写，到此为止。

（四）兼职考古所

尹达 1954 年 6 月兼任考古研究所副所长，1959 年兼任考古研究所所长，至 1962 年辞去考古研究所所长，前后 8 年时间，撰写考古文论 10 篇：

《关于开展考古工作的建议》（《文物参考资料》1954 年第 3 期）

《四年来中国考古工作中的新收获》（出席苏联科学院历史学部考古学和民俗学科学大会论文，《文物参考资料》1954 年第 10 期）

《关于赤峰红山后的新石器时代遗址》（1954 年 12 月，收入《新石器时代》）

《论我国新石器时代的考古研究工作》（《考古通讯》1955 年第 2 期，收入《新石器时代》）

《论中国新石器时代的分期问题——关于安特生中国新石器时代分期理论的分析》［《考古学报》第 9 册（1955），收入《新石器时代》］

《关于"硬陶文化"的问题》（《考古通讯》1956 年第 1 期）

《考古工作中的两条路线斗争》（《考古通讯》1958 年第 10 期）

《组织起来，大家动手，编写〈十年考古〉》（《考古》1959 年第 3 期）

《新中国的考古收获·后记》（文物出版社 1961 年 12 月）

《新石器时代研究的回顾与展望》（《考古》1963 年第 11 期，收入《新石器时代》）

收入《新石器时代》的 4 篇，在对安特生错误分期理论进行再批判的同时，逐步建立起我国新石器时代分期的标准。《论中国新石器时代的分期问题》从副标题即可知道，是对安特生的中国新石器时代分期理论进行的细致分析。《关于赤峰红山后的新石器时代遗址》断言这一新石器时代遗址"为长城南北两种新石器时代文化相互影响之后的新型的文化遗存"，命名为中国新石器时代的"红山文化"，强调这一发现"对于长城南北新石器时代文化的相互关系问题，初步找到了解决的钥匙"。《论我国新石器时代的考古研究工作》，是对约 30 年间我国新石器时代研究所作初步总结，明确我国新石器时代大体有细石器文化、仰韶文化、龙山文化和东南的硬陶文化四个不同的文化系统，各有主要特征，并对四个文化系统先后序列加以分析，强调把地下遗存的资料整理出一个眉目来，再结合着我国丰富的古代传说和少数民族的现实资料作进一步的研究，将使我国原始社会的研究获得更大成果。《新石器时代研究的回顾与展望》是尹达"重温了搁置已久的新石器时代考古行业",1962年6月以《新中国的考古收获》所"综合起来"的"全国范围内三千多遗址的丰富内容"为基础,"忙里偷闲,深夜捉笔",至1963年4月完成的长篇论文。"前言"部分,回顾了中国新石器时代研究约40年的历程。第一部分"新发现和新问题",对黄河流域、长江流域、华南一带、北方草原地带和东北地区的新石器时代考古调查、发掘和研究工作进行了系统的分析。第二部分"现状和展望",提出"一些尚待深入钻研的学术问题",进而论述"怎样前进"?着重阐述了两个方面的关系:考古学、史学及其相互关系,综合研究、科学发掘及其相关诸问题。"结语"部分,强调"新石器时代的考古研究具有其自身的科学程序、科学规律,包括着大量的实事求是的科学工作","考古发掘是综合研究的科学基础,考古发掘的技术的熟练程度又决定着发掘工作的质量;任何忽视考古技术的做法,都会削弱发掘工作的科学性,降低发掘的科学水平。但是,片面强调考古技术,排除学术理论对考古发掘的指导作用,就会使田野考古失却灵魂"。

1963年10月《新石器时代》一书虽然编定,但尹达并不满足,在"再版后记"中表示:"如果工作、精力和时间许可的话,还想从考古学这方面再钻研一番,比较系统的研究一下其中的一些问题。如果工作、精力和时间许可的话,我还想在这一基础上进而钻研我国氏族制度的历史。我将以最大的努力争取新石器时代考古学家的帮助和协作,以实现这个愿望。"1964年排出校样,出版却拖延到1979年2月,在1978年3月新写的"前记"中仍然表示:

> 我准备抽出时间,到有关地方去看看那些新发现的遗

址,对新出现的问题也作些必要的探讨,再写一本《新石器时代》的"续编"。

这是以"建立中国新石器时代体系"、对"新石器时代考古全面总结"为己任而为之努力一生的尹达的最后的心声!

赘述几句尹达与夏鼐。我在祭撒尹达骨灰回京的第二天(1983年7月22日)拜访侯外庐,接着拜访夏鼐。夏鼐听说我刚从郑州回来,要我下周三(27日)到考古所见面,询问尹达病逝前后的情况。他谈了许多与尹达交往的往事:1935年3月在史语所第一次见面相识,梁思永器重和赏识尹达,认为尹达思想敏锐,有综合能力;在李庄时,见过尹达未写完的两城镇遗址报告,只差结论部分,留言希望梁思永来完成;1951年9月在北京梁思永家中与尹达相见,梁思永希望尹达来担任考古所领导。夏鼐特别告诉我,是尹达介绍他入党的,他在考古所的工作经常向尹达请教,最后一次见面是1983年3月4日在协和医院病房。我希望他把所谈写成悼念文章,他发表了《悼念尹达同志(1906—1983年)》(《考古》1983年第11期)。其中,写有这样两段话:

> 关于所中研究工作的方针和任务,具体科研规划,我们都是时常向他请教的……一直到1962年,才辞去这兼职,专管历史所工作。但是关于考古所的事情,我们仍是时常和他商量的。
>
> 在党的教育下,主要是通过尹达的循循善诱的指导,我的政治觉悟逐渐提高,世界观有了改变。在我们共同的工作中,他观察到我的进步,最后他认为我具备了入党的条件,便作为介绍人介绍我入党。1959年我被吸收入党。

这篇悼念文章与侯外庐所写悼念文章，我都收在了尹达先生百年诞辰纪念文集——《从考古到史学研究之路》（云南人民出版社2007年版）。

（五）四次出国访问

中国科学院时期，尹达出国访问四次：

1954年4月下旬，与裴文中赴莫斯科出席苏联科学院历史学部考古学和民俗学科学大会，26日撰成《四年来中国考古工作中的新收获》，分四个方面简要介绍新中国成立四年来比较突出的某些新发现，包括新石器时代的发现及其综合研究、殷代遗存的新发现、战国时代遗存的新发现、汉代遗存的重要发见等。

1955年12月1—25日，作为中国科学代表团成员，随团长郭沫若一行10人应邀访问日本。回答记者提出的关于新中国考古成就方面的问题，与明治大学考古学研究室等进行座谈、交流。

1963年5月20日至6月13日，作为中国科学院代表团成员，随团长张劲夫访问朝鲜。尹达《访问朝鲜汇报》（卷存中国社会科学院）这样写："我访朝的具体任务，是通过友好访问，进一步了解朝鲜同志来我国东北考古的目的性，以便做好今后在我国东北合作考古的组织工作。在朝鲜期间……重点放在考古和史学方面，在考古及民俗研究所座谈五次，在历史研究所座谈一次。我诚意地听取朝鲜同志介绍其考古学及史学的主要成就，了解他们考古及史学理论斗争的动向。通过这些座谈，进一步了解他们来我国东北考古的意图。五次考古座谈会，获得了比较系统的朝鲜考古的具体知识，了解到朝鲜同志在较少的人力、较短的时间内，得到了丰富的资料……"

1965年9月26日至10月17日，率社会科学家代表团一行3人（团员冯至、翻译赵敬）赴缅甸进行友好访问。走访仰光、曼德勒、蒲甘、石阶等地，了解社会情况、结识学界朋友，为进一步学术交流积累资料、创造条件。访问期间，作学术报告《中缅文化的交流》。

（六）无须回避的几个问题

2006年10月纪念尹达百年寿诞以来，不断有人在不同场合通过不同方式向我问起尹达的一些问题，主要有三，一是1966年在《红旗》杂志发表《必须把史学革命进行到底》，二是1966年进、出中央文革小组，三是有学人日记或人物传记对尹达表示不满。这几个问题现在不考辨清楚，随着时光的流逝，恐怕就再难弄明白了。现借此文，做一综合说明。

1. 《必须把史学革命进行到底》的前因后果

1966年2月《红旗》第3期发表尹达《必须把史学革命进行到底》，6月尹达被吸纳为中央文革小组成员，引来不少疑问。

《必须把史学革命进行到底》"前记"清楚写道："这篇文章是一九六四年八月写的，这次发表，只作了个别的文字修改。"文章并非1966年所写，而是1964年8月写的。我在1984年筹备编辑《尹达史学论著选集》（人民出版社1989年版）时，复制了"一九六四年八月写的"《史学遗产与史学革命（草稿）》铅印本。这是一份"内部文稿，请勿外传"的个人随笔，标明为"草稿"。除封面、前记，正文36页，每页25行，每行29字，四个标题：一、必须重新研究全部历史（第1页起）；二、批判者必须掌握批判的武器（第4页起）；三、必须重新学习马克思主义（第18页起）；四、结语（第33页起)。两相对照,《必须把史学革命进行到底》是《红旗》编辑部根据当时政治需要删改《史学遗产与史学革命(草稿)》而成。

《史学遗产与史学革命(草稿)》"前记"全文如下:

> 这篇"史学遗产与史学革命"只是个人初步思考这个问题的笔录。
>
> 从去年五月起,我开始考虑这个问题,到现在已经一年多了。中间因为生病,因为其他工作,不能集中精力写下去,时作时辍,断断续续,写到现在才算把自己所考虑过的一些问题随手记录下来了。
>
> 正因为不是一口气写下来的,所以往往出现前后重复,甚至很不一致的地方。因为工作和身体的关系,一时还不允许我抽出更多的精力,作进一步的钻研和改写,所以只好把这个原始性的随笔印出少数,征求意见。
>
> 在这里,我从史学遗产问题考虑起,进而分析了史学队伍的现状,分析了当前史学理论中的倾向性,探索了史学前进的道路。因此,这可以说是个人对当前史学的一些考虑和看法。
>
> 我一本对事不对人的态度,一概不指名道姓,旁证博引,采取所谓"考据学派"所惯用的办法,而是作为历史学科学阶级斗争中所反映的社会现象,综合概括写出来的。但是,这里都有事实根据,如果注疏起来,就会涨大几倍。
>
> 这些看法是否妥当,请同志们批评。
>
> 1964.8.26

"从去年五月起,我开始考虑这个问题,到现在已经一年多了",即从1963年5月开始思考,"从史学遗产问题"出发,分析"史学队伍的现状"、分析"史学理论中的倾向性",进而"探索史学前进的道路",所谈为"个人对当前史学的一些考虑和看法",并声明"一本对事不对人的态度,一概不指名道姓",只内部"印出少数,征求意见"。这是写作缘起和宗旨,当时谁都不知道后来会被《红旗》编辑部修改发表,更不可能知道有什么中央文革小组。

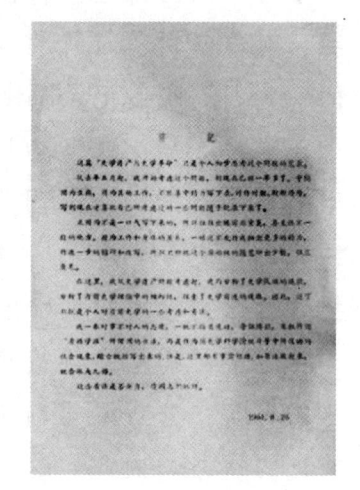

图8 尹达《史学遗产与史学革命(草稿)》封面、前记

再仔细追溯尹达的学术经历,清晰可见的是:

1962年6月,完成协助郭沫若主编《中国史稿》的工作,各册开始陆续出版;

1963年8月,对中国新石器时代研究40年的历程进行系统总结,完成《新石器时代研究的回顾与展望》;

1964年8月,对十几年来的史学理论研究进行系统总结,写成《史学遗产与史学革命(初稿)》。

从身兼职务和学术实际考察，《新石器时代研究的回顾与展望》《史学遗产与史学革命（初稿）》，是尹达在20世纪60年代对中国新石器时代研究、史学理论研究进行的系统总结，反映20世纪60年代中国新石器时代考古、史学理论研究的基本实际。

《史学遗产与史学革命（草稿）》被《红旗》编辑部改成《必须把史学革命进行到底》发表，是两年以后发生的事情，不能把两年前写的文章完全算到两年后发表的账上，前因后果，应当有所区分。

附带说一下，《尹达集》末所附"作者生平年表"1964年下有"鉴于'中国'一词在中国历代史书上的含义不同，有的确指中原王朝，但据此写一部多民族的中国历史，显然是会把少数民族排斥在祖国历史之外。为此，作《史学遗产与史学革命》"一段文字。仔细核读《史学遗产与史学革命（草稿）》铅印本，找不到与此相关的表述，这一说法显然有误，务请注意。

1983年3月，尹达在病中为编自选论文集草拟了一份"分类目录"和"设想"，列有《新石器时代研究的回顾与展望》《史学遗产与史学革命（草稿）》两篇文章，表明两篇文章占有同样重要的位置。在进行具体编选时，尹达已经去世，对是否收入《史学遗产与史学革命（草稿）》这篇文章意见不一，最终未收，在《尹达史学论著选集》的"编后记"写进了这样一句话，"我们在广泛征求各方面意见的基础上，对尹达先生所拟编选篇目中的个别论著进行了增删和调整"，指的就是未收这篇文章。

用今天的观念来审视《史学遗产与史学革命（草稿）》，无疑带有极浓的时代烙印，反映20世纪60年代"左"的思想在史学领域的影响。虽然声明"不指名道姓"，但对当事人言论所做的批判，当事人是知道的，因而使这部分学人产生不满，这也是《尹达史学论著选集》不收这篇文章的主要原因。更何况，这篇文章在《红旗》正式发表时文字被改动过，题目从《史学遗产与史学革命》改为《必须把史学革命进行到底》，四个部分改作三个部分，第二个标题由"批判者必须掌握批判的武器"改成"史学战线上的阶级斗争"，显然是《红旗》编辑部根据当时政治需要进行的改动，以增强其"斗争性"和"革命性"，即用来"当枪使"。

2. 进、出中央文革小组

《红旗》发表《必须把史学革命进行到底》不久，尹达被吸纳入中央文革小组。中央文化革命小组（简称中央文革小组），1966年5月28日成立，逐渐取代中央政治局和书记处，成为"文化大革命"的实际指挥机构。尹达在中央文革小组的一些情况，我是在拜访侯外庐时知道的。1983年7月22日我到侯外老家汇报在郑州祭撒尹达骨灰的情况，侯外老谈了不少我不知道的往事，特别说道：尹达因为（《必须把史学革命进行到底》）那篇文章进中央文革小组，很快发现文革小组借"文化革命"整文化人，想退出来又不能明言，恰逢我被打成"反动学术权威""黑帮分子"，尹达借机出面保护我，陈伯达两次警告他不要当"保皇派"，他都置之不顾，最后被陈伯达除名。我希望侯外老系统写一篇悼念文章，不久侯外老发表《深切悼念尹达同志》（《中国史研究》1983年第3期），写有如下一段文字：

"文革"初期，我因写过赞赏吴晗同志《海瑞罢官》的文章而受了株连，被打成所谓"三反分子"、"黑帮"。尹达同志对此深感气愤，挺身而出保护我。陈伯达得悉此事后，对尹达同志大为不满，于一九六六年六月八日学部食堂"辩论会"上和七月三十日科学院万人大会上两次声言：他不会做"保皇派的保皇派"。意思是尹达保侯某，他决不会保尹达。然而，尹达同志不愿违背良心，出卖原则，置陈伯达的警告于耳旁，终于被陈伯达赶出"中央文革小组"，勒令回历史研究所接受所谓"审查"。

侯外老所谈这段亲身经历，是十分珍贵的资料，不仅澄清了某些似是而非的说法，还间接道出尹达在中央文革小组的时间最多不超过三个月（6—8月），可补拙著《尹达学术评传》中"尹达简谱"之缺（《从考古到史学研究之路——尹达先生百年诞辰纪念文集》）。

3. 对尹达的不满

（1）对尹达的不满，学人日记主要见于顾颉刚的日记，时间集中在1954—1958年。原因不外两大方面：一是对"古史辨"的认识不同。尹达"考古"而非"疑古"，1954年11月曾认为顾颉刚几十年的疑古工作"大而无当"，因此让顾颉刚"感到郁郁不乐"。二是与批判胡适思想运动相关。1955年上半年顾颉刚参加批判胡适思想运动，3月5日在中科院批判会（历史组）发言一小时，"近来批判胡适历史学、考据学的文字中，常常牵到我和《古史辨》，因此，我在今天会上说个明白"，"因发言不当，会后作检讨书"，3月26日"在统战部批判会上受尖锐激烈之批判"。1956年春，在民进讨论党与知识分子关系问题的会议上，"谈及与尹达之矛盾。后受该会徐伯昕嘱，向尹达述一生经历，期望得到理解，搞好团结"。

我在拜访侯外老时，侯外老对我说：尹达是党员，首先要执行党的决议、遵守党的纪律，受"左"的思想影响在所难免，从旧社会过来的知识分子不懂得这一点，仍以学问至上，发牢骚不奇怪，尤其对具体执行者意见比较大。在《深切悼念尹达同志》一文中，侯外老是这样写的：

> 尹达同志是科学家，又是共产党员。对于二者的关系，他是摆正了的。他的党性很强，党的观念很深……
>
> 他在主编《历史研究》初期，曾经组织史学界的同志，展开对胡适实用主义哲学和唯心史观的批判，这对于清除旧史学的思想影响，发展马克思主义历史科学，起了积极的作用……五十年代末以后，由于"左"的思想影响，在史学理论工作中也曾出现一些偏差和失误，对党内外一些史学家作了不适当的甚至是错误的批判。依我看，主要责任不应当由尹达同志个人来承担，这是不言而喻的。

对待顾颉刚的弟子杨向奎，却是另一番景象。尹达不仅写报告拟聘杨向奎为历史研究所第一所兼任研究员，还调杨向奎为历史研究所第一所专任研究员。1983年7月11日在八宝山革命公墓向尹达遗体告别，赵毅敏（尹达长兄）、张劲夫（中国科学院前副院长）的代表、李伯颉、穆青、刘导生、关山复、梁寒冰、熊德基、东光、吴友文、杨向奎、胡厚宣、张政烺等首都各界人士及亲属470余人参加，唯一一位痛哭失声、惊动全场的是杨向奎，足见杨向奎对尹达感情的深厚！

（2）对尹达的不满，人物传记主要见于张传玺著《翦伯赞传》（北京大学出版社1998年版）第十二章"106、谈《史稿》，不意中祸根"。传中谈到1961年3月21日郭沫若与尹达在北京饭店听取范文澜、翦伯赞、黎澍等对"中国历史"二改二印稿意见，郭沫若提前离会后发生了争执，并视此为后来的

"祸根"。我在历史研究所的档案中发现一封尹达写给郭沫若没有写完的信（历史所57卷③⑧、2④⑧、3⑤⑧、4⑥⑧、5⑦⑧），有助于了解当年发生争执的原因，全文如下：

郭老：

转来翦老给您的信，已收到，并交执笔的同志看过。

那天您走后，在北京饭店又谈了很久。总之，那几位同志是对通史稿有意见；我都仔细听了，并扼要记了。大体和翦老给您的信里所说的四条差不多。

这些意见和在香山讨论二改稿的同志们谈了，大家都以为是体系不同，理论不同。不要勉强别人同意我们的意见，但也不必要急于收回我们的意见。

我们在这里已读了四册，且已作了讨论；从总的体系上，从理论上，从指导思想上，大家都感觉着已经破突了一些传统的看法。但，其中还存在不少的问题，理论不周密处是有的，史实错误有的，行文粗糙，体例不纯等等都有待于进步修改，以至于改写。

同志们都有充分的信心，以为再加以修改，就可以为您动手改写，提供一部基本可用的初稿。

目前已发至各地，且已派人前往联系，大约四、五月份可能分别讨论。我们想多方面听取意见，以便修改。

翦老也和我谈了，用这本书作底本编写教科书，现在他"很为难"；我告诉他，各校讲义很多，一定有好的，不必拿我们这本作底子。翦老既然对这个"底本"很不满意，又要作底本，我就大惑不解了！我们的态度是：

一、作底子也好，不作底子也好；反正我们是要改下去，写下去的。一定要作"底子"，那就为我们增加一点人力,"系统"是不打算打乱的。

二、他们九月初要印出,万一要在我们的"底子"上改,也只能是我们的"三改三印稿",我们还是要继续改写的。他们怎么用?就在他们了。

信中反映发生争执的基本原因:"体系不同,理论不同。"

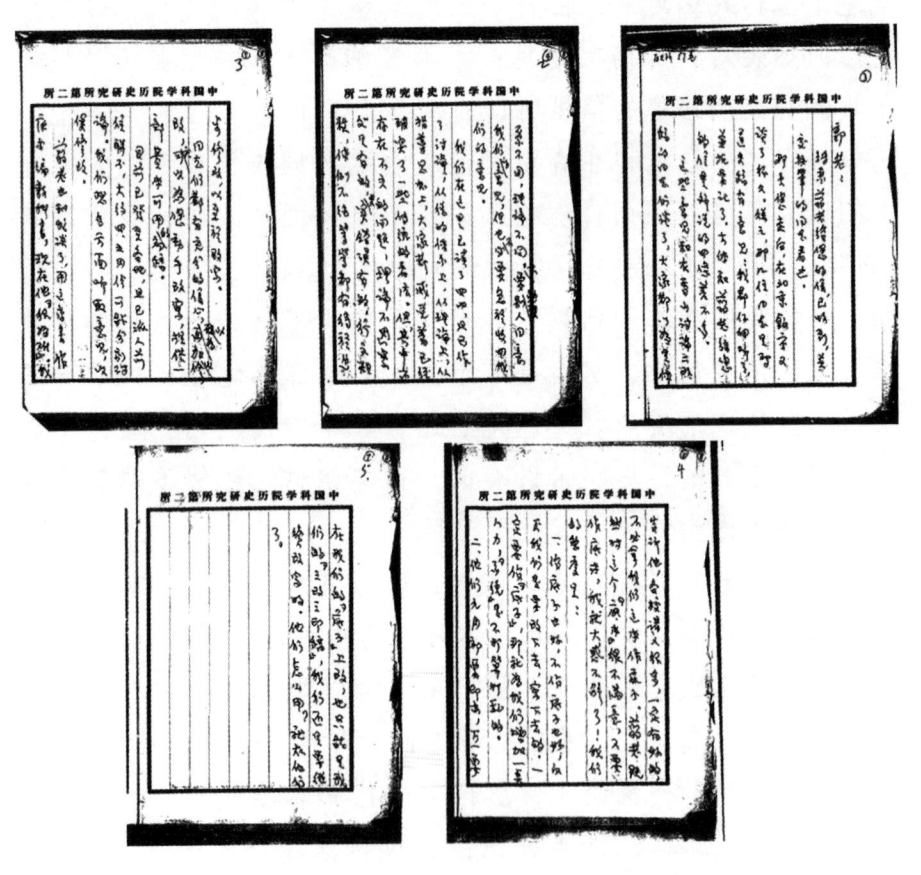

图9 1961年3月,尹达就北京饭店审稿会情况写给郭沫若的信(共5页)

体系不同,"中国历史"一开始就确定是写给县团级干部的读本。翦老作为全国高校文科教材编审负责人,希望按照教材体例进行改写，因此对《中国历史初稿》"不满意"，表示要用这个本子作教材的底本"很为难"。由此引出尹达的不解："翦老既然对这个'底本'很不满意，又要作底本，我就大惑不解了。"所以尹达与编写组的态度是："'系统'是不打算打乱的"，"他们怎么用？就在他们了"。

理论不同，人们都清楚，郭老与翦老在古史分期等一系列问题上都存在重大分歧，这是"谈不拢"的最基本学术原因。所以尹达表示"不要勉强别人同意我们的意见，但也不必要急于收回我们的意见"。演变到后来，《中国史稿》作为大专院校历史系试用教材，古代部分完全由历史研究所编写，翦老另行组织编写作为教材的《中国史纲要》，1963年1月出版了中册（即第三册），1964年7月、1965年8月出版了第四册和第二册，唯独第一册先秦部分拖延至1979年3月才出版，原因是执笔人采用的是郭老的"战国封建论"，翦老为"改用自己素所主张的西周封建论，并把西周至战国部分改由他亲自执笔"①，直至去世未及脱稿。由此可见，翦老对《中国历史初稿》"不满意"的基本原因是什么了。

至于说"不意中祸根"，难免夹杂臆测成分，显然不知道1965年11月《文汇报》曾经有过一份上报"领导同志"的"内参"，请看其中的若干段文字：

> 记者去访翦伯赞时，他一开口就申明没有看过姚文（按：指姚文元《评新编历史剧〈海瑞罢官〉》），只是听到别人的议论，接着就借题发挥，说现在文化革命过了头，

---

① 翦伯赞主编：《中国史纲要》第一册"关于本书的几点说明"，人民出版社1979年版，内封背面页、目录前一页。

图 10 《百年潮》1999 年第 8 期刊载的《"文革"初期〈文汇报〉的一份"内参"》（共 4 页）

姚文就是过了头的一篇文章。

翦伯赞的秘书张传玺甚至说姚文是乱扣帽子，他还引出周扬同志去年的报告，似乎姚文和中央的精神不符，他提出现在最重要的是要创造一个"良好的学术'争鸣'的空气"。意思就是说，姚文对这"良好空气"起了破坏作用。

从记者现在所了解的情况来看，北大历史系是当前历史学界坚持资产阶级学术思想反对无产阶级思想的一个重要的堡垒。这个堡垒的主帅就是翦伯赞。

凡是对史学界的一些基本观点提出批判的，都引起他们的坚决反抗。张传玺就露骨地说前几年的批判斗争是"乱扣帽子"，这和翦伯赞说的"文化革命过了头"是一脉相承的。翦伯赞一向都是对各种学术批判采取对抗的态度……现在反对姚文，这个头也出在他身上。他是党委委员、副校长，又是史学界名人，他出来反对姚文，下面的人就更加放胆了。

张传玺是山东大学的毕业生，后在北大当研究生，翦伯赞就是他的导师，现在是翦伯赞的秘书……翦伯赞在这里权威很大，他在教师之间起了调节、平衡的作用……他们和社会上的资产阶级学者相呼应。

由于条件的限制，记者在北大历史系所了解的情况是十分有限的，但感觉到这里的问题相当严重。现在有许多线都可以和翦伯赞接起来，而翦伯赞在北大历史系又处于统治的地位。因此记者认为问题的症结是在翦的身上。[①]

[①] 《百年潮》1999 年第 8 期。

这份指名道姓的"内参",要比"不指名道姓"的《必须把史学革命进行到底》早三个月,而且是上报给"领导同志"的,与 1961 年编写《中国史稿》意见分歧或发生争执毫无关联。要说"不意中祸根",这才是真正的"不意中祸根"!

二　中国社会科学院时期

1977 年 5 月,在中国科学院哲学社会科学部的基础上组建成中国社会科学院,尹达继续任历史研究所副所长,1982 年 7 月为历史研究所顾问,直至 1983 年 7 月去世。

短短 6 年时间,尹达在继续中国科学院时期未完学术组织工作的同时,将主要精力转向培养研究生和史学史学科建设方面。

(一)　组织编写新版《中国史稿》

旧版《中国史稿》编写至 1962 年结束,但没有完全出版,前文已述。1972 年春,在明港"五七干校"的尹达写信给郭沫若,建议恢复《中国史稿》编写。郭沫若请示周恩来总理获准后,尹达从干校回京重组编写组,由历史研究所各断代史研究室分别撰写,才有新版《中国史稿》的出版。

新、旧版的最大区别是:新版不再包括近、现代,只写古代(鸦片战争以前)。

1976 年 5 月,编写组将修订后的《中国史稿》第一册和"前言"送郭沫若审定,7 月人民出版社出版。这次出版,郭沫若没有像 1962 年第一册出版那样在"前言"后面署名。留在 1976 年版"前言"后面的是"《中国史稿》编写组",只在封面、内封和版权页署"郭沫若主编"。

1979年2月，《中国史稿》第二册新一版，人民出版社出版。

1980年10月，《中国史稿》第三册新一版，人民出版社出版。

前三册封面、内封和版权页，均署"郭沫若主编"。从第四册起，封面、内封和版权页不再署"郭沫若主编"，改署"《中国史稿》编写组"。

1982年2月，《中国史稿》第四册第一版，人民出版社出版。

1983年6月，《中国史稿》第五册第一版，人民出版社出版。

第六册（明）1987年6月出版、第七册（清，鸦片战争前）1995年4月出版，尹达没有能够看到。

配套的地图《中国史稿地图集》上册，1979年12月地图出版社出版，尹达作"前言"。下册1990年12月中国地图出版社出版，尹达没有能够见到。两册均署"郭沫若主编"，书名也是郭沫若题写。

（二）培养研究生

尹达招收研究生，分两个专业，先招收史学史研究生5人，再分两届招收先秦史研究生4人。

招收史学史研究生，下文详述。

招收先秦史研究生，1979年招收1人，曲英杰，尹达指导，学位论文《中国奴隶制时代的城市》，留先秦史研究室，参加《尹达史学论著选集》《尹达集》编选。1981年招收3人，王震中，尹达、杨向奎、张政烺指导，学位论文《史前东夷部族及其文化》，留先秦史研究室；邹昌林，尹达、应永深、周自强指导，学位论文《晋国土地制度》，未留所；周星，尹达、杨向奎、张政烺指导，学位论文《黄河中上游新石器时代的住宅形式与聚落形态》，未留所。

（三）史学史学科建设

这个问题，我在历史理论研究所做过一次学术讲座，以《尹达先生与历史研究所史学史学科建设——纪念尹达先生诞辰115周年》为题，发表在《理论与史学》第8辑（中国社会科学出版社2022年版），这里作简要摘述。

1. 招生研究生，组建研究室

1978年2月历史研究所决定招收研究生时，尹达在外地，招生目录中没有尹达招生。尹达回京后决定在初试合格的考生中挑选史学史专业复试生，最终招收了5人，秦汉、隋唐、宋、明清、近代各1人，是招生最多的一个专业，显然是从学科布局考虑。10月10日史学史专业研究生在历史研究所史学史研究室（第九研究室）与导师尹达见面，领取学习计划，研究室基本框架初步形成：尹达兼室主任，叶桂生为学术秘书，翟清福负责图书资料。当时研究生院尚无院址和宿舍，研究生分住在北师大等好几个地方。16日午后，4名古代史学史研究生从北师大西南楼搬到历史研究所，住进史学史研究室（建国门内大街5号院3号楼107，里外两间），参加史学史研究室和历史研究所的相关活动。

入住史学史研究室第二天午后导师尹达来研究室，约定19日上午谈学习计划。一个月后，经尹达与研究生院沟通，4名古代史学史研究生不再上研究生院的政治课、外语课，由尹达负责这两门课的学习、考核和考试，并把政治理论与外国语的学习、考核和考试纳入史学史研究室的规划。这样的安排，显示出尹达指导史学史研究生的独特之处。

其一，政治理论学习与专业研究紧密结合。第一学年虽然按照研究生院统一部署学习恩格斯《反杜林论》，但不再是泛泛地写读书心得，而是结合研究室规划，拟写批判封建主义史学的文章。研究室1979年规划中有批判封建主义史学一项，1月11日专门议论过一次。作为政治课考核，第一学期我所写读书心得是比较恩格斯《反杜林论》与其他西方"历史哲学"著作中关于历史、历史研究任务的论述。作为第一学年政治课考试试卷，我写的是关于封建史学的文章，即后来经修改发表的《对我国封建史学基本特点的初步认识》（《学习与思考》1982年第2期）。

其二，外国语学习与了解海外学术动态结合。第二学期开学，根据研究室1979年规划，我与杨正基联名发表《台湾史学界研究状况一瞥》（《中国史研究动态》1979年第5期），是第一篇公开介绍台湾史学研究状况的文章。随后，我与杨正基的外语（英语）学习都与了解海外学术动态相关。当时编译室正在翻译《剑桥中国晚清史》，让我二人翻译上卷第十章"政治和财政结构"作为外语课考试成绩，试译或浏览 History and Historians in the Nineteenth Century Chapter XIII "Napoleon"、Authority and Law in Ancient China、Methodology of History 作为外语课考核成绩。这既练习了我们的外语阅读能力，又使我们了解到一些海外史学研究和史学理论状况。

其三，史学史研究与断代史研究紧密结合。尹达第一次来研究室谈学习安排，就要求4名研究生考虑各自的"点"（断代），第二学期期中（1979年5月）确定各自的"点"，要详细了解相关断代的历史和史学，把断代史作为断代史学史研究的基础和依托。撰写论文，指定一名断代史专家协助指导；论文答辩，要有一名断代史专家作为答辩委员。在时间安排上，要求在第三学年第一学期期末前完成论文，留一个寒假和一个学期时间，由相关断代史专家指导修改，以能够被断代史研究专家认可为准。史学史研究与断代史研究紧密结合，是尹达指导史学史研究生的一大突出特点，也是历史研究所史学史研究室的一个传统。

2. 讲授史学史学科基本问题

因身体状况，尹达只在第一学年讲过两次课，即1978年12月19日上午讲中国史学遗产的批判和继承问题，1979年6月7日下午讲民族问题。这两个问题，既是史学史学科的理论问题，又是史学史学科的基本问题，反映尹达在史学史学科建设方面的鲜明特色。《马克思主义与中国历史学的发展》一文就是以这两次听课笔记为基础，结合1982年4月尹达在河南期间的讲话以及对《中国史学发展史》部分章节修改意见整理而成。

（1）对历史理论的系统思考

首先，提出对唯物史观进行系统考察，包括对唯物史观自身的考察、唯物史观对中国历史学产生巨大影响两个方面。强调我们有责任写出一部《唯物史观发展史》，"用以总结一百多年，尤其是近半个世纪以来自然科学和社会科学研究的新成果，使得我们都能较完整地掌握这一科学理论的形成、发展过程，掌握这一历史理论的完整体系"，从而更好地"运用这一历史观的完整的方法"，"发展这一科学的历史观和方法论"。这是迄今历史理论建设仍然有待完成的使命。

其次，在总结中国历史学发展过程中，注意历史学学科自身的理论，将历史学的学科理论与关于客观历史过程的历史理论加以区别，作出明确的论述：

在加强马克思主义历史理论研究的同时，我们还应该对历史这门学科的理论探讨给予充分的重视。我国历史学的发展告诉我们，重视史学理论是我国史学的优良传统。刘知幾、章学诚、梁启超在对历史学这门学科的理论总结方面都做出过有重要影响的贡献。我们今天，在马克思主义理论指导下，应该写出超越《史通》、《文史通义》、《新史学》和《中国历史研究法》等的史学理论论著，在这方面做出更大的贡献。①

（2）从史学发展入手，对我国丰富的史学遗产从八个方面作出认真总结，其中的七、八两点其他谈"优良传统"者谈得较少，反映了尹达观察中国史学"优良传统"的视野。一是史书形式多样、修史制度完备：

> 我国古代史书形式的多样、修史制度的完备，考辨史实、钩沉辑佚、校注补遗、订讹辨伪，以及金石、目录、训诂、名物、校勘等等，也都是我国文化宝库中的珍贵遗产。它们对后世史学的发展产生过影响。②

二是注重理论与史书编纂的传统：

> 理论与资料本来是编写历史中的不可或缺的两个方面。在一定的理论指导下，根据史实编写历史，这是中国史学

---

① 尹达：《马克思主义与中国历史学的发展》，原载《河南大学学报》1985年第4期，见《尹达史学论著选集》第407—408页、《尹达集》第375—376页。

② 尹达：《马克思主义与中国历史学的发展》，《尹达史学论著选集》第396页、《尹达集》第364页。

发展进程中长期遵循的路数。①

3. 主编《中国史学发展史》

1981年9月，4名古代史学史研究生全部留研究室，委托白寿彝代培的史学史研究生1人分配来研究室，研究室共8人：尹达（主任）、赖长扬（先秦）、刘隆有（秦汉）、谢保成（隋唐）、杨正基（宋）、罗仲辉（明清）、叶桂生（学术秘书，现代）、翟清福（资料）。近代的1人（张承宗）虽未分配来研究室，却参加了《中国史学发展史》的编写。1982年6月，为编写《中国史学发展史》，调入施丁为副主任。研究队伍老、中、青年龄搭配适当，研究范围自先秦至20世纪前半段前后衔接。

1982年4月，尹达应邀出席河南省哲学社会科学联合会第二次代表大会，中州书画社（中州古籍出版社前身）编辑、编辑室主任先后两次来访，希望出版尹达的学术论著。回京后，尹达长期住院，我把出版社的希望、我提出的建议向研究室谈了，都觉得可以写一本史学史。经过两个月左右的准备，至6月组建起编写组，商定编写原则，拟出编写大纲。尹达审阅、修改编写原则和大纲后，同意编写组的基本设想。于是，编写中国史学史成为研究室的首要任务，1983年研究室规划只有一条：编写中国史学史。

1983年1月，尹达审阅由我起草的《马克思主义与中国历史学的发展》一文后，同意作为全国"纪念马克思逝世一百周年学术报告会论文"印发。2月，叶桂生、刘茂林发表《中国社会史论战与马克思主义历史学的形成》（《中国史研究》1983

---

① 尹达：《从考古到史学研究的几点体会——一九八二年四月二十二日在母校河南师大的谈话》，原载《河南师大学报》（社会科学版）1982年第4期，见《尹达史学论著选集》第377页、《尹达集》第355页。

年第1期)。两篇文章,展示出编写中国史学史的指导思想和基本特点。进入3月以后,尹达病情加重,不再允许探视,7月1日病逝。16日我到河南省委联系尹达骨灰祭撒黄河事之后,与出版社详谈了编写情况,约定交稿时间为1983年底。

尹达审定的编写原则这样规定:"以马克思主义、毛泽东思想为指导,对中国历史学的起源、发展,直至逐步形成为一门科学的基本过程和规律予以探索和总结;确切地划分其发展阶段,阐明各阶段史学的特点及其内在联系;运用马克思主义对我国丰富的史学遗产进行批判、总结,重点放在史学理论和史学思想上。"不论从编写原则,还是具体内容,《中国史学发展史》一书始终是循着《马克思主义与中国历史学的发展》一文基本观点编写完成的。编写组在"编者说明"中这样写道:在尹达同志永远地离开我们以后,"我们根据他生前对初稿的意见和有关谈话,又进行了讨论和修改。本书的出版,可以说是对尹达同志史学生涯的一个纪念。同时,也寄托着我们的缅怀之情!"

《中国史学发展史》(中州古籍出版社1985年版)作为探索中国历史学发展基本线索和演变规律,具有创新意义的研究成果,获"1978—1987年全国古籍优秀图书一等奖"、全国"光明杯"优秀哲学社会科学著作特别奖(1991)、历史研究所第一届优秀科研成果奖(1993),同《中国原始社会》(作者出版社1943年版)、《新石器时代》(生活·读书·新知三联书店1979年版)一样,成为尹达的代表作。苏联学者Б. Г. ДОРОНИН 发表《Современныйэтап Развитиякитайскойисториографии》,认为《中国史学发展史》是"当前中国史学中出现的一种新气象","史学研究中出现的许多新的趋势都在这部著作中得到了某种程度的反映"。①

图 11　尹达的三部代表作

　　总括而言，尹达对史学理论、史学史学科建设的贡献，集中在两大方面：理论方面，最早提出中国古代史学既有丰富的历史理论遗产，又有丰富的史学理论遗产，对当今历史工作者在理论研究和撰述方面有很高的期待，希望能够写出用现代自然科学和社会科学研究最新成果丰富和发展唯物史观完整体系的历史理论著作，希望能够出现类似《史通》《文史通义》那样的史学理论著作；史学史方面，《中国史学发展史》是最早出版的"唯一一部囊括中国古代史学、近代史学直至新中国成立前的中国史学通史著述"，以"发展"的眼光将中国古代史学、近代史学作贯通性研究和撰述，表明"编著者的学术前瞻意识"，展示出史学史研究和编写的新前景，对史学史学科建设发挥出积极的推动作用。

---

①　参见［苏］勃·格·多罗宁《现阶段中国史学的发展》，《国外社会科学快报》1988 年第 9 期。

1983年7月1日午时，尹达先生病逝于北京首都医院（今协和医院），恰逢我在病房轮值，成为医生、护士之外目送尹达先生离世的唯一一人。我参加了尹达先生治丧的全过程：11日在八宝山革命公墓举行尹达先生遗体告别仪式，13日到郑州与河南省委联系落实尹达先生骨灰祭撒之事，16日11时在黄河花园口举行祭撒仪式，河南省委书记、省人大常委会副主任张树德致悼词、默哀、三鞠躬，我与河南省社科联、河南省社科院、中国社科院历史所党委书记等有关人员陪同尹达先生子女登上黄河水文站测量水文的工作船，在黄河河道缓缓游弋，尹达先生的骨灰由其一女三男一捧捧撒向流淌不息的大河之中。随后，中国社会科学院发布"尹达同志病逝"讣告，全文如下：

> 我国著名的马克思主义历史学家、考古学家、中国社会科学院历史研究所研究员、学术委员会副主任、顾问尹达同志，因患肺癌医治无效，一九八三年七月一日在北京首都医院病逝，终年七十七岁。
> 尹达同志原名刘燿，河南滑县牛屯集人。三十年代初，毕业于河南大学（现河南师范大学）。随后，参加河南省古迹研究会的工作，在安阳殷墟、浚县大赉店等地从事考古发掘，成为我国第一代的考古学者和原始社会研究的开拓者。一九三七年抗战开始不久，他毅然离开前中央研究院历史语言研究所，奔赴延安参加革命，并于一九三八年三月加入中国共产党。在延安时，著有《中国原始社会》一书，并参加了中央马列主义学院历史研究室主编的《中国通史简编》的编写工作。解放后，历任中国人民大学研究部副主任、北京大学副教务长、中国科学院党组成员、

图12 1983年7月,中国社会科学院发布的"尹达同志病逝"讣告

原哲学社会科学部学部委员、分党组成员、考古研究所副所长、所长、历史研究所副所长、《历史研究》总编、中国史学会常务理事、中国考古学会副理事长、全国人民代表大会第一、二、三届代表、中国人民政治协商会议第五、六届全国委员会委员。在从事历史学和考古学组织领导工作的同时,写下了《新石器时代》的著作。

尹达同志一生忠诚于党的事业,热心宣传马克思列宁主义、毛泽东思想。他严于律己、艰苦朴素,工作勤勤恳恳,关心青年成长。粉碎"四人帮"后,衷心拥护党的十一届三中全会制定的方针路线,在身心备受摧残之余,精神振奋,坚持从事研究工作并培养研究生。尹达同志几十年来为我国马克思主义历史学和考古学的发展，作出了许多有益的贡献。

根据尹达同志遗言和家属意见，丧事从简，不举行追悼会和其他悼念仪式。遗体于七月十一日送往北京八宝山革命公墓火化。骨灰于七月十六日送回河南，并在郑州花园口撒入黄河。

当时，尹达先生关于史学史学科建设的代表作《中国史学发展史》尚未出版，讣告只写了"在身心备受摧残之余，精神振奋，坚持从事研究工作和培养研究生"一句话。如今，应在这句话后补入"并主持编写了《中国史学发展史》一书"。

懿范长存启后学：
怀念林甘泉先生

庄小霞

中国社会科学院古代史研究所秦汉史研究室助理研究员

2010年当我确定留所工作时，我去跟林先生汇报，他很高兴，并郑重嘱咐说，历史所虽然工资不高，但是个做学问的好地方。林先生这句话我一直记着，一方面林先生关心我的生活，另一方面他希望我好好专心做研究。我在读研究生的时候参加了北大、人大组织的读简班，当时有幸接触了历史所秦汉史研究室的众多老师们，就特别向往历史所。2008年8月我从北大历史系博士毕业后，来到历史所跟随林先生读博后，此后又留所工作，加起来我在林先生门下有幸亲炙九年多。在我入门之前，林先生已经好久不招收学生了，几年前他曾招过一位博士后蔡万进老师，我是林先生的第二名博士后，也是他最后招收的学生。

博后入站后，林先生已是七十多岁高龄，不常到所里来，所以在和林先生相处的时间里，更多是在林先生位于皂君庙社科院小区的家中聆听教诲。所外的黄金山老师以及所里的老师们特别是林先生的学生卜宪群老师、孙晓老师、杨振红老师、赵凯老师也经常嘱托我说先生年纪大了，有时候有些跑腿的事，让我多做点。我自 2005 年以来就常在中国政法大学研究生院蓟门桥校区参加徐世虹老师组织的读书班，特别是 2008 年法大古籍所徐世虹老师开始组织睡虎地秦简读书班，法大距离林先生皂君庙的家特别近，读书班的固定时间基本上都是每周五下午，林先生晚年作息时间通常是上午九点半后、下午三点半后工作、待客，所以我经常趁着课前课后去他家。林先生也知道我每周五的活动，有时嘱咐我做什么事也是打电话让我周五到他家里，这些小事如转交党费、一些信件书籍的交付，以及有时借阅图书、下载打印资料，等等。关于借书，林先生以前总是拿着一个灰白布袋自己从单位借书回家，我们之前总是劝他需要什么书由我们代借就好，但是林先生总不愿劳烦别人，即使是自己的学生。一直到 2013 年的时候，林先生有次书借的有点多了，毕竟年龄在那里，借书回家就觉得有点吃力了，后来去医院检查，虽然外表看不出，但竟然还有点骨折，不久我去他家时，他就随口讲了这事，我就故意严肃地说要跟林先生强烈提一个请求，他一定要答应，就是以后借书的事就告诉我由我代劳。林先生听了乐呵呵地笑着答应了，要不是这样，林先生肯定还是不愿麻烦人。

  林先生是公认的学术大家，深受大家尊敬，在我心中他更是一位慈祥、睿智、幽默、善良、平易近人的长辈。每次去林先生家，他都会问我最近的学习工作情况、问起所里的情况，有时看到一些书或者社会新闻就顺便聊起来。因为林先生是福建泉州人，我祖籍也是泉州，我们都说的是闽南方言中的泉州话，所以林先生有些乡音的普通话听起来特别亲切。在林先生家的小客厅里，林先生有时坐在沙发上，有时坐在茶几前的小板凳上，我们一老一小一问一答，更多时候，是我在聆听他的教诲，这是我很多个周五愉快的记忆。每次在林先生家聊天的时候，他谈起某某事或者某某人，我常常因为"无知"，被林先生"鄙视"，林先生说"你知道这个人吧？""知道这件事吧？"我常常不知道，这个时候林先生总是呵呵笑着，一边说"哎呀，这个你竟然不知道呀！"一边不厌其烦解释。有时候我知道一点，就跟林先生说听过，他就微笑颔首继续接着讲。我可以说是"无知者无畏"，而林先生则是非常宽容，也是在这种氛围下，常常等到夜幕升起，华灯初上，为了不影响林先生休息，才向他和师母辞别离开，现在回忆起来一幕幕依然清晰，心中仍然感到很温馨。

林先生长我差不多半个世纪年龄，刚入林先生门下时，我其实对林先生了解并不多。因为我的专业是秦汉史，所以读研究生时看过林先生的著作和文章，也主要集中在秦汉史方面，我一直以为林先生只是秦汉史方面的专家，入门以后才知道林先生的研究不止集中于秦汉史。林先生是一位杰出的马克思主义史学家，他从年轻时就熟读马列经典，理论精深，对许多问题的认识和观察都让我佩服不已。林先生的《亚细亚生产方式与中国古代社会》《中国古代土地私有化的具体途径》等论文都不是简单的考证，文章宏大而深邃，他晚年还心心念念的一个研究就是想撰写一部《中国土地制度史》。

我入门时，林先生虽已年高，但仍保留对学界深切的关心。关于读书，林先生曾经跟我提过自己的看法，他主张要广泛阅读，比如他向我多次提及他客厅书柜上的贡德·弗兰克《白银资本：重视经济全球化中的东方》一书，这本书对于一般做秦汉史断代的人来讲，通常认为不在阅读范围内，但林先生却很感兴趣。林先生认为如果看的书很专、很窄，虽然也可以不断地有成果出来，但始终还是会受到限制，所以他总说，有些书你多看看，会有些好处，可以多想些问题。林先生曾经在历史所做过一个讲座，讲历史学的古今中外法，讲座中他也提到："我觉得自己的体会,要自己培养一种境界,把读书当成一种乐趣,当成一种享受,这样生活得比较有味道。不要把人变得现代化、工具化了。"这是他一贯的想法。

林先生认为看书不能太偏,做学问也不能太偏。我常向林先生汇报自己读简的事情,林先生就经常提醒我说,"这个地方出来一个简牍,那个地方又出来一个简牍,你是可以做一年两年,那之后呢?或者是人家都做完了,那你以后怎么办?"林先生说的这些话到现在我都铭记于心。林先生这么说,并不是贬低简牍研究,认为简牍研究不重要、不要做简牍研究,他是希望我们做学问能多联系,做一些大问题出来,林先生自己就是这么做的。我在撰写博士论文时就曾引用过林先生简牍研究的成果,林先生在《云梦秦简所见秦朝的封建政治文化》一文中认为:"从云梦秦简的律法可以看出,早在秦统一六国之前,秦法就已相当繁杂苛严。正如贾谊所说繁法严苛并没有影响秦国的强盛和统一大业。但在统一六国之后,秦始皇'其道不易,其政不改',反而'以暴虐为天下始','故其亡可立而待'。"林先生的研究从简牍资料切入,回归传统政治史研究,从而做出精辟论断。林先生的另外一篇文章《汉简所见西北边塞的商品交换和买卖契约》,利用大量居延汉简资料研究汉代西北地区的经济。林先生在研究生涯中利用简牍做过非常精彩的研究,但是他想得更多,想得更远,他思考的是如何让一个研究可持续、更深入地发展。

林先生晚年虽然不怎么做具体的简牍研究了,但是平时还会让我给他借阅简牍材料,为他介绍最新出土的简牍资料。林先生几乎每次都问我,简牍资料中有没有经济史方面的材料?说实话,我一开始的研究兴趣更多是在政治文化、政治制度等方面,对秦汉经济史不甚关注,但是听林先生的话多了后,我真的开始上心了。在接触秦汉经济史研究后，林先生主编的《中国经济通史·秦汉卷》给了我很大帮助，我将该书当作工具书使用，这几年来经常翻阅，抚书思人，常常怀念起林先生。可以说，我会开始做经济史研究，离不开林先生的影响和启蒙，利用简牍资料做秦汉经济史研究，这更是林先生多年潜移默化的结果。跟随林先生读书后，他从没有要求我一定要做某方面的研究，博士后的题目也是我自己选定，每章写出之后他都认真看过提出修改意见。现在想来，当时自己还是年轻不懂事，没有体会老师的良苦用心，林先生说过这么多次这个问题，实际也是提点我，如果我早些领悟，早开始做这方面的研究，向他请教，他应该会很高兴。最近这几年我逐渐开始关注秦汉经济史的研究，最大的动力就是林先生曾经的殷切话语，今后我会继续坚持，希望自己能做出一点成绩出来。林先生他老人家已经不在了，我也这么晚才开始领悟老师当初的用心，只有扎实地做出东西来才不辜负他老人家从前的殷切期望。

在我印象中，林先生淡泊名利的品格尤令我敬重。2012年先生主编的《孔子与二十世纪中国》获中国人民大学吴玉章学术奖，当时主办方通知有2万元奖金，但是过了很久都还没寄到账户，大家也就忘了这事。等到2013年春节正月里，我去林先生家探望他和师母，一见面林先生就哈哈大笑，跟我说自己最近犯了一个大乌龙，原来前些日子他发现银行账户多了2万元，他以为这就是奖金，于是就把钱拿出来迅速分发给了该书的其他作者，等到发完钱后不久，他查看当月工资条才知道是自己弄错了，原来他是把自己的年终工资发出去了。林先生之所以会发生这样的"乌龙"，主要还是与他一向淡泊金钱的高尚品德有关。还记得某年有一个文集编委会给林先生来信，邀请他做评委和编委，林先生让我联系对方婉拒邀请，因为他多次跟我们说过"不能做空头主编",所以他让我打电话跟对方说他自己"年老体衰",不能承担具体工作,以此回绝邀请。然而我跟对方单位联系人打电话后,过了一阵子,我从收发室那里仍然收到这个编委会的一张给林先生的三千元汇款单,写明是编委费用,于是我在那周又去了林先生家,把汇款单交给他,林先生就又让我联系对方退钱。于是我又联系了一遍对方,对方却表示为难,说钱已经寄出了,再收回来不好处理。于是我只好又和林先生汇报,但是林先生很坚持,一定让退回去,后来我再和对方联系,就说让汇款单过期自动退回去吧,这事才算完结。林先生经常说"不能做空头主编",确实如此,他自己做主编的时候,都是亲自参与写作、审定,甚至《孔子与20世纪中国》一书从题目到内容设计绝大部分工作都是林先生负责主导,署名时他仍然署"主编"。

林先生《八十自述:我的历史和史学研究生涯》一文详细介绍自己的家世和少年时代、加入中共厦门城工部、1949年后的工作经历,其中"建国后我的工作经历",对自己曾经担任中国秦汉史研究会会长的经历只在下面这段话中简单提了一下:"由于工作需要,我还担任过国务院学位委员会历史学科评议组成员,国务院古籍整理出版规划小组成员,全国哲学社会科学历史学科规划小组成员,中国史学会理事、主席团成员,中国秦汉史研究会会长、顾问。"中国秦汉史研究会是国内成立最早、影响最大的断代史专业学会之一,林先生担任了第一、第二两届会长,是创会会长。华中师范大学熊铁基先生说林先生"他被推举为第一、第二两届会长,是众望所归"。但实际上最初林先生在是否担任会长一职上曾经有所推让,熊铁基先生在纪念林先生的文章中专门说了此事,他说:"我认为,甘泉同志的态度,不是一般的客套,而是发自内心的好想法,与后来有些学会'争名'、'夺利'大不相同。"后来在中国秦汉史年会第三次年会的时候，林先生主动辞掉会长之职，"甘泉同志坚辞之下由林剑鸣出任会长"。（以上熊铁基先生的话，都引自熊先生所写《怀念甘泉同志》一文）这件事如果不是熊先生撰文讲述，我从来没有听林先生讲过。

　　林先生虽然甚少谈起自己职务的事情，但是却经常向学生们讲述郭沫若、尹达等老先生的事迹。2012年应中国社科院相关部门邀请，林先生撰写《八十自述：我的历史和史学研究生涯》一文，对于了解先生的个人历史应该是非常重要的一篇文章。在这篇文章中先生回顾了自己过往的人生和学术经历，文章中提到："1949年4月21日，我与厦大、英华的四位同学一起离开厦门，从香港乘船赴平津解放区。"当时撰写这篇文章时，林先生手书，由我再录入电脑，最后由他亲自审定，所以我对这篇文章全文印象深刻，其中具体细节还曾向林先生请教过，林先生曾告诉我当时船上还有郭沫若的夫人于立群等人，但是具体北上时间和船号在文中并未详写。后来我偶然看到《亲历者的记忆》一书，里面有一篇杨奇《民主人士和社会贤达秘密北上》的文章，讲述新中国成立前在香港的民主人士如何北上，其中第七批次北上人物、时间等与林先生文章中所写比较吻合："第七批北上的大多数是应邀到北平出席文代会的代表。同船的有：于立群和她的三个子女，钟敬文、陈秋凡夫妇和两个子女，黄药眠夫妇，王亚南、陈迩冬、傅天仇、舒绣文、方青、盛此君、张文元、巴波夫妇等一百多人。香港工委由文委副书记周而复带队，还派了姜椿芳、曹健飞，三人随船协助。由于这次租用的是太古船务公司的'岳州'号客货轮，船上有客房设备，因而较为舒适。1949年5月5日下午从香港起航，一路平安无事，他们在旅途中也办了一份手写的《岳州报》，由姜椿芳、姚平芳从收音机上收录新华社的重要新闻，由老报人和书法家陈迩冬编写。这份报纸很受大家欢迎，认为既是一支'轻骑队'，又是一件'艺术品'。"由以上内容我猜测林先生离开厦门后，是在1949年5月5日乘坐太古船务公司的"岳州"号客货轮从香港赴平津解放区，之后不久我去林先生家里时，将这个发现跟林先生确认，林先生确认说他当时就是乘坐"岳州"号北上，并笑说当时自己只是穷学生，所以坐的三等舱。林先生到北京以后，郭沫若先生是生活工作中对他影响比较大的人之一，没有想到最初北上时还有这段因缘，那时林先生应该还不认识郭沫若先生和他家人。

  林先生晚年经常跟我们说起郭老、尹达等老先生，每每讲起什么事，总是去书柜翻阅林先生自己主编的《文坛史林风雨路——郭沫若交往的文化圈》一书进行核对，有次林先生对我说可惜这书他这也只有一本，要不然就送我一本。林先生逝世以后，遵他的遗嘱，他的藏书全部捐献给了家乡图书馆，家属曾经建议学生可留一本先生的藏书，我其实是很想向林先生的儿子林征大哥申请这本书的。林先生对郭沫若、尹达、贺昌群等老先生始终心怀深厚的感激之情，林先生参与编撰了多部郭沫若研究著作，除了《文坛史林风雨路——郭沫若交往的文化圈》，还有《郭沫若与中国史学》《郭沫若年谱长编》等。林先生还曾接受贺昌群先生家属嘱托，撰写了《贺昌群文集》的总序，这篇长长的序文详细介绍了贺昌群先生的生平经历，同时对贺昌群先生一生的学问也做了精当的介绍。林先生说他自己是基于对贺昌群先生"深厚感情和对他精神的敬仰"，才接受了贺先生家属的嘱托写了序文。

  林先生离开我们已经快六年了，还记得2014年历史所六十周年所庆的时候，我们和林先生一起参加了所庆大会，现在距离上次所庆大会快十年了，却再也不能和林先生一起参加所庆大会了，但是我相信林先生的学问、人品、精神永远留在我们心间。林先生是建所初期就到所的一个老人，他在历史所工作了几十年，对历史所（现在的古代史所）充满感情，1994年9月林先生在《中国史研究》第4期曾发表一篇《四十年的回顾》的文章，介绍和回忆了历史所成立后的一些情况，他在文章最后热情洋溢地展望："在纪念历史所建所四十周年之际，我们应该同心同德地把全所各方面的工作推向一个新的阶段。为迎接新世纪的到来，我们要下定决心，继往开来，为中国历史学的繁荣和发展多作贡献。我相信，当我们再聚首庆贺历史所建所50周年的时候，一定会为它的崭新面貌和取得的丰硕成果而自豪。"现在的古代史所即将迎接建所70周年，今后还有80周年、90周年、100周年……每到这样的时候更加怀念林先生，我们不会忘记林先生当年的展望，一定会继承林先生的遗志，薪火相传，矢志不渝。

忆黄烈师二三事

梁满仓
中国社会科学院古代史研究所研究员

1984年我考入中国社会科学院研究生院攻读硕士学位，与我同时入学的还有一个师弟，我们的研究方向都是魏晋南北朝，分别由黄烈和朱大渭两位老师指导。由于健康原因，师弟未及完成学业便退了学，从此以后，我一个学生由两位导师指导，这在学界实属罕见。我曾在《忆我与朱先生的一次合作》（《许昌学院学报》2020年第4期）一文中回忆了朱先生的点滴往事，此外，在与黄先生的交往中，也有不少场景珍藏在我的记忆中。

一　跟随黄老师开会

1987年我研究生毕业，被留在历史所魏晋南北朝隋唐研究室。那时候黄老师是研究室主任、中国魏晋南北朝史学会会长。1988年9月，全国第二届北朝史学术研讨会在邯郸召开，作为中国魏晋南北朝史学会会长，黄老师出席会议是必然的。所里决定让我陪同黄老师一起参会，我想其原因大概有两个，一是我是学界新人，通过参加这类活动，可以增长学术见识；二是因为黄老师年逾花甲，我作为学生可以帮助老师做一些具体事儿。第一件事就是买车票。那时候买票不像现在这样方便，得先到火车站事先查到邯郸的车次，然后提前若干天到窗口买票，当我拿着两张火车票送到老师家里时，已经到中午饭点了。当时，黄老师东厂胡同的家已决定平房改建，需要搬到临时周转房，待到新楼建好后再搬回。老师正准备搬家，大大小小装好的箱子随处可见。也许为抓紧时间收拾东西，老师家的午饭非常简单，就是芝麻酱拌面条。见我到来，老师留我吃饭，我不好意思，便推辞，推留之间，师母已经把盛好的一碗面条端了出来。如果我不吃，老师真的不高兴了，便不再客气，这是我在老师家吃的第一顿饭。

这次北朝史研讨会，我见到了胡如雷、高敏、朱绍侯、黄惠贤等学界前辈，聆听了他们的学术高见，拜读了数十篇会议论文，结识了张旭华、牟发松、高蕴华、张国安等一批年轻学者，参观了响堂山石窟和北齐墓群，开了眼界，长了见识，收获颇丰。我的一篇学术论文《论北朝鲜卑婚俗的两次改革》还被收入后来出版的会议论文集中。在闭幕式上，黄老师总结发言说："我来之前，家里正在准备搬家，这个过程哪怕丢掉一个箱子，对我来说都是很大的损失。我这次来参会是冒了风险的，但当我看到会议所取得的成果时，我认为冒这个风险是值得的，不虚此行。"老师这番话，体现了对会议的巨大支持和对会议成果的高度评价。会议结束后，大家各自踏上归程，我和黄老师、胡如雷先生、蒋福亚先生在同一次列车同一节车厢。归途中还有一个插曲，车到石家庄，胡如雷先生下车，我们忽然发现他的水杯落在车上了，蒋福亚先生抓起水杯跑下车，追上了还未出站的胡先生，当他跑回车厢刚一落座，列车就缓缓启动了。车到永定门火车站，我们和蒋福亚先生分手，我护送黄老师回家。此时黄老师家已经搬到九爷府，我们先乘坐106路无轨电车，在天桥换乘110路公交汽车，在朝内小街下车，走不远就看见九爷府大门了。

二 黄老师家中的常客

历史所的科研人员不坐班，每周二、周五是科研人员来所的日子。大概是1989年，在一个返所日，黄老师把我叫到他的办公桌前，对我说他已经办了退休，从明天起就不再来所里上班了。他交代了我两件事：第一件，要我把给他寄到所里的信件代收一下，方便时送到他家。第二件，他给了我一个鼓鼓囊囊的信封，说："我以后不到所里上班，这个用不着了，你替我把它消费了吧。"我打开一看，里面全都是社科院食堂的饭票，分别是米、面、粮、钱，由四种颜色的小塑料片制成。那时候粮票还没取消，吃粮有定量，再说我即使在返所日也是中午回家吃饭。于是我建议老师把这些用不着的饭票退换成粮票和现金。老师却说："不用了，你上班的日子长着呢，拿着它以备不时之需。"

20世纪80年代末，邮政信件是主要的信息交流工具，所以，经常会有老师的邮件寄到所里。尽管老师说一些诸如刊物之类的邮件不用着急给他，积攒多了方便时给他送去，但我怕有些时效性强的邮件若不及时送去会误事，所以还是逢有必送，因此，便成了老师九爷府临时家中的常客。

天气渐渐转凉，转眼间就进入冬季。由于九爷府的房子保温性不好，老师便住到女儿家。她家是楼房，在育才学校旁边。育才是我的中学母校，我家离那里不远，上学的时候不用乘公共汽车，一直是步行往返于家与学校之间。老师住到那里，我给老师送邮件更加方便了。我记得有一次，山西大同北朝史研究会的两个同志到所里拜访黄老师，是我把他们领到黄老师的临时住所。还有一天，我正在家里看书，突然看到窗外有一个熟悉的身影，定睛一看，原来是黄老师。我家平房，九米小屋，一张双人床，一个组合柜，一个两屉桌，一把椅子，再加上一个煤炉，几乎占满了屋子，活动空间所剩无几。我赶忙让老师在椅子上坐下，自己坐在床边。黄老师说："没有别的事，出来散步，走到你家附近，过来看看你。"蜗居斗室，空间狭小，我和老师相对而坐，感觉从来没这么近过。具体说了些什么已经想不起来了，但有一句话我至今没有忘记，他说："不错，你有自己的小天地了。房间虽小，不影响做大学问。"

新房建好后，老师搬回了东厂胡同旧址。楼房已经拔地而起，旧址新居，当我再一次来到老师家中，他已经在书房里等待我了。书房朝阳，宽敞明亮，一排书柜装满了书籍。墙上一个大镜框镶嵌着许寿裳抄录的唐王昌龄一首边塞诗：秦时明月汉时关，万里长征人未还。但使龙城飞将在，不教胡马度阴山。这幅作品我当学生时在老师家客厅见过，如今又挂在书房，可见老师对之珍爱的程度。书房铺着柔软的塑料地垫，我怕进去踩脏了，要在门厅与老师说话。老师却执意要我进书房，我要脱鞋，老师说："不用，你看我也穿着鞋呢！"不知道过了多久，只记得有一次到老师家，书房的地垫没有了。是来的客人都不脱鞋，地垫脏得不能要了，还是老师怕到访的客人不方便，干脆恢复成水泥地板？我不得而知。

时间一年年过去，老师的信件大多数寄到家里，寄到所里的渐渐减少。虽然需要送的信少了，但我依然是老师家的常客。有时候我坐在书房听老师谈世风社会，有时候陪老师坐在皇城根街心公园聆听教诲，总之每年都要到老师家去几次。

三　黄老师的寿宴

历史所有个规矩，离退休人员 80 岁时所里才为其送上鲜花，祝贺生日。因此，在老师 80 岁之前，他的年龄在我脑海里只是个模糊概念，具体的出生日期更是不知其详。

2004 年 11 月的一天，我突然接到黄老师的电话，说了一个具体时间，问我能不能届时来家一趟。放下电话，我心中升起诸多疑问。以往都是我主动前往，被老师邀请还是第一次。我想，老师叫我去，一定有什么事情要我办。什么事呢？要我陪他去医院？帮他取东西？接客人？这些疑问一个个冒出，又被一个个否定。究竟什么事呢？想不出来，干脆不想了，到时候就知道了。

时已进入初冬，那一天风还挺大，我骑着自行车顶风北向而行。因为不知道什么事，我到得比较早。黄老师对我说，叫你来没什么事，就是请你来吃顿便饭。吃饭？我更摸不着头脑了。正在发蒙，老师家又来了一位客人，我不认识，但看得出来，是老师的一位挚友。他还带了礼物，交给老师说："这是给你的生日礼物。"我顿时恍然大悟，老师请我吃饭，原来是他的生日！在此之前，我曾想了多种可能，怎么就没想到这点呢？老师的生日，我竟然空着两只手来，顿时感到非常尴尬。黄老师看出了我的心思，说："今天请大家来，不是什么生日宴，就是借此与好朋友聚聚，聊聊天。"一番话说得我心里热乎乎的。在黄老师家吃饭的，家里人除外，只有三个人：历史所的周自强先生、老师那位说不出名字的挚友（老师当时介绍过，由于不熟，没记住），还有我。这是老师 80 岁生日，八十大寿，一般人都要隆重庆祝一番，但老师却办得如此低调。可以说，围在一桌吃饭的，与老师非亲即友。至于我，不论是被视为亲还是友，都是感到荣幸的事。

东汉末期，邴原路过学校悲伤落泪，被老师看见，知道他因无钱入学而伤心，便说："童子苟有志，我徒相教，不求资也"，免费让其入学，这是古代为师传道授业解惑的另一个侧面。跟从恩师二十年，除了传道授业解惑之惠，我也深切感受到老师对学生学习、生活各方面的关心。这些都是我不能忘却的记忆。

编辑《求真务实五十载》的点滴回忆

汪学群

中国社会科学院古代史研究所研究员

2004年中国社会科学院历史研究所成立50年所庆前夕，经所长办公会决定编辑四部书以示纪念，它们是《求真务实五十载》《古史文存》《中国社会科学院历史所》《历史所科研成果目录》，并将出版前两书，后两书作为内部交流。这四部书以"历史所五十年资料汇编"为题申报中国社科院重大课题并获批准。所决定成立课题组，由我担任主持人，齐克琛、黄超峰等分别参加，我又具体负责《求真务实五十载》的编辑。以下仅对此书的编辑做些回忆。

一 学风、承传

《求真务实五十载》属于回忆录。在历史所过去的50年，只有一些同仁发表回忆性的文字，由于多种原因并没有以所的名义组织编写回忆文章。所以有必要编写一部反映所群体记忆的回忆录，我当时在科研处工作，有幸具体负责此书的编辑。编辑此书先要确定范围，其内容应包括本所50年来的历史沿革、学科建设、人才培养、重大学术活动、重要科研成果、老一辈史学家的优良传统和传风等方面，同时也利用一些已经发表的有重要价值的资料。接着与有关领导、专家讨论拟定约稿名单，具体由我当面恭请或打电话邀约。在约稿过程中得到了包括林甘泉、李学勤和陈高华三位原所长及专家在内的全所同仁的支持，最后共收到本所老中青专家文章五十余篇。这些文章以翔实的资料追述历史所创建始末及发展过程，反映老一辈史学家优良的传统和学风，客观再现历史所走过的道路和取得的各项成就，以此激励后学者。

首先要确定历史所编辑回忆录是为了什么？大家的共识就是为了承传。那么历史所承传的是什么？当然是学风，而这一点尤其体现在"求真务实"四个字上，包括这四个字在内的书名是时任所长陈祖武起的。依我的简略理解，从史学角度看，求真就是从客观史料出发去探索历史之真相，务实则是重视考据实证，客观反映历史事实。这反映了历史所的学风，是冠以书名用心之所在。陈祖武在书序中谈及求真务实之学风承传时认为，50年来，一代一代的史学工作者在历史所艰苦奋斗，求真务实，为新中国历史学的繁荣和发展，甘于寂寞，鞠躬尽瘁。由于不可抗拒的自然法则，初创时的众多学术大师都已离世，20世纪60年代中期以前来所的大批专家，亦大都退出研究工作第一线，今天主持本所各个学科工作的专家们在未来几年也将陆续把接力棒传给新兴的学术带头人。正值新老交替之际，回顾既往，瞻望前程，总结50年的历程，推动历史所建设无疑具有重要的意义。另外，他也提到史学界对历史所的支持、爱护与帮助。历史所既属于我们，也属于全国史学界，愿与史学界共同推动历史学的繁荣与发展。总的来说，正值历史所创建50周年，编辑出版此回忆录是十分必要的。

这种求真务实的学风也反映在弄清历史所创建的始末及时间上。所里老同志的大体认知是1954年建所，包括3个所，1958年近代史所独立，其他2个所合并为历史所。时任党委书记的刘荣军利用档案资料记述研究所成立的始末。让我们记住以下几个有意义的时间：1953年，中央决定组织中国历史问题研究委员会，认为中国科学院也应成为历史研究的权威机构，中宣部提议设立从远古到南北朝为第一所，以下为第二所，近代史为第三所。1954年历史所组织机构及其负责人名单如下：历史所第一所所长郭沫若（兼）、副所长尹达，第二所所长陈垣、副所长向达和侯外庐。1960年中宣部的批文如下：中央批准中国科学院历史研究所第一所和第二所合并为中国历史研究所。原历史研究所第三所改为中国科学院近代史研究所。此文以珍贵的资料反映历史所的建立过程。我建议刘荣军把文章置于所长序文之后，他则认为所长的序放在前面，自己的文章垫后比较好，我尊重了他的建议。

回忆录正文第一篇应是反映历史所创建及发展过程总体性的文章，原所长林甘泉来所早，是建所时的元老之一，为最适合的人选。林文回顾了历史一、二、三所在党中央的直接关怀下成立的经过：中国科学院院长郭沫若兼任一所所长，北京师范大学校长陈垣任二所所长，范文澜任第三所所长，一所日常工作由尹达副所长主持，二所则由侯外庐副所长主持，向达兼任二所副所长。史学家顾颉刚、谢国桢、贺昌群、杨向奎、张政烺、胡厚宣、王毓铨、孙毓棠等相继调来历史所，又邀请了史学家蒙文通、唐长孺、谭其骧、白寿彝、翁独健、韩国磐、李埏、邱汉生等参加所里的研究工作和指导青年学者。1958年历史一、二所合并（从时间看，应该是先合并，后批复），所长由郭沫若兼任，尹达、侯外庐、熊德基任副所长。1977年中国社会科学院成立，历史所工作重新走上轨道。文章接着概括历史所这50年的学风及特色，突出取得的成果，也提及不足，并把这些与中国历史学发展联系起来加以考查，认为50年的历史所和新中国历史学发展的历史分不开。历史所取得的成绩是整个史学界成绩的一个组成部分；历史学界所存在的缺点和不足，以及它所走过的曲折道路也在历史所这50年的历史中有所反映。此文客观地概括历史所50年走过的学术道路，何尝不是求真务实学风的体现。

二 史家、风范

历史所最宝贵的是拥有众多的史学家，这方面的文章主要是约请本所诸史学家的弟子及后学撰写。他们以自己的亲身经历为素材，回忆了诸史学家对建所、学科建设及人才培养等方面的贡献。所收文章的文风质朴，行文流畅，可读性极强，并附有一些罕见的老照片，为历史所留下了一批珍贵的史料。

回忆担任所领导的史学家有郭沫若3篇、陈垣2篇、侯外庐3篇、向达1篇、尹达2篇、熊德基1篇。翟清福回忆郭沫若和尹达，两人从1953年起就成了上下级的关系，几十年间，他们关系融洽。郭沫若平易近人，工作中讲民主，尹达以郭沫若私淑弟子的身份，尊敬郭沫若，合作很好，工作顺利，做出有目共睹的成绩。谢保成追述郭沫若主编《中国史稿》的历程，介绍郭沫若主编这部中国通史的缘起和经过，再现他对编写的领导和对书稿的具体修改等情况。郭平英回忆郭沫若纪念馆馆名变化的由来。纪念馆于1988年对外开放，称郭沫若故居，1994年称纪念馆。但中国社科院内仍称郭著，即郭沫若著作编辑出版委员会，始于1978年。陈垣曾任历史所二所所长，回忆录收录他在历史所学术委员会扩大会议上的讲话,时间是1961年,后半部分曾以《谈谈文风和资料工作》为题发表在当年的《光明日报》上。文中提出以正确的思想来指导工作,才能作为资料的主人。陈智超撰写的陈垣传记,原为《当代中国社会科学名家》一书写的传记,系统地回顾陈垣的学术人生。李学勤则借《侯外庐史学论文选集》一书的出版之际,回忆自己与侯外庐的交往,其治学对自己深刻的启迪。步近智回忆侯外庐所独创的思想史与社会史结合的科学研究道路和科学的育才之道,并形成新的学术流派,即外庐学派(又称侯门学派)。卢钟锋结合自己在所里的学习与工作,回忆了侯外庐"以任务带学科"的理念,对中国思想史学科建设的贡献。肖良琼以亲身经历回顾向达为历史所科研人员上《史学概论》的场景,以及对年轻学者的培养。刘宗弼不顾年老体弱撰写文章追忆了尹达对历史地图工作的贡献和对他本人的指导,王震中则主要是通过对尹达的学术特色和足迹,以及对学生们学习生活指导的回顾,以表缅怀之情。刘驰回忆熊德基长期担任历史所副所长,毕生致力于史学研究工作。

回忆史学家的有顾颉刚4篇、谢国桢3篇、沈从文1篇、贺昌群1篇、翁独健1篇、吴晗1篇、杨向奎3篇、王毓铨2篇、孙毓棠1篇、胡厚宣2篇、张政烺2篇、杨希枚1篇、马雍1篇。首先选用杨向奎、胡厚宣在其师顾颉刚一百周年诞辰纪念会上的发言,杨向奎把顾颉刚的治学精神概括为大胆创新、艰苦卓绝、一丝不苟、精深博大;胡厚宣肯定顾颉刚《古史辨》对中国史学有伟大贡献。胡一雅则以"润物细无声"为题回忆起顾颉刚与同辈学人叶圣陶、俞平伯、王伯祥等人的交往。接下来是顾潮和顾洪的回忆,顾潮回忆其父整理古籍的过程,顾洪则介绍其父的藏书始末(20世纪50年代末,顾颉刚住在东城干面胡同，当时我家也在此居住，我父母在哲学所工作，父亲曾拜访过顾颉刚，他的日记对这件事有记载，我当时还小，后来父亲告诉我他家里全是书）。刘重日以"文章、风范、长者"为题回忆谢国桢一个真正学者恬淡的一生。商传以读《瓜蒂庵小品》为题，认为真正能表现谢国桢生平风格包括学风文风的当属此书。杨志清以《瓜蒂庵小品》与《刚主题跋》为主题概述谢国桢的藏书曲折经历。王亚蓉记述沈从文《中国古代服饰研究》的撰写及出版，以及带她走进充实难忘的人生。萧良琼介绍贺昌群为学术追求的一生。张显清则以"难忘四年"为题缅怀吴晗对自己的教诲。周远廉以"基础扎实、成效显著"为题记述杨向奎的施政及其成效，何龄修以"风范长存"来悼念杨向奎，郭松义回忆进所初期杨向老对自己的培养。王春瑜回忆王毓铨是个实话实说的典型书生，王曾瑜追念与王毓铨相交的种种往事。余太山以"醉中有高山流水"为题，回忆了编辑《孙毓棠诗集》的前前后后。宋镇豪记述胡厚宣求学治甲骨学的历程，王宇信以"传经还望君"为题记述胡厚宣治学及对后学的培养。陈智超则以访谈的形式记录张政烺的学术道路，王曾瑜则从学识渊博和待人真诚两方面介绍他所认识的张政烺师，以及张永山的以"启人心智、催人奋进"为题追忆《张政烺文史论集》编辑的前前后后。还有陈绍棣的以"我们永远记着他"为题记述了杨希枚的学术人生，余太山以"此心今已许天山"为题记述马雍《西域史地文物丛考》编辑后记。李学勤为日本学者大庭脩《兰园大庭脩自用印集》所写的序，此文用繁体字写成，他写便条嘱咐我用简体字帮他抄录。最后是陈高华以"哲人风范长存"为题回忆了几位已故的史学家，他们是翁独健、杨向奎、孙毓棠和马雍，回顾与他们的交往，以及为人治学特色。学问之道，薪火相传，史学家的道德文章通过弟子及后学们的妙笔而生辉,可谓"高山仰止,景行行止",为历史所留下了一笔宝贵的精神财富。

三 学科、成果

历史所的科研规划在设立研究室的基础上尤其重视特色学科的建设,如甲骨学殷商史、简帛学、敦煌学、徽学、历史地理、思想史等学科,这方面也都请专家们予以回顾。

宋镇豪回顾甲骨学殷商史学科,其前身是中国科学院历史研究所先秦史组,1954年成立,组长是尹达、副组长是胡厚宣。1978年改组为中国社会科学院历史研究所先秦史研究室,先后由胡厚宣、李学勤、周自强、杨升南、宋镇豪任主任。该学科撰成《甲骨文合集补编》《甲骨文献集成》等,当时正在撰写的十卷本《商代史》后来也出版。谢桂华回顾50年来历史所简帛研究,栉风沐雨,成就斐然。如居延汉简、马王堆帛书、云梦秦简、尹湾汉墓简牍、郭店楚墓竹简、额济纳汉简的整理与研究,另有张家山汉简、上海博物馆藏楚竹书、孙家寨汉简的整理与研究等。张政烺、李学勤、裘锡圭、谢桂华先后任负责人。后来简帛研究中心成立整合所内外研究力量,《简帛研究》《简帛研究译丛》是其品牌。陈寅恪曾有"敦煌者,吾国学术之伤心史也"的痛语,宋家钰回忆从《敦煌资料》到《敦煌古文献》再到《英藏敦煌文献》的编辑,渗透着几代历史所人的努力。张弓以日记的形式回忆《英藏敦煌文献》搜集、整理、编辑的过程,透露出"泪眼亲瞻怜落寞,暂接倩影慰故园"的心境。

栾成显以亲身经历回顾徽学的发展历程。主要是历史研究所藏徽州契约文书,60年代初步得到整理,改革开放后愈来愈得到重视。1983年，历史研究所、经济研究所、中国历史博物馆及安徽省博物馆四单位各自将其所藏徽州契约文书整理出版，历史所成立徽州文书整理组，开始系统整理。1991年出版了大型文书档案资料丛书《徽州千年契约文书》，1993年中国社会科学院徽学研究中心正式成立，主任为周绍泉，成员包括刘重日、栾成显、王钰欣、张雪慧、罗仲辉、陈柯云等，召开多次学术会议，徽学兴起。陈可畏和邓自欣回忆历史地理组的成立与任务。清末杨守敬编绘《历代舆地图》，1954年有关部门布置改绘此图任务。后改为《中国历史地图集》，历史所是重要协作单位，派陈可畏等5人去复旦大学历史地理研究室参加编辑工作。1977年中国社会科学院成立，恢复《地图集》主办单位，组织修改增补定稿，此集于1982年出版。又有《中国历史大辞典·历史地理分册》《历史大地图集》等，陈可畏、卫家雄、田尚、杜瑜弟、邓自欣等参与其中。回忆录虽然没有单列思想史学科，但卢钟锋回忆侯外庐时讲到思想史学科的发展。通过撰写《中国思想通史》培养一批思想史专家，学科始终坚持以集体方式承担科研任务，充分体现了学术研究中团结协作的精神，这是该室的传统，后来出版的《宋明理学史》《中国经学思想史》等体现了这一点。步近智回忆侯外庐与杜国庠、邱汉生等人的合作精神，以及对人才的培养，涉及如后学何兆武、"诸青"包括李学勤、张岂之、林英和杨超，还有步近智、黄宣民、卢钟锋等学者。

当时的历史所如果以改革开放为界，那么20世纪五六十年代来所的大学生、研究生为老年一代，改革开放以后来所的硕博研究生，包括改革开放初留所的第一届研究生为中年一代。张泽咸、李斌城和黄正建分别代表老、中二代，他们的文章回忆各自学术群体及自己成长的过程。50年代来所的张泽咸回忆起张政烺、孙毓棠、王毓铨等对他的指导，60年代来所的李斌城回忆了杨向奎、张政烺、孙毓棠、王毓铨对自己的培养，80年代来所的黄正建对所里特殊群体"黄埔一期"做了追述。这批学者是1978年恢复招生的第一届研究生，当时的指导老师有尹达、侯外庐、张政烺（副导师李学勤）、杨向奎、王毓铨、孙毓棠、胡厚宣、谢国桢、熊德基，所外的有傅衣凌、徐仲舒、陈乐素、白寿彝、吴泽、王静如、唐长孺，他们大都是所里的兼职研究员。培养的学生留在所里的有谢保成、罗仲辉、姜广辉、陈祖武、余太山、宋镇豪、商传、刘驰、王培真、赖长扬、张弓和黄正建。他们当中有的走上所领导岗位，大都是研究室主任，成为各学科的带头人、骨干力量。

50年来，历史所科研成果丰富，出版了大量有学术价值的著述，主要有《甲骨文合集》《英藏敦煌文献》《中国历史大辞典》及《二十四史》的整理等。这方面的文章有：孟世凯回顾了郭沫若、胡厚宣总编辑《甲骨文合集》，项目始于20世纪50年代末，1982年底出版。它是一部集80年代前殷墟甲骨文研究之大成的著作，20余位学者先后参加这一系统工程，是集体智慧的结晶。宋家钰和张弓从不同角度回忆《英藏敦煌文献》编辑及出版始末。吴树平曾在中华书局工作，回忆历史所先辈与《二十四史》的整理。此书的整理发端于1958年，1974年出版，历时16个春秋。张政烺、翁独健、王毓铨、孙毓棠分别主持《金史》《元史》《明史》《清史》，顾颉刚是整理《二十四史》的第一人。标点、校勘的范本，由他总其成，对《二十四史》负责、对读者负责，此书被学界公认为最可信赖的版本。李世瑜回顾《中国历史大辞典》的编纂历程。20世纪50年代有关于中国历史辞典编纂计划，直到1979年《中国历史大辞典》编纂启动，梁寒冰、李学勤、胡一雅参与领导工作，所里许多专家参与其中，2000年由历史研究所组织全国史学家编纂的《中国历史大辞典》出版。

另外，回忆录也收录了一些记述重要会议的文章。童超回忆历史研究所参与中国史学会的筹建。学会于1949年7月1日，由郭沫若、陈垣、尹达、侯外庐、向达等发起，翌年成立。1980年重建，所里8位历史学家选为理事，尹达、梁寒冰、林甘泉进入领导层。学会举办学术会议、参与国内外学术交流活动、支持史学书刊编辑出版、评奖工作等，为发展和繁荣历史学作出应有的贡献。李祖德记述《中国史研究》的创刊。1979年《中国史研究》编辑部建立，由林甘泉主持，李祖德和宋家钰协助，王宇信、王春瑜等帮助组稿和审稿。办刊指导思想是学术性刊物，以马克思主义理论为指导，贯彻"百家争鸣"方针，依靠广大史学工作者办刊，论从史出是其独特风格。周年昌回忆长沙会议和古代史"六五"规划。1983年全国历史学科规划会议在长沙市召开，主要内容是研究审定"六五"期间重点研究项目，王戎笙主编《清代通史》和《清代人物传》、侯外庐等主编《宋明理学史》、张政烺等负责《敦煌文书整理研究》、林甘泉主编《中国封建社会土地制度》等立项。尤其是"七五"重点项目《中国经济通史》在此孕育，后来出版。

四 结项、评价

《求真务实五十载》作为当年中国社科院重大课题的组成部分，其结项时得到专家们的一致好评。原所长李学勤说：历史研究所筹建于中华人民共和国成立初年，半个世纪以来在史学界起了重要的作用，是国内外学术界公认的。总结历史所的发展经验和学术成果，对于近年备受重视的20世纪学术史的研究，有很重要的意义。历史所有着长期丰富的学术档案积累，在当前予以整理汇辑，是非常及时，也很有必要的。原党委书记卢钟锋说：第一，材料翔实，是了解该所50年沿革的较为齐全的资料汇编。第二，史料价值高，搜集了一批有关老一辈史学家的纪实回忆文章。第三，学风严谨，还历史研究所以原貌，反映求真务实的严谨学风。考古所原党委书记张显清说：展示了几代学者脚踏实地，甘于寂寞，求真务实，刻苦钻研的优良学风，而这正是今日需要大力提倡和发扬的。北京大学原历史系主任王天有说：中国社科院历史所是中国古代史研究的重镇，人才济济，成就斐然，为国内外学术界所尊重。历史所建所五十年所走过的道路，可视为新中国史学发展的缩影。求真务实的五十年，它既是历史所的宝贵财富，也是史学界的共同财富。

　　遵照所领导的建议，此书稿在送出版社之前，我写后记如下：今年是中国社会科学院历史研究所创建50周年，为了纪念这50年薪火传承的艰苦奋斗历程，本所决定编辑出版一部追述以往的回忆录。征稿通知一经发出，便得到了老中青三代专家、历届所领导的积极响应与大力支持。有的不顾年老体弱搦管直书，有的拨冗赐稿，有的出示旧作以供参用，有的提出宝贵意见与建议，在广大专家的共同参与之下，征稿工作圆满结束。书面落款是中国社会科学院历史研究所编，后记中我名字三个字是陈祖武建议加上的，这也是对我具体付出劳动的肯定。本书出版后得到学术界同行的重视，给予积极评价。并被《人民日报》《光明日报》《中华读书报》《人民政协报》《北京晚报》《北京晨报》等报刊转载或引用。我去香港、台湾学术交流，把此书赠予港台学者，也得到他们的肯定，称此书为史学界保存了珍贵的资料。不久前科研处长陈时龙跟我讲，所里还保存些《求真务实五十载》一书，每当所里来新同志就发一本，以便了解本所的历史。

  2024年是历史所成立70周年，今年所里约我撰写回忆性的文章，我原打算写自己这些年治学方面的心得。后来想我曾编辑《求真务实五十载》一书，时隔20年，我再回忆编辑《求真务实五十载》，更有意义。我在历史所工作21年，主要精力用在做学问上，出了些研究成果，算是没有虚度，那也不过是个人的一点成绩而已。而我有幸编辑《求真务实五十载》一书则是为本所做了一点贡献，是一件有意义、值得骄傲的事。我原是学哲学出身，来历史所又晚，对历史所乃至于史学界了解不多。通过编辑回忆录，包括约稿，与专家们聊天，阅读每一篇文章，使我对历史所有了比较全面的了解。《求真务实五十载》的编辑距今已经20年，作为回忆录其自身也成为回忆，当时的作者有些已经不在，抚今追昔，感慨万分。历史研究所现在更名为古代史研究所，所幸的是求真务实的学风没有中断。所庆60年之际编辑出版《求真务实六十载》、70年又将编辑出版《求真务实七十载》，则是其学风的体现。愿本所求真务实的学风一代代传递下去。

我经历的所馆分立与合并

赵笑洁

中国社会科学院古代史研究所党委书记、副所长

在古代史所（原历史所）迎来建所70周年之际，郭沫若纪念馆（原郭沫若著作编辑出版委员会、郭沫若故居）也迎来建馆46周年。郭沫若是第一任所长，这注定了研究所和纪念馆无论在各自的道路上如何发展，最终还是会相交相融。数十年弹指一挥间，所馆领导的配备调整，隶属关系分分合合，这种"与生俱来"的缘分难以分割，所馆领导和同仁之间的相互支持和合作给人们留下了很多难忘回忆，也永远记录在了研究所和纪念馆的发展史上。

在古代史所70年发展史中，有过许多合作机构和学术团队，也有过在一个时期内与一些单位因机构调整而合并、分立的，郭沫若纪念馆就是其中之一，并且两度合并。综观纪念馆46年的馆史，工作职责从最初单纯的编辑出版郭老的著作发展到融学术研究、文物保护、展览展示、对外宣传、社会服务于一体的全国重点文物保护单位、北京市爱国主义教育基地，成为首都名人故居纪念馆有影响力的知名博物馆，中国社会科学院对外开放的宣传窗口，这与所馆几代领导和专家学者紧密相关，并为纪念馆发展打下了良好的基础。

一　从成立到发展（1978年8月至2002年10月）

郭沫若纪念馆是在1978年郭老逝世后成立的《郭沫若文集》编辑出版委员会（后更名为郭沫若著作编辑出版委员会），以及之后并行的郭沫若故居基础上发展而来的，现在许多老同志仍习惯地称之为"郭著"或"郭编"。

《郭沫若文集》编辑出版委员会的主要职责是"搜集整理郭沫若同志未出版的文稿、书信、札记、谈话记录等"。从1978年8月9日的最初编委会委员组成名单看，周扬担任主任，20位与郭老相关研究领域的专家学者担任委员，其中就包括历史所的侯外庐。委员会下设办公室，成员为吴伯箫和历史所黄烈。同时明确了由社科院文学所、历史所、考古所、哲学所分别担任有关方面文稿的编辑工作。1982年10月8日，院党组批准郭著编委会和郭沫若故居成立一个办公室为局级机构，吴伯箫为办公室主任，历史所黄烈、文学所马良春为办公室兼职副主任。1988年9月21日，中宣部批复增补历史所林甘泉、文学所马良春为郭著编委会副主任委员。1988年11月28日，社科院任命林甘泉为郭沫若故居馆长，直至1994年1月28日郭平英接任馆长。

从上述人事任命不难看出，"郭著"作为中国社会科学院新成立的一个独立机构，主要领导和编委会委员都由历史所的专家学者担任，许多所里的研究人员也参与了"郭著""郭馆"的研究和建设工作。这些同志大都跟老所长郭沫若有过学术往来、共过事，所以也从未拒绝过对馆里的帮助。尽管对于所里学者而言，郭沫若研究不是他们的主责，相反却占用了他们大量时间,这种无私奉献的行为使人们感受到历史所的"求真务实"精神,这种精神也对纪念馆的工作发挥着巨大影响。在郭沫若纪念馆努力成为全国郭沫若研究中心、资料中心、宣传中心的"三大中心"建设道路上,离不开历史所在学术和管理上的有力支持。

1983年5月,郭沫若研究学术座谈会在京召开,会议期间成立了"中国郭沫若研究会",选举产生第一届理事会。8月,中国郭沫若研究会召开第一次常务理事会,决定出版《郭沫若研究》。黄烈自1983年5月至2002年11月担任副会长。林甘泉自1993年10月至2008年11月期间担任副会长、会长,此后担任名誉会长,直至2017年10月去世。谢保成自2002年11月至2014年6月担任副会长。《郭沫若研究》截止到2023年,共出版了19辑,其中所馆同仁共发表文章56篇,包括研究所同仁发表的31篇,纪念馆同仁发表的25篇,共同为郭沫若研究贡献了力量。

在这20多年间,历史所作为纪念馆的主要科研指导和合作单位,帮助纪念馆成功举办了郭沫若诞辰90周年、100周年以及郭沫若逝世10周年、20周年系列活动,特别是1999年首届郭沫若中国历史学奖的设立和颁奖活动,引起了学界的广泛关注,推动了中国史学研究的高质量发展,也对广大史学工作者、编辑工作者和学术出版单位研究郭沫若起到了极大的推进作用。其间所馆合作的郭沫若研究工作也蓬勃开展,主要科研成果包括:由所里学者参与组建的郭沫若著作编辑出版委员会编《郭沫若全集·历史编》(1982),中国郭沫若研究会、《郭沫若研究》编辑部编《炼狱式的爱国主义者的战斗一生——郭沫若爱国主义思想论集》(1985),叶桂生、谢保成著《郭沫若的史学生涯》(1992),刘茂林、叶桂生著《郭沫若新论》(1992),

林甘泉、黄烈主编《郭沫若与中国史学》（1992），郭沫若故居、中国郭沫若研究会主编《郭沫若百年诞辰纪念文集》（1994），中国郭沫若研究会主编《郭沫若与儒家文化》（1994）、《郭沫若与东西方文化》（1998）、《郭沫若与20世纪中国文化》（2002），林甘泉主编《文坛史林风雨路——郭沫若交往的文化圈》（1999），谢保成著《郭沫若学术思想评传》（1999）等。

二 所馆合并，一个机构两块牌子
（2002年10月至2013年9月）

所馆合并的前奏是2001年11月9日中国社会科学院院务会研究决定，任命郭平英为历史研究所副所长，同时兼任郭沫若纪念馆馆长。到2002年10月18日，根据中编办下达的中国社科院所属事业单位机构编制的通知，"郭沫若纪念馆与历史研究所合并，一个机构两块牌子，保留郭沫若纪念馆独立的法人资格"。所党委分工由党委书记刘荣军分管郭沫若纪念馆，在历史所党委的领导部署下，陆续配齐了郭沫若纪念馆的副馆长，我也是其中的一位，还被选举为历史所纪委委员。

这期间，在历史所党委和专家学者的支持和关心下，各项工作得到了有力推动。在科研方面，成功举办了郭沫若诞辰110周年、120周年以及第二届、第三届、第四届郭沫若中国历史学奖等一系列评奖活动；出版了由中国郭沫若研究会、四川省郭沫若研究学会主编的《郭沫若与百年中国学术文化回望》（2005），王戎笙著《郭沫若书信书法辩伪》（2005），中国郭沫若研究会、郭沫若纪念馆编《郭沫若研究三十年》（2010），郭沫若纪念馆、中国郭沫若研究会、四川郭沫若研究中心编

《郭沫若与文化中国》(2013)。2004年3月，所馆联合举办了"纪念《甲申三百年祭》发表60周年学术座谈会"，次年出版了《〈甲申三百年祭〉风雨六十年》。

在人才培养方面，这十年正是纪念馆人员新老交替的困难时期，有17位老同志相继退休，纪念馆人才断档、青黄不接。所党委安排人事处帮助馆里申报人才引进计划，从2007—2013年共引进10名应届毕业生和青年人才，为纪念馆人才队伍建设提供了后续力量和有力保障。

在对外交流和宣传上，历史所支持馆里"走出去"扩大国际影响力，赴日本、韩国等举办郭沫若相关展览及文化活动。在与国内同类型名人故居纪念馆的合作上，在世纪之交的2000年，支持成立"八家"名人故居纪念馆联盟，如今"八家"已升级为"8+"，聚集了京津冀、长三角、珠三角的14位名人的19家故居纪念馆，成为享誉博物馆界的"乌兰牧骑"。

三 从历史所分立管理，"内外有别"
（2013年9月至2021年3月）

2011年8月25日和2012年3月23日，中国社会科学院院务会分别任命崔民选为历史研究所副所长和郭沫若纪念馆馆长。7月25日，中国社会科学院院长王伟光、副院长张江到郭沫若纪念馆调研，所党委书记刘荣军陪同。经2013年9月26日院党组会议研究决定，"郭沫若纪念馆从历史所分立管理"，规定了"在人事、行政、科研、外事、财务、党团等内部管理方面，对郭沫若纪念馆参照院直属单位对待"，"郭沫若纪念馆在向中央有关部门报送材料时，仍以中央编办核批的'与历史所一个机构两块牌子'办理，不得单独统计和行文"等五个方面的有关事项。

　　分立后，纪念馆的独立性和自主性凸显，这个时期，我国博物馆事业出现了空前繁荣发展的大好局面，使得纪念馆优势得以更好发挥。在院党组的大力支持下，纪念馆抓住历史机遇，对内加强自身建设，文物的弘扬、保护和利用得以全面提升，对外服务社会的能力和国际影响力不断加强。从2016年开始，按照中国社科院要求，纪念馆用了三年时间先后完成可移动文物清理核实工作和古籍清理核实工作，其间与北京语言大学中东学院、埃及苏伊士运河大学三方在苏伊士运河大学建立"郭沫若中国研究中心"，成为"一带一路"倡议下首个以中华名人命名的海外研究中心；2017—2018年，在院领导关怀下，纪念馆获批基础设施修缮维护经费，相继完成水电路改造、西院展厅整体修缮、东侧会议室修缮、地下室改造等工程，纪念馆文物主体建筑和基础设施得到大力改善。2019年，结合"不忘初心、牢记使命"主题教育，推出"甲申三百年祭——反腐倡廉话甲申展"。2020年，纪念馆对文保主体建筑构件四合院垂花门进行3D扫描；2020—2021年，对纪念馆全国重点文物保护单位的利用与保护现状进行全面评估，形成《郭沫若纪念馆价值评估与现状评估报告》，为下一阶段纪念馆保护提供了依据。

　　虽然分立管理了，但所领导仍然十分关心和支持纪念馆的发展，使得纪念馆得以保持博物馆特性，也在科研上得到了发展。由于"内外有别"的管理模式，对外上报的一些材料还需要所党委的批准，所领导和所里的专家学者并没有因为所馆分立而受影响，一如既往地给予纪念馆无偿支持。2016年2月18日，中国社科院任命我为历史所副所长兼郭沫若纪念馆馆长，担起了新的职责和使命，也把我和历史所更加紧密地联系起来。

在此特别要提及林甘泉先生。林先生学术积淀深厚，成就卓著，但他在郭沫若研究上的工作却往往被人忽略。林先生在我们心目中既是领导、专家，更是一位和蔼可亲、没有距离感的长辈。郭沫若中国历史学奖前四届的评奖过程历时近13年，我作为评奖办公室的一名工作人员，在评奖过程中遇到很多难题，常常打电话或是上门请教林先生，他总是耐心解答或想办法。我坐在他家的小板凳上，望着被满屋凌乱书籍包围的林先生，望着他那略带童真的憨笑，宽阔的额头，眼镜后睿智的目光，恍惚间感觉到与郭老何等的神似。他的斗争精神也值得我永远学习，1999年，林先生组织撰写了《文坛史林风雨路——郭沫若交往的文化圈》一书，他以"嘤其鸣矣，求其友声"为题，撰写长文，全面叙述、评价了郭沫若的一生，并以其作为"代序"。这本书的编撰，对当时个别借"反思"之名，行攻击、污名化郭沫若之实的浊流进行了有力的反击。郭沫若纪念馆原副馆长蔡震曾经回忆了2003年《郭沫若年谱长编》作为中国社会科学院A类重大课题立项、启动，由林先生与蔡震主持课题。林先生是时已经不再担任馆长了，这个课题是《郭沫若全集》出版后，郭沫若纪念馆立项的最重要的一个课题项目，也是郭沫若研究领域一个非常重要的课题项目。林先生不幸于2017年10月25日去世，他耗费了十年心血主持编撰的五卷本《郭沫若年谱长编》于他去世的几天后出版，大家对此都感到十分惋惜，但郭沫若研究界将永远记住林先生所做的这一切。

四 所（馆）党委统一领导，实行一体化管理（2021年3月至今）

2019年1月2日，中央编办关于组建中国历史研究院的批复：中国社会科学院历史研究所（郭沫若纪念馆）更名中国社会科学院古代史研究所（中国历史研究院古代史研究所、郭沫若纪念馆、中国国学研究与交流中心）。2019年4月24日，中国社科院党组任命我为古代史所党委书记，5月28日时任中国社会科学院副院长的高翔同志在全所大会宣布任命。

2021年3月12日，中国社科院党组会议决定"根据中央编办批复意见，古代史研究所（郭沫若纪念馆）为一个机构两块牌子，由古代史研究所管理郭沫若纪念馆"。2021年7月9日，院人事教育局《关于调整古代史研究所（郭沫若纪念馆）管理体制的通知》决定，"古代史研究所（郭沫若纪念馆）由所（馆）党委统一领导，实行一体化管理"。并进一步就相关事宜做了说明："郭沫若纪念馆不再参照院直属事业单位对待，日常工作一般以古代史研究所（郭沫若纪念馆）名义收发、报送文件。""考虑郭沫若纪念馆实际情况和博物馆独立运行的特点规律，郭沫若纪念馆实行所（馆）党委领导下的馆长（法定代表人）负责制，郭沫若纪念馆馆长（法定代表人）负责馆务工作以及郭沫若纪念馆各内设机构的日常管理。"经所党委讨论研究，考虑到我长期工作在纪念馆熟悉情况，分工由我分管纪念馆的工作。

这次所馆合并，是中国社科院党组贯彻落实习近平总书记致中国历史研究院贺信精神的一项重要举措。所党委按照院党组、人事教育局的通知要求，反复商议、落实具体合并事宜，提出"所馆一体，共同发展"的管理理念，在充分保留郭沫若纪念馆博物馆特性和持续发展已有的社会影响力的基础上，积极发挥所馆传统文化和红色文化的丰富资源，为青年人搭建平台，所班子成员亲自与院相关部门沟通，短短两年多的时间，在党建、行政和业务工作等方面给予扶植和倾斜，协助纪念馆转正预备党员 2 人、发展入党积极分子 3 人、引进青年人才 4 人、晋升职务职称 8 人，遴选研究生导师 2 人。2022 年，纪念馆党支部被评为中央和国家机关"四强"党支部。郭沫若纪念馆的发展史，也是所馆融合发展的历史。

经过数十年的合合分分，这再度的合并虽然给古代史所和纪念馆在行政管理上造成了一些困难，增加了一定的工作量，但之前良好的合作基础、感情基础，成为了一种无法用语言表达的默契，自然而又亲切，面临的困难也得以迎刃而解。

再度合并后，所党委非常重视提升郭沫若纪念馆的学术研究和扩大对外的学术影响力。2022 年郭沫若诞辰 130 周年，4 月 22 日由中国历史研究院主办，中国社会科学院（中国历史研究院）古代史研究所（郭沫若纪念馆）、中国郭沫若研究会、中国历史研究院历史研究杂志社承办的"郭沫若与中国共产党"国际学术研讨会暨中国郭沫若研究会第五届青年论坛在中国历史研究院召开。这是新冠疫情暴发以来，在京召开的所馆线下学术会议规模最大的一次。同年 11 月，由中国社会科学院古代史研究所、乐山师范学院、绍兴文理学院主办，中共乐山市沙湾区委、沙湾区人民政府、中国郭沫若研究会、四川省郭沫若研究会协办，郭沫若纪念馆（北京）、乐山师范学院文学与新闻学院、绍兴文理学院鲁迅研究院、四川郭沫若研究中心承办的"纪念郭沫若诞辰 130 周年暨'新文科'视野下的郭沫若研究国际学术研讨会"在四川乐山师范学院召开，古代史研究所所长卜宪群致辞。2023 年 4 月 6 日，中国社会科学院古代史研究所（郭沫若纪念馆）、四川大学文学与新闻学院共建的"四川大学郭沫若研究基地"揭牌仪式在四川大学举行，古代史研究所所长卜宪群致辞并为郭沫若研究基地揭牌，为首批特聘专家颁发聘书，同时举办了"郭沫若与四川大学——纪念郭沫若诞生130周年特展"揭幕仪式、《郭沫若研究年鉴2020》发布仪式。卜宪群在致辞中指出，古代史研究所的老所长郭沫若先生是我国新文化运动中孕育成长起来的杰出作家、诗人和戏剧家，又是最早学习运用马克思主义的历史学家和古文字学家，是中国马克思主义史学的开创者、为新中国奋斗了一生的革命家和忠诚的无产阶级文化战士。郭沫若研究是一门博大精深的学术体系，也是一门与时俱进的学术范畴，需要在实践中提升，在实践中完善。郭沫若研究基地的创立，将是四川大学在教学领域中的一次重要突破和尝试，同时也是中国社会科学院古代史研究所（郭沫若纪念馆）"科研立馆"的进一步举措。2023年9月，为即将到来的古代史所建所70周年营造氛围，传承和弘扬古代史所"求真务实"的学风，所馆联合举办"仰之弥高 钻之弥坚——中国社会科学院古代史所学术大家文献展"，充分利用所史工程中发现的郭沫若、陈垣、顾颉刚、向达、侯外庐等17位史学名家代表著作、珍贵档案文献，展示古代史所先辈学人的治学风范和史学成就，通过他们的经历见证古代史所的发展历程，这个展览是所馆发挥各自优势的一次深度合作和尝试。

此次合并后，古代史所谢保成先生出版了《郭沫若学术述论》（2022），中青年学者开始关注郭沫若研究，在《郭沫若研究》发表论文数量不断增加。

所馆因机构改革分分合合，我作为一名亲历者、参与人，能在学术积淀深厚的古代史研究所和全国重点文物保护单位郭沫若纪念馆工作，倍感荣幸和自豪。特别是近几年来，我能与全体同仁一起投入到迁址"搬家"的紧张工作中，齐心协力克服新冠疫情带来的困难，圆满完成一项又一项重要任务，共同见证我们党带领全国各族人民踔厉奋发所取得伟大成就，内心充满了勇气和力量。

70年风雨兼程,70年只争朝夕。衷心祝愿古代史所、郭沫若纪念馆在所党委的坚强领导下,发扬古代史所"求真务实"和纪念馆"在平凡中坚守,在实干中笃行"的精神,在传承发展中国传统文化、赓续红色血脉的道路上取得更加辉煌的成绩!

(本文资料来自郭沫若纪念馆档案资料。有关资料由郭沫若纪念馆胡淼和陈瑜梳理提供。)

附一 中国社会科学院古代史研究所（中国历史研究院古代史研究所）内设机构简介

中国社会科学院古代史研究所（中国历史研究院古代史研究所）是中国社会科学院直属事业单位。作为我国历史学领域的国家级学术机构，主要研究上起原始社会，下迄1840年以前的中国历史，集断代史、专门史、通史研究于一体，以基础研究为主，兼顾应用对策研究，学科门类齐全、研究领域广泛。

古代史研究所前身是1954年组建的中国科学院历史研究所第一所、第二所，一所所长由中国科学院院长郭沫若兼任，二所所长由陈垣兼任。1960年2月26日中央批准一所和二所合并为中国历史研究所，5月24日中国科学院第一次院务常务会议正式通告改名为中国科学院历史研究所，所长由郭沫若兼任。1977年改属中国社会科学院，2019年1月更名为中国社会科学院古代史研究所（中国历史研究院古代史研究所）。侯外庐、林甘泉、陈高华、李学勤、陈祖武、卜宪群先后担任所长，马建民、梁寒冰、林甘泉、卢钟锋、刘荣军、闫坤、余新华、赵笑洁先后担任所党委书记。

70年来，古代史研究所始终坚持马克思主义立场、观点、方法，秉承求真务实、为国家、人民做学问的优良传统和学风，薪火相传，勤勉治学，成果丰硕，影响深远，在学科建设、理论创新、人才培养、学术交流等方面都取得了令人瞩目的成绩，极大地推动了国内外中国古代史研究的深化和拓展。

中国科学院时期的历史研究所第一所设有先秦史、秦汉魏晋南北朝史两个研究组；二所设隋唐史、元蒙史、明清史、思想史四个研究组。其后，所辖机构屡有变迁，现古代史研究所共设先秦史研究室、秦汉史研究室、魏晋南北朝史研究室、隋唐五代十国史研究室、宋辽西夏金史研究室、元史研究室、明史研究室、清史研究室、古代思想史研究室、古代文化史研究室、古代社会史研究室、古代中外关系史研究室、历史地理研究室、古代通史研究室、编辑部、综合处、科研处、郭沫若纪念馆办公室、郭沫若纪念馆研究室、郭沫若纪念馆文物与陈列工作室、郭沫若纪念馆公众教育与资讯中心等21个内设机构。

先秦史研究室 前身是中国科学院历史研究所第一所在1954年成立的先秦史组，尹达任组长，胡厚宣任副组长。1978年改为先秦史研究室。中国社会科学院甲骨学殷商史研究中心、中国殷商文化学会秘书处、中国先秦史学会秘书处均设在该室。研究领域涵盖新石器时代与夏商西周春秋战国各断代，涉及中国文明起源、政治制度、历史地理、甲骨学、青铜器学等众多学科和研究领域。先秦史研究室作为中国社科院优势学科的责任单位，主要科研任务是整理与解读殷周甲骨文与金文史料，并在此基础上集中推进政治制度、历史地理、文化思想等先秦史专题研究以及中国文明起源、殷周对后世国家与社会之影响等相关问题的探索。研究室历任主任（组长）为胡厚宣、李学勤、周自强、杨升南、宋镇豪、徐义华。现有研究人员11名，主任刘源。代表性学术成果有《甲骨文合集》《英国所藏甲骨集》《甲骨文合集释文》《甲骨文合集补编》《中国社会科学院历史研究所藏甲骨集》《商代史》等。

秦汉史研究室 前身是中国科学院历史研究所1954年成立的秦汉魏晋南北朝史研究组，组长贺昌群。1960年改为秦汉魏晋南北朝史研究室，主任贺昌群。1978年单独设立战国秦汉史研究室，主任林甘泉。1991年再次合并为秦汉魏晋南北朝史研究室。2014年调整为战国秦汉史研究室。2019年调整为秦汉史研究室。研究领域涵盖战国史、秦汉史、简帛学三个学科。中国社会科学院简帛研究中心挂靠该室。中国秦汉史研究会秘书处设在该室。该室坚持关注重大学术问题和理论问题，借助相关传世文献和出土资料的系统整理，在经济史、政治制度史等传统优势领域的基础上，又拓展了法制史、社会史、思想文化史等领域的研究，并积极参与古史分期、汉民族形成、东方专制主义、新儒学、"封建"名实等重大历史问题的讨论。研究室历任主任（组长）为贺昌群、林甘泉、吴树平、谢桂华、李凭、卜宪群、杨振红、邬文玲。现有研究人员9名，主任赵凯。该室代表性成果有《中国史稿》第2、3卷，《中国古代史分期讨论五十年》《中国历史大辞典·秦汉卷》《居延汉简释文合校》《尹湾汉墓简牍》《秦汉官僚制度》《张政烺文史论集》《出土简牍与秦汉社会》《今注本二十四史·史记》等。

魏晋南北朝史研究室 1954年，中国科学院历史研究所第一所下设秦汉魏晋南北朝史研究组，贺昌群任组长，林甘泉任学术秘书。1960年，历史研究所一所、二所合并后，改为秦汉魏晋南北朝史研究室。1978年，并入魏晋南北朝隋唐史研究室。1991年，研究所学科调整，再次与秦汉史合并为秦汉魏晋南北朝史研究室。2014年，再次并入魏晋南北朝隋唐史研究室。2019年1月，中国历史研究院成立后，独立为魏晋南北朝史研究室。该室主要学术优势在政治史、礼制史、社会史、思想文化与宗教史等领域，对传世文献、墓志石刻等出土文献的整理和研究是本学科的重要特色。中国魏晋南北朝史学会秘书处设在该室。研究室历任主任（组长）为贺昌群、黄烈、朱大渭、谢桂华、李凭、卜宪群、杨振红、雷闻。现有研究人员5名，主任戴卫红。代表性成果有《魏晋南北朝社会生活史》《世家大族与北朝政治》《北魏平城时代》《魏晋南北朝五礼制度考论》《祈望和谐：周秦两汉王朝祭礼及其演进规律》《北魏考课制度研究》《出土墓志所见中古谱牒研究》《魏晋南北朝隋唐立法与法律体系》《六朝佛教史研究论集》等。

隋唐五代十国史研究室　前身是中国科学院历史研究所第二所于1954年成立的隋唐史组，贺昌群任组长。1978年组建魏晋南北朝隋唐史研究室。1991年，原魏晋南北朝研究室隋唐史部分与宋辽金元史研究室合并，组成隋唐宋辽金元史研究室。2014年，拆分为魏晋南北朝隋唐史研究室与宋辽金元史研究室。2019年，魏晋南北朝隋唐史研究室拆分为魏晋南北朝史研究室与隋唐五代十国史研究室。2003年古代史研究所唐史学科被定为院重点学科建设项目，2016年唐宋史被定为中国社会科学院"登峰战略"优势学科建设项目。该室研究优势集中于政治史、礼制与法制史、赋税财政史、宗教史、民族史等领域。研究室历任主任（组长）为黄烈、朱大渭、李斌城、黄正建、雷闻。现有研究人员6名，主任刘子凡。代表性成果有《英藏敦煌文献（汉文佛经以外部分）》《中晚唐社会与政治研究》《天一阁藏明钞本天圣令校证》《礼与中国古代社会》《隋书（修订本）》等。

宋辽西夏金史研究室　前身是中国科学院历史研究所第二所于1954年成立的明清史组中的宋辽金史部分。1978年与元蒙史组合并，成立宋辽金元史研究室。1991年与魏晋南北朝隋唐史研究室中的隋唐史部分合并，成立隋唐宋辽金元史研究室。2014年宋辽金元史研究室恢复建制。2019年拆分为宋辽西夏金史研究室和元史研究室。该室研究范围涉及宋辽金时期的政治、经济、军事、教育、民族、社会文化等诸多领域，尤以政治史、制度史、思想史、经济史和出土文献整理与研究成就最大。老一辈学者在宋辽金政治史、经济史、军事史、民族史、社会史以及古籍整理等各个方面都有着突出的贡献。研究室历任主任（组长）为翁独健、姚家积、杨向奎、郦家驹、杨讷、史卫民、李斌城、黄正建、刘晓。现有研究人员8名，主任康鹏。代表性成果有《宋代盐业经济史》《解开〈宋会要〉之谜》《宋朝阶级结构》《临潢集》《尊经重义：唐代中叶至北宋末年的新〈春秋〉学》等。

元史研究室　前身是中国科学院历史研究所第二所于1958年成立的元蒙史组。1960年，历史研究所一所、二所合并，元蒙史组隶属于该所。1978年，成立宋辽金元史研究室，陈高华曾担任研究室副主任。1991年，宋辽金元史研究室与魏晋南北朝隋唐史研究室中的隋唐史部分合并，成立隋唐宋辽金元史研究室。2014年，宋辽金元史研究室恢复建制。2019年宋辽金史与元史分设研究室，元史研究室正式成立。该室作为国内为数不多的专攻蒙元史的研究部门，注重对蒙元史领域的整体研究，主要包括元代政治史、经济史、思想史、自然灾害史、族谱研究、军事制度研究、元明易代史研究等，尤其在中外关系史和民族史、多语种文献研究、制度史、经济史、教育史和思想史等方面存在学科优势。研究室历任主任（组长）为翁独健、姚家积、杨向奎、郦家驹、杨讷、史卫民、李斌城、黄正建、刘晓。现有研究人员5名，主任乌云高娃。代表性成果有《元代文化史》《元典章》《元朝与高丽关系研究》《元代灾荒史》等。

明史研究室 前身是中国科学院历史研究第二所于1954年成立的明清史研究组，组长为白寿彝。1966年成立明清史研究室，杨向奎任主任。1978年明清史分设研究室，1994年又合并为明清史研究室，2002年明清史再度分设研究室。中国明史学会秘书处设在该室。该室厚重的学术传统是建立在王毓铨先生明代经济史与谢国桢先生明代政治史、社会史研究的基础之上，经过几代人的努力，研究范围扩展至政治、经济、军事、社会、思想、中外关系等各个领域，尤以政治制度史、军事制度史、经济史与思想文化史等研究见长。研究室历任主任（组长）为王毓铨、刘重日、高翔、林金树、万明、张兆裕、赵现海。现有研究人员5名，主任解扬。代表性成果有《明史研究论丛》《明代政治史》《晚明社会变迁：问题与研究》《天一阁藏明代政书珍本丛刊》《百年明史论著目录》等。

清史研究室 前身是中国科学院历史研究所第二所于1954年成立的明清史研究组。1966年成立明清史研究室，杨向奎任主任。1978年明清史分设研究室，1994年明清史合并为明清史研究室。2002年明清史再度分设研究室。该室致力于整体清史的研究与探索，秉持实事求是的为学精神，坚持思想史（或学术史）与社会史、集体项目与个人研究、史实辨析与理论探索、深入历史与观照现实相结合的治学方法，在学术实践中形成了自身特色。涉及政治史、经济史、学术史、制度史、中外交流史、科举文化史、档案文献整理等多个研究领域。研究室历任主任（组长）为杨向奎、王戎笙、张捷夫、高翔、杨珍、吴伯娅。现有研究人员9名，主任林存阳。代表性成果有《清儒学案新编》《清代全史》《近代的初曙：18世纪中国观念变迁与社会发展》《清朝皇位继承制度（修订本）》《清代学术源流》《乾嘉四大幕府研究》等。

古代思想史研究室　前身是中国科学院历史研究所第二所于 1954 年成立的思想史组，侯外庐兼任组长。1960 年一所、二所合并后，隶属历史研究所。1977 年改为中国思想史研究室。1994 年至 2002 年，史学史研究室一度并入中国思想史研究室。2002 年中国思想史列入中国社会科学院首批重点学科建设工程。2019 年中国历史研究院成立后，更名为古代思想史研究室。该室强调博通古今、横贯中西的学术素养与研究视野，重点研究中国古代哲学思想和社会政治思想，在治学上注重社会史与思想史研究相结合。研究室历任主任（组长）为侯外庐、黄宣民、姜广辉、张海燕。现有研究人员 8 名，主任郑任钊。代表性成果有《中国思想通史》《宋明理学史》《中国思想发展史》《中国经学思想史》《中国礼学思想发展史研究》等。

古代文化史研究室　前身是中国社会科学院历史研究所于 1978 年成立的古代服饰研究室临时工作室，1980 年 4 月正式成立古代服饰研究室。1991 年 10 月成立中国文化史研究室，原古代服饰研究室改为古代服饰课题组（1994 年又改为中国古代服饰研究中心），隶属中国文化史研究室。2019 年中国历史研究院成立，中国文化史研究室更名为古代文化史研究室。该室以古代物质文化史为研究特色，目前正着力建构形象史学方法论，注重从整体上推动和提升对于传统文化的理论阐释和实践研究。研究室历任主任为沈从文、王㐨、步近智、丁守璞、王育成、孙晓。现有研究人员 10 名，主任刘中玉。代表性成果有《中国古代服饰研究》《沈从文全集》《明代彩绘全真宗祖图研究》《域外汉籍珍本文库》等。

古代社会史研究室　本室为适应改革开放后国内外学科发展新形势，与国际社会科学研究接轨，于 1991 年始建。古代社会史研究室在经济史、人口史、妇女史、口述史、家族史等领域做出了诸多引领学界的优秀研究工作，主持并参与了多项国家社科基金项目、国家重点图书出版规划项目、中国社科院重大项目等。目前研究室的重点方向是中国古文书学、区域社会史、多元人群、多语种文献等领域。研究室与贵州凯里学院联合建立"民间文献研究中心"，并以此为重点开展学术活动，培养后备人才。研究室历任主任（负责人）为郭松义、商传、定宜庄、陈爽、阿风。现有研究人员4名，主任邱源媛。代表性成果有《伦理与生活——清代的婚姻关系》《汉唐间史学的发展》《明清徽州诉讼文书研究》《北京口述历史系列》等。

古代中外关系史研究室 前身是1979年成立的中外关系史研究室。2019年中国历史研究院成立后，中外关系史研究室更名为古代中外关系史研究室。研究室以内陆欧亚学研究和中外关系史研究为重点，同时扩展海交史研究，是我国研究"一带一路"历史文化的重要基地。古代史研究所内陆欧亚学研究中心挂靠该室。研究室出版英文期刊 Eurasian Studies 及集刊《欧亚学刊》《欧亚译丛》及《丝瓷之路：古代中外关系史研究》三种，并编辑"欧亚备要""丝瓷之路博览""汉译丝瓷之路历史文化丛书"（Monograph Series on Eurasian Cultural and Historical Studies）四种丛书。研究室历任主任为孙毓棠、马雍、夏应元、余太山、李锦绣。现有研究人员9名，主任李花子。代表性成果有《西域史地文物丛考》《中国与西班牙关系史》《清代中朝边界史探研——结合实地踏查的研究》《余太山系列著作（英文版）》等。

历史地理研究室 前身是成立于1960年的中国科学院历史研究所历史地理组，1977年改为历史地理研究室。研究领域涉及历史自然地理、政治地理、城市地理、交通地理、地图学史等。该室自组建以来，主持或参与多项国家重大科研项目，如《中国历史地图集》《中国史稿地图集》《中国历史地名大辞典》《中华人民共和国国家历史地图集》等，在学术界产生了重要影响。该室在历史地图与古地图、历史地名研究以及历史时期气候变化、水环境、城市地理、交通地理、军事地理等领域皆有较为深入的研究。研究室历任主任（组长）为姚家积、陈可畏、辛德勇、华林甫、毛双民、成一农。现有研究人员5名，主任孙靖国。代表性成果有《侯景之乱与北朝政局》《桑干河流域历史城市地理研究》《中国历史地名大辞典（增订本）》等。

古代通史研究室 古代通史研究室成立于2019年3月，重点进行中国古代通史的研究和编纂。该室的主要学术任务是：坚持以马克思主义唯物史观为指导，以博通古今、融贯中西的理论视野，对中国古代历史进程中的重大理论问题进行研究和阐释，着力组织编写中国通史的学术及普及著作，并对中国古代通史文献、通史理论做系统的梳理和研究。研究室原主任陈时龙。现有研究人员5名，主任赵现海。代表性成果有《中国史稿》《中国经济通史》《中国古代社会生活史》《简明中国历史读本》《中国通史（五卷本）》《中国古代历史图谱》《义乌通史》《今注本二十四史·南史》等。

编辑部 成立于1979年，主要编辑《中国史研究》和《中国史研究动态》两份学术期刊。《中国史研究》为季刊，主要刊登中国古代史领域的高水平学术论文，为学界搭建成果发布的高端平台。《中国史研究动态》主要追踪中外学界中国古代史研究的前沿信息、史学思潮和学术史综述，创刊伊始为月刊，2011年起改为双月刊。两刊均为学界高度认可的中国古代史领域的重要期刊，是中国人文社会科学核心期刊，入选中国知网统计源期刊。《中国史研究》编辑部历任主编为李祖德、童超、辛德勇、彭卫。《中国史研究动态》编辑部历任主编为张书生、陈高华、刘洪波、杨艳秋、卜宪群。编辑部历任主任（负责人）为宋家钰、李祖德、许敏、田人隆、张彤。编辑部现有编辑人员9名，主任邵蓓。

综合处 2019年，整合原科研处、人事处（党办）、办公室（含离退休办公室），组建综合处。2021年，科研处分立后，综合处主要职能包括党务、人事、行政后勤、离退休干部工作等管理和服务。综合处现有在编人员8名，聘用人员4名，返聘1名，处长沙崑。

科研处 成立于1954年，2019年与人事处（党办）、办公室（含离退休办公室）合并为综合处，2021年重设。科研处主要职能包括科研发展规划、科研项目管理、历史系、学术交流以及学会、中心、基地等科研管理工作。科研处现有在编人员4名，处长刘中玉。

郭沫若纪念馆 郭沫若纪念馆位于北京市西城区前海西街18号，始建于20世纪20年代，是郭沫若生前办公和生活所在地。纪念馆前身为1978年成立的"郭沫若著作编辑出版委员会"和1982年定名的"郭沫若故居"，1994年更名为郭沫若纪念馆，为全国重点文物保护单位、北京市爱国主义教育基地。纪念馆现由办公室、研究室、文物与陈列工作室、公众教育与资讯中心4个处室组成。馆内现有包括郭沫若手稿、图书、照片、字画及其生活用品等各类藏品共计9569件（套），并设有陈列和原状展厅，通过历史图片和文献文物全面展示郭沫若生平思想和学术成就。原状展厅包括郭沫若的办公室、客厅、卧室和夫人于立群的写字间。西侧院落改扩建为"西院展厅"，主要用于专题和临时展览。纪念馆每年开展丰富多彩的"走出去、请进来"系列文化活动,年平均接待观众6万余人次,对外巡展接待观众20万余人次。郭沫若纪念馆以"郭沫若资料中心、研究中心、宣传中心"为发展目标,先后编辑出版《郭沫若全集》38卷、《郭沫若年谱长编(1892—1978)》等重要学术成果。每年定期出版学术刊物《郭沫若研究》《郭沫若研究年鉴》等。林甘泉、雷仲平、郭平英、崔民选、冯林、赵笑洁先后担任郭沫若纪念馆馆长,现任副馆长刘曦光(主持工作)、梁雪松。

(任会斌)

附二　中国社会科学院古代史研究所大事记

1954

中国科学院成立历史研究所第一所、第二所，一所所长郭沫若，副所长尹达；二所所长陈垣，副所长侯外庐、向达。所址东四头条一号。一所下设先秦史组、秦汉魏晋南北朝史组；二所下设隋唐史组、元蒙史、明清史组、思想史组。

1955

谭其骧、王毓铨调入。

徐中舒、张政烺、杨向奎、唐长孺受聘为兼任研究员。

1956

历史研究所一所、二所分别成立学术委员会。

制定《发展历史科学和培养历史科学人才的12年远景计划纲要草案》。

顾颉刚等点校《资治通鉴》（标点本）出版。

胡厚宣调入。

1957

中国自然科学史研究室、敦煌史料研究室成立，隶属历史研究所二所。

《中国科学院历史研究所第一、二所集刊》出版。

郦家驹、谢国桢、杨向奎调入。

1958

历史研究所一所、二所随中国科学院哲学社会科学部迁至建国门内大街五号。

郭沫若主编《中国史稿》列入国家计划。

元蒙史组成立，隶属历史研究所二所。

1959

《中国历史图谱》《甲骨文合集》分别成立编委会。

顾颉刚等点校《史记》（标点本）出版。

1960

中国科学院历史研究所一所、二所合并为中国历史研究所，后更名为中国科学院历史研究所，郭沫若任所长。

秦汉魏晋南北朝史研究室、历史地理组、世界史组成立。

1962

历史研究所开始招收硕士研究生，至1964年连续招收3届。

1963

制定《1963—1972年研究工作十年规划》。

侯外庐等著《中国思想通史》（第四卷）出版。

世界史组扩充为世界历史研究室。

1964

世界历史研究室独立为中国科学院世界历史研究所。

1966

明清史研究室成立。

1966—1976

参与二十四史标点、马王堆汉墓帛书整理、曲阜孔府档案整理工作，同时进行《中国史稿》《甲骨文合集》《中国农民战争史》的编撰。

1977

中国社会科学院成立，历史研究所隶属中国社会科学院。

1978

先秦史研究室、战国秦汉史研究室、魏晋南北朝隋唐史研究室、宋辽金元史研究室、明史研究室、清史研究室、古代服饰研究室成立。

中国社会科学院研究生院成立，历史系首届硕士研究生招生。

1979

中外关系史研究室成立。

《中国史研究》《中国史研究动态》《清史论丛》《中国哲学》创刊。

在成都组织召开中国历史学规划会议。

所学术委员会成立，主任委员侯外庐。

1980

侯外庐任历史研究所所长。

马建民任历史研究所党委书记。

举办中美史学交流会。

侯外庐、尹达当选中国社会科学院院务委员会委员。

1981

中国秦汉史研究会、中国中外关系史学会成立。

杨向奎、李学勤当选国务院学位委员会历史学科评议组成员。

1982

林甘泉任历史研究所所长。

梁寒冰任历史研究所分党组书记。

中国先秦史学会成立。

《明史研究论丛》《清史研究通讯》创刊。

"郭沫若故居"命名，被列为"全国重点文物保护单位"。

林甘泉当选中国社会科学院院务委员会委员。

1983

《甲骨文与殷商史》创刊。

郭沫若主编《甲骨文合集》（全十三册）出齐。

林甘泉、梁寒冰当选中国史学会常务理事。

中国郭沫若研究会成立。

中国地方志领导小组挂靠历史研究所。

1984

中国魏晋南北朝史学会成立。

李学勤《东周与秦代文明》出版。

1985

林甘泉任历史研究所分党组书记。

历史系首届博士研究生招生。

尹达编《中国史学发展史》出版。

1986

《中国史研究动态》由国内公开发行改为国内外公开发行。

第一次郭沫若史学讨论会召开。

1987

宋辽金元史研究室点校《名公书判清明集》出版。

中国殷商文化学会成立。

《甲骨文合集》获首届吴玉章奖金评选史学类特等奖。

《史学理论》创刊。

侯外庐、邱汉生、张岂之主编《宋明理学史》（两卷三册）出齐。

1988

陈高华任历史研究所所长。

郭沫若故居对外开放。

1989

中国明史学会成立。

"徽州文书研究组"成立。

历史研究所迁入日坛路六号。

1990

林甘泉主编《中国封建土地制度史（第一卷）》出版。

杨向奎、王毓铨、胡厚宣、张政烺、杨希枚先生从事学术研究55周年座谈会召开。

郭沫若主编《中国史稿地图集》（上下册）出齐。

宋家钰、张弓等《英藏敦煌文献（汉文佛经以外部分)》开始陆续出版。

1991

李学勤任历史研究所所长。

林甘泉任历史研究所党委书记。

秦汉魏晋南北朝史研究室、隋唐宋辽金元史研究室、中国文化史研究室、社会史研究室成立。

王戎笙等《清代全史》（1—3卷）出版。

王钰欣、周绍泉主编《徽州千年契约文书》（宋元明编）出版。

1992

中国社会科学院商文化及甲骨文研究中心成立（甲骨学与殷商史研究中心前身）。

杨向奎《宗周社会与礼乐文明》出版。

彭卫《汉代婚姻形态》、王震中《东夷的史前史及其灿烂文化》分获中国社会科学院第一届青年优秀成果专著、论文一等奖。

1993

卢钟锋任历史研究所党委书记。

《简帛研究》创刊。

《甲骨文合集》获首届国家图书奖荣誉奖。

顾颉刚诞辰100周年纪念会及学术讨论会召开。

"徽州文书研究组"更名"历史所徽学研究中心"。

1994

博士后流动站设立。

明史研究室、清史研究室合并为明清史研究室。

"郭沫若著作编辑出版委员会"更名为"郭沫若纪念馆"。

1995

中国社会科学院简帛研究中心、中国社会科学院徽学研究中心、中国社会科学院古代服饰研究中心成立。

《中国史稿》（全七册）出齐。

《宋明理学史》获国家教委人文社会科学研究优秀成果一等奖。

《中国史稿地图集》（上下册）获国家教委高等院校优秀教材一等奖。

《英藏敦煌文献（汉文佛经以外部分)》获第二届国家图书奖一等奖。

李学勤出任"夏商周断代工程"首席科学家、专家组组长。

1997

李学勤、林甘泉当选国务院学位委员会历史学科评议组成员。

《居延新简——甲渠候官》（合编）获全国古籍整理优秀图

书一等奖。

1998

陈祖武任历史研究所所长。

中国社会科学院敦煌学研究中心成立。

1999

《欧亚学刊》创刊。

"中国历史学 50 年"讨论会召开。

胡厚宣主编《甲骨文合集释文》（全四册）出版。

2000

中央政治局委员、中国社会科学院院长李铁映来所视察。

梁寒冰、李学勤、胡一雅、李世愉等参与撰写的《中国历史大辞典》（汇编本）出版。

周自强、林甘泉、陈高华、王毓铨等参与编写的《中国经济通史》（全九卷十六册）出齐。

2001

刘荣军任历史研究所党委书记。

《中国社会科学院历史研究所学刊》创刊。

《中国历史大辞典》（汇编本）获第五届国家图书奖一等奖。

王宇信、杨升南《甲骨学一百年》获中宣部第八届"五个一工程"奖。

2002

国家主席江泽民、副总理温家宝来中国社会科学院视察，参观历史研究所图书馆。

郭沫若纪念馆、历史研究所合并，一个机构两块牌子。

明清史研究室分为明史研究室、清史研究室，历史文献学与史学史研究室成立。

《甲骨文合集释文》获第四届中国社会科学院优秀科研成果专著类一等奖。

2003

"纪念侯外庐百年诞辰暨中国思想史学术研讨会""纪念贺昌群先生诞辰一百周年学术座谈会"召开。

2005

陈祖武主编《乾嘉学术编年》出版。

史为乐主编《中国历史地名大辞典》(上下册)出版。

《林甘泉文集》《卢钟锋文集》《李学勤文集》《陈高华文集》《张显清文集》入选"中国社会科学院学术委员文库"。

2006

林甘泉、陈高华、陈祖武当选中国社会科学院首批学部委员,刘起釪、朱大渭、何龄修、张泽咸、郭松义当选中国社会科学院荣誉学部委员。

《中国史研究》获中国社会科学院第三届优秀期刊评选一等奖。

2007

所青年优秀学术论文奖设立。

2008

"中国社会科学院中国古代史论坛——改革开放30年来的中国古代史研究"召开。

《天一阁藏明抄本天圣令校证》《中国历史地名大辞典》获第一届中国出版政府奖。

《清代全史》(全十卷)获新闻出版署第二届"三个一百"原创图书出版工程奖。

2009

首届"中日学者中国古代史论坛"召开。

所图书馆被国务院公布为第二批"全国古籍重点保护单位"。

2010

卜宪群任历史研究所所长。

历史文献学与史学史研究室更名马克思主义史学理论与史学史研究室。

首届"中国古文献与传统文化国际学术研讨会"召开。

"杨向奎先生百年诞辰纪念会""王毓铨先生百年诞辰纪念会"召开。

2011

《形象史学》《隋唐辽宋金元史论丛》《欧亚学刊（英文版）》《丝瓷之路：古代中外关系史研究》《国际阳明学研究》创刊。

首届中韩学术年会召开。

陈高华、刘晓等点校《元典章》（全四册）出版。

宋镇豪等《商代史》（全十一卷）出版。

"孙毓棠先生诞辰一百周年纪念会""胡厚宣先生百年诞辰纪念会"召开。

2012

进入中国社会科学院哲学社会科学创新工程。

《简明中国历史读本》出版座谈会于人民大会堂召开。

"张政烺先生百年诞辰纪念会"召开。

2013

闫坤任历史研究所党委书记。

卜宪群在十八届中央政治局第五次集体学习上讲解"我国历史上的反腐倡廉"。

陈祖武点校《榕村全书》（全十册）出版。

郭沫若纪念馆从历史研究所分立管理。

《商代史》《元典章》获第三届中国出版政府奖。

2014

卜宪群在十八届中央政治局第十八次集体学习上讲解"我国历史上的国家治理"。

秦汉魏晋南北朝史研究室更名为战国秦汉史研究室。

魏晋南北朝隋唐史研究室、宋辽金元史研究室成立。

2015

中国社会科学院中国思想史研究中心成立。

《欧亚译丛》《理论与史学》创刊。

2016

余新华任历史研究所党委书记。

张政烺主编《中国古代历史图谱》（十二卷十七册）出版。

卜宪群总撰稿《中国通史》（五卷本）出版。

百集纪录片《中国通史》在 CCTV6 播出。

2017

"学习贯彻习近平总书记在哲学社会科学工作座谈会上重要讲话精神"专题培训举行。

2018

卜宪群在十九届中央政治局第十次集体学习上讲解"中国历史上的吏治"。

《中国通史》（五卷本）、卜宪群主编《中国历史上的腐败与反腐败》（上下册）、李世愉等主编《中国科举制度通史》（全五册）获第四届中国出版政府奖。

2019

赵笑洁任古代史研究所党委书记。

中国历史研究院成立，正式更名为中国社会科学院古代史研究所（中国历史研究院古代史研究所），迁入现址。

中国历史研究院甲骨学研究中心、中国历史研究院海外中国历史文献研究中心成立。

战国秦汉史研究室更名为秦汉史研究室，中国思想史研究室更名为古代思想史研究室，中国文化史研究室更名为古代文化史研究室，中外关系史研究室更名为古代中外关系史研究室。

魏晋南北朝史研究室、隋唐五代十国史研究室、宋辽西夏金史研究室、元史研究室、古代通史研究室成立。

全所开展"不忘初心，牢记使命"主题教育。

2020

卜宪群主编《新中国历史学研究70年》出版。

2021

所史编纂工程启动。

古代史研究所、郭沫若纪念馆恢复一个机构两块牌子，由古代史研究所管理郭沫若纪念馆。

全所开展建党百年党史学习主题教育。

陈祖武《清史稿儒林传校读记》（全八册）出版。

《中国通史》纪录片、王宇信主编《殷墟文化大典》（三卷六册）分别获第五届中国出版政府奖网络出版物奖与出版政府奖。

2022

"郭沫若与中国共产党"国际学术研讨会召开。

国家社科基金重大招标项目《地图学史》（三卷八册）翻译工程成果出版。

2023

首届"中国社会科学院大学历史系外庐研究生学术论坛"举办。

"仰之弥高 钻之弥坚——中国社会科学院古代史研究所学

术大家成就展"在郭沫若纪念馆举办。

开展学习贯彻习近平新时代中国特色社会主义思想主题教育。

（任会斌　赵　洋）

后　记

　　以同仁述往的形式逢十结集，宣传展示我所学术传承、学科风貌和同仁风采，是2004年起所庆系列活动的重要一环。日居月诸，今年古代史所又迎来了建所70周年。追昔鉴往，方能知来行远。为了让学界师友们更多了解我所重视理论研究、坚持实事求是、担当责任使命的优良传统，以及近十年来在学科建设、学术研究、人才培养、成果转化、合作交流等方面所取得的成绩，在所党委高度重视下，组建了以赵笑洁书记、卜宪群所长为组长的《求真务实七十载——古代史研究所同仁述往》编写组。

　　犹忆去年初，编写工作甫一启动，便得到中国社会科学院、中国历史研究院各级多部门领导，以及我所离退休同志、在职同仁的大力支持。各学科带头人慨允撰文自不必说，一些老先生不顾年迈之躯，或主动函询、致电、投文，或热心提供相关文献、实物、线索。其情意之真切，令人感佩不已。

　　需要特别感谢的是，在编写过程中，中国社会科学院院长、党组书记，中国历史研究院院长、党委书记高翔同志不仅多次关心指示，还拨冗撰文，回忆在所工作期间亲历之史故人情，高度概括了古代史所70年治史、办所、传承的优良传统，以史家治史之情怀、襟怀，激励所内同仁。

本次结集共收录文章 30 篇，约 40 万字。内容以古代史所发展源流为主线，其中既有对所史所情的爬梳考证，也有对各学科成长壮大的历程回顾；既有对所内工作生活的深情回忆，也有对前辈大师的追念感恩，从不同角度展现了古代史所 70 年薪火相传，求真务实，为国家、为人民做学问的初心使命和整体风貌。稍感遗憾的是，受时间所限，个别选题因未能按期成文而未收录。此外，限于篇幅及格式，编校时不得不对部分稿件略作调整删节。其中难免有不妥或疏漏之处，恳请读者谅解。

本书得以顺利付梓，离不开中国社会科学出版社的鼎力支持。社长赵剑英同志多次出面帮助协调，编校团队对文稿细致校对、精心编排，谨此致以诚挚的感谢！

编写组

2024 年 3 月